炼油化工设备维护检修案例丛书

炼油化工机泵设备维护检修案例

胡安定　主编

中国石化出版社

内 容 提 要

本书从炼油化工机泵设备维护检修入手，精选了近年来炼油化工企业机泵设备维护检修工作的有关案例。其中包括机泵设备维护检修管理、压缩机、汽轮机、离心泵、风机及其他机泵的维护检修案例。精选的案例密切结合生产实际，具有很好的示范性和可操作性。

本书可供炼油化工企业的厂长、经理，从事生产、设备、技术、科研、维修、安全、环保工作的管理人员和技术人员，以及基层车间的生产操作、维护检修人员学习、交流和借鉴，从而对加强企业机泵设备维护检修和管理工作，实现生产装置的安全、稳定、长周期运行，起到积极的促进作用。

图书在版编目（CIP）数据

炼油化工机泵设备维护检修案例／胡安定主编.
—北京：中国石化出版社，2017.6
（炼油化工设备维护检修案例丛书）
ISBN 978-7-5114-4500-1

Ⅰ.①炼… Ⅱ.①胡… Ⅲ.①石油炼制-石油化工设备-维修 Ⅳ.①TE96

中国版本图书馆 CIP 数据核字(2017)第 133532 号

中国石化出版社出版发行

地址:北京市朝阳区吉市口路 9 号
邮编:100020 电话:(010)59964500
发行部电话:(010)59964526
http://www.sinopec-press.com
E-mail:press@sinopec.com
北京柏力行彩印有限公司印刷
全国各地新华书店经销

*

787×1092 毫米 16 开本 22.5 印张 566 千字
2017 年 7 月第 1 版 2017 年 7 月第 1 次印刷
定价:68.00 元

前　言

炼油化工企业机泵设备的完好是保证装置安全、平稳、长周期、满负荷生产运行的关键。一旦操作失误、维修不当、管理不善，发生故障停机，会造成非计划停产，甚至会导致火灾、爆炸、人身伤亡等重大事故的发生。积极采取措施，加强机泵设备的管理，搞好日常的操作维护和定期的检修，使其经常处于完好状态发挥效能，是企业全体员工，特别是从事生产操作、设备管理及维护检修工作者肩负的重要使命。

多年来，广大从事炼油化工生产操作、设备管理及维护检修工作者，以及为炼油化工企业服务的有关科研、制造、维修单位的设备工作者，为搞好机泵设备工作，作出了积极的努力，付出了辛勤的劳动，其中不少通过自身反复的实践，创造了很多好作法，积累了不少好经验。他们通过归纳总结，构成了十分可贵的具体的案例。

根据炼油化工企业广大设备工作者的要求，为了便于更好地交流、借鉴和相互学习，我们从中精选了77篇案例，汇集编制而成《炼油化工机泵设备维护检修案例》专辑出版。精选的案例具有很好的示范性和可操作性，期望对炼油化工企业广大设备工作者有所帮助，并能对提高和加强炼油化工机泵设备管理和维护检修水平起到积极的促进作用。

为便于读者查找，我们将其分类划分为七章，即：机泵设备维护检修管理、压缩机、汽轮机、离心泵、风机、其他机类及其他泵类维护检修案例。

由于编者水平有限，在编辑过程中难免有不当之处，敬请读者批评指正。

目　录

第一章　机泵设备维护检修管理案例

第二章　压缩机维护检修案例

第三章　汽轮机维护检修案例

第四章　离心泵维护检修案例

第五章　风机维护检修案例

第六章 其他机类维护检修案例

第七章 其他泵类维护检修案例

第一章　机泵设备维护检修管理案例

1. 转动设备远程故障诊断中心建设及其在设备管理中的作用

我国在工业部门中开展状态监测技术研究的工作起步于20世纪70年代，中国石油也从八九十年代开展了状态监测工作。到2000年以后，中国石油炼化企业的一些大型透平压缩机组已经逐步实现了在线监测。随着计算机技术和网络技术的发展以及各炼化企业对状态监测工作的重视，实施远程在线监测的需求越来越迫切，这表现在以下两个方面：

(1) 状态监测与故障诊断技术属于高度专业化的领域，门槛较高，只有少量专家能够充分掌握并运用，而各分公司基层设备管理人员则较难掌握和运用。这往往会使得耗费高昂投资的系统，处于难以发挥作用的境地。

(2) 几十年来，不同企业培养从事状态监测和故障诊断工作人员情况参差不齐、差距较大；只有部分有条件的企业培养了一些高水平的工程师和专家。某一企业机组发生故障时，即便机组已经安装在线监测系统，由于未实现远程化、网络化，往往需要这些工程师或专家赶赴现场分析处理，效率较低，浪费了大量宝贵的时间，造成了不必要的损失。同时，状态故障诊断专业人员的作用也未得到充分发挥。

2000年以来，计算机技术和网络技术的发展，为状态监测的网络化、远程化提供了成熟的技术支撑。鉴于上述迫切现实需求，且技术条件已经具备，中国石油在国内炼化企业率先开展转动设备远程故障诊断中心(以下简称诊断中心)的建设工作，力图达到以下目的：

(1) 实现远程异地专家会诊。系统利用现代计算机技术、网络技术、大型数据库技术，实现远程监测诊断信息交流共享以及异地专家远程会诊。以信息流动替代人员流动，提高效率，节约宝贵的检维修时间。

(2) 更充分地实现技术共享，为设备监测和设备管理人员提供优越的多种专业化分析图谱和监测诊断手段。

(3) 建立完善、统一的股份公司关键机组远程监测诊断管理系统平台及相应管理制度，充分发挥状态监测作用。

(4) 通过远程实时监测，大幅度减少机组发生大型或重大事故次数。

(5) 促进关键机组管理和检维修计划管理的整体进步。

(6) 有效减少非计划停机台时、台次，降低生产成本，促进机组安全、稳定运行。

1 建设过程与发展情况

1.1 诊断中心建设情况

2007年诊断中心成立，设置于开展状态监测与故障诊断工作较早、技术能力较强的中国石油辽阳石化机械技术研究所。建立初期，诊断中心覆盖了中国石油化工板块的176台关键机组。图1为2007年诊断中心刚刚建立时，化工板块各分公司在线监测机组接入情况。

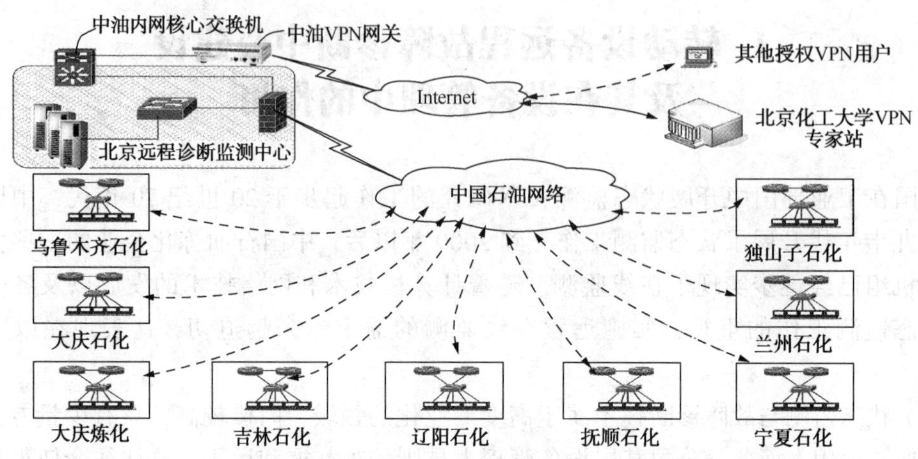

图1 2007年诊断中心成立时化工板块9家分公司远程在线监测接入情况

1.2 发展情况

诊断中心自成立以来已发展了7年，实现远程在线的监测机组种类，从单一的关键离心压缩机组，拓展到往复压缩机组和高危介质泵，系统网络拓扑图也逐渐发展为图2所示的情况。

自2009年起，远程诊断中心开始逐步接入往复压缩机组和高危介质泵在线监测系统，发展情况如图3所示。

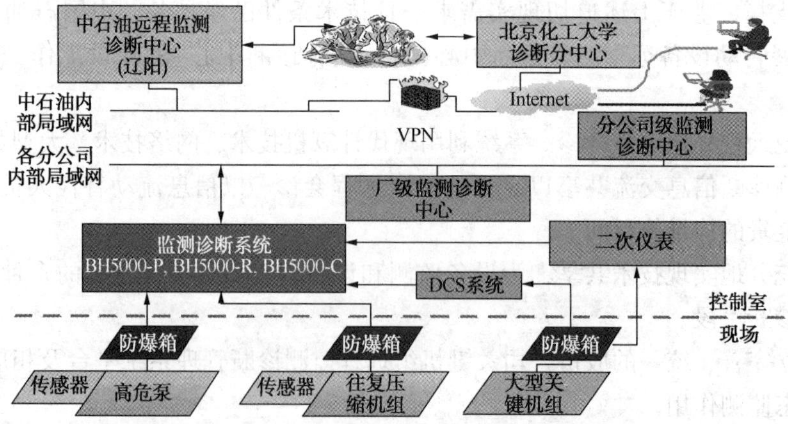

图2 诊断中心关键机组+往复压缩机组+高危介质泵在线监测网络拓扑图

（其中传感器大部分为后续安装）

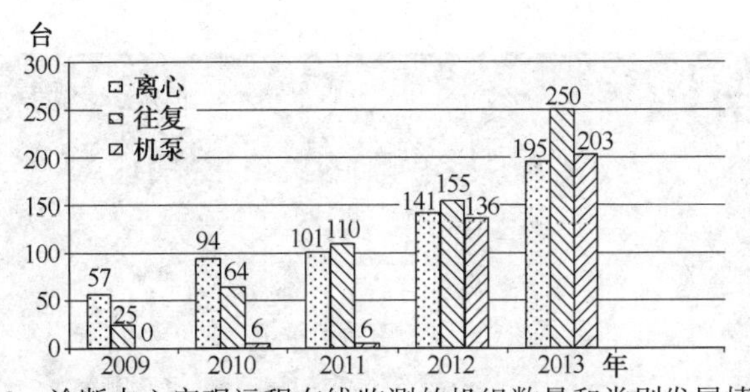

图 3　诊断中心实现远程在线监测的机组数量和类别发展情况

2　效果与意义

诊断中心自成立以后，在关键机组远程监测巡检、分析诊断、组织会诊、提供检维修建议、组织技术培训等方面开展了大量工作。同时凭借监测诊断系统的技术基础，尤其是系统运行的稳定性、信号传输的准确性、处理问题的快捷性，多次及时发现了设备运行中出现的问题。在加强关键机组管理，提高检维修计划管理水平，有限避免非计划停车次数，降低生产成本，实现机组安全、稳定运行方面发挥了积极作用。将事故消灭在萌芽状态，或者准确迅速诊断出故障原因，有针对性地采取对策，或者在一定故障状态下监护运行，所产生的重大经济效益和社会效益，要超过投资的数倍乃至数十倍或者更多。

诊断中心与现场一起对机组进行跟踪、分析、诊断，特别是在新投产装置开车故障诊断、远程及现场支持，大修后开车故障诊断、运行机组远程预警、检维修指导等方面开展了大量卓有成效的工作，积累了丰富的故障诊断案例；同时，也为保证现场安全生产，避免大型关键机组、临氢介质往复压缩机组、高危介质泵发生重大安全事故作出了突出的贡献，近几年来三类机组提前预警并准确诊断的案例数量逐步增长(见图 4)。

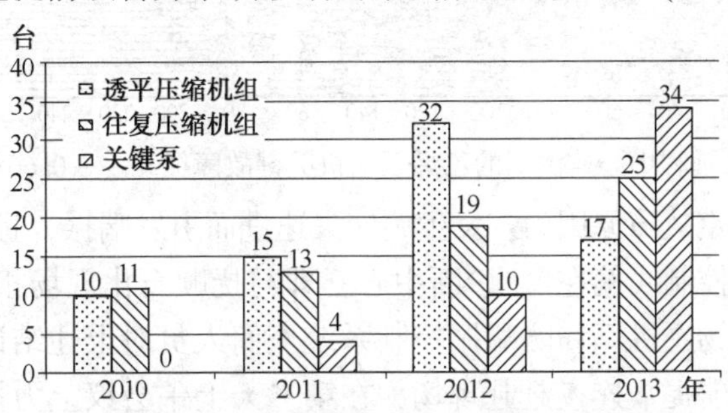

图 4　近年来提前预警并准确诊断的案例数

以下分别介绍诊断中心三类设备远程在线监测诊断的效果及意义。

2.1　关键大机组远程在线监测诊断效果与意义

【案例 1】指导抚顺石化大乙烯装置乙烯压缩机组避免喘振故障成功开车。

乙烯压缩机远程在线监测系统概貌见图 5，远程中心报警及故障基本情况见表 1。

表 1　远程中心报警及故障基本情况

报警测点	低压缸径向振动
故障原因	低压缸旋转失速、喘振
解决方案	修改防喘控制策略和防喘振线
解决效果	大乙烯装置关键机组——乙烯压缩机成功开机，节约了宝贵的生产时间，间接节约了远超过在线监测系统投资的费用

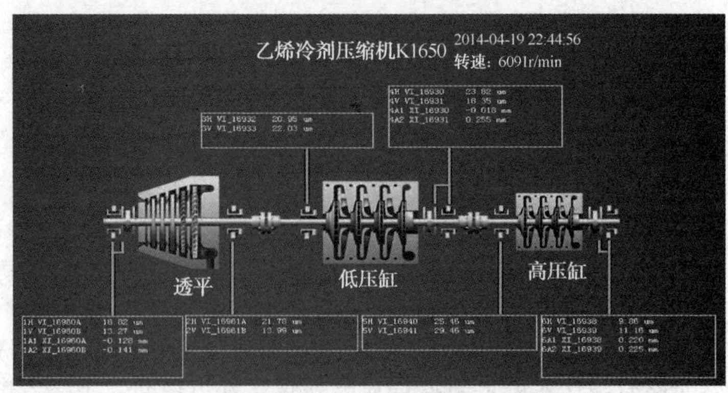

图 5　乙烯压缩机远程在线监测系统概貌图

故障诊断过程描述：

2012 年 10 月 29 日，抚顺石化大乙烯装置乙烯压缩机组开车过程中，低压缸突发 3 次高振动联锁停机。3 次均触发远程在线监测系统报警，诊断中心专家调取在线监测数据进行了详细分析，发现导致触发报警的主变故障特征频率为 0. 66×倍频(见图 6)。

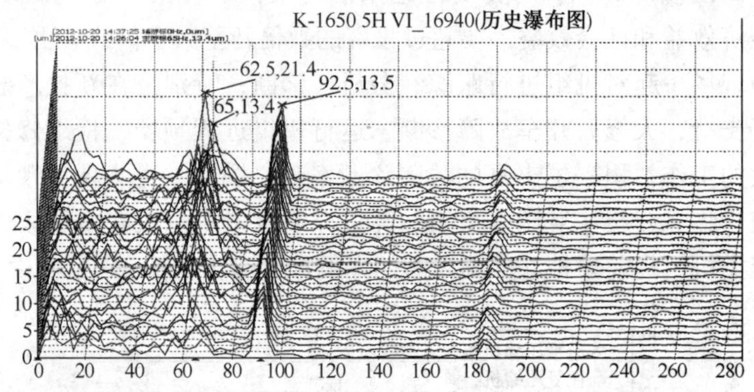

图 6　远程中心监测到的乙烯压缩机关键故障征兆——0. 66×成分

经过分析，很快确定故障原因为：发生旋转失速进而引发喘振，且根本原因是“防喘控制策略有缺陷，且防喘振控制线偏左”。诊断中心立即与抚顺石化现场相关设备人员取得联系，给出了上述结论。但现场主机厂和防喘振控制系统厂商人员对上述结论存有疑虑，中心专家在已基本掌握该原因的前提下连夜赶赴现场，在第二天上午会议上力排众议，最终使主机厂接受整改意见。保障了机组再次开机未现同样故障，专家离开后开机成功并稳定运行。

2. 2　往复压缩机组远程在线监测诊断效果与意义

诊断中心在往复压缩机组，尤其是临氢介质往复压缩机的在线监测领域，走在了国内前列，目前实现往复压缩机组在线监测数量已经达到 300 台。80%的往复压缩机非计划性停车是由于气阀、活塞/活塞杆、填料、活塞环/支撑环等故障引起的；诊断中心自实施往复压缩机在线监测以来，已经预警了数十起上述案例。提前预警了多起临氢介质往复压缩机气阀泄漏、支撑环磨损、拉缸等故障，不仅节约了大大超过监测系统投资的可观检维修经费，更重要的是避免了机械故障恶化引发起火爆炸等严重事故带来的不可估量的损失。

【案例 2】大庆炼化聚丙烯厂吸气阀卸荷器故障预警及处理。

循环氢压缩机远程在线监测系统概貌见图 7，远程中心报警及故障基本情况见表 2。

表 2　远程中心报警及故障基本情况

报警测点	$4^{\#}$缸缸体振动 外吸温度 1 测点温度
故障原因	吸气阀卸荷器故障
解决方案	停机，检查 4 缸 $1^{\#}$吸气阀
解决效果	避免了气阀彻底损坏金属进入气缸造成拉缸等二次破坏，避免了工艺气体严重泄漏

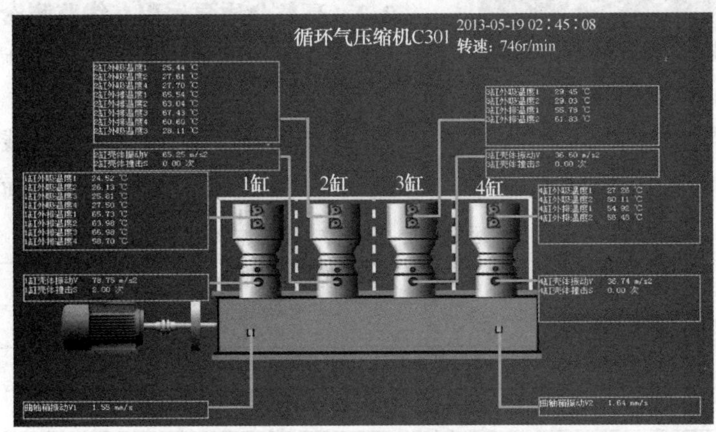

图 7　循环氢压缩机远程在线监测系统概貌图

大庆炼化聚丙烯厂 C301 机组为电机驱动的四缸立式往复压缩机组。2011 年 4 月～5 月运行过程中，$4^{\#}$缸缸体振动异常增大，由 3 月 12 日 $44m/s^2$ 增大到 5 月 10 日 $94m/s^2$；与此同时，该缸外吸温度 1 测点温度值异常升高，由 4 月初 20℃左右增大到 5 月 10 日 55℃左右，升高趋势明显，远程在线监测系统报警，见图 8。远程状态监测中心系统报警，诊断人员接到报警后立即进行分析。

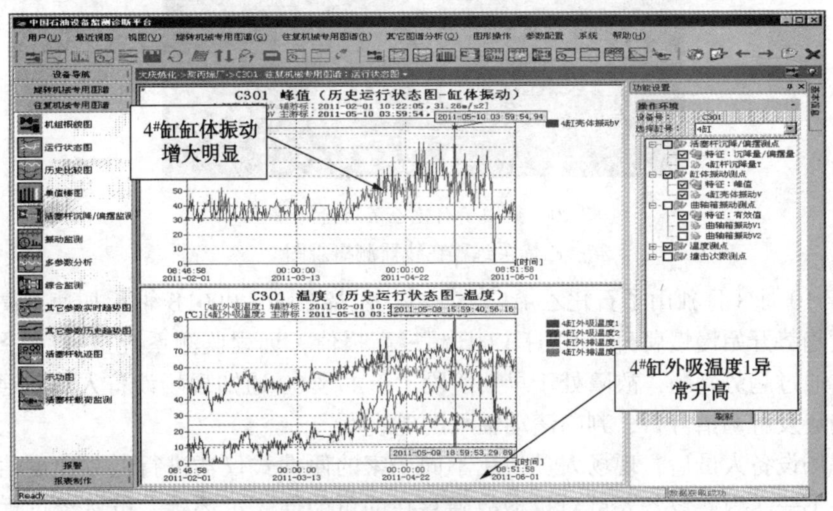

图 8　$4^{\#}$缸振动及温度报警趋势增长情况

经过分析，由于 $4^{\#}$缸吸气阀关闭时存在强烈冲击，导致缸体振动峰值显著增大；同时，随着机组运行，该缸外吸温度 1 逐渐升高，而外吸温度 2 无增大趋势。由此判断，$4^{\#}$缸外侧吸气阀关闭时产生的强烈冲击导致气阀损坏，并引发泄漏，吸气阀温度异常升高。建议停

图 9 及时停车后 4#缸吸气阀卸荷装置损坏情况

车检修 4#缸外侧吸气阀损坏情况，并及时更换损坏的吸气阀，防止损坏的碎片进入气缸，引发拉缸等严重故障。

现场检修发现 4#缸外侧吸气阀卸荷装置损坏，气阀阀片严重变形，随后及时更换了损坏的气阀(见图 9)。

2.3 高危介质泵远程在线监测诊断效果与意义

【案例 3】独山子石化乙烯厂全压罐区乙烯泵滚动轴承故障预警。

乙烯厂全压罐区乙烯泵远程在线监测概貌见图 10，远程中心报警及故障基本情况见表 3。

表 3 远程中心报警及故障基本情况

报警测点	早期泵驱动端加速度高频值、晚期加速度高频值+速度值
故障原因	滚动轴承故障
解决方案	更换轴承
解决效果	避免发展为抱轴等严重故障和泄漏等恶性事故

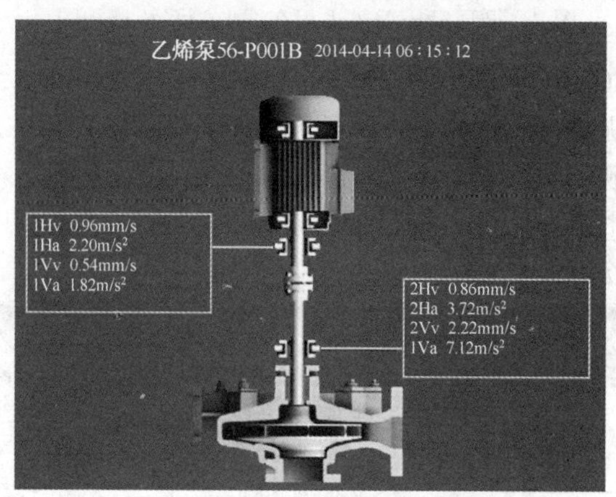

图 10 独山子石化乙烯厂全压罐区乙烯泵远程在线监测概貌图

2012 年 10 月 8 日独山子石化乙烯厂全压罐区乙烯泵 56-P001B 轴承加速度高频和冲击能量、速度趋势开始慢慢爬升。10 月 12 日超过高报值，远程监测系统报警(见图 11)；监测诊断人员通过趋势判断，故障处于早期阶段，于 17：00 通知现场设备人员。通过加速度高频能量趋势及解调谱分析，判断滚动轴承出现故障。

通知现场设备人员后，现场人员使用不同厂家的便携式仪器进行低频速度值复测，振动数据大小不一，因此设备人员对机械故障存在的可能性表示怀疑。虽然经过远程诊断中心人员反复沟通建议拆检轴承，但现场还是决定再次开车；再开车后，泵轴承加速度高频和冲击能量、速度趋势继续增长，且波动较大。诊断中心人员跟踪至 11 月 10 日再次建议现场停机；同时现场人员也发现机组振动增大，接受诊断中心建议及时停机；拆机检修，证实泵轴承损坏(见图 12)。

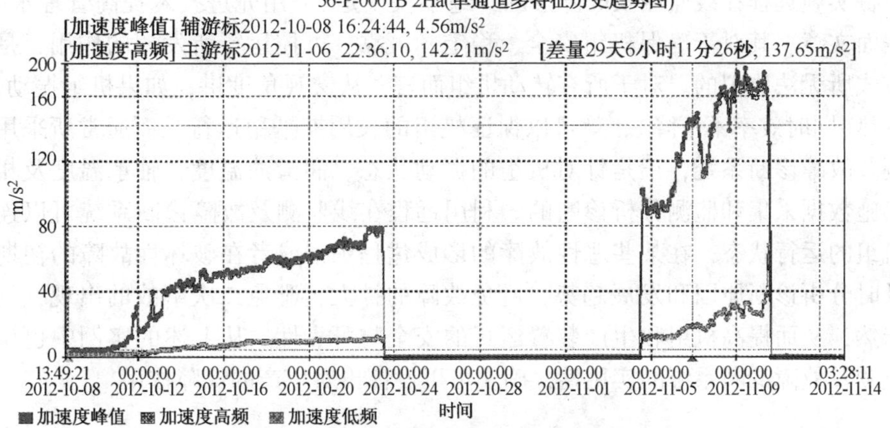

图 11 乙烯泵驱动端轴承高频振动趋势及报警情况

图 12 乙烯泵驱动端轴承拆检情况

该故障提前 1 个月预警，现场工程师积极跟进，机组未发生严重破坏故障。

3 规划与目标

基于目前诊断中心的情况和中石油炼化企业设备状态监测的需求，提出如下规划和目标：

（1）巩固大型关键机组远程在线监测成果，持续提高故障自动预警、自动诊断方面技术水平。

（2）继续拓展对临氢介质的往复压缩机组的远程在线监测工作，充分利用活塞杆断裂预警技术为代表的破坏性故障的提前预警技术，为临氢介质往复压缩机组安全稳定运行提供可靠的技术支撑。

（3）继续拓展高危介质泵远程在线监测工作，充分利用高频早期预警技术，在避免机械振动引起泄漏等二次事故方面起到积极作用。

继续加强诊断中心故障预警、疑难故障诊断与现场设备管理人员工作的结合；透平压缩机、往复压缩机、高危介质泵等机组实现在线监测的数量，在未来 5 年内将增加至 2000 台左右。

4 结论与展望

多年的设备状态监测及故障诊断工作实践，我们深深体会到，对各类型关键机组、重要转动设备实施远程在线监测及故障诊断，绝不仅仅是“应用先进技术提高管理水平”云云之类的表面文章。其对于确保机组安全、稳定、可靠、可控运行所发挥的作用，是其他监测诊断方式所无法比拟的。对于所有转动机组而言，从宏观角度讲，如果机组振动不超标、轴承不过热(同时效率不下降)，就可以保证机组的长周期平稳运行。而通常所采用的远程在线监测及故障诊断系统，正是针对机组的振动状态、润滑油温度、轴承温度及相关状态参数，实施数据采集和监测分析诊断的。利用远程在线监测及故障诊断系统可以连续实时地监测机组的运行状态，在某些恶性故障的形成过程中，或者在破坏性故障的初期便采集到信息及时分析诊断原因和发展趋势，避免故障的扩大、避免二次事故的出现，真正做到防患于未然，从而提高机组和生产装置运行的安全与可靠性。从上述的实例中也说明了远程在线监测及故障诊断系统的实用性，确实可以发挥出对生产的保障作用。

(中国石油辽阳石化分公司　兴成宏；
中国石油炼油与化工分公司　周敏，高俊峰)

2. 关键机组在线状态监测信息管理系统的实施与应用

对于大型关键机组的状态监测来说，由于故障发生的随机性，使用离线仪器具有明显的局限性。主要表现在对异常数据捕捉率低，有些异常状态持续的时间短，但是它代表了机组的一种潜在故障，如果捕捉不到，就无法进行分析，更谈不上采取措施。

网络化在线状态监测与诊断系统的优点在于：系统可以对大型关键机组进行每天 24h 连续监测，不会漏采任何运行数据，异常数据可以全部采集下来，加上系统的"灵敏监测技术"和"黑匣子"功能，任何异常数据都会在第一时间保存下来。这是在线状态监测系统所特有的功能，而网络化的最大优点在于系统的信息可以相互传输和查询，并进行计算机网络化管理，达到管理现代化的目的。

上海石化大型关键机组是各生产装置中的关键设备，它的安全稳定运行直接关系到各生产装置的安稳长满优生产，一旦发生故障，将会引起生产装置停车，造成严重的经济损失和社会影响。因此，对关键机组实施在线状态监测与故障诊断技术，并对其信息进行计算机网络化管理，保证机组安全稳定运行，是非常必要的。

1 系统实施的技术背景

1.1 上海石化关键机组

上海石化现有 37 套大型关键压缩机组，在各生产装置中处于关键部位，通过多年的发展及技术改造，其仪表实时监控系统大都已采用本特利 3300 及 3500 系列，各生产装置操作控制均使用 DCS 控制系统。由于其位置非常重要，公司对其管理也非常重视，制定了关键机组特护管理制度，成立了关键机组特护小组，全方位、全过程、高层次地对其进行特级维护和管理。

1.2 上海石化开展状态监测工作的历史与现状

上海石化设备状态监测工作始于 20 世纪 80 年代，1988 年由当时的机械研究所成立状态监测室，全面负责全公司生产装置大型转动设备的状态监测及故障诊断工作，使用离线式数采仪，定期定机进行机组运行状态监测和数据采集分析工作，经过几年努力，培养了一支状态监测专业技术队伍，添置了一些较先进的仪器和设备，为我公司安稳长满优生产作出了贡献。目前，该状态监测室经过转制，隶属于上海石化统宜设备监测中心。

各事业部生产装置的设备状态监测工作，由于种种原因，发展很不平衡。有的装置在本特利 3300 或 3500 系列的基础上，发展了在线状态监测诊断系统；有的装置配置了离线状态监测诊断系统，进行定期监测分析；有的仅配置了一些简易监测仪器。最近几年，由于装置设备检修周期的延长，对机组进行状态监测工作的要求也越来越高，因此，为进一步搞好我公司设备状态监测诊断工作，及时监测和分析关键机组运行状态，确保生产装置安稳长周期运行，发展在线监测诊断系统网络化管理系统已势在必行。

1.3 上海石化设备信息化管理现状

近几年，由于计算机技术的发展和知识的普及，上海石化在 1997 年就已建立了覆盖全公司的局域网（OA 网），发展至今已与各事业部生产装置连通，形成了一套从上到下的计算机管理系统，实现了工厂计算机化管理。公司设备动力部也根据现代化管理的要求，积极开发和推广应用设备管理子系统，即将整个公司的设备管理纳入公司 OA 网，又自成体系，具有相对独立性。

2 系统结构与组成

上海石化大型关键机组在线状态监测与信息管理系统，是由在线监测系统及信息管理系统两部分组成。

2.1 系统概述

该系统是由公司设备动力部统一规划部署并实施，从公司总体角度出发，利用公司原有的 Intranet 网(OA 网)，只需在公司信息中心安装一台中心服务器，结合在各装置关键机组上安装的智能化数据采集器，就能管理全公司所有关键机组。公司 Intranet 网上任何一台计算机，都只需通过 IE 浏览器，直接调用中心服务器中的数据，随时查看动态实时 WEB 页面，以获取有关数据和信息，实现资源共享、信息共享、数据共享。

另外，该系统还利用公司生产实时数据库系统，将机组运行工艺量数据引入状态监测系统，可对机组进行工艺运行状态监测，拓展了原有系统状态监测功能，且无需再投入额外费用。

该系统的具体实施，见网络拓朴结构图(见图 1)。

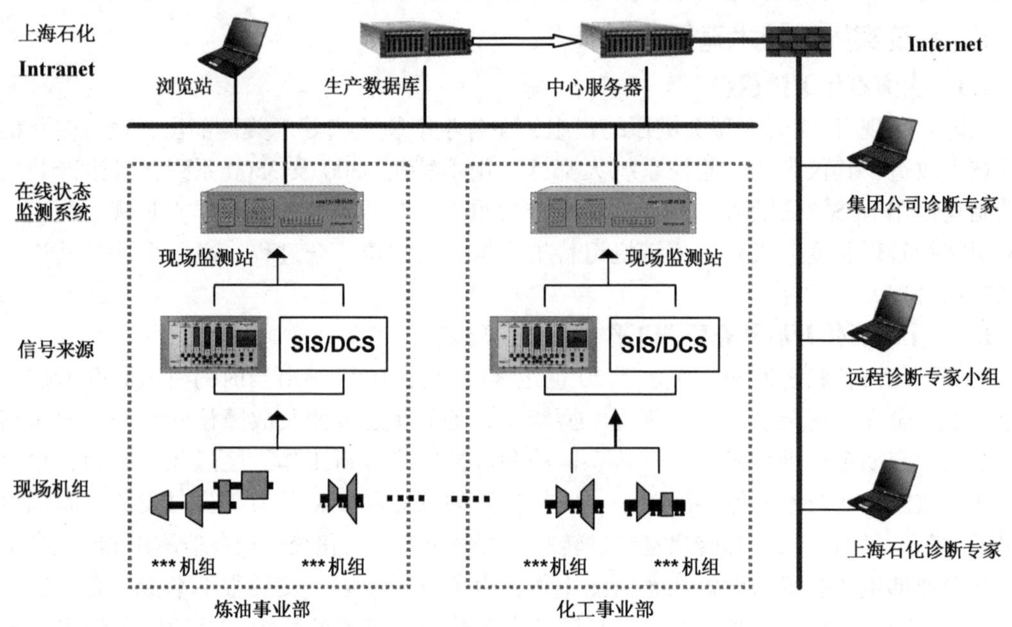

图 1 网络拓扑结构图

2.2 上海石化关键机组信息管理系统

上海石化关键机组信息管理系统，是在上海石化关键机组在线状态监测与诊断网络化的基础上，根据上海石化关键机组管理特点所开发的一套信息管理系统。图 2 是该系统的主页，从主页上可以看出，该信息管理系统有六大模块组成：

(1) 日常管理区，主要包括：专业管理重要信息的发布和浏览、机组运行状态浏览、专业管理文件发布和浏览、专业论文发布和浏览、专业技术交流和培训的技术文件发布和浏览、机组定期状态监测报告的发布和浏览以及专业技术和管理方面有关问题交流和讨论。

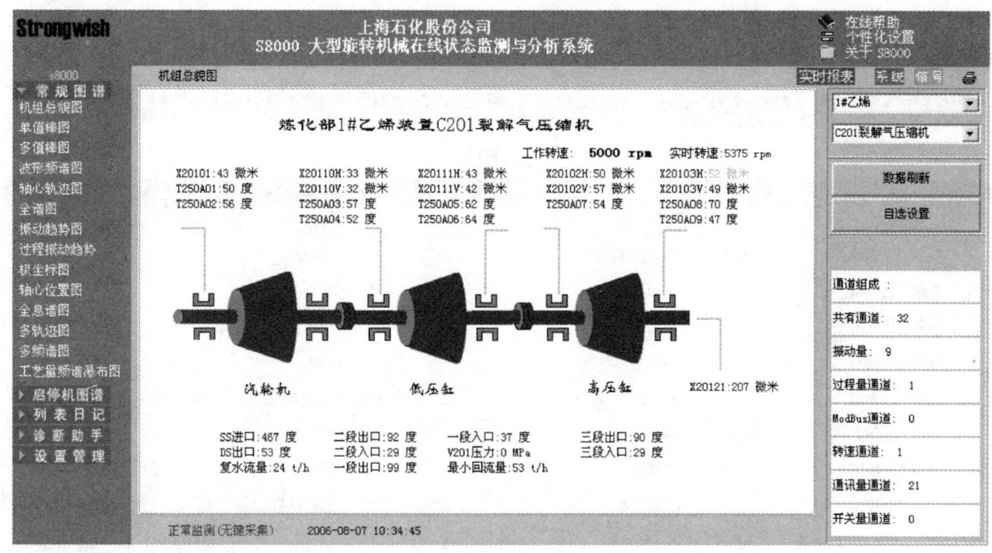

图 2 状态监测机组总貌图

(2) 动态信息区，主要包括：机组故障管理、检修管理、项目(技术改造)管理以及机组运行月报等动态信息管理。

(3) 公告浏览区，动态显示专业管理方面重大事件、重要会议等信息。点击标题就能查阅有关详细信息。

(4) 机组运行状态浏览区，动态显示公司所有关键机组运行技术状态，包括机组状态监测在线、机组转速、开/停机、振动量报警、过程量报警以及机组档案等信息。点击某机组状态监测“在线”，就可进入该机组状态监测主页(见图 2)，查阅该机组状态监测信息；点击某机组信息“详细”，就可进入该机组“技术档案浏览区”(见图 3)，查阅该机组技术特性、运行记录、检修情况记录等机组有关信息。

(5) 热点下载区，主要包括：S8000 分析图谱使用手册、S8000 用户设置手册、S8000 监测分站使用手册、java 虚拟机下载。

(6) 友情链接区，本系统还与各单位主要转动设备状态监测管理系统实现了友情链接，只要点接事业部名称，就可进入该事业部转动设备管理系统，浏览该事业部主要转动设备的状态监测信息和其他一些管理信息。

2.3 上海石化关键机组在线状态监测诊断系统

上海石化现有 37 套大型关键机组，分布于各事业部的 16 套生产装置，其管理采用公司设动部、事业部设动处、装置设备科(特护小组)三级管理模式，其在线状态监测诊断系统分成三个层次：

(1) 现场监测站 NET8000 数据采集和单机浏览：在机组本特利 3300 或 3500 监测仪表上安装智能化数据采集器(NET8000)，通过 NET8000 采集机组运行振动数据和有关工艺量信息。装置有关人员通过登陆机组现场监测站 NET8000 的 IP 地址，就可浏览该机组的状态监测信息。

(2) 中心服务器 WEB8000 数据接收、储存、备份和发布：现场监测站采集到的数据直接传送至事业部和装置设备管理部门，再通过公司 Intranet 网汇集至安装在公司信息中心的

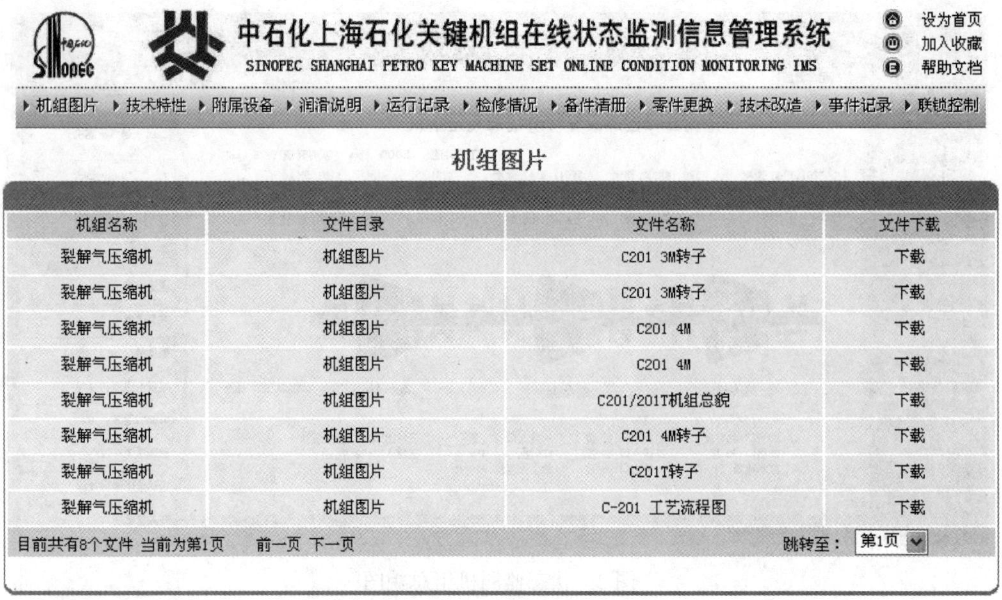

中石化上海石化关键机组在线状态监测信息管理系统

SINOPEC SHANGHAI PETRO KEY MACHINE SET ONLINE CONDITION MONITORING IMS

设为首页 加入收藏 帮助文档

▸机组图片 ▸技术特性 ▸附属设备 ▸润滑说明 ▸运行记录 ▸检修情况 ▸备件清册 ▸零件更换 ▸技术改造 ▸事件记录 ▸联锁控制

机组图片

机组名称	文件目录	文件名称	文件下载
裂解气压缩机	机组图片	C201 3M转子	下载
裂解气压缩机	机组图片	C201 3M转子	下载
裂解气压缩机	机组图片	C201 4M	下载
裂解气压缩机	机组图片	C201 4M	下载
裂解气压缩机	机组图片	C201/201T机组总貌	下载
裂解气压缩机	机组图片	C201 4M转子	下载
裂解气压缩机	机组图片	C201T转子	下载
裂解气压缩机	机组图片	C-201 工艺流程图	下载

目前共有8个文件 当前为第1页 前一页 下一页 跳转至：第1页

图3 机组技术档案浏览主页

中心服务器(WEB8000)。中心服务器再将接收到数据储存在中心数据库内，做好备份后发布到公司总局域网上。

(3) 中心服务器 WEB8000 网上浏览：连接在公司 Intranet 网上任何计算机，通过登陆中心服务器 WEB8000 的 IP 地址，就可上网浏览任何机组状态监测信息，如振动值、时域波形、频谱、轴心轨迹、历史趋势、报警清单、例行日报、周报、诊断结论等。

3 系统现场应用所达到的目标与功能

3.1 系统现场应用所达到的目标

由于计算机、通讯、网络技术的发展，设备状态监测诊断技术的应用进入了一个新的历史发展时期，由离线向在线发展、由单机系统向(多机)网络化系统发展，目前已实现在线状态监测网络化远程诊断。

MIS 信息管理系统是集计算机技术、网络通讯技术为一体的信息系统工程。而上海石化大型关键机组在线状态监测与信息管理系统，正是计算机技术、网络通讯技术发展的结果，也是两个系统在上海石化设备管理中实际应用的有机结合和发展方向。系统结合后可以达到以下几大目标：

(1) 充分利用公司现有资源和已建成的 Intranet 网，建立公司关键机组在线监测诊断系统信息管理网络，公司各级管理部门可使用浏览器在网上查阅有关数据和信息，实现资源共享、信息共享、数据共享。

(2) 利用在线监测系统建立大型数据库，可存储 5 年以上机组的各种运行历史数据，记录机组开停车数据及故障数据，建立各机组有关技术档案，实现计算机化管理，提高设备管理现代化水平。

(3) 公司设动部和设备状态监测室，利用在线监测和故障诊断系统，及时监测机组运行状态，发现故障及时跟踪分析和诊断，对运行机组的异常劣化趋势做到心中有数，实现机组现场和远程监测诊断。

3.2 系统现场应用所达到的功能

上海石化大型关键机组在线状态监与信息管理系统主体为创为实旋转机械状态监测系统(S8000 系统)，该系统实施建成后可具有如下功能：

(1) 连续监测功能：即对机组实行 24h 监控。各装置可根据需要进行可视化图形组态，显示整个机组的 PI 流程图，设置有关参数及报警点，动态显示机组的运行状态，一旦发生故障，可自动报警，防止突发事故的发生。

(2) 系统灵敏监测技术：可以设置多个灵敏监测门限，大大扩展了传统的简单报警范围，灵敏监测所采用的事件驱动和时间驱动相结合的方式，不仅可以监测并预采集主报警和预报警数据，同时对任何振动分量的偏差、渐变和跳变均设置了报警门限，以保证比传统监测更快速、准确地捕捉到报警数据。

(3) 系统“黑匣子”功能：当机组出现异常时，系统会自动进入“捕捉”状态，可以将发生异常情况前后一段时间的数据全部采集下来并加以保存，供分析之用。

(4) 系统“启停机自动采集”功能：机组的开停车数据对于分析机组的运行状态十分重要，系统的“启停机自动采集”功能，能在无人值守的情况下自动采集开停车数据，并将这些数据自动存入开停车数据库，不会漏掉任何一次开停车过程，供以后分析之用。

(5) 系统专业诊断分析功能：系统配备先进的分析诊断软件，由专业人员应用各种分析方法和图表，如频谱图、轴心轨迹等，直观地显示机组运行的状态和趋势，分析故障原因，预测机组故障发生的时间和部位，做到心中有数。

(6) 网络会诊功能：系统利用公司内部局域网和专家诊断软件，对机组的一些疑难故障，进行网上诊断。

在此基础上，结合上海石化关键机组管理特点，建立上海石化关键机组信息管理系统，对关键机组设备信息实行计算机化管理，有关的管理信息可通过网络进行查询和发布，扩展了一些转动设备/关键机组的管理功能，主要包括以下几个方面(见图 4)：

(1) 信息公告：发布专业管理信息，主要有：专业会议通知、重大事件通告、重大故障通报等。

(2) 机组运行状态：由机组运行状态一览表，显示公司所有关键机组运行状态，若要想获得机组更多信息，点击“状态监测”和“机组信息”等栏目，可进入“上海石化关键机组在线状态监测远程信息管理系统”，浏览该机组状态监测信息和机组档案信息等。

(3) 管理文件：上传并阅览转动设备管理方面国家和集团公司方针、政策、法规和规定以及本公司转动设备管理制度、标准等。可复制和下载一些管理方面的标准表式。

(4) 论文发表：本专业内部论文发表和浏览。

(5) 技术交流与专业培训：上传并阅览转动设备专业技术交流和培训的内容，主要有图片、电子文档、DV 等。

(6) 检修技术与标准：上传并阅览各类转动设备检修技术方法、规程以及验收标准；上传并阅览各关键机组检修标准稿；复制和下载各类转动设备检修记录表式和验收记录表式。

(7) 故障管理：关键机组故障统计和分析报告以及各类转动设备重大故障分析报告上报，可查阅有关详细信息。

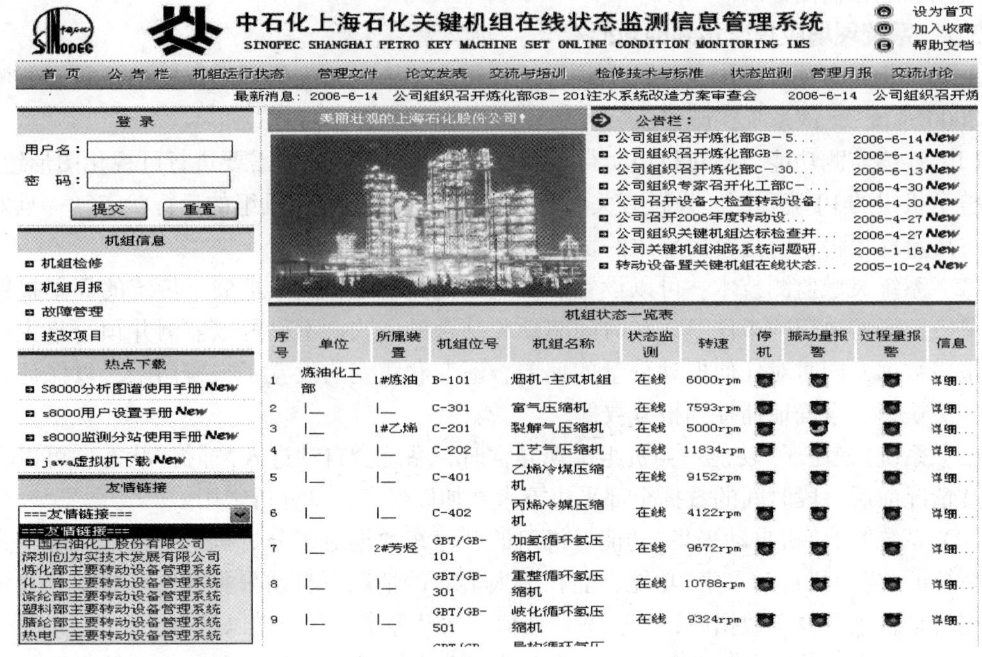

图 4　系统主页

(8) 检修管理：关键机组检修情况统计和汇总，以及机组系统大修方案上报。

(9) 项目管理：关键机组重大技术改造方案、公司级报废更新项目技术交流文件上报。

(10) 状态监测：各关键机组状态监测报告上报。

(11) 机组月报：填报与浏览各关键机组运行月报；复制和下载各类机组运行月报空白表。

(12) 交流讨论：转动设备专业技术和管理方面有关问题交流和讨论。

4　结论

为了进一步搞好上海石化大型关键机组设备管理，提高上海石化设备管理信息化和现代化水平，搞好大型关键机组的设备信息管理系统，是目前和今后的发展方向，而计算机知识的普及化和大型关键机组在线状态监测诊断的网络化，为进一步搞好大型关键机组的设备信息管理系统创造了条件。该系统实现后将提高上海石化设备管理现代化水平，为确保生产装置安全长周期稳定运行，带来潜在的和巨大的经济效益和社会效益。

而深圳创为实公司的 S8000 系统以及根据上海石化关键机组管理特点而开发的信息管理系统，符合目前上海石化关键机组管理的需求，正是上海石化关键机组及转动设备管理的发展方向和目标，整个系统实施后实现了上海石化关键机组及转动设备的计算机化、信息化管理，真正做到了为我公司生产保驾护航，并将为我公司的设备技术管理水平上一个新的台阶，提供有力的技术支持和保障。

（上海石化股份公司设备动力部　俞文兵）

3. 实施完整性管理提升炼油化工转动设备运行的可靠性

设备完整性是在正常运行情况下设备应有的机能状态，设备在物理上、功能上是完整的，在生产安全、可靠性方面处于受控状态；是设备运行的完好性，企业通过加强使用、维护、检修管理和技术改造，来保证这样的状态，防止故障或事故的发生。

设备完整性管理是指采取技术改进措施和规范设备管理相结合的方式来保证整个装置中关键设备运行状态的完好性。与传统的设备管理相比，设备完整性管理更强调安全、效率、效益、环保，企业需要承担更多的安全环保责任和社会责任。设备完整性管理是一个完善、系统的管理过程，以保证设备完整性为首要任务，用整体优化、均衡的方式管理设备整个生命周期，实现设备运行本质安全和节约设备维持成本并可持续发展。

1　设备完整性的内涵和特征

1.1　设备完整性内涵

（1）设备在物理上、功能上是完整的；

（2）设备在安全、可靠性方面始终处于受控状态；

（3）企业已经并将不断采取行动保证设备的完好性，防止故障或事故的发生。

1.2　设备完整性特征

（1）整体性　是指一套装置或系统的所有设备的完整性。单个设备的完整性要求与设备所在的装置或系统内的重要程度有关，即运用风险分析技术对系统中的设备按风险大小排序，对高风险的设备需要加以特别照顾。

（2）全过程　设备完整性管理是全过程的，从设计、制造、安装、使用、维护直至报废。

（3）技术与管理相结合　设备完整性管理是采取技术改进和加强管理相结合的方式来保证整个装置中设备运行的良好、可靠性，其核心是在保证安全的前提下，以整合的观点处理设备的操作或作业的落实与品质保证。

（4）动态的　设备完整性状态是动态的，需要持续改进。

2　设备完好、设备可靠性与设备完整性之间的关系

2.1　设备完好的特点

设备完好是恒量单个设备或系统所处技术状态的标准或指标，主要包括四个方面：①运行正常、效能良好；②各部构件无损，质量符合要求；③主体整洁，零部件齐全好用；④技术资料齐全准确。

设备完好具有以下特点：①完好具有时效性，此时完好，彼时可能就不完好了，带有明显的时间特征；②标准具有唯一性，同一台或同一类型的设备，其完好标准只有一个；③完好标准带有很强的技术特征，以技术指标或特性来表征设备所处的运行状态。

2.2　设备可靠性特点

设备可靠性是指在规定的时间和给定的条件下，设备无故障完成规定功能的能力，可靠性是设备、部件、元件、产品或系统完整性的最佳数量的度量。设备可靠性的特点如下：

(1) 可靠性贯穿在产品、系统的整个开发过程，包括设计、制造、试验、运行、管理等；

(2) 可靠性工程涉及元器件失效数据的统计和处理、系统可靠性的定量评定、运行维护、可靠性和经济性的协调等各个领域；

(3) 设备的可靠性是贯穿于整个寿命周期全过程的时间性度量指标，从设计规划、制造安装、使用维护到修理、报废为止，可靠性始终是设备的灵魂。

总之，设备完整性管理的目标是不断提高设备可靠性，使设备始终处于完好、受控状态，它是一套完整的管理体系和管理程序。换言之，完整性管理是手段，设备可靠、完好是目标。

2.3 设备完整性管理特点

(1) 强调设备管理体系的整体有效　确保一个工厂或一套装置的完整性；单个资产的完整性要求与其在工厂、装置中的重要程度有关；制定有针对性的工厂、装置、设备完整性要求。

(2) 设备健康情况是动态的　必须建立覆盖整个设备生命周期每一阶段、持续改善设备健康的机制。

(3) 工作必须遵从标准　建立企业标准化的、完整的业务流程和作业文件，并要求员工依照标准执行。

(4) 各个业务、作业要定期审核　业务、作业过程要配置品质保证环节，或实施品质保证作业，确保每一项业务和作业的品质。

(5)“预防”重于“治疗”　实行设备定期检查，预知设备运行状况；强化设备异常状态的管理与处置；关键设备必须开展预防性维护；依据设备运行状况执行适当的预防性维护。

3　设备完整性管理应用范围

确保设备或系统符合健康、安全、环保、装置运行的连续性及可靠性等目标。特别是对工艺安全的关键性设备、设施，例如：

(1) 压力容器；

(2) 储罐；

(3) 关键性的管道系统及管道元件、阀门；

(4) 安全减压、排放系统及装置；

(5) 紧急停车系统；

(6) 关键控制器(监测装置、传感器、警报器)、联锁、仪表；

(7) 泵、压缩机、风机及其他关键性旋转设备；

(8) 消防系统；

(9) 对维持工艺控制或执行紧急系统至关重要的公用工程；

(10) 防雷防静电接地；

(11) 其他对安全、环保有可能产生重大影响的设备、设施。

4　设备完整性管理原则

(1) 在设计、建设和运行新设备及系统时，应融入设备完整性管理的理念和做法。

(2) 结合设备的特点，进行动态的完整性管理。

(3) 要建立负责进行设备完整性管理的机构、管理流程并配备必要的手段。

(4) 要对所有与设备完整性管理相关的信息进行分析、整合。

(5) 必须持续不断地对设备进行完整性管理。

(6) 应当不断在设备完整性管理过程中采用各种新技术。设备完整性管理体系体现了安全管理的组织完整性、数据完整性、管理过程完整性及灵活性的特点。

5　转动设备完整性管理的主要内容及程序

5.1　建立设备完整性管理体系架构

完整性管理体系是由6个环节与5个层次交错组成的，每个环节都需要这5个层次的支持和应用(见图1)。

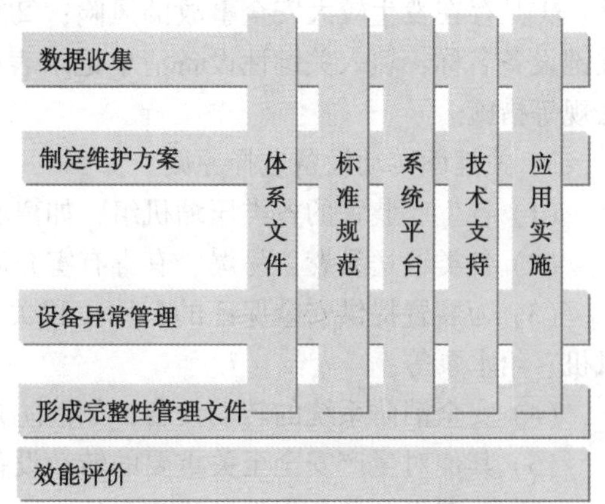

图1　设备完整性管理体系架构

5.1.1　完整性管理的六个环节

(1) 数据收集　筛选和建立关键设备清单，收集相关资料并进行初步分析评价；

(2) 制定维护方案　定期维护保养和检查、检验、测试、状态评价的标准、方法、频次等；

(3) 可靠性分析　定期收集、整理设备运行数据，制定设备运行参数操作范围和警戒线、使用上线，评价设备是否处于安全状态；

(4) 设备异常管理　对异常状态进行诊断、分析并提出改进措施；

(5) 形成完整性管理文件　将设备完整性管理活动纳入规范化、标准化、制度化轨道，使之成为一项可持续性的活动；

(6) 效能评价　评价活动效果，改进、完善管理程序、方法及内容。

5.1.2　完整性管理的五个层次

(1) 体系文件　管理手册、程序文件和作业文件；

(2) 标准规范　作业要求；

(3) 系统平台　信息化理；

(4) 支持技术　实施技术手段；

(5) 实施应用　落实反馈。

5.2　转动设备完整性管理内容

5.2.1　准备阶段——关键性设备清单及数据收集

1) 本阶段工作的主要内容

(1) 建立各装置关键性设备清单，对所有关键性设备逐一进行资收集、整理，建立台账、完善档案，了解其运行状态、可能的失效部位、故障类型及后果等。

(2) 收集设备完整性管理数据，包括设备结构图、制造和出厂检试验资料、运行和监测记录、检维修记录、安装和试车记录、设备的原始设计技术参数、转子动平衡记录、应急处理计划、事故报告、技术评价报告、操作规程及相应标准等。

(3) 分别对每台设备进行初步分析评价，确定需要优先考虑的高危设备及重点预防的失效类型。

(4) 必要时可依靠专家或行业习惯所提供的经验。

2) 关键性设备清单

关键性设备是指因失效可能导致或促使工艺事故，造成人员死亡或严重伤害、重大财产损失或重大环境影响的部件、设备或系统。建立关键性设备清单，是机械完整性的第一步，各运行部按照关键性转动设备选择原则列出本区域转关键性转动设备清单，且说明作为关键设备的理由。列出关键性设备故障曾经或可能导致的较大安全事故的案例，内容包括：①是存在发生较大安全事故的风险；②在流程图上标出关键清单的位置；③把标出的关键设备名称，填入关键性设备清单记录表中；④补充关键性设备清单，通过检查、法律法规等措施。

3) 关键性转动设备选择原则

(1) 各生产装置的各类压缩机组，如离心式压缩机、往复式压缩机、螺杆式压缩机等；

(2) 各类输送易燃、易爆、有毒有害介质的机泵、特种阀门；

(3) 为装置提供安全保证的公用工程关键转动设备，如空压机、氮压机、锅炉的鼓引风机、给水泵等；

(4) 安全消防系统的转动设备，如消防泵、应急发电机等；

(5) 其他对生产安全至关重要的转动设备；

(6) 关键设备的备用设备或零配件。

5.2.2 制定关键性设备预知/预防性维护程序

对关键性设备建立预知性/预防性维护程序，在设备劣化程度达到可接受的劣化标准前，实施维护，避免故障发生。预知/预防性维护计划的实施需要通过多次检查与测试等手段来判断劣化程度，制定维护计划消除故障发展。预知/预防性维护计划实施步骤如下：

(1) 确定预知/预防性维护的设备；

(2) 将检查、测试方法文件化；

(3) 设定检查、测试频率；

(4) 判定可接受性能的范围。

5.2.3 关键性设备可靠性分析

对关键性设备进行可靠性分析，是一个消除设备设计、流程设计、操作程序、零件更换和管理系统缺陷的过程，是设备完整性管理的核心。

1) 数据收集

进行可靠性分析需要大量的数据，从基础的数据到复杂数据，收集系统产生的不计其数的数据段。数据收集包括数据收集、整合、更新和管理等内容，转动设备的数据类型主要分五种：①原始数据，如设计、制造、安装、试运行记录等资料；②工艺运行数据，如介质的流量、温度、压力、密度、组分、相对分子质量等；③在线、离线状态监测历史数据及维护保养和检修资料等；④其他可能影响转动设备安全运行的敏感信息、数据；⑤事故、故障及其风险数据。

2) 开展关键性设备可靠性分析的主要步骤

(1) 判断确定关系工艺安全的关键性转动设备；

(2) 记录实际操作数据和收集设备历史数据；

(3) 组织整理数据；

（4）审查和分析数据，判断需要纠正的潜在问题和趋势；

（5）执行纠正措施。

3）开展可靠性分析的方法

（1）离线监测、在线监测/状态监测；

（2）油质分析；

（3）定期检查检验；

（4）长期运转数据积累分析。

4）对数据进行分析

（1）连续定期记录数据，绘制曲线图；

（2）分析找出规律，制定接受标准，判定安全运转时间。

图2为某关键转动设备的运行曲线、警戒线、使用上线示意图。

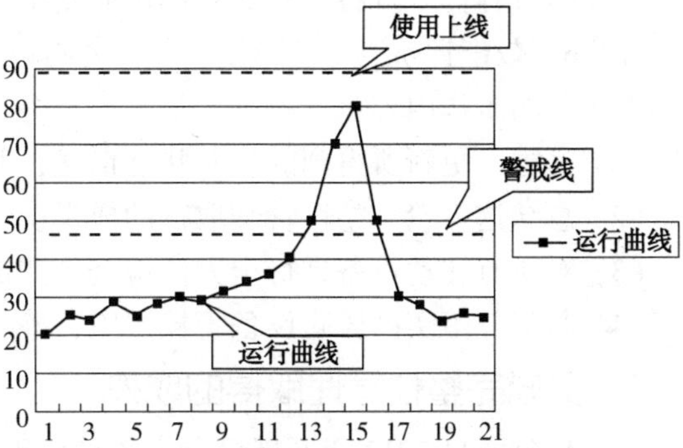

图2　转动设备运行曲线示意图

5.2.4　设备异常管理

（1）缺陷设备的管理　包括三个不同深度的FFS分析方法（Fitness For Service，即合乎使用性评价，见图3）：第一层，简化但保守的分析方法；第二层，依赖更多的检测数据，更准确；第三层，模型化定量分析。

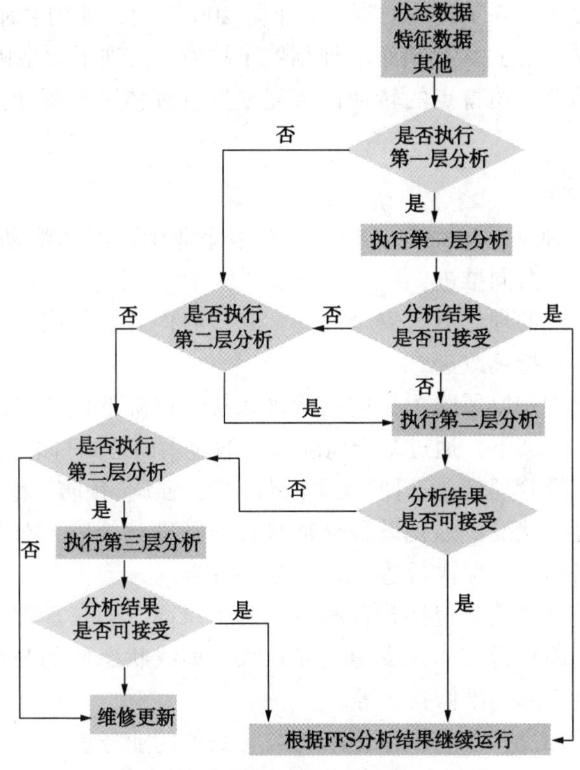

图3　缺陷设备FFS分析流程示意图

（2）缺陷监测、监控　监控方案和应急预案。

（3）缺陷的维修与处理　检修、改造和更新计划。

5.2.5 形成完整性管理文件

主要包括以下内容：设备资料管理、设备操作管理、设备维护保养管理、设备检修管理、设备变更管理、设备报废管理等。

在完善管理的基础上，编制了各类转动设备的检修规程、完好标准以及检修质量控制导则，作为过程控制资料，有效管控作业安全和质量。

5.2.6 效能评价

本阶段的工作内容：

(1) 完善、更新所得到的设备状态信息，并将这些信息以适当方式保存下来。

(2) 总结这一轮完整性管理取得的成果、经验，修改完善完整性管理方案、计划。

(3) 对所有转动设备进行全方位检查、测试、评估，补充完善关键性设备清单。

(4) 制定并落实高风险设备管控措施，确定开展新一轮完整性管理活动的时间。

6 实施完整性管理取得的成效

某石化公司自2013年开展设备完整性管理活动以来，经过两年多的实践，取得了明显成效：

(1) 转动设备故障率大幅下降，从2012年故障次数157台次降至2014年的77台次，平均故障率从2012年的14%降至2014年的6%左右；

(2) 转动设备优良运行率明显提高，由2012年的85.27%降至2014年的97.35%；

(3) 机械密封、轴承消耗量连续三年平均下降20%以上，使用寿命明显延长；

(4) 2013年以来未发生过大型机组非计划停车故障，实现了大型机组安全平稳运行；

(5) 形成了一套适合公司特点的转动设备完整性管理体系和程序文件，保证完整性管理活动的可持续开展。

7 几点体会

(1) 设备完整性管理是一项系统工程，它牵涉企业生产经营活动的所有业务和环节，需要各个部门齐心协力、共同推进；

(2) 设备完整性管理的理念就是安全理念，其核心内容：①岗位责任制；②风险识别与管控；③可追溯性；④持续改进。

(3) 设备完整性管理是以风险为导向的管理系统，以降低设备系统的风险为目标，在设备完整性管理体系的构架下，通过基于风险技术的应用而达到目的。

(4) 转动设备完整性管理就是一种“无事故哲学”，强调“预防”重于“治疗”，实行设备定期检查，预知设备运行状况；强化设备异常状态的管理与处置；对关键性设备必须开展预防性维护；依据设备运行状况执行适当的预防性维护。

(5) 设备完整性管理的实施包括管理和技术两个层面，即在管理上建立设备完整性管理体系；在技术上以风险分析技术作支撑，如在线、离线状态监测与诊断技术、可靠性分析技术以及以可靠性为基础的维修技术等。

(6) 工作必须遵从标准，建立企业标准化的、完整的业务流程和作业文件，并要求员工依照标准执行。

（中海石油宁波大榭石化有限公司　黄梓友）

4. 提高标准综合治理确保高危泵长周期健康运行

锦州石化公司于 2011 年 4 月开始进行高危机泵密封系统改造。初期的目的是以解决丙烯泵密封频繁泄漏检修为出发点，经过调研优选供应商，最终确认与天津约翰克兰合作。在方案制定上严格执行 API 标准，并结合公司具体情况制定了公司高危泵改造方案。按照密封系统选型标准化、系列化，密封选材优化，报警系统可视化的原则进行改造。对机泵运行故障、密封运转时间和失效原因进行统计，不断提高密封可靠性，密封失效率大大降低，运行周期不断延长。

在后期的使用维护中，我们与约翰克兰建立了稳定合作关系，他们在锦州建立了服务中心，有相应的密封修复打磨打压机具及密封备件库。人员定期对厂内密封进行巡检，针对每一次密封失效提供完整的分析报告，并每月对失效密封进行汇总分析形成月报。锦州石化和约翰克兰合作利用先进成熟的数据统计方式跟踪密封总体运行情况，对频发密封故障进行综合分析，提出相应的改进意见，并针对机泵、密封和操作制定相应改进措施，循环分析不断改进，提高了公司高危机泵的运转水平。

经过近三年多改造，锦州石化公司的高危泵改造达到了预期的效果，公司现有串联密封高危泵 274 台，串联密封 395 套。图 1 为串联密封在各装置分部图。

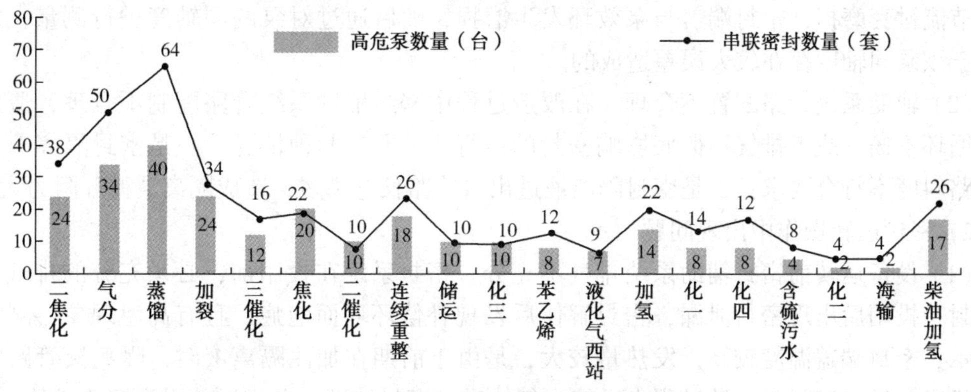

图 1　串联密封在各装置分部图

1　密封改造选型方案

根据 API 标准的要求，结合锦州石化公司的现场实际情况，制订符合锦州石化的密封选型方案。

（1）高温泵选型方案　依介质温度和杂质、冲洗油形式、入口压力等参数综合考虑。高温泵密封采用高温波纹管，考虑介质的腐蚀性选用不同的材质。62 采用低压干蒸气或氮气(防止对人员造成伤害)，隔离液为不易结焦的导热油；52 设压力和高液位报警、53B 设压力报警、53A 全部由氮气瓶供气，设压力和液位报警。对于变频电机的设备，密封泵送环应特殊设计，泵变频最低转速不能低于 1500r/min。

（2）轻烃泵和有毒有害选型方案　以入口压力为条件，介质作为参考选型依据。采用方案：11(21)+53B。密封以小弹簧结构为主，根据介质情况，合理选择密封圈材质。隔离液为低倾点 10 号工业白油，以满足冬季室外使用。隔离液冷却器采用外置的独立冷却器，便于清理，增强冷却效果；冷却器采用水平盘管，禁止采用垂直盘管，便于操作排气，以免形成气阻影响隔离液的循环。图 2 所示为密封改造选型方案。

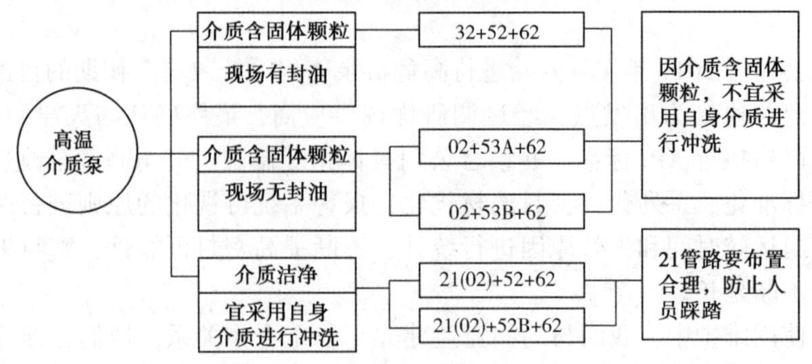

图 2　密封改造选型方案

2　密封改造中出现的问题

高危泵密封改造和运行过程中出现了很多的问题，经过查找分析原因都得到了有效解决，主要有以下几种情况。

1）密封改造过程中出现的问题

（1）泵同轴度问题　机械密封安装后，出现盘车困难现象。经过检查发现密封轴套与密封节流衬套磨损，密封端盖与泵效环发生磨损，随后通过对泵的同轴度进行测量，发现是由于该泵同轴度存在较大误差造成的。

（2）辅助系统管路配置不合理　在改造过程中密封辅助系统管路配制不合理，造成隔离液循环不畅，或者排气不彻底影响密封的运行。主要有两种情况，一是密封隔离液进出口管路斜度不符合要求；二是密封隔离液进出口管路长弯头多，造成隔离液循环阻力大。

2）密封运转操作中出现问题

（1）设备运转前密封辅助系统排气不充分　密封系统在投用前，必须充分的排气；部分密封在投用后出现密封泄漏，密封解体后发现补偿环环面疱疤，且有高温现象，测温结果显示，密封端盖温度较高，发热量较大，是由于前期在加注隔离液时，隔离液管路气体没有排净，导致密封在运转过程中系统内气体进入密封端面，造成局部干摩擦造成的。

（2）工艺条件波动泵抽空　由于工艺条件不稳，造成设备抽空，导致密封损坏，密封解体后发现密封介质侧弹性元件严重变形，静环破裂，密封损坏严重，导致密封泄漏。

（3）操作不当造成密封反压　串联密封在更换隔离液时，未将泵内介质压力排出，导致密封出现反压，端面进入不洁净工艺介质，造成密封端面磨损从而引起密封泄漏。

3）工艺条件变化造成的问题

（1）外冲洗 PLAN32 不足或中断　某台高温泵密封出现内漏，解体后发现内密封波纹管有大量介质杂质与高温结焦，经过检查发现为 PLAN32 冲洗不足或中断，导致内密封温度过高，较脏的杂质进入密封端面，造成密封失效，密封修复后对 PLAN32 冲洗管路进行改善，调节冲洗压力，维修后密封运转正常。

（2）工艺参数改变造成的问题　设备工艺条件变化，导致出入口压力偏离设计点过多，造成密封泄漏。可根据实际工艺条件重新设定隔离液工作压力和报警压力进行解决。

4）介质腐蚀造成的问题

(1) 对密封圈的腐蚀　某台设备密封出现泄漏，通过对密封的拆解发现，介质侧O形圈出现碳化、硬化变方现象，最终确认介质中硫化氢含量偏高，氟橡胶O形圈不适宜在该环境下工作，最终将氟橡胶材质O形圈更换为醛氟醚材质，密封失效问题得到了解决。

(2) 介质腐蚀　部分设备的介质具有强烈的腐蚀性，例如环烷酸会对密封的波纹管和轴套造成腐蚀。设计初期没有考虑到这一因素，运行一段时间后发生了腐蚀问题，将密封材质进行升级后问题得到了解决。

3　维保体系的建立

1）建立维修服务中心

通过与约翰克兰协商，申请在锦州成立维修服务中心，公司为技术服务人员办理长期入厂证，方便随时解决现场问题。维修中心内设密封检测仪器和维修平台。约翰克兰针对装置情况，结合装置装机表与现场设备运行记录，准备合理数量的集装式密封和密封维修包。约翰克兰负责管理和补充使用消耗，对双方库存定期进行存量优化，确保装置维修及时性和成本控制。

2）现场服务

锦州石化公司每年与约翰克兰公司签订《机械密封服务协议》，协议中对密封寿命、维修等级、责任划分进行了详细的规定。要求约翰克兰为锦州石化提供7×24小时的快速反应服务，及时解决现场出现的与密封相关的问题，并明确工作流程，如图3所示。

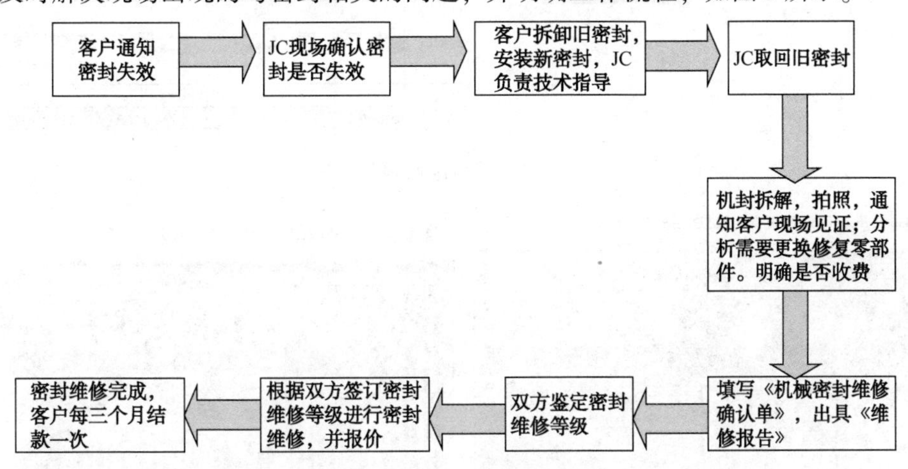

图3　服务人员现场作业流程

3）出具检修报告

在密封拆解过程中有锦州石化检修技术人员和密封维修服务人员一起现场确认，明确责任，出具维检修报告，报告详细说明密封失效状况并有原因分析与解决建议。从2013年到2015年，约翰克兰共出具了报告251份，如图4所示。

4）密封运行寿命管理

锦州石化与约翰克兰签定密封质保期为25000h。对密封损坏未达到25000h的，结合现场实际情况进行责任划分，有甲付、乙付、甲乙共同承担三种方式，并由密封供应商、检修车间和机动处三方共同确认。

为了更加科学地对密封运行寿命进行评估，锦州石化引入MTBR、MTBF概念，用以衡量密封的运行状态。每月以月报形式对密封运转情况汇总，对故障密封统计分析。相关人员定期召开例会，讨论重点机泵与多次失效机泵密封的解决方案与实施效果。对重复失效位号的密封，充分考虑生产、设备等综合因素，结合机动处最差机泵整改，落实解决方案。图5所示为MTBR/MTBF变化趋势和重复失效密封统计。

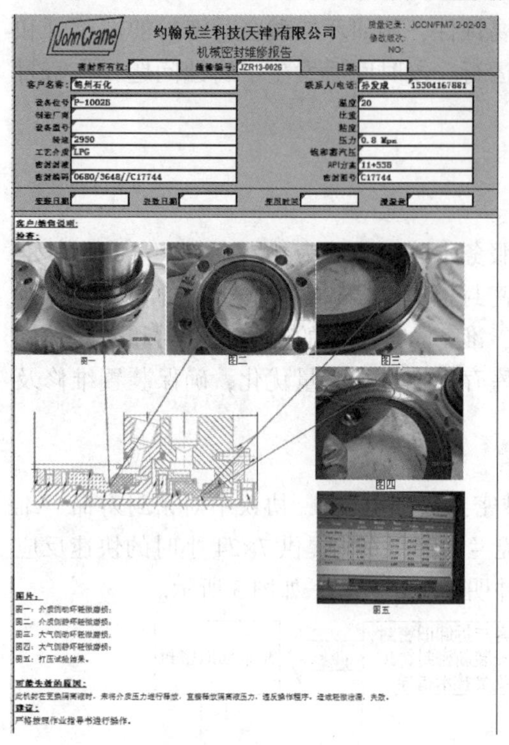

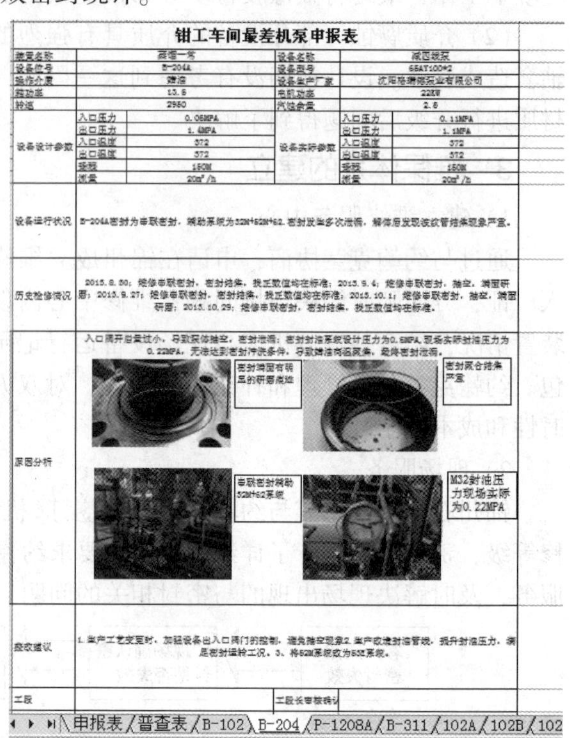

图4　密封维修报告

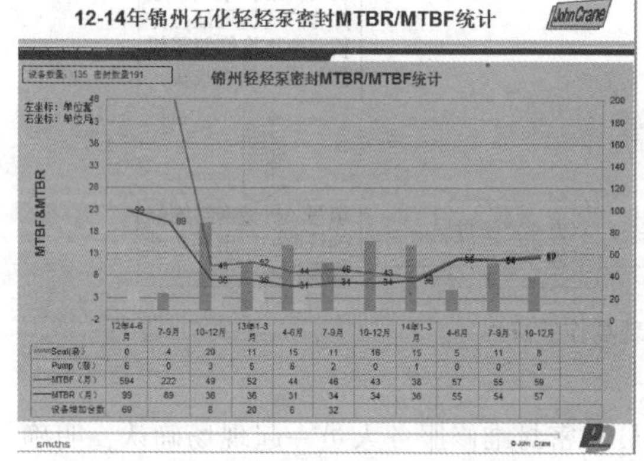

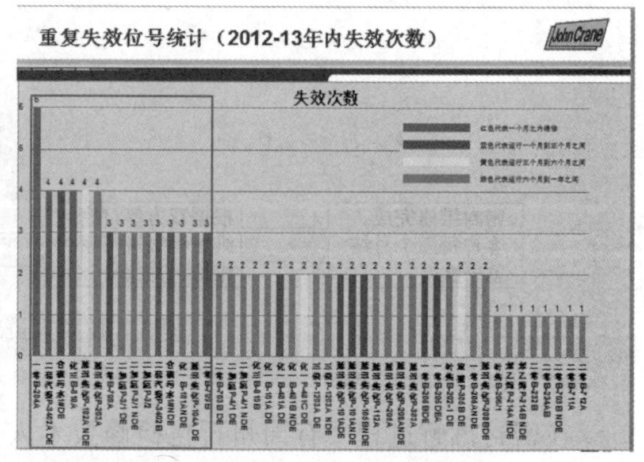

图5　轻烃泵MTBR/MTBF和重复失效密封

5）做好信息化建设工作

约翰克兰公司通过对三年来失效密封数据的统计，引入了interface设备管理软件，并从2015年开始由专门人员进行运行情况数据录入，更加方便锦州石化密封运行状态的管理与统计，如图6所示。

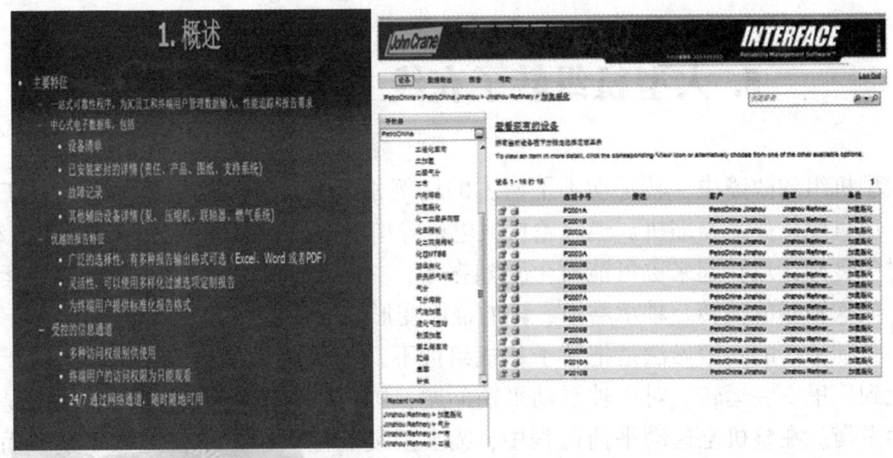

图 6　密封信息化管理软件

4　密封标准化建设工作

为了配合密封改造锦州石化编写了《机泵密封布置及辅助系统参考手册》，作为串联密封选型标准和选型依据。

1）密封选尺寸标准化

在密封改造期间，锦州石化组织密封厂家与泵厂家针对改造机泵涉及较多的轴径进行标准化设计，其中 45mm、54mm、75mm 轴径占所有改造机泵轴径的 70%。对部分设备的泵体密封腔进行改造，减少密封种类，提高密封的通用性。

2）密封冲洗系统标准化配置

由于现场条件限制，密封冷却系统采用循环水，水质不佳，为了便于清理提高冷却效果，所有系统的冷却器外置。冷却水进出口管线标准配置于泵体两侧，回水视镜配置统一高度。

3）状态监测系统标准化

高危泵增设振动在线监测，密封系统液位、压力等监测点信号引入 DCS，实现报警功能，方便员工及时了解密封运行状态。

4）远程停泵和紧急切断系统标准化

部分关键机泵现场增加远程停泵和设备出入口增设紧急切断阀，方便员工在机泵出现紧急故障后及时停泵和关闭阀门。

5　结论

近三年来，锦州石化公司在高危泵管理上不断完善，依据 API 最新标准和机泵密封运行数据统计分析不断总结经验，在密封可靠性及长周期运行方面取得了实质性突破，公司机泵密封运行故障率逐年降低。在今后工作中将进一步加强与密封厂家的合作，在密封寿命管理和密封标准化、系统化方面进行尝试性工作，制定相应的工作协议和工作标准，并在密封信息化管理方面逐渐引进约翰克兰国际管理经验，密封的预知性维修率将进一步提高。

（中国石油锦州石化分公司机动处　杜开宇）

5. 大型机组转子在线主动平衡技术

在大型机组的故障中，转子动不平衡占的比例相当大，排除这类故障一直是工程技术人员的一项重要任务。压缩机、燃气轮机或电机等串联的机组，即使各转子经严格动平衡，且安装对中良好，运转起来也可能发生强烈振动，并将产生一系列的不利于设备运行的动态效应，如联轴器的偏转、轴承磨损、轴的挠曲变形等故障，危害极大。

目前，动平衡的一般做法是把转子从机组拆下，然后运到专业厂在动平衡机上进行平衡，再运到厂里安装运转。对于轴系动平衡问题，国内外普遍采用的解决方法就是进行整机全速动平衡。在整机全速动平衡过程中，需要反复启停机组，不仅延误工期，而且造成巨大经济损失。采用在线主动平衡系统，可望在正常转速下就能解决问题，所带来的经济效益和社会效益是难以估量的。再者整机全速动平衡的精度较低，采用在线主动平衡系统后，可望将机组的残余动不平衡量值在线降到更低的水平，这对于提高机组运行效率和运行寿命都会起到十分积极的作用。

在线主动平衡系统的投入使用，必然会提前预测和发现机组运行中出现的不安全隐患，自动采取措施，避免和杜绝恶性事故的发生，其所带来的社会效益是不可估量的。在线主动平衡系统对于防止透平、压缩机的有害振动，将起到不可替代的作用。

1 轴系的动平衡

1.1 挠性转子轴系的现场动平衡原因

汽轮机组等由多个挠性转子组成的轴系，虽然各个转子安装前都已经过了低速或高速动平衡，但在现场组成机组进行调试时，有时还需要进行整个轴系的现场动平衡，其原因是：①各转子连成轴系后，临界转速和振型都发生了变化，因而单个转子的残余不平衡量可能激发起轴系较明显的振动；②个别转子(如汽轮机转子)没有进行高速动平衡，有些零件(如波形联轴节等)没有与转子一起参加动平衡；③各个转子对中不良，支承点标高调整不当以及基础有不均匀沉降等；④转子运行后发生热变形和内应力的变化。

1.2 挠性转子轴系的现场动平衡现状

瑞士 B. B. C1972 年的统计指出："该厂生产的汽轮发电机组大约有 25%需要在现场进行轴系平衡，并认为对于大机组这方面还缺乏经验，估计百分率还会增高"。我国 20 世纪 70 年代中期生产的 200MW、300MW 机组，大约有 60%以上需要在现场进行轴系平衡。在 80 年代和 90 年代初，由于我国中小机组设计、制造工艺进一步完善，此百分率有显著降低。但是 90 年代中、后期生产的引进型 300MW、600MW 机组，在现场需进行轴系平衡的比例高达70%~80%。国内安装的国外制造的机组，对于不同的制造厂，此百分率有较大的差异，但一般也不低于 25%。

1.3 挠性转子轴系的现场动平衡难点

与单转子平衡相比，轴系动平衡的难点是：

(1) 轴系平衡时加重平面一般只能在转子端部和外伸端选取，目前运行的汽轮机高、中压转子，在不开缸情况下，只有少数进口和引进型机组上能在转子主跨内加配重，绝大多数机组还不能在汽轮机高中压转子主跨内加配重。

(2) 对于轴系平衡来说，要考虑相邻转子不平衡振动的传递，这种振动传递主要是由于转子连接采用固定式连轴器之后，相连转子的不平衡扰曲在某些情况下对本转子产生显著影响，因此给不平衡位置判断带来困难。

(3) 在轴系平衡中往往存在不平衡振动不稳定问题，其中不仅受转子温度影响，而且还存在其他运行条件，例如动静间隙消失，在工作转速下转轴产生径向碰磨引起的振动与要平衡的振动难于区分，这种转子受热影响和外来不平衡都将给轴系平衡带来严重障碍。

(4) 轴系平衡的目的不仅是保证机组空负荷下振动满意，而且还应保证机组不同负荷甚至满负荷下振动都满意。

(5) 连成轴系后转子振型变化，其原因除轴承座动刚度、油膜刚度与单转子平衡存在差别外，连成轴系后转子轴端连接状态和支承标高发生变化也是重要原因之一。一个整体式柔性转子，例如发电机转子，其不平衡分布规律一般是不知道的。连成轴系后转子振型变化是不可避免的。

(6) 要补偿转子热不平衡。目前国内各制造厂对汽轮机、发电机转子平衡，尽管不少制造厂拥有了高速平衡设备，但还是在常温下进行，它与转子实际运行温度有较大差别。汽轮机转子可以采用热箱进行模拟，但发电机转子则难于模拟运行中的温度分布。由于汽轮机、发电机转子温度升高而引起热变形，产生新的不平衡。转子热变形引起的热不平衡，只有在现场转子连成轴系、机组带上负荷后才能反映出来，但彻底查明和消除这种热不平衡一般较为困难。因此除少数机组转子存在较大的热弯曲量而需要彻底查明和消除外，大多数转子热不平衡是通过轴系平衡方法给予合理补偿。引进型300MW机组，就目前统计资料来看，凡是新机投运，现场轴系平衡的比例高于50%，其轴系不平衡响应必然显著偏高。

(7) 花钱多耗时长。现场轴系平衡一般要启动机组及一切附属设备，如果是单元制，还要启动锅炉，这就要消耗大量的电量和燃油。目前国内100~300MW机组启动一次，仅燃油和用电消耗一般要花费5~10万元人民币，国外更高，而且随着电价和燃油价格上升，花费也随之上升，所以轴系平衡是很不经济的。

2　转子自动平衡技术

利用在线主动平衡系统，机组可以在工作状态下，不用停机，随时消除转子或轴系的不平衡问题，达到自主治愈、主动平衡的目的。在线主动平衡系统将全面解决在线自动平衡问题，任何转子、透平、压缩机等机组都可以在设计或改造中使用在线主动平衡系统，开创了动平衡领域的新时代。

不停机自动平衡的原理，是在旋转部件的配重平面处附加一个自动平衡头，利用控制单元在平衡头上实现一个大小、相位可调的质量变量作为平衡矢量，去模拟实际所需的配重，从而实现转子系统的动平衡。

2.1　在线自动平衡的分类

在线自动平衡主要有两种设计思路：一是根据柔性转子在超临界状态下转子挠曲变形响应滞后于不平衡激振力一个钝角的特性，采用补偿质量自由移动的方法来改变转子内部质量分布以达到平衡的目的；二是利用合理、有效的执行机构自动强迫移动、合成或去掉补偿力的方法。前一种方法始于19世纪末，后一种方法始于20世纪60年代。两种方法各有其自身的优点，同时也都存在着技术上和经济上的局限性。直到现在，一种合理、可靠、适应现代技术发展的自动动平衡装置还不多见，这也说明该装置制造是一个非常复杂的问题。在线自动平衡分为如下两大类：

(1) 带自由移动补偿质量的被动式自动平衡装置。这种装置是根据柔性转子和弹性支承的特性设计的，并根据所采用的自由移动补偿质量的形式又可以分为液体式、环式、摆锤式、球式等几类。其基本原理是，当柔性转子在超临界状态下运行时，其初始不平衡会超前挠曲变形响应一个钝角或近 180°。此时能自由移动的补偿质量在离心力作用下就会向转子挠曲“低点”移动，其结果会抵消或部分抵消转子初始不平衡，从而达到降低振动的效果。这一类平衡装置具有结构简单、可靠、无需提供外部能源的优点，但因其具有在亚临界状态会加大转子的不平衡量的特性，增加了其设计难度和应用局限性。因此如何解决在一阶临界以下频段减小或至少不增大转子初始不平衡的问题，就成了此类自动平衡装置设计中的技术关键。

(2) 强迫移动、合成或去掉补偿质量的主动式自动平衡装置。这类自动平衡装置一般由信号采集器、控制器、执行器等几部分组成。设计主动式自动平衡装置时必须综合考虑如下几方面的因素：准确的测量信息、可靠的控制策略、合理的执行器结构。其控制器根据信息采集器获得瞬时振动信号的变化对执行器进行有效控制，自动完成补偿质量的移动、合成或去掉等操作。执行器的结构最为关键，它直接影响到自动平衡装置的平衡精度、可靠性、效率乃至在被平衡转子系统上的安装。合理的执行器结构应该具有结构简单、可靠、灵敏度高及不受被平衡转子系统空间位置限制的特点。特别是最近几年，由于结构材料、电物理、电化学及电子控制技术的发展，使得兼有测量、处理和消除不平衡质量操作的主动式自动平衡装置的设计制造越来越成为可能。根据执行器的工作方式不同，主要有加重型或去重型及补偿质量自动分布型两大类，每一类型又有其不同的具体形式。

2.2 在线主动平衡的组成和控制策略

在线动平衡系统大多由以下四个部分组成：被控转子系统、检测器、控制器和动平衡调节器。其中，被控转子又有刚性转子与柔性转子和单盘与多盘之分；检测器一般是指传感设备，这些传感器用得较多的是加速度传感器和位移传感器。

在线动平衡系统的控制软件部分主要是根据动平衡校正量的确定思想设计的，目前动平衡校量的确定方法有两大类，寻优法和定相位法。

1) 寻优法

以寻优法为基础的控制软件非常简单，测量精度的要求也不高，是目前应用最广泛的方法(见图 1)。寻优法可以表示为“试重—比较—确定”。试重是在转子任意或选定的某方向移动平衡块；比较是在预先选取的目标函数基础上，比较平衡块移动前后的目标函数值，确定上次移动的方向是否正确，推理下一次的移动方向或系统是否完成动平衡任务。这种方法不必测量平衡块位置，类似“瞎子爬山”。当应用于单平衡头时是较好的方法，当平衡头数目增加时，由于可选的平衡块数目增加，效率降低。

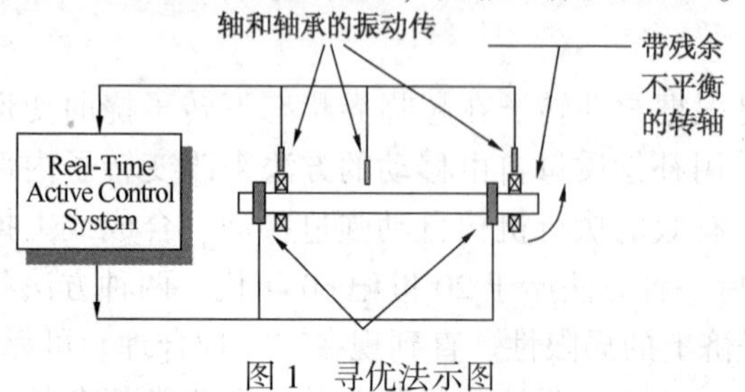

图 1 寻优法示图

2) 定相位法

定相位法又可分为影响系数法和振型平衡法。影响系数法，对于参数恒定(仅不平衡量变化)的转子系统，提出用试重法确定系统影响系数，然后根据振动响应反算，从而一次确定转子系统的不平衡量。影响系数法是在各选定的平衡转速下，使转子上各测振点的振动值为零，它并不能保证在全部转速范围内转子各点的振动都很小；影响系数法若用于参数变化的转子系统则必须在每次动平衡前进行试重，以确定该动平衡时转子系统的影响系数。振型平衡法，在各临界转速附近分别试重，确定各模态的影响系数，同样通过振动响应反算，可以一次确定各模态下的转子系统的不平衡量。振型平衡法要求消除引起前 N 阶振型的不平衡量，而 N 阶以上的各高阶不平衡量在平衡后仍残留，只是高阶不平衡一般都较小，对转子系统正常工作影响不显著。振型平衡法对参数恒定的转子系统较为完善，但对参数变化的转子系统显然无法应用。它们的共同特点是由先验的信息或一次试重算出所需校正量的大小和相位，然后使平衡块移动，一步到位，无需反复移动比较。可以看出，以此为基础的动平衡效率高。目前这种方法仅在理论上探讨，实际应用不多见。

3）快速随机寻优法

结合以上方法，出现一种快速有效的移动平衡块的控制策略——快速随机寻优法，更确切地说是快速时间控制法。该控制策略的具体平衡过程是：任选一个平衡块通过在线动态测量及计算，判断该块是否可移动，如果可移动，进一步计算移动角度及控制该平衡块的定子线圈通电时间，由计算机发出相应时间的控制信号使该块移动到指定位置；如果该块不可移动，则另选下一平衡块做同样的工作。该块移动后，轮流选择其他平衡块进行移动，直到达到平衡要求。与其他方法比较，该控制策略能实时动态判断可移动的平衡块及其移动角度，并能快速将其移动到指定位置，大大提高平衡速度。在一个移动周期内，某一平衡块的移动是通过一步或较少几步完成的，勿须经过多次小步长的移动，平衡速度快。而且在快速移动平衡块时不会出现某个瞬间振动增大的现象(开始时利用随机寻优法移动平衡块时除外)。这种利用随机寻优与计算相结合的控制方法可大大缩短动平衡时间。计算法及实时动态测量确定控制时间法在实际动平衡中都可以使用，不过实时动态测量方法更符合实际、准确度更高。快速时间控制自动平衡法具有随机性和确定性，在选择平衡块上是随机的，如果经计算、判断，被选择的平衡块可移动侧移动的角度是确定的。

3　EM 在线主动平衡系统

工业上的应用和试验运行不同，它要求设备具有实用性和安全可靠性。以往所取得的成果中，能够真正具有工业利用价值的并不是很多，尤其是国内的研究大多还是停留在试验阶段。一个工程上实用的平衡头应具备如下特点：①具备独立轴系，安装方便；②是一个无接触控制系统；③不停机供电；④配重具有位置自锁定能力；⑤结构简单，工作可靠。

EM 在线主动平衡系统对于防止透平、压缩机机组的有害振动效果显著。该系统的安装方法特别简单，平衡环的组件永久地安装在轴上的平衡面上，精巧的控制器监测转子的振动，控制最优化的不平衡校正。平衡环中的平衡块由电磁控制，移动到合适的位置上，在数秒钟内减小振动。

3.1　工作原理

在线主动平衡系统，主要包括转子振动信号的数据采集和分析系统、不平衡质量的计算分析系统以及抵消不平衡质量的控制和执行系统，如图 2 所示。

1）平衡环

在线主动平衡系统的核心部分是抵消不平衡质量的控制和执行装置，包括安装在转子上的动环和安装在静子上的静环。装有两个配重的平衡环永久性地装在转子上。每个动环

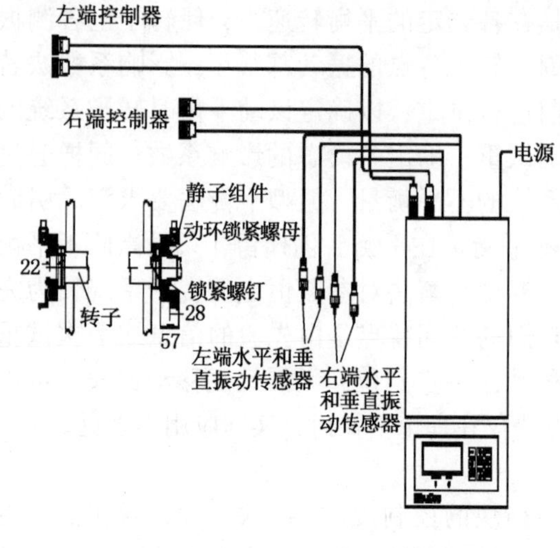

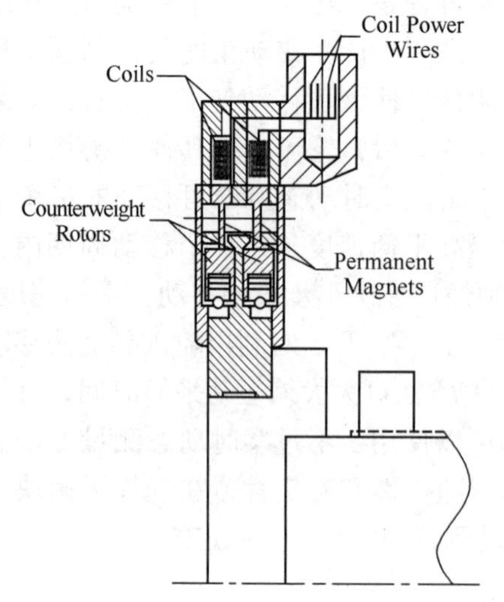

图 2　在线主动平衡系统

含两个偏重盘，产生一个合向量来抵消机器的不平衡。配重的位置则由控制器连续地调节。根据控制器的控制指令，调整配重的位置，进行平衡校正，减小振动。通过分析处理转子振动信号，得到转子不平衡质量的分布，由静环控制动环中的偏重盘的位置，达到消除转子、轴系质量不平衡问题的目的。在机器旋转到 40000r/min 时该系统仍可以进行操作。它可以在几秒钟内重新调整平衡重量，并且无接触式把能量和数据传给平衡调整部分。不需要电力的永久磁铁固定配重的位置，即偏重盘通过安装在上面的永久磁铁定位。这些永久磁铁产生一个固定向量，可以使转子在正常的运行，提速和降速式阻止转子滑动。系统还可以在没有能量提供的时候保持位置，如图 3 所示。

2）控制器

平衡机构与一个加速计和传感器配合，可以提供一个“自适应影响系数”控制系统。这个“巧妙”控制器获得设备的动力学信息，调整平衡机构使振动最小。控制器自动控制振动水平和所有平衡操作。不论是使用该公司提供的还是使用原来的信号采集系统，当振动超过设定的限制值时，会产生一个报警的信号。这时，根据操作者选定的几个可选择的水平，动平衡校正自动进行。主控计算机跟踪几个平衡器之间的相互作用，并提供同步控制以进行有效的多面动平衡。在动平衡校正进行时，一个自适应控制算法学习机器的转子动力学特性，提供不平衡灵敏度的反馈。这个自适应影响系数控制方法描述如图 4。

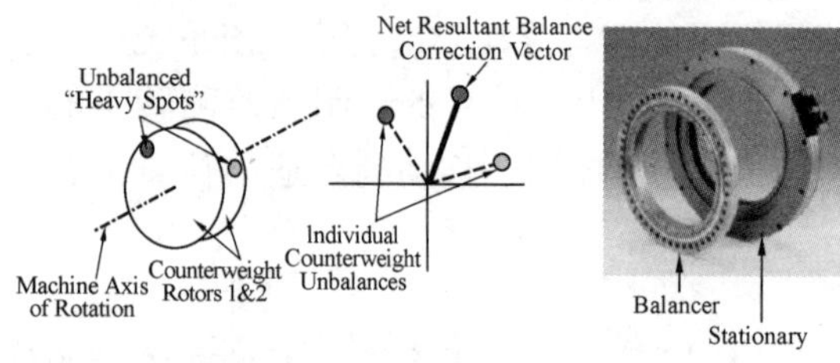

图 3　在线主动平衡原理

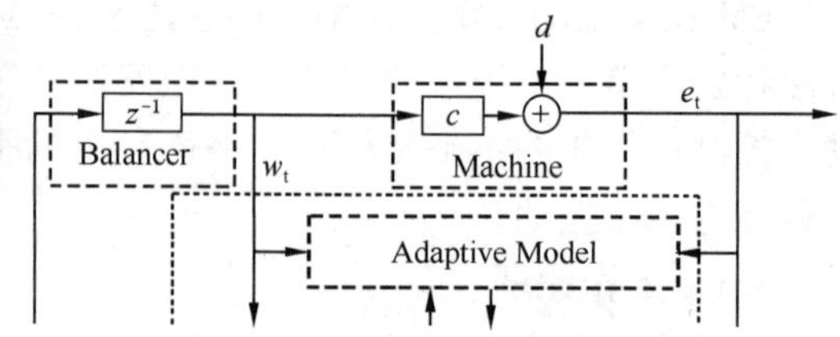

图 4　在线主动平衡的控制策略

3）无接触能量传输

静止、无接触线圈组件提供能量来驱动配重块。输送到静环线圈中脉冲宽度可调整的能量，在动环和静环之间的空气间隙中产生了一个磁场，打断了用于固定配重的永久磁铁产生的磁场，使配重移动到下一个定位槽中。配重位置的调整在几分之一秒内即可完成。

4）控制软件的界面

使用配备专用软件的主动平衡系统，可以获得一个强大的工具，极大地提高产量、节约资金、节省时间。该软件易学易懂，实时提供机器的包括振动特性在内详细的数据和图表信息。

在机组开车时人工的平衡有时是不确定的和不连续的。主动平衡可以连续监控和调整旋转机器的不平衡。主动平衡系统可以在工作转速下几秒钟就结束平衡，还可以对多轴和多平面的情况进行控制。基于软件的视窗可以获得具体的振动分析，也可以作为一种预防的工具。从长远的角度说，主动平衡可以增加轴承、电机和密封的使用时间并减少疲劳。

3.2　EM 在线主动平衡系统的特点

（1）消除了费时、费力的人工动平衡。该系统免去了令人头疼烦恼的、长期反复不确定的动平衡过程，不需要人工参与和停工检修，减少了机组的启车时间。在机组旋转时，可以在数秒内完成多平面上的不平衡质量校正。可以保证在机组的整个运行过程中，随时进行动平衡。可以在临近转速附近控制振动水平，在临近转速以上或以下进行多次校正。

（2）提供了预知维修的工具。在线主动平衡系统包含有一个控制器，它可以实现在线平衡，也可以用做预知维修的工具。由于该系统连续监测和诊断机组振动的变化，监控着机组的振动状态，控制器可以在机组真正需要修理之前就发出一个维护的指令，进行自动平衡，使振动水平保持在 1/4mil(0.006mm)以下。

（3）主动平衡在本质上是可靠的。控制器在连续监控着机组的振动，只有当振动达到预先设定的水平时才进行动平衡校正。突然的停电或控制器停止工作，只能使动平衡校正处在最近一次优化的位置上，性能下降得很小，不会造成危害运行的安全。也可根据需要手动平衡。

（4）减少机组的故障率。由于该系统是在线运行、自动平衡，在机组整个的运转过程中，在消除不平衡质量时，确保了最大限度的平顺操作，保护轴承、密封和其他部件免受全速运行和速度突变带来的损害，从而减少了事故率，降低了运行费用，减少了维护成本。

（5）系统简单。主动平衡装置由一个简单便宜的控制器控制，它利用振动传感器来确定最优的平衡校正。该系统不需要滑动环。

（6）该在线主动平衡系统可以减少转速频率(同频)振动，但不能解决轴不对中和其他频率的振动问题。

3.3　EM 在线主动平衡系统的性能参数

EM 在线主动平衡系统已经用于许多工程领域，它所适应的工作范围很宽。例如用于石化和电力领域大功率透平机械，如汽轮机、燃气轮机、压缩机等在整个工作转速范围内减少振动。

其主要性能参数的范围如表 1 所示。

表 1　EM 在线主动平衡系统性能与结构参数

转子转速	300~40000r/min
校正能力	20~28kg · cm(取决于转速和可用空间)
分辨率(校正能力的%)	1%~5%(取决于磁铁的数目)

续表

平衡时间	1~30s
平衡环内径	38~530mm
适用温度	−67~302 ℉，特殊需要可达 500 ℉
能源动力	220VAC，~5Amp
重量	1~15lb(每个平衡平面)
动环和静环之间的间隙	~0.020″(0.508mm)

3.4 在工业透平机械中的应用

某蒸汽透平、离心压缩机组中，汽轮机与低压压缩机构成的轴系产生轴系不平衡问题。因此在汽轮机与低压压缩机之间应用了两个在线主动平衡环，解决了轴系不平衡问题。

另一压缩机组由燃气透平、低压压缩机和高压压缩机组成。主要问题是在高压压缩机中，一倍频振动成分在缓慢增大，以至于必须停车 1~3 天进行现场动平衡。检查发现，引起振动的原因是高压压缩机叶轮中缓慢沉积的污垢增大到一定程度时，导致原来动平衡的破坏。在高压压缩机两端应用两个在线主动平衡环后，振动得到控制。

石化行业中某汽轮机组驱动的氨离心压缩机组原来经常发生转子不平衡导致的振动问题，每次必须停机花费 3~4 天进行现场动平衡，仅产量每次就损失 4500~6000t。应用 EM 在线主动平衡系统后，消除了该机组的这个问题，已连续安全稳定运行了两年多。

4 结论

目前，国内大型机组的汽轮机及压缩机转子的动平衡主要采用单个转子的低速或高速动平衡，部分采用现场动平衡，具有费时、费力、平衡精度不高、本质安全性相对较差的缺点。而机组的在线主动平衡技术的出现尤其是 EM 在线主动平衡系统，可以完全克服以上缺点，目前该项技术已经接近并达到国际先进水平，并已在航空发动机、石化行业的透平和压缩机组、泵等多种旋转机械中得到了应用。工程实用的机组在线主动平衡系统在我国还不多见，但非常值得广泛推广和应用。将该技术应用到电力、石化等许多领域，可以减少故障停机、延长使用寿命、节省大量的维护和检修费用，经济效益和社会效益显著。

（中国石油大庆石化分公司化工一厂　张宇辉，夏智富，闫凤芹）

6. 旋转机械现场动平衡技术研究与应用

不平衡故障是连续性生产企业大型机组的最常见故障之一。据统计，在旋转机械中，有三分之二以上的振动故障是因为转子不平衡而引起的。若采用原来的工艺平衡法，转子要拆下来才能进行动平衡，对于大型连续性生产的石油化工企业来说停机时间长、平衡速度慢、经济损失大；如果采用现场动平衡技术，就可以很好解决旋转机械转子的原始不平衡和运行过程中产生的不平衡故障，减少非计划停工时间，为企业赢得经济效益。

目前，在生产实际中对旋转机械不平衡转子主要采用工艺平衡法。工艺平衡法也称为平衡机平衡法，它需要停机拆卸后将转子送往动平衡机厂房，在专用的动平衡机上进行。

工艺平衡法的测试系统所受干扰小，平衡精度高，效率高，特别适于对生产过程中的旋转机械零件做单体平衡，目前在动平衡领域中发挥着相当重要的作用，风机、汽轮机、航空发动机等普遍采用这种平衡方法。但是，工艺平衡法仍存在以下问题：

(1) 平衡时的转速和工作转速不一致，造成平衡精度下降。例如：有不少转子属于工作在临界转速以上的挠性转子，由于平衡机本身转速有限，这些转子若采用工艺平衡法，则无法有效地防止转子在高速下发生变形而造成不平衡。

(2) 平衡机(特别是高速动平衡机)价格昂贵。

(3) 在动平衡机上平衡好的转子，装机后其平衡精度难以保证。因为动平衡时的支承条件与实际工作条件下的支承条件不同、转子的配合条件不同，因此即使出厂前已在动平衡机上达到高精度平衡的转子，经过运输、再装配等过程，平衡精度在使用前难免有所下降，当处在工作转速下运转时，仍可能产生不允许的振动。

(4) 有些转子，由于受到尺寸和重量上的限制，很难甚至无法在平衡机上平衡。例如：对于大型发电机及透平一类的特大型转子，由于没有相应的特大平衡装置，往往会造成无法平衡；对于大型的高温环境下工作的转子，一般易发生弹性热翘曲，停机后会自行消失，这类转子需进行热态动平衡，用平衡机显然是无法平衡的。

(5) 转子要拆下来才能进行动平衡，停机时间长、平衡速度慢、经济损失大。

为了克服上述工艺平衡法的缺点，满足生产实际的需求，我们在旋转机械转子现场动平衡的理论研究及实际应用方面作了一些探索。

1　现场动平衡的基本方法

现场动平衡法是将组装完毕的旋转机械在现场安装状态下进行的平衡操作。其原理如图1所示。这种方法是以机器座作为动平衡机座，通过传感器测得转子有关部位的振动信息，进行数据处理，以确定在转子各平衡校正面上的不平衡量及其方位，并通过去重或加重来消除不平衡量，从而达到提高平衡精度的目的。

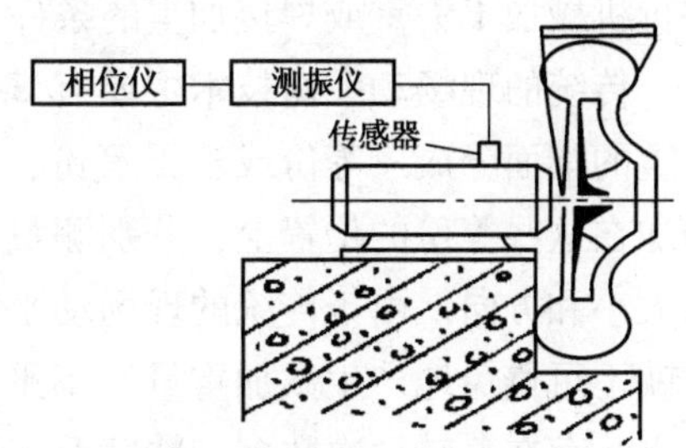

图1　现场动平衡示意图

由于整机现场动平衡是直接在整机上进行，不需要动平衡机，只需一套价格低廉的测试系统，因而较为经济。此外，由于转子在实际工况条件下进行平衡，不需要再装配等工序，整机在工作状态下就可获得较高的平衡精度。20世纪80年代以来，电测技术有了较大发展，这给整机现场动平衡技术的研究和应用提供了有利条件。人们开始对整机现场平衡法进行广泛而深入的研究，提出了一系列新的整机动平衡方法，如仅测相动平衡法、无试重动平衡法等。仅测相动平衡法只需测出工作转速下转子原始振动的相位和加试重后振动的相位，通过简单的数学运算，即可确定不平衡量的大小和位置。这种方法不需测振幅，简便易行。无试重动平衡法是根据测量的振动特性来模拟系统，从数学上预算转子的不平衡量，省去了加试重、试运转等复杂环节，可一两次启动识别出模态不平衡量，减少试运转次数从而获得了更大的经济效益。

值得一提的是在设备维修中，整机动平衡技术更显出其优越性。因为转子经长时间高速运转后，不可避免地会造成不同程度的永久变形；在检修过程中因多次装拆造成零部件相对位置变化、摩擦磨损等，所有这些都会导致平衡精度下降。解决这些问题的一个行之有效的方法就是对旋转机械进行整机现场动平衡。

但是，现场动平衡也不能解决所有的问题。许多旋转机械，如石化行业的烟汽轮机等需要长时间地连续工作，这会导致转子冲蚀、粉尘的不均匀堆积、热变形等问题，这些因素随时都会使转子平衡状况遭受破坏，因此需要不断地对其进行动平衡，如果每次都要停机进行平衡校验，就会给生产造成很大的经济损失。即使是进行现场动平衡，虽然停机时间相对较短，但由于没有合适的加减重平衡面，也会使平衡效果大打折扣。

2 影响系数法的完善研究

转子现场平衡技术的发展方向是提高动平衡速度及精度，减少平衡次数。具体地讲，对于整机现场平衡，要求减少试重次数，实现快速平衡。另外，由于整机平衡在现场进行，现场的运行条件很复杂，温度、湿度、电和磁的散射场、周围机械的振动等因素都会给测试系统带来随机干扰，使测量和平衡精度受到影响。可见，如何进一步提高振动传感器及其放大、指示系统的现场抗干扰能力是值得研究的课题。

现有平衡法一般是针对旋转部件的最终工艺过程而言的，但为了取得更好的平衡效果，应从选材、加工、装配等各个环节综合考虑平衡问题。例如：在设计旋转部件时应从结构上考虑到动平衡要求。对于有可能需要现场动平衡的转子，设计时应尽量将校正面设置在暴露处，并在校正平面上设计出平衡槽或平衡螺孔，以便能在不拆卸转子和不必对校正面进行机械加工去重或焊接加重的条件下进行平衡校正。

传统的现场动平衡技术主要有试加重量周移法、三点法、二点法等。这些方法都是将加重的端面分成三等份或若干等份，初次启动机组，测量原始振幅，然后选取试加试重分别加在这些等份的位置上，分别测量试加重后的振动振幅，最后利用作图法求取应加重量的大小和方向。由于传统的现场动平衡方法都需要在转动设备的不同等分面上加试重，这样就不可避免地产生试加重量和不平衡力的叠加，使振动趋势增大。因此传统的现场动平衡方法存在着转动次数多、精度差、对机器损坏大等弊端，甚至在平衡过程中会损坏设备。

随着测量相位技术的发展和完善，采用影响系数法来进行现场动平衡成为可能。在平衡过程中，试加重的位置和试加配重的选择对动平衡过程起着极其重要的作用，若试加配重过小，则对机组原振动情况没有影响；若试加配重过大，又可能会大幅增加机组的振动，造成设备的损坏，试加配重的位置的选择也具有同样的道理。

相比传统的现场动平衡，利用影响系数法可以比较精确地求出应加重量的大小和方向，开机次数明显降低；同时由于振动相位的变化代表了转子上不平衡方向上的变化，根据振动相位，可以初步确定应加重量的大概方向，配重后也可以根据相位的变化来判断加重后对原不平衡力的影响，避免了传统动平衡中试加重量对机组振动的加剧。

现场动平衡的核心问题是如何提高平衡效率，即尽量减少起车次数，提高平衡精度。经我们多次试验，选用经过我们逐步完善的经验公式，此公式充分考虑了转子原始振动、配重半径、转子重量和转动速度的影响，故考虑较全面，计算得出的配重值与转子上存在的不平衡重量较为接近。目前对需平衡的设备开机2~3次，1~2h 即可完成平衡，显著提高了设备的平衡等级。

3　现场动平衡技术应用

在实验室进行多次平衡取得良好效果后，我们决定对催化剂长岭分公司铂剂车间一台悬臂式的引风机 C606/2 进行现场动平衡。其测点示意图见图 2，应用照片见图 3。

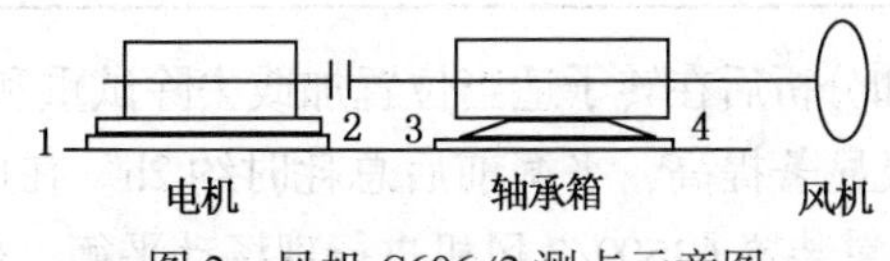

图 2　风机 C606/2 测点示意图

图 3　现场动平衡应用照片

从图 4、图 5 等频谱图可以分析得知，该机组存在不平衡的问题。平衡前，振动最大测点 4H 的振动烈度为 7.9mm/s（VM63 测振仪测试）。

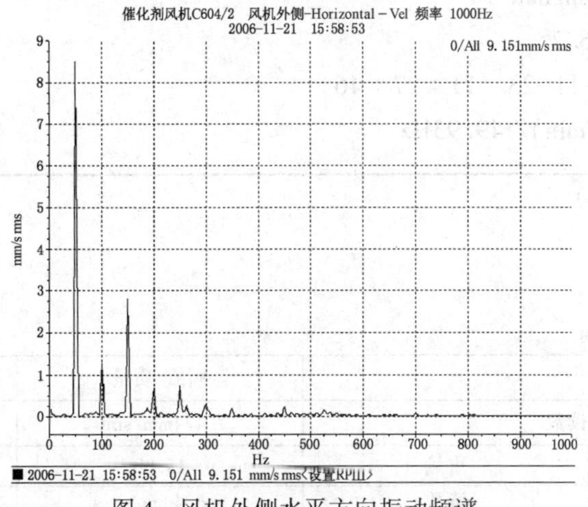

图 4　风机外侧水平方向振动频谱

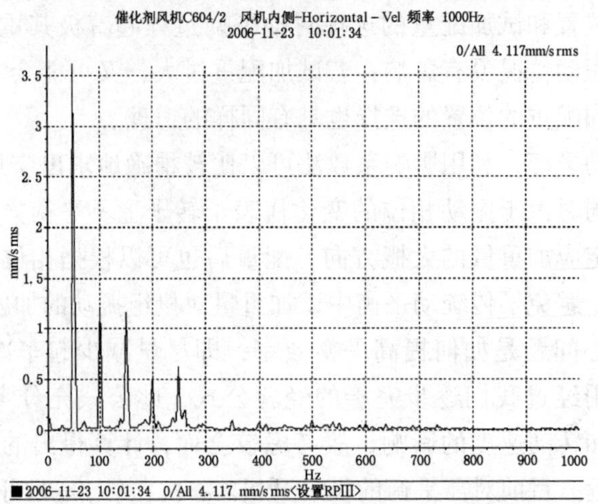

图5 风机内侧水平方向振动频谱

经现场动平衡后4H测点振动降为1.7mm/s，机组各测点振动在良好范围之内，见表1。

表1 机组平衡前后各测点振动烈度

	3H	3V	3A	4H	4V	4A
10.21	4.3	2.8	5.0	7.9	6.2	5.2
10.23 平衡前	3.9	1.8	4.9	7.1	5.0	5.1
加试重后	3.3	1.4	4.6	6.2	3.5	4.6
加配重后	1.9	1.1	0.8	2.3	1.4	0.9
一次校正后	1.8	0.6	0.7	1.7	0.6	0.6

现场动平衡一般只需开停机2~3次，经计算和分析后在转子适当位置加或去除试重和配重，必要时可以进行一次校正，即可使转子的平衡等级显著提高，平衡前后总耗时约2h。在此以后我们还应用此项技术，对催化剂长岭分公司三套加氢装置C1509/2风机进行现场动平衡，也取得了令人满意的效果。该机测点4的壳体振动烈度从16mm/s显著下降至1.7mm/s。

现场动平衡报告如下：

文件夹：长炼—changlian

机器：催化剂C606/2

日期/时间：2006-11-23 11：27：46

机器转速：996(r/min)/ 49.93Hz

单平面平衡，速度（mm/srms）

试重保留

测量角度：逆旋转向(ar)

正常滤波器带宽 ：±150r/min

		幅值/质量	角 度
原始读数		7.474mm/srms	337°
试重读数	重量	15.00	247°
	读数	6.634mm/srms	332°

原始平衡	增加	95.45	208°ar
	移动	(95.45)	28°ar
	读数	2.15mm/srms	164°
校正平衡 1#	增加	29.88	103°ar
	移动	(29.88)	283°ar
最后读数		1.367mm/srms	144°

经我们多次试验和现场应用，在进行现场动平衡时应注意以下几点：

(1) 一定要认真做好光电标志，观察机器转速的准确性。这是仪器开展动平衡测试的重要保证。

(2) 引起机器振动大的原因是多方面的。只有在工频振幅占总振幅较大分量时，用动平衡办法才能减少振动。反之不能获得理想效果。

(3) 在动平衡试重法中，须要将已知试重加到被测面的已知位置上，要注意加重后的振动幅值与相位和原始的振动幅值与相位的变化情况。如果数据变化不明显的话，以后经过计算处理的减振效果也不明显。如果振幅变化不明显，就应加大试重的重量。如果相位变化不明显，就应重新移动试重的位置。

(4) 初次对某转子进行平衡必须用试重法。通过试重法得到影响系数后，对同类型转子进行平衡可用影响系数法，操作比较简单。

(5) 平衡过程中，采取加重的方法相对简单方便，但要注意所加配重块满焊，绝对禁止因未焊牢开机时松脱造成机器损坏或人员伤亡事故。

4　结论

(1) 转子现场动平衡技术特别适合于运行中刚性转子平衡状况遭到破坏，而长时间停机会带来巨大经济损失的场合。经多次实验和现场应用，我们已能将现场平衡时间控制在2h 左右，且现场实施完成后能显著提高机组的平衡等级。

(2) 若采用过去传统的方法，先需将机组待平衡转子拆卸吊装出来，接着再运输至平衡厂家在平衡机上进行平衡，平衡后再小心谨慎地将转子运抵回厂进行安装试用。在此过程中耗费大量的人力、物力，特别令企业设备管理人员不能接受的是停工时间太长，停工损失往往都是以百万为单位来计算。且这种平衡方式还有一个致命的缺陷就是在平衡机上平衡等级合格的转子安装好后运行仍存在不平衡，这主要是因为平衡机的支撑方式等原因导致其支撑刚度与现场轴承的支撑刚度相差较大。而现场动平衡工作地点就在现场，因此能很好地解决这个问题，且停工和检修时间大幅缩短。

(3) 目前，因平衡方法的制约，现场动平衡能在刚性转子上进行平衡时确保得到较好的效果。挠性转子在工作转速时其振型发生改变，再采用此种方法可能不能保证达到所需的平衡等级。平衡厂家对挠性转子进行平衡也只能采取在低速下平衡，在高速状态下进行反复校验的方法来进行平衡。若需对大型挠性转子进行现场平衡，一个可行的方案是采用基于全息平衡的现场动平衡技术，这将是我们在今后现场动平衡工作中努力的方向和目标。

(岳阳长岭设备研究所有限公司　朱铁光，易超，胡学文)

7. 离心压缩机现场动平衡方法与实践

由于做平衡时的工艺以及运输、安装等因素，已经平衡好的离心压缩机转子再次运行时有时会出现新的不平衡故障，迫于生产的需要，再次进行高速动平衡至少会浪费一周的时间，给企业造成巨大的经济损失。在充分分析振动特征的基础上，我们利用刚性转子动平衡方法对一些柔性转子进行现场动平衡，取得了理想的效果。

1 适合现场动平衡转子振动特征

1.1 具有典型的不平衡特征

典型不平衡故障除了振动频率以工频为主、轴心轨迹为椭圆外，最有利于识别的特征是振动随转速变化明显，实际操作可通过观察启停机振动曲线，如果可能最好考核空载与带负荷两种情况下升降转速的振动曲线以确定振动是否与负荷有关，不平衡转子受负荷的影响很小。对于柔性转子，过临界前幅值随转速增加而增加，过临界后幅值会略微下降，然后继续随转速增加而增加，如图1所示。当转速稳定不变时，振动也随之稳定，这个过程具有良好的重复性。

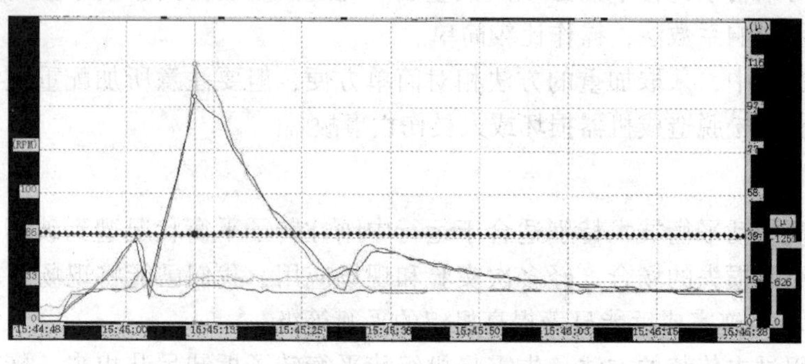

图1 某离心压缩机不平衡振动曲线

1.2 工作转速变化范围不大

相对刚性转子而言，影响柔性转子平衡的因素除了质量分布情况，还与振型有关，过临界以后，转子的振型随转速发生变化，如果在某一转速下配重后振动降低，不能保证在其他转速下振动也能够在可接受的范围内。图2所示为某离心机现场配重后在10000r/min时振动较好，而当转速升至11140r/min时，由于振型的改变，转子又表现为严重的不平衡。

所以对于电机(非变频调速)拖动的离心压缩机，由于工作转速不变，升速过程时间很短，现场动平衡效果一般很好。而汽轮机拖动的离心压缩机可以根据生产的需要，工作转速要做相应的调整，这就需要考虑机组的运行特性、转子的不平衡响应曲线以及其他动力学特性后，确定是否可以进行现场平衡。

1.3 不平衡表现为联轴器侧振动大

对于离心压缩机，转子上没有加重的位置，所以只能在联轴器上加重，因此只有当离心压缩机联轴器侧振动大时，通过对联轴器配重，才能有效抑制振动。

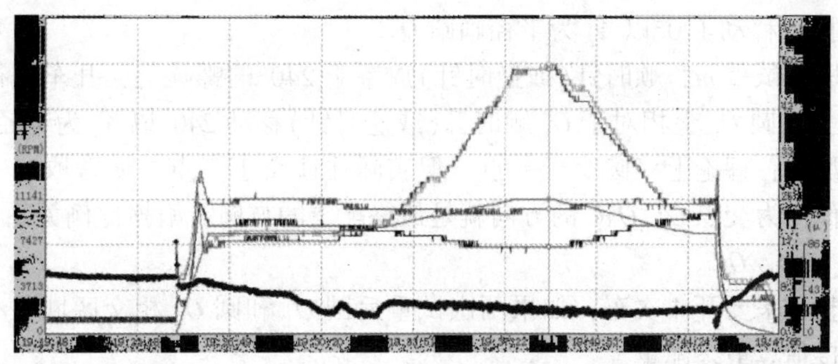

图 2 某离心压缩机振动趋势曲线

2 现场动平衡方法

2.1 试重

根据现场有无键相信号，可采用矢量法和三圆法，无论哪种方法都要在联轴器中间节法兰盘的螺栓上加试重。试重的大小直接影响到现场平衡的效果，试重太小振动没有反应，太大可能对机组产生损伤。经验上加试重后的幅值至少要改变原来幅值的 30%，对于三圆法，至少要有一次改变原来幅值的 30%。加试重经验计算公式如下：

$$m = \frac{A_0 M g}{r\omega^2 s}$$

式中 m——试重，kg；

A_0——原始振动，μm；

r——加重半径，m；

ω——角速度，rad/s；

M——转子质量，kg；

g——重力加速度，m/s^2；

s——灵敏系数。

通过多次现场平衡实践，我们总结出对于离心压缩机，当 $s = 100 \sim 200$ 时的计算结果接近最终配重质量，为了安全起见，一般比照上式计算的结果，适当减少试重。

2.2 三圆法

在无键相信号的情况下，可以通过三圆法进行现场平衡。三圆法如图 3 所示，操作步骤如下：

(1) 以原始振动幅值 A_0 为半径画圆 O_0，转速为 n。

(2) 在中间节法兰盘任取一螺栓加试重 m，启机至转速 n 稳定时的振动幅值 A_1，在圆上任意一点以 A_1 为半径画圆 O_1。

(3) 停机取下试重 m，顺时针(或逆时针)放置于 120°的螺栓上，开车获得转速为 n 时的振动幅值 A_2，在圆 O_0 上相对于 O_1

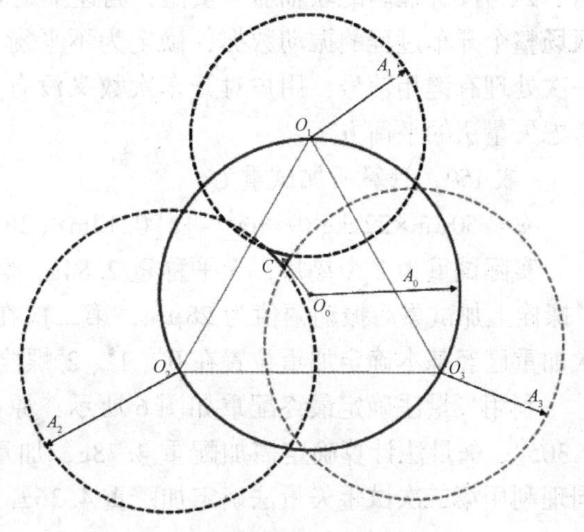

图 3 三圆法示例

顺时针(或逆时针)移动 120°以 A_2 为半径画圆 O_2。

(4) 停机取下试重 m，顺时针(或逆时针)放置于 240°的螺栓上，开车获得转速为 n 时的振动幅值 A_3，在圆 O_0 上相对于 O_1 顺时针(或逆时针)移动 240°以 A_3 为半径画圆 O_3。

(5) 计算配重，理论上三圆交于一点，但实际往往交于三点，通常取这三点组成的三角形的中心近似作为交点 C，O_0C 的方向就是最终配重的方向，根据比例关系，确定最终配重质量为 $m_{最终}=mA_0/OC$。

三圆法完整下来要开 4 次车，如果两次试重后圆 O_1 和圆 O_2 相交区域很小，如图 3 所示，则可以直接估算最终配重。

2.3 矢量法

如果有键相信号，则可以采用矢量法，只需开 2 次车就能完成现场平衡，矢量法如图 4 所示，具体操作步骤如下：

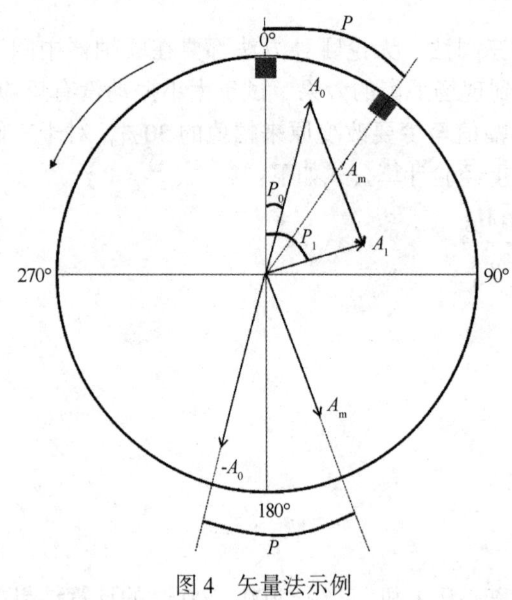

图 4 矢量法示例

(1) 原始振动矢量 $\overrightarrow{A_0}$。

(2) 加试重 m 后，振动矢量 $\overrightarrow{A_1}$。

(3) 加试重 m 后的振动矢量 $\overrightarrow{A_1}$ 可等效为原始振动 $\overrightarrow{A_0}$ 和质量块 m 产生的振动 $\overrightarrow{A_m}$ 的合成，即 $\overrightarrow{A_1}=\overrightarrow{A_0}+\overrightarrow{A_m}$，那么 $\overrightarrow{A_m}=\overrightarrow{A_1}-\overrightarrow{A_0}$，求得 $\overrightarrow{A_m}$ 后可以根据比例关系确定最终配重的大小为 $m_{最终}=m|\overrightarrow{A_0}|/|\overrightarrow{A_m}|$，配重位置为相对加试重的位置移动 P。

3 现场动平衡实践

某电机拖动离心压缩机，工作转速为 11200r/min，临界转速为 6400r/min；振动报警值为 53μm，联锁为 65μm。运行时转子结垢振动增加，停机处理后做高速动平衡，因为没有准确的联轴器当量值，高速平衡后联轴器侧振动 50μm，利用振动分析仪分析现场整个开车过程的振动数据，确定为不平衡。经用户同意后进行现场动平衡。由于是第一次处理有键相信号，用户对开车次数又没有要求，因此制定了三圆法动平衡为主，兼顾考虑矢量法的平衡方案。

s 取 150，计算所加试重为：

$m=[50\mu m\times224kg\times9.8m^2/s]/[0.13m\times(2\times3.14\times12000r/min/60s)^2\times150]=4.08g$

实际试重为 2 个垫片，天平称重 2.84g，联轴器共有 16 个螺栓，第一次在如图 5 所示 0#螺栓上加试重后振动幅值为 28μm，第二次在 5 螺栓加试重后振动幅值为 60μm。通过两次加重已经基本确定加重位置在 0#、1#、2#螺栓上。

利用矢量法确定最终配重如图 6 所示，原始振动 50μm∠294°，第一次试重振动 21μm∠305°，矢量法计算确定需加配重 4.78g，加重位置在第一次试重位置逆时针移动 7.76°。同理利用第二次试重矢量法确定加配重 4.36g，加重位置相对于第一次逆时针移动 11.86°。

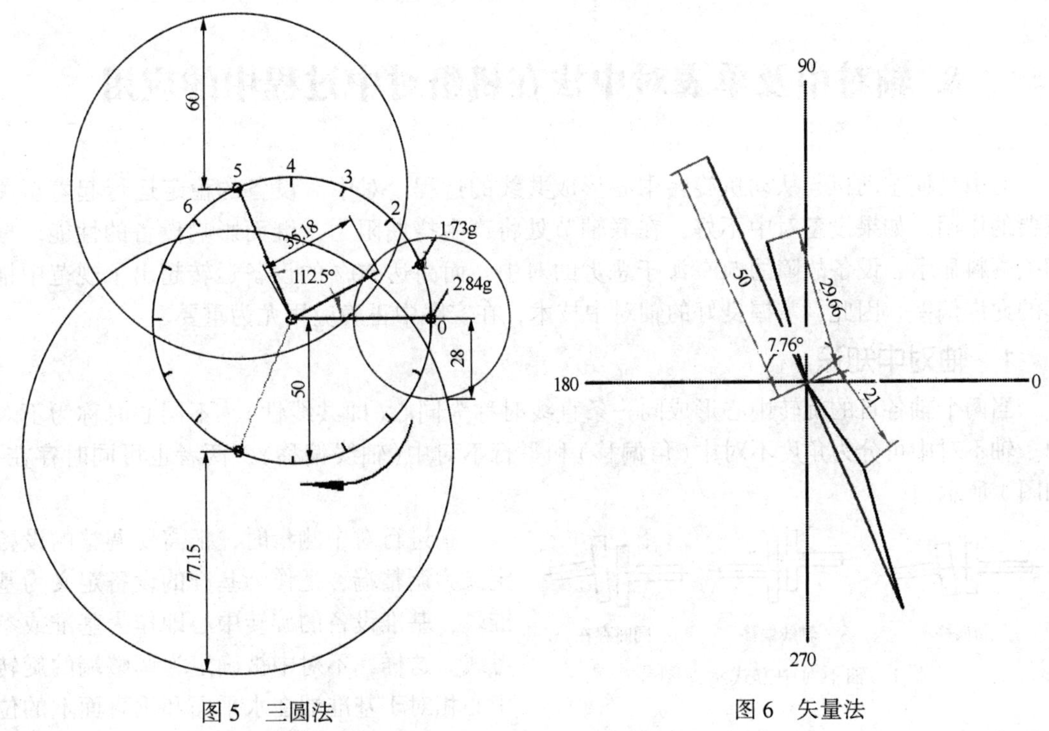

图5　三圆法　　　　图6　矢量法

综合上述考虑，最终在0#螺栓配重2.84g，1#螺栓配重1.1.73g，最终开车振动值为16μm，与之前正常运转时振动水平相同。

4　总结

做好动平衡的离心压缩机，再次拆检时需要在配重的位置以及半联轴器相对于轴的位置做好标记，避免安装时配重位置发生偏移。

（沈阳鼓风机集团有限公司　王胤龙，全红飞，郭九梅）

8. 轴对中及单表对中法在机组对中过程中的应用

对中是使主动机与从动机旋转中心形成共线的过程。对中对设备的稳定运行起着至关重要的作用。如果设备对中不好，在联轴节处将产生挠曲阻力，继而影响设备的性能。据相关资料显示，设备故障的50%源于恶劣的对中，而高达90%的设备运转超出了规范中推荐的允许偏差。因此，掌握良好的轴对中技术，在实践中正确应用尤为重要。

1 轴对中知识

当两个轴各自的旋转中心形成同一条直线时称为同心(即共线性)，不同心时称为不对中。轴不对中可分为角度不对中(角偏移)和平行不对中(轴线偏移)，两者也可同时存在。如图1所示。

图1 轴不对中方式示意图

在进行对中测量时，把需要调整的设备定义为调整端，把作为基准的设备定义为基准端，基准设备的旋转中心即作为基准或参考线。这样，不对中被确定为调整端的旋转中心相对于基准端在水平面和垂直面上的位置偏差。

任何对中的测量都是在联轴器和轴上进行的，而对中的修正则是在调整设备的地脚上，地脚的位置依据轴的数据计算来确定。

一个良好的对中结果往往来源于调整者自身的技能、经验和运气。因此在找正中多次的移动是必要的，对中的精度也会受影响。

正确的对中对减少设备振动水平，减少机械部件的负荷及生产的工艺稳定性都有着积极的影响。机械振动原因的因素中不对中占到了50%~70%，设备轴向振动直接影射出不对中的存在。而不对中在机器上产生的抗挠曲阻力，将使轴承负荷增加，若轴承负载加倍将使其寿命减少为设计寿命的1/8，另外恶劣的对中对密封尤其是对唇式密封将使其减低50%~70%的计算寿命，从而引发泄漏问题。

现代工业流程依赖高运转能力，生产停顿将导致5000~25000美元/小时损失，而正确的对中在减少能量损失的同时(减少能量损失高达15%)，还大大提高设备运行的可靠性。

2 百分表对中法

石油化工厂常用的轴对中的方法有：

(1) 刀口尺/试塞尺法 用直尺边缘和塞尺确定平行偏差的方向和数值；分别测量对轮面上180°两点间隙确定角度不对中的方向和数值。如图2所示。

(2) 外圆-端面法 即双表法，一块百分表测量径向偏差(平行偏移)，另一块表测量轴向偏差(角偏移)。如图3所示。

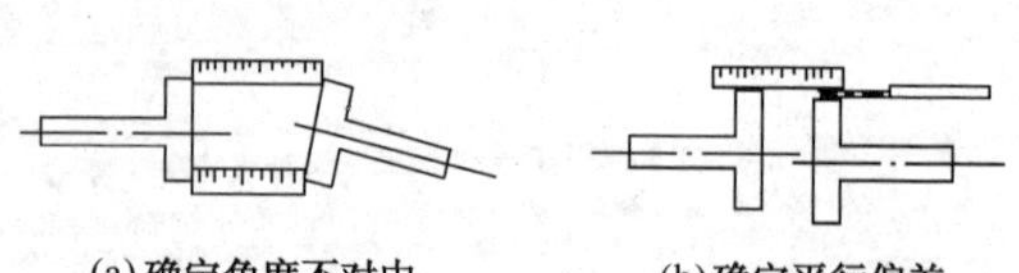

图2 刀口尺/试塞尺法

(3) 翻转外圆法 即单表法，也叫颠倒指示器法，只用一块百分表，分别测量两个联轴器所在位置轴的径向偏差，以图表或计算方式确定调整端轴线位置。如图4所示。

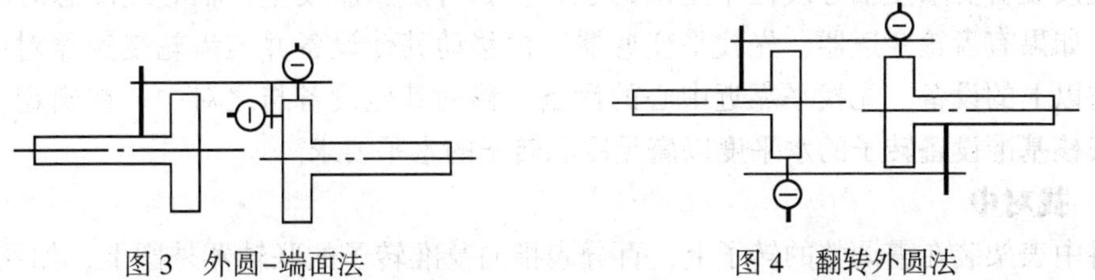

图3 外圆-端面法　　　　图4 翻转外圆法

(4) 激光对中仪法　激光对中仪是较先进的对中仪器，在很大程度上提高了找对中的精度及工作效率，但相对价格较贵。

这4种对中方法的使用特性：

(1) 直刀口尺/试塞尺法，只用于粗略的对中场合及粗对中阶段。

(2) 双表法找对中，表架只需安装一次，测量的是两转子联轴节的相对位置，测量的数值反应了两转子联轴节端的轴向偏差及外圆的径向偏差。调整的方向是使被调整转子的联轴节的端面及外圆偏差符合要求。双表法一般应用于两个相邻轴端距离小于联轴节直径一半时的机器找对中。如果轴端距过大，联轴节直径过小，将严重影响所测轴向偏差数值的准确度。在双表法中，当两转子轴向串量超过0.02mm时，通常采用在联轴器端面180°方向上使用两块百分表，用以抵消轴向串动量，此法也称三表法。

(3) 单表法则需拆装表架两次(实际操作时可同时架两块表，减少盘车次数)，测量的是两转子轴心线的相对位置，测量的数据将标在轴对中图上，连接延伸后形成转子的轴心线图。调整的方向是使转子轴心线实际位置向标准位置贴近。单表法多用于两个相邻轴端距离大于联轴节直径一半时的机器对中，因为调整转子的位置是通过轴心线的延长线作图所得的，如果轴端距较小，这样所作图形就会误差很大。对于现代工业，大多大型高速高性能机器多采用柔性联轴节连接，其对中特性多符合单表对中法的使用要求，因此单表对中法被广泛认为是轴对中的首选方法。

(4) 激光对中仪与单表对中原理相似，它有着快捷、高效率、高精度的特点，随着化工行业的发展，它会逐渐普及。

3　单表对中法操作步骤

3.1　准备工作

通常机组将附带相关的找对中资料，在找对中前我们要详细阅读。无论是否考虑热膨胀因素，我们都应作出需对中机组的轴线坐标图，依据给定数据在带标尺的坐标图上作出机组轴线的理想位置图，由于坐标图法的相关数据比较直观、操作方便，因此得到广泛的应用。

对于百分表架，由于联轴器间有较长距离，因此其应有足够的刚度，并且在对中前应在车床上校核其挠度，方法如下：将表架卡在爪盘上调正，将百分表架装在车床顶针架的心轴上，百分表指向表架末端，在顶部调整读数为零，支架与表同步转动180°，所得正值的一半为表架挠度，如挠度值存在，测量后的数据需进行修正，左右读数减去对中表架的挠度值，下读数减去挠度值的2倍。

找中前还要确定基准设备被调整设备，通常随机资料中会有说明，一般的原则是：如果设备包括透平驱动压缩机，通常找平透平，移动压缩机进行需要的冷对中，这里的找平透平是说按设备要求使轴心线位于正确的位置，如有热膨胀发生，轴心线冷态时就不是水平状态；如果有齿轮变速器，先找平变速器，再移动其他设备并与齿轮变速器对中；如果包括三件以上的设备，先找平靠近中心的设备，移动其他设备与之对中。在确定了基准设备后要校核基准设备转子的水平度以满足冷态转子的水平要求。

3.2 找对中

把对中表架装在需调整的转子上，百分表指向基准转子的联轴器外圆上，如图 5 所示，一般打在轮缘 5mm 以内且垂直于圆心，同步转动调整转子与基准转子(以抵消联轴器的瓢偏度影响，大型机组联轴器处圆跳动一般不大于 0.02mm)，依据驱动设备的旋转方向转动转子，每转 90°记录数据，对中数据如图 6 所示，通常我们把面向基准设备的联轴器作为坐标方位基准，按顺时针依次定为 9 点、12 点、3 点、6 点位，以便于计算。

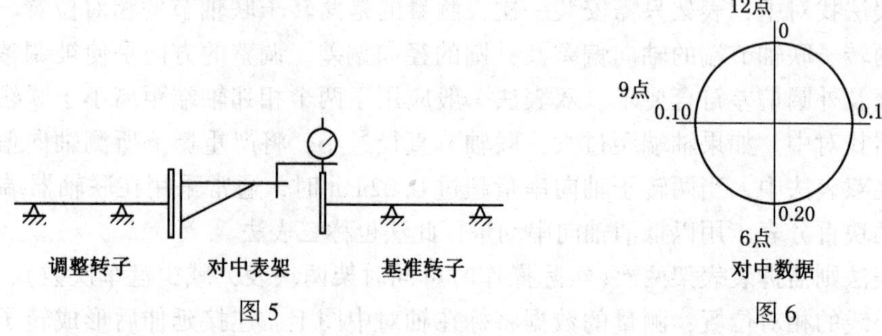

图 5　　图 6

然后移动表架装在基准转子上，如图 7 所示，百分表指向调整转子的联轴器外圆上，同步转动调整转子与基准转子，每转 90°记录数据，对中数据如图 8 所示。

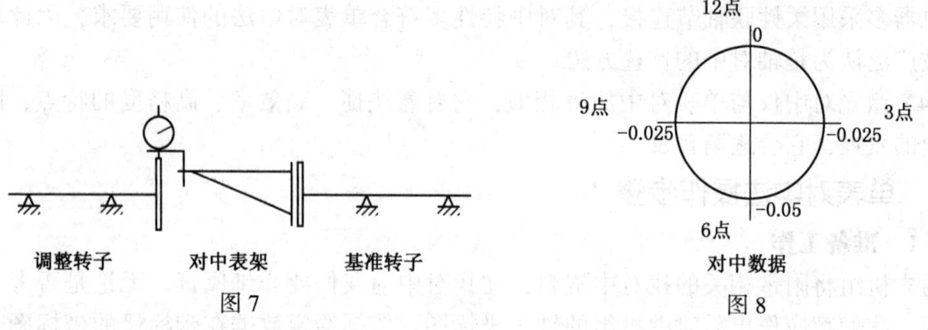

图 7　　图 8

注意所测量的数据应符合上下对中数据之和与左右对中数据之和误差小于 0.02mm，否则需查找原因，并重新测量。

3.3 计算数据并作出调整转子的形态图

如图 9 所示，图中横坐标表示转子的长度，纵坐标表示转子的相对高度。转子的长度及相对高度均按实际数据按比例画出。根据图 6 中对中数据，可得出调整转子的轴心延长线在基准转子联轴器端面垂直线上比基础转子高 0.10mm，得出 A 点。根据图 7 中对中数据，可得出基准转子的轴心延长线在调整转子联轴器端面垂直线上比调整转子低 0.025mm，得出 B 点。连接 AB 点，并延长至 C 点，那么 BC 段的长度为调整转子的长度。

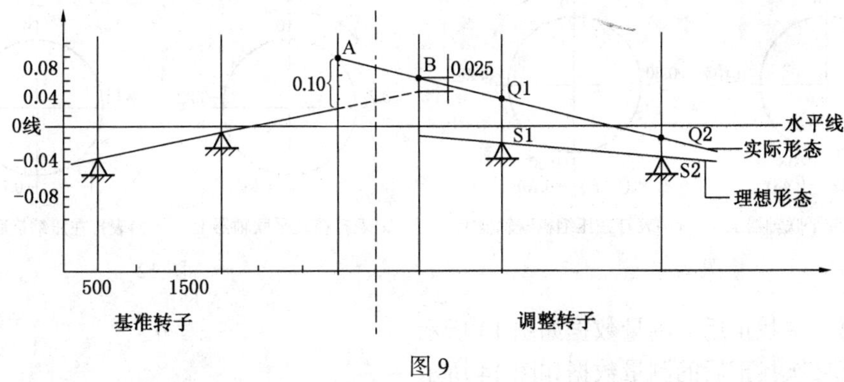

图 9

图 9 中 S1、S2 为标准形态下调整转子的前后支点，Q1、Q2 为实际形态下调整转子的前后支点。绘制坐标图表，从表上很容易看到S1-Q1、S2-Q2 距离就是确定调整转子的前后支点的调整量。

通过作图法把基准转子和调整转子的标准形态及通过单表对中法测量数据所作的实际形态用绘图的方式表示，可方便地确定调整转子前后支点的调整量。

3.4 适当的调整

通常先调整垂直方向的不对中，然后调整水平方向的不对中，直到符合找正标准。

4 实际应用

以下是重整装置一台压缩机和透平的找正图。

4.1 理想状态图

理想状态图如图 10、图 11 所示。

4.2 实际找对中时的数据及轴位置形态图

(1) 找对中前的测量数据如图 12 所示。

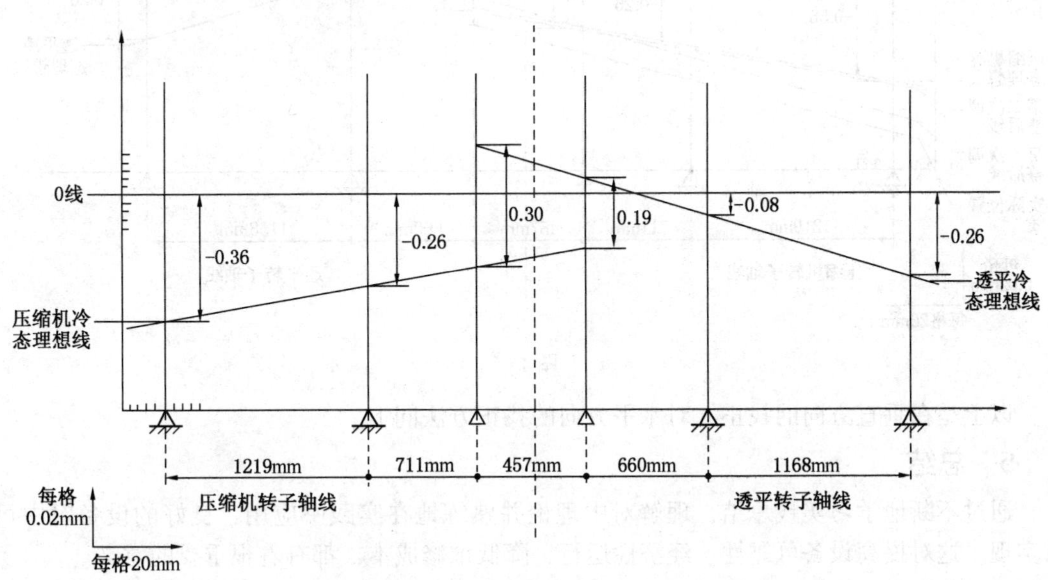

图 10

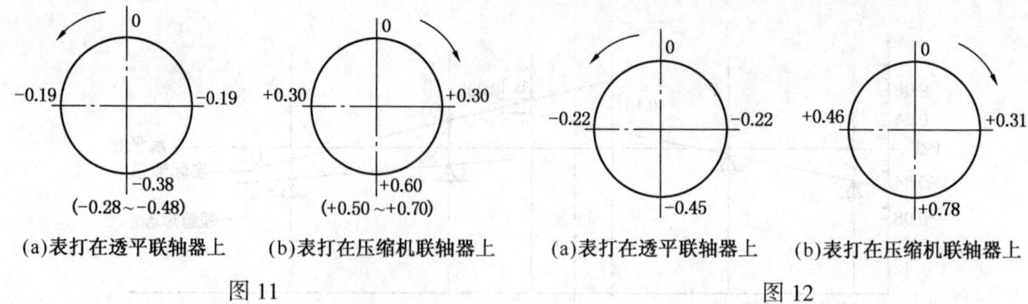

图 11　　图 12

（2）第一次找正后的测量数据如图 13 所示。

（3）第二次找正后的测量数据如图 14 所示。

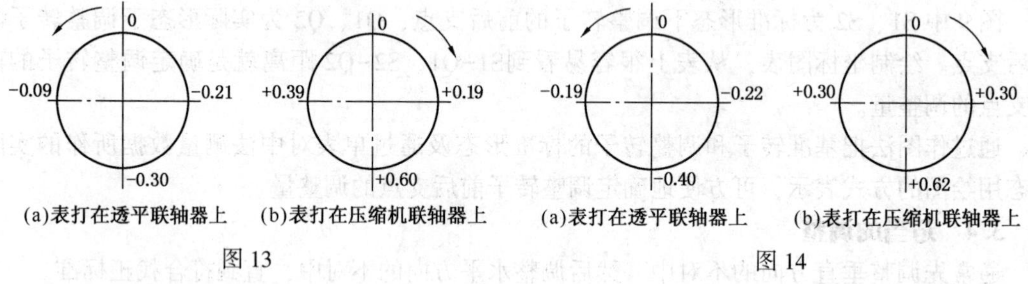

图 13　　图 14

（4）压缩机轴线形态图如图 15 所示。

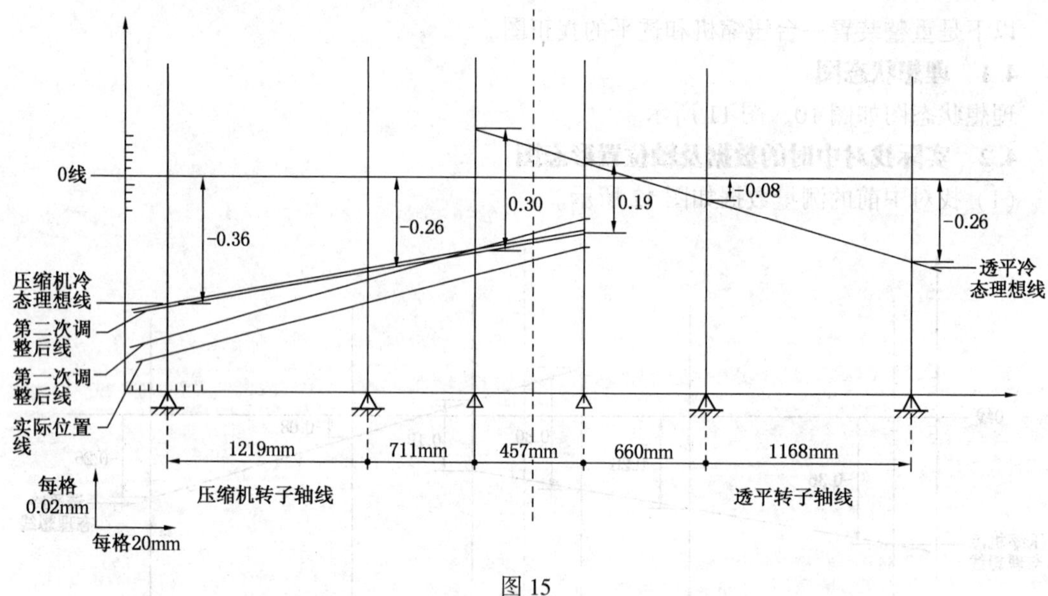

图 15

以上是在垂直方向的找正，对水平方向的找正方法同上。

5　总结

通过不断地学习实践总结，理解对中理论并熟练地在实践中应用，良好的设备对中可以实现。这对提高设备可靠性、经济性运行，降低维修成本，都有着很重要的意义。

（中国石油辽阳石化分公司聚酯厂　李秋月，赵黎辉）

9. 机组联轴器单表法对中找正在工程实际中的应用

转动设备一般由驱动机械(如电动机、蒸汽轮机、烟气轮机、燃气轮机等)和被驱动机械(如离心泵、离心压缩机、往复式压缩机、螺杆式压缩机、轴流式压缩机等)两部分组成。驱动轴与被驱动轴必须达到技术文件和国家标准所要求的同轴度，才能保证设备平稳、可靠运行。两轴之间不同轴度的检测(即找正)一般通过联轴节来进行。联轴节找正的方式有二表法、三表法和单表法。前两种找正方法已得到广泛应用，并已为操作者所掌握。单表法找正是近年来国内外应用日益广泛的一种联轴器找正方法，在我厂还未真正采用过。单表法找正求解支脚调整量的方法有计算法和坐标图法。坐标图法目前兄弟厂有应用，但对于大型多缸机组两转子轴线间既有径向偏移又有轴向偏移情况的联轴节对中采用计算法的应用仍是空白。为适应走出去发展外部市场，拓展生存空间形势发展的需要，单表法找正的推广应用已迫在眉睫，十分重要。

1　单表找正的基本概念

单表找正是将对中表架和百分表分别固定在相邻两机器的半联轴器上，然后各自转动两轴或同时转动两轴，通过百分表的读数来计算和调整同轴度偏差。这种方法只测定联轴器轮毂外圆的径向读数，不测量端面的轴向读数。测量操作时仅用一个百分表，故称单表法。由于它从根本上消除了转子轴向窜动对找正读数的影响，因此对中精度较高，对大型机组特别适用。

2　单表法找正的基本程序

2.1　测定对中表架的挠度

(1) 将对中表架装在车床上的爪盘上并校正。

(2) 把百分表装在车床的顶针架的心轴上，百分表指向表架末端。

(3) 百分表在顶部位置时调整读数为0，百分表与对中表架同步转动180°，此时百分表的读数即为对中表架的挠度，其值应为负值；将挠度值在对中表架上打上永久性标志。

(4) 找正时，应对百分表实测读数进行修正，即左右实际读数为实测值减去表架挠度值，底部实际读数应为底部读数的实测值减去挠度值的2倍。

(5) 对中数据的修正过程：假定对中表架的挠度值为-0.02mm，其修正过程见图1。

2.2　确定基准转子

机器对中前，首先确定基准转子，并调整好基准转子的水平度，调整后的基准转子一般不再进行调整。基准转子选用的原则：①对于离心泵，一般选用泵轴作为基准转子；②对于蒸汽透平驱动的压缩机组，一般选用汽轮机转子作为基准转子；③对于带齿轮箱的多缸压缩机组，一般选用齿轮轴作为基准转子；④在机组给定的冷态找正曲线上，处于水平状

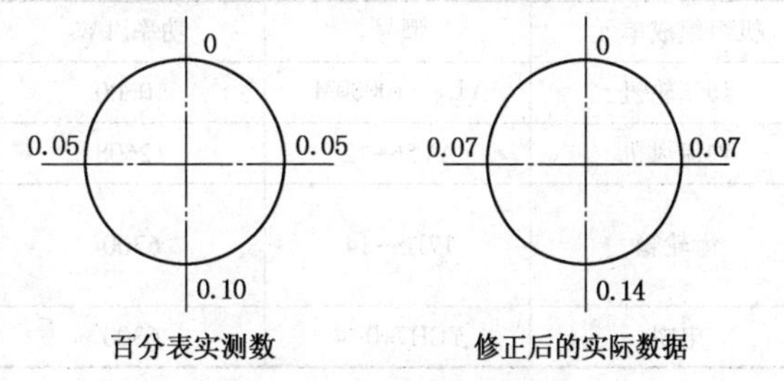

图1　对中数据的修正过程

态的转子作为基准转子。

2.3 单表找正实例

(1) 设有转轴 A 和转轴 B 需要找正，其中 B 轴为基准轴，A 轴为调整轴。首先，在转轴 A 半联轴器上装对中表架和百分表，百分表指向 B 轴的联轴节轮毂的外圆面上，如图 2(a)所示，按旋转方向同步转动 A 轴与 B 轴，每转 90°记录数据一次，并使百分表在顶部位置时调整读数为 0，对中数据如图 2(b)所示。

(2) 拆下对中表架及百分表，将其装在 B 轴的半联轴器上，百分表指向 A 轴的联轴节轮毂的外圆面上，见图 3(a)按旋转方向同步转动 A 轴与 B 轴，每转 90°记录数据一次，并使百分表在顶部位置时的读数为 0，对中数据如图 3(b)所示。

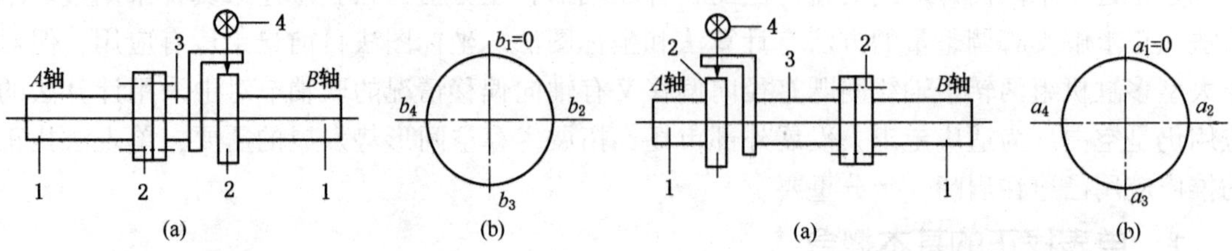

图 2 对中表架在调整轴 A 上的安装
1—转轴；2—半联轴器；
3—对中表架；4—百分表

图 3 对中表架在基准轴 B 上的安装
1—轴；2—半联轴器；3—对中表架；
4—百分表对中数据

2.4 检测对中数据的正确性

检查读数应使

$$a_1 + a_3 = a_2 + a_4,\ b_1 + b_3 = b_2 + b_4$$

误差率不大于 0.02mm。若不相等时查明原因重新测量。百分表读数是找正时进行调整的依据，因此百分表读数应准确无误，还应注意数值的正负。

根据两组百分表读数，能够判断 A 轴与 B 轴的空间位置，并可计算出轴向和径向的偏差值，也可以通过两组百分表读数用坐标图法求得调整轴各支脚点的调整量。

3 单表法找正在重油催化 1#主风机改造中的应用

3.1 重油催化 1#主风机组简介

锦西石化分公司重油催化装置是 180 万 t/a 重油催化裂化装置，其 1#主风机组参数如表 1 所示。

表 1 重油催化 1#主风机组参数

机组组成单元	型号	功率/kW	转速/(r/min)	生产厂家
烟气轮机	YL_{II}-10000M	10600	5750	兰炼机械厂
轴流风机	AV56-12	12608	5750	陕西鼓风机厂
齿轮箱	17HS-14	6300	低速轴 1485	南京高速齿轮箱厂
			高速轴 5750	
电机	YCH710-4	6300	1485	上海电机厂

2005 年 10 月重油催化裂化装置扩能改造，由 140 万 t/a 扩能至 180 万 t/a 处理量。1#主

风机组改造内容如下：

（1）烟气轮机改造，由原 YL_{II}-8000F 型改为 YL_{II}-10000M 型。

（2）轴流风机改造：利用原机壳，改造通流部件，包括转子、静叶承缸、入口喉部口环、出口扩压器、入口过滤器等。

（3）齿轮箱、电机利用原设备。

（4）烟机与轴流机、轴流机与齿轮箱联轴节由齿式联轴器（郑州机械研究所）改造成膜片联轴器（沈阳申克）。

3.2　单表法找正的应用

1）机组转子的选取

根据中国石化洛阳设计院提供的机组轴系冷态找正曲线，齿轮箱在冷态时，高、低速齿轮轴呈水平状态，故取齿轮箱齿轮轴为标准转子。

2）电机轴与齿轮箱低速轴的找正

首先测量齿轮箱低速轴与电机轴的对中数据：

（1）实际测得齿-电对中数据见图 4（b）。

（2）由 $b_3=0.09$，$a_3=0.10$，画出电机轴实际中心线见图 4（b）3#线。

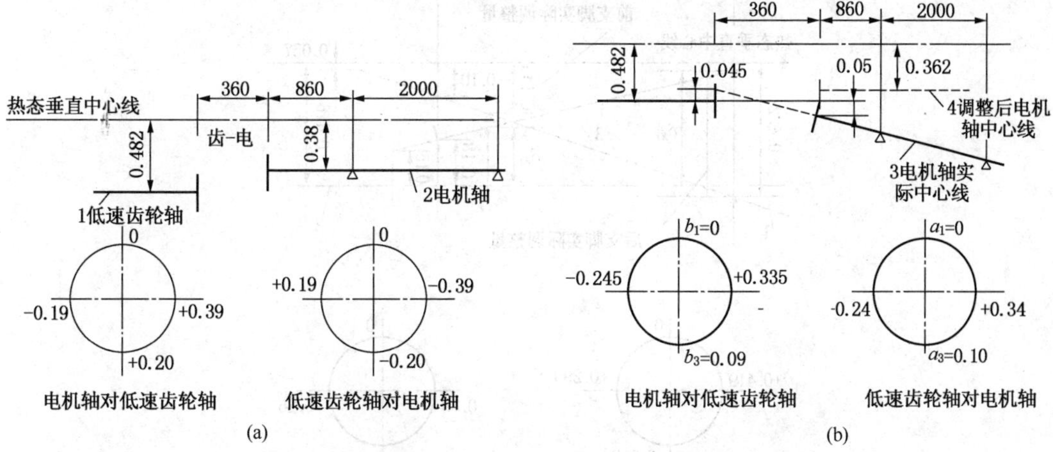

图 4　齿-电对中冷态标准数据图

电机轴与低速齿轮轴调整在一条直线上时，电机前支脚调整量：

$$\delta_1 = Y/X \cdot (a_3 + b_3)/2 - b_3/2 = (860 + 360)/2 \cdot (0.09 + 0.10)/2 - 0.09/2 = 0.275(\text{mm})$$

电机后支脚的调整量：

$$\delta_2 = Z/X \cdot (a_3 + b_3)/2 - b_3/2 = (360 + 860 + 2000)/2 \cdot (0.09 + 0.10)/2 - 0.09/2 = 0.803(\text{mm})$$

根据冷态标准曲线，电机前、后支脚实际调整量为：

$$\Delta_1 = \delta_1 + (0.482 - 0.38) = 0.377(\text{mm})$$

$$\Delta_2 = \delta_2 + (0.482 - 0.38) = 0.905(\text{mm})$$

即支脚 1 加 0.40mm 垫，支脚 2 加 0.90mm 垫。

调整后的实际曲线如图 4(b)所示，找正数据如图 5 所示。

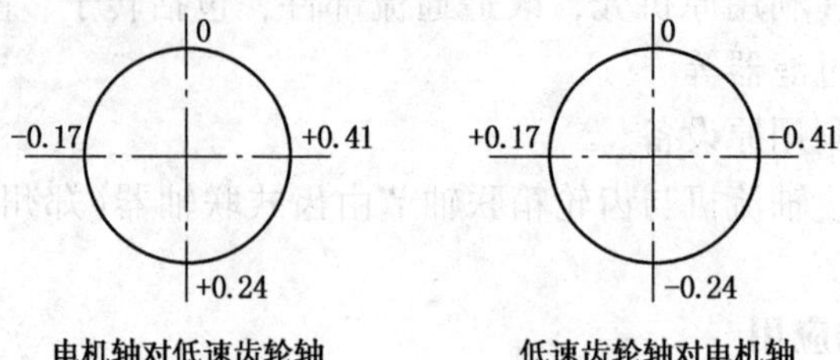

图 5 齿-电对中数据图

3）轴流机转子与高速齿轮轴找正

根据机组冷态找正曲线按比例画出轴流机与齿轮箱冷态找正曲线图及标准对中数据(见图 6)。

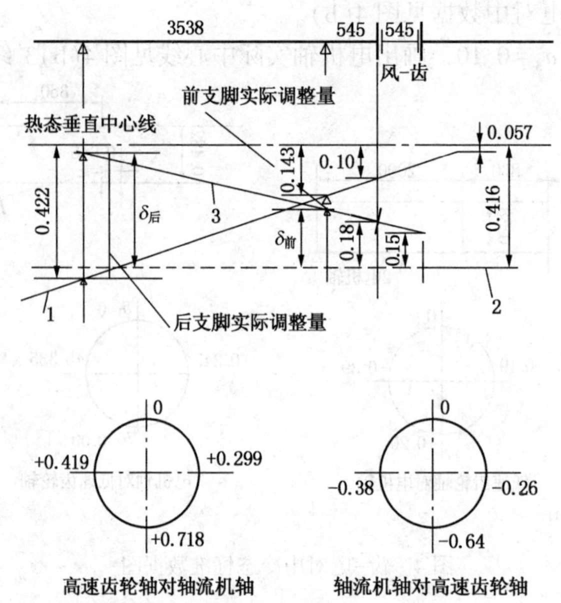

图 6 轴流机轴与高速齿轮轴冷态曲线图及技术文件要求的对中数据

1—轴流机冷态轴心线；2—高速齿轮轴冷态中心线；3—轴流机转子实际轴线

(1）实测轴流机轴与高速齿轮轴的对中数据如图 7 所示。

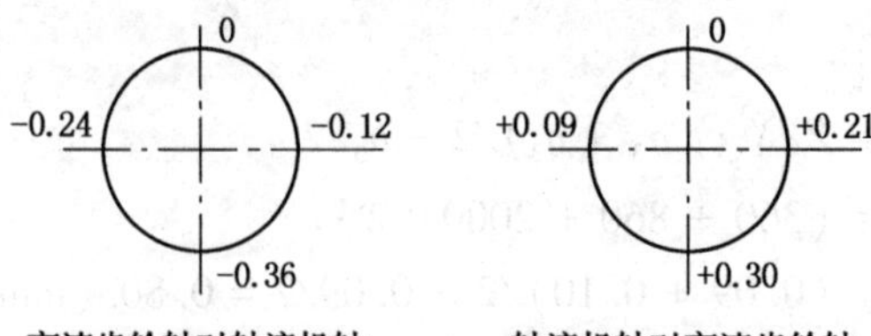

图 7 实测轴流机轴与高速齿轮轴的对中数据图

(2）根据实测对中数据画出轴流机转子轴心线实际状态图，见图 6 中线 3。

(3) 首先将轴流机转子调整到与高速齿轮轴在同一直线上，可求得前、后支脚点调整量：

$$\delta_{前} = Y/X \cdot (a_3 + b_3)/2 - b_3/2 = (545 + 545)/2 \cdot (-0.36 + 0.30)/2 - 0.30/2 = -0.21(\text{mm})$$

$$\delta_{后} = Z/X \cdot (a_3 + b_3)/2 - b_3/2 = (545 + 545 + 3538)/2 \cdot (-0.36 + 0.30)/2 - 0.30/2 = -0.405(\text{mm})$$

然后根据标准冷态曲线上标准的热膨胀量，可算出轴流机实际转子曲线调整。

至标准冷态曲线时，轴流机转子前、后支脚垫的实际调整量：

前支脚调整量$=0.416-0.143-|\delta_{前}|=0.063(\text{mm})$

后支脚调整量$=\delta_{后}-(0.422-0.416)=-0.411(\text{mm})$

即前支脚增加垫片厚度 0.063mm

后支脚减去垫片厚度 0.411mm。

(4) 轴流机前、后支脚垫片调整后，最终对中数据如图 8 所示。

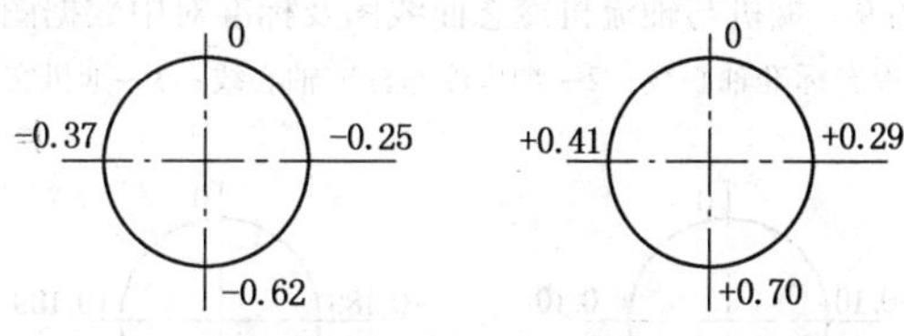

图 8　调整后轴流机轴与高速齿轮轴的 2 种数据图

4) 烟机转子与轴流机转子的找正(采用坐标图法)

根据机组冷态找正曲线按比例画出轴流机与烟机冷态找正曲线图机标准对中数据(见图 9)。

(1) 实测对中数据如图 10 所示。

(2) 根据实测对中数据，画出烟机转子轴心线实际状态图，见图 9 中线 3。

(3) 测量前、后支脚点实际状态与标准状态的距离 *EF* 和 *GH*。

实测得：$EF=0.104$mm，$GH=0.15$mm。

即烟机前脚减去 0.10mm 垫；烟机后脚加上 0.15mm 垫。

(4) 烟机前后支脚调整后，取得最终找正数据如图 11 所示。

5) 烟汽轮机转子与轴流机转子的找正(采用计算法)

(1) 烟汽轮机转子与轴流机转子冷态标准轴心线及技术文件要求的对中数据(见图 12)。

(2) 实测对中数据，如图 13 所示。

(3) 烟汽轮机转子与轴流机转子半联轴节标准状态轴向偏移量计算。

已知：$a_3=+0.248$，$b_3=-0.322$，$D=340$(半联轴节直径)，$X=572$，$Y=572+520=1092$，$Z=572+520+1080=2172$(mm)

$a_3+b_3=-0.074<0$，$(a_3+b_3)/2=-0.037$(mm)，下张口

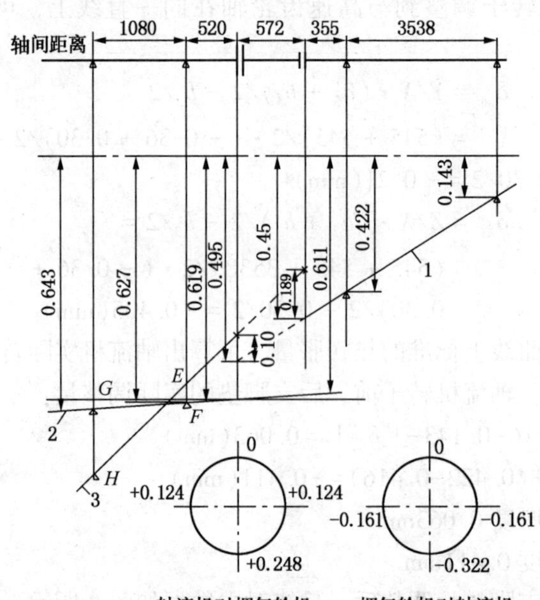

图 9　烟机与轴流机冷态曲线图及标准对中数据图

1—轴流机冷态标准轴心线；2—烟机冷态标准轴心线；3—烟机实际轴心线

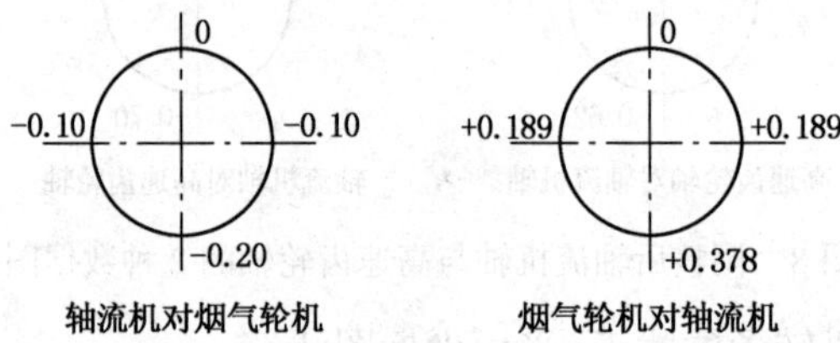

图 10　实测烟机与轴流机的 2 种数据图

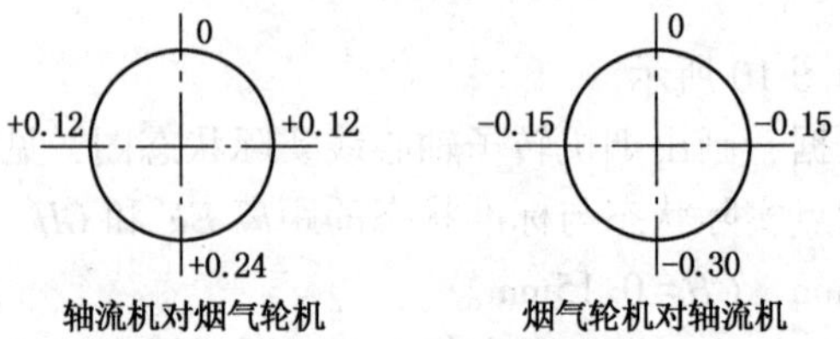

图 11　调整后烟机与轴流机的 2 种数据图

$b_y = D/X \cdot (a_3+b_3)/2 = 340/572 \times (-0.037) = -0.022(\text{mm})$

（4）烟汽轮机转子与轴流机转子半联轴节实测数据轴向偏移量的计算：

已知：$a_3=-0.20$，$b_3=+0.378$，$D=340$，$X=572$，$Y=1092$，$Z=2172$

$a_3+b_3=0.178$，$(a_3+b_3)/2=+0.089>0$，上张口

$b_y' = D/X \cdot (a_3+b_3)/2 = 340/572 \times 0.089 = 0.053(\text{mm})$

实际状态与标准状态轴向偏移量差值：

$$b_y - b_y' = -0.022 - 0.053 = -0.075(\text{mm})$$

（5）假定将烟机转子与轴流机转子调整到同轴，烟机前、后支脚调整量：

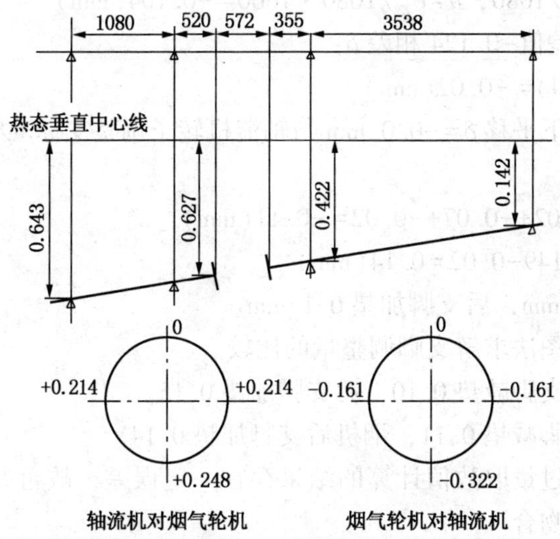

图 12　烟机与轴流机冷态曲线图及标准 2 种数据图

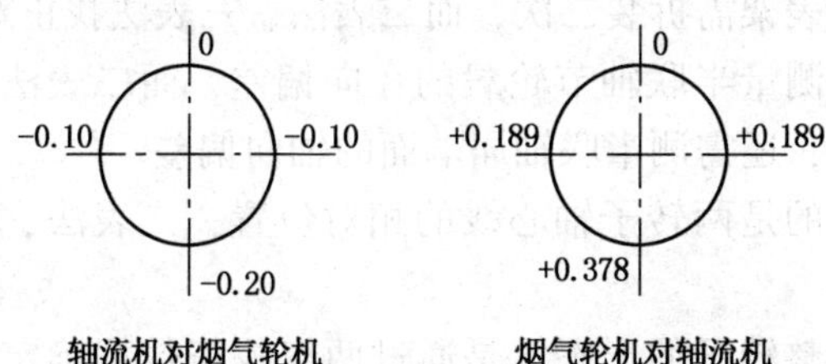

图 13　实测烟机与轴流机的对中数据图

$\delta_{Y1}=Y/X\cdot(a_3+b_3)/2-b_3/2=1092/572\times0.089-0.089=-0.02(\text{mm})$，减垫

$\delta_{Z1}=Z/X\cdot(a_3+b_3)/2-b_3/2=2172/572\times0.089-0.089=0.149(\text{mm})$，加垫

（6）将烟机转子与轴流机转子由同轴调整至标准状态（冷态），烟机转子前后止脚调整量计算，如图 13 所示。

首先，调整烟机前支脚，使两半联轴节下张口 $b_y=0.022$mm，然后调整烟机转子使轴流机对烟机的径向偏差符合要求，调整烟机前支脚使两半联轴节下张口 $b_y=-0.022$mm 后，烟机转子向下移动 a，由图 14 得：

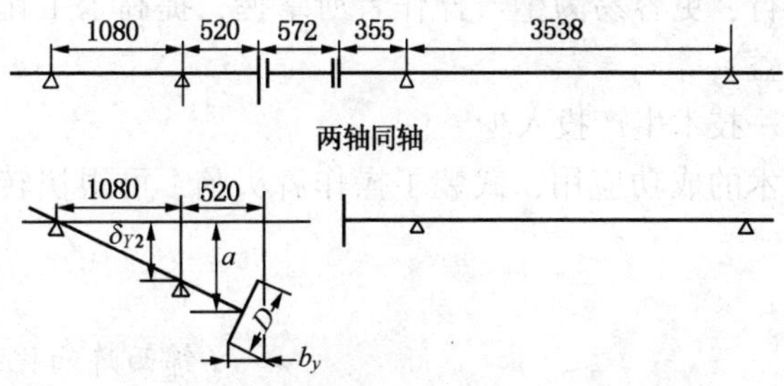

图 14　两轴调整至下张口等于 b_y 时情况

$\delta_{Y2}/1080=b_y/D$，$\delta_{Y2}=1080\cdot(-0.022/340)=-0.07$mm，减垫

$\delta_{Z2}=0$

$a/(1080+520)=\delta_{Z2}/1080$，$a=\delta_{Z2}/1080\cdot1600=-0.104$(mm)

a 值与径向标准偏差值-0.124 相差 δ：

$\delta=-0.124-(-0.104)=-0.02$(mm)

最后将烟机转子向下平移 $\delta=-0.02$mm 与轴流机转子调整支标准状态，烟机前、后支脚调整量：

$\delta_Y=\delta_{Y1}+\delta_{Y2}+\delta=-0.02+-0.07+-0.02=-0.11$(mm)

$\delta_Z=\delta_{Z1}+\delta_{Z2}+\delta=-0.149-0.02=0.14$(mm)

即前支脚减垫 0.11mm，后支脚加垫 0.14mm。

(7) 计算法与坐标图法求解支脚调整量的比较。

坐标图法：烟机前支脚减垫 0.10，后支脚加垫 0.15。

计算法：烟机前支脚减垫 0.11，烟机后支脚加垫 0.14。

由于坐标图法是通过量取数值计算的结果存在一定误差，故可判定，坐标图法与计算法求解支脚调整量完全吻合。

4 单表法找正与传统二表法、三表法找正的比较及应用范围

(1) 单表法找正对中表架需拆装二次，而二表法、三表法找正对中表架只需安装一次。

(2) 单表法测量只需测量半联轴节轮毂的径向偏差，而二表法、三表法测量不仅需测半联轴节轮毂的径向偏差，还需测半联轴届端面的轴向偏差。

(3) 单表法找正测量的是两转子轴心线的相对位置，二表法、三表法测量的是两转子联轴节的相对位置。

(4) 单表法找正，调整转子的形态，是通过两组找正数据确定两点，然后通过两点连线的延长线确定调整转子轴心线的实际形态。

(5) 单表法找正适用于轴间距较大场合，对于带短接的联轴节机泵找正更为合适。

(6) 联轴节间距较小的场合，需采用三表法。

5 单表法找正应用的经济效益

(1) 单表法技术从根本上消除了转子轴向窜动对找正读数的影响，对中精度高，提高了设备的检维修质量。

(2) 单表法找正技术中计算法求解调整轴前、后支脚调整量比坐标图法更具有实际意义，尤其是本文着力阐述的对于两轴间既有径向偏差要求，又有轴向偏差要求的两转子对中，采用计算法简便易行，更容易为生产操作者所掌握，提高了工作效率，降低了劳动强度，具有很好的社会效益。

(3) 单表法找正这一技术生产投入少。

(4) 单表法找正技术的成功应用，武装了操作者头脑，可很快转化为直接生产力，产生可观的经济效益。

(锦西炼油化工总厂　张春丽)

第二章　压缩机维护检修案例

10. 焦化气压机组常见故障原因分析与处理

1　机组概况

1.1　压缩机参数

焦化压缩机为2MCL457-34型，输送介质为富气。压缩机由二段七级组成，气体经第一段压缩后进入第二段前，流经中间冷却器进行冷却。压缩机由凝汽式汽轮机(NK25/28/12.5)驱动，主要负责压缩焦化富气，平衡系统压力。压缩机与汽轮机之间用挠性叠片式联轴器连接。压缩机主要参数见表1。

表1　压缩机参数

设计性能	正常点/设计点	额定工况点
介质	富气	富气
平均相对分子质量	27.263	24.73
进口流量/(Nm^3/h)	4980	6000
进口压力/MPa(A)	0.14	0.14
进口温度/℃	40	40
出口压力/MPa(A)	1.3	1.3
出口温度/℃	144.2	152.8
轴功率/kW	709	832
转速/(r/min)	11689	12632
第一临界转速/(r/min)	4637.5	
第二临界转速/(r/min)	16500	

1.2　汽轮机参数

型式：冷凝式；型号：NK25/28/12.5；额定转速：12632r/min；跳闸转速：14590r/min；进汽压力(正常/最大)：1.1/1.2MPa(A)；进汽温度(正常/最大)：220/240℃；输出轴功率(额定)：915kW；转速变化范围：9474~13264r/min；排汽压力：0.008MPa(A)。

1.3　机组工艺流程

从焦化分馏塔顶出来的富气经压缩机入口分液罐分液后，进入压缩机，压缩升压到1.2MPa进入吸收稳定系统。机组富气工艺流程如图1所示。

2　机组故障分述

2.1　机组联锁故障

原始设计核对过程中，在考虑机组运行安全的前提下，取消了机组轴温、轴振动等多

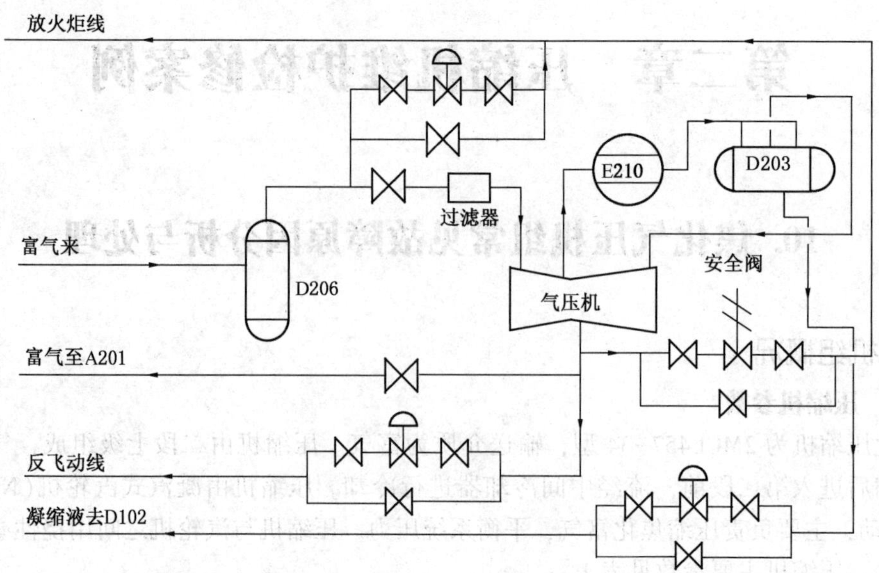

图 1　压缩机富气流程示意图

个联锁停机项目，只保留了八个联锁停机参数，分别是润滑油总管压力、密封油高位罐液位、汽轮机轴位移、压缩机轴位移、汽轮机排汽压力、汽轮机跳闸转速、紧急停车、富气中间分液罐液位(后来也被取消)。

摘除富气中间分液罐液位的联锁。机组运行初期，由于中间罐假液位，造成联锁停机两次。考虑到工艺富气入口有分液罐，机组前后有多处分液包，不容易在短时间内液位超高。在维修仪表的同时，提出了摘除联锁的申请，保留液位报警开关，最终得到了上级的批准并顺利实施。运行 10 年多以来，液位情况一直保持稳定。

改造密封油高位罐液位的联锁。按正常的设计思路，封油高位罐液位降低时，应该先报警并联锁启动备用泵，如果液位继续降低，会造成 PLC 联锁停机。实际运行过程中，由于封油高位罐体积小、报警与联锁的两个给定值相差较小，再加上部分仪表元件的滞后，两次发生液位低联锁停机，而备用泵仍没能自启动。根据这种实际情况，与仪表、DCS 等一起重新更改了控制方案，把备用封油泵的自启动作为另一个停机的必要条件，这种“一拖二”的设计经过实践证明确实很有效果。

给汽轮机排汽压力引出导管增加伴热措施。气压机的厂房是开放式的，北方冬季温度过低时会造成汽轮机裸露的排汽压力导管冻凝，仪表指示失灵，造成机组联锁停机。为改善这种情况，采取了增加蒸汽伴热的措施，问题也迎刃而解。

联锁问题是保障机组安全运行的关键问题，通过以上的措施整改，故障全部得到了有效的解决。改造至今，运行状况良好，没有再发生因仪表假信号造成联锁停机的事件。

2.2　机组出现类似喘振的转速摆动

通过查阅资料得知：汽轮机转速摆动分三种类型，即连续摆动；在一定负荷区域内的摆动；运行方式变换时的摆动。

机组普通喘振的原因与处理：喘振原因包括富气入口流量低于最低流量；富气出口压力高；富气质量变轻；开关阀门太快，如放火炬阀、反飞动阀；装置切断进料等。一般的处理方式包括：入口压力低时，用反飞动阀调节流量；若入口压力高时，则需提高转速，同时用反飞动阀调节流量；稍开出口放火炬阀降低气压机出口压力维持运行；开关阀门不宜太快；装置切断进料要把机组先切除系统，视情况做停机处理。

转速摆动显然不同于普通的喘振，它的出现没有严格的周期规律，现象表现就是瞬间(几秒钟)转速发生100~200转的变化。如果人员站在机组附近，能听见明显的运转声音变化。在原因分析过程中，逐步排除了液压调节系统油压波动过大——油泵自身性能、油系统混入空气(由于空气的压缩和膨胀作用也会导致油压波动)；调速油系统中压力调节阀与执行机构故障；调速油系统中蓄能器失灵(如皮囊压力回零或者皮囊本身破裂等)；焦化入口富气中氢气组分超高等原因。当时采取的临时措施包括：尽量控制排汽压力PIA2008<-0.07MPa，二次油压力<0.5MPa(特别是焦碳塔换塔和大吹汽时)；焦碳塔换塔及小吹汽操作时根据分馏塔压力上升情况，适当提前开入口放火炬阀；日常调整要及时，尽量采用小幅度调节，保持机组运行平稳；各岗位之间加强协调，相关岗位操作要平稳。如装置用蒸汽量过大(试压及大吹汽)，会导致蒸汽压力下降很快，需要操作人员分阶段逐步实施。

经过半个多月的观察，分析认为主要原因在于调速油含杂质等造成调节系统部件卡涩，导致调节系统的迟缓率过大，而正常情况下一般规定其值不应大于0.5%。研究以后果断采取停机检修，对调速器等进行返厂清洗修理，之后开机运转正常。后续措施就是加强机组润滑油的在线过滤，过滤掉其中的水分和杂质，每遇到装置大修的机会，对全部的润滑油及密封油管线进行酸洗钝化处理。

2.3　浮环故障导致密封油跑损

故障现象主要表现在封油系统内的两个油气分离器液位控制阀开度增加或者分离器液位控制不住，需要开副线阀才能维持平稳；两条返油箱的内回油管线表面温度上升；浮环损坏严重时会造成密封油随油气大量跑损，密封油箱顶部放空处油烟气很浓，油箱液位下降明显。

首先应该排除其他故障导致的密封油损失：可以采取降低封油系统主管压力(由250kPa降至200kPa)、投机组用氮气(排除密封油与润滑油互串)、切换密封油冷却器(排除因冷却器泄漏，封油流串入循环水)等措施。如果仍然没有效果，就可以基本断定是浮环故障导致密封油的损失。

浮环发生故障以后，多导致密封油内回油量明显增加。大量含有油气的密封油达到分离器后，短时间内油气和密封油不能彻底分离，发生气沫夹带，油气携带封油通过分离器的顶部进入过滤器，使其中的密封油不能返回机组而造成损失；另外也不排除部分密封油内漏到机组。有效的办法就是备好浮环等备件及时停掉机组，进行检查更换浮环。

2.4　真空度降低

真空度是机组运行的重要经济指标，真空度降低会导致机组效率降低甚至影响到安全运行。故障原因分析很关键，主要有以下几个方面：

(1) 凝汽器的循环水中断。应该首先将机组切除系统以后再停机，然后关闭循环水入口阀门，一般应等到凝汽器冷却到50℃左右时，再往凝汽器送循环水，否则因急剧冷却凝汽器，会造成凝汽器内部的铜管胀口松漏。

(2) 凝汽器热井满水。原因包括凝结水泵故障，可以及时切换备用水泵；凝汽器铜管破裂，对于分式凝汽器，可以降低负荷停下一半的凝汽器，寻找并堵死漏水的管子；备用凝结水泵出口单向阀损坏，水从备用泵倒流回凝汽器，可以关闭备用泵的出口阀，停止预热；凝汽器补充软化水阀门被打开，应及时关闭；热井液位控制阀故障，可以先开副线调节后及时联系仪表修理；下游装置凝结水阀关闭，造成凝结水送不出去。可以直接打开就地排凝并通知调度联系处理，下游装置正常后及时恢复正常送水流程。

(3) 抽汽器工作不正常。原因包括冷却器内循环水量不足，如进冷却器凝结水的副线阀打开或者内漏；冷却器内管板或隔板泄漏，使部分凝结水短路流出；冷却器汽侧疏水不正常，也能造成两段抽气器内充满未凝结的蒸汽；冷却器水管破裂或管板上胀口松弛或疏水管不通，使抽气器满水，水从排气管喷出；抽气器前蒸汽过滤网损坏，引起喷嘴堵塞或者喷嘴通道积盐结垢，使抽气器工作变坏；喷嘴磨损或腐蚀，使抽气器工作变坏；蒸汽压力低或者机组负荷高造成抽气器过负荷；一级抽气器由于水封或疏水器故障而使汽侧的空气吸入凝汽器时，也可以造成抽气器过负荷。

(4) 凝汽器冷却面积结垢或堵塞。在不停机的情况下可以进行分程的反冲洗，在允许停机的情况下可以进行高压水冲洗，但不要损坏胀口等部位。

(5) 真空系统不严密，漏气量增多。原因包括汽轮机轴封蒸汽量过大或过小；汽轮机排汽室与凝汽器的连接管段，由于热变形或腐蚀穿孔引起漏气；气缸变形，从法兰接合面不严密处漏入空气；自动排大气安全阀水封故障或断水；凝汽器或液位计等接头不严密；真空系统管道法兰接合面、阀门盘根等不严密，特别是抽气器空气抽出管上的阀门盘根不严密。处理类似故障有许多实践经验：包括检修期间曾发现复水器旁边的疏水膨胀箱表面存在砂眼，予以补焊；抽气器喷嘴拆开检查，发现一级抽气器喷嘴冲蚀较严重，更换相关部件及紫铜垫；大气安全阀的上水线堵塞，进行疏通恢复；大气安全阀本体检修应进行研磨校验，保证密封面完好；及时更换并压紧复水泵(多级离心式水泵)的填料，防止因泵抽空造成真空度的波动；随时检查抽气器凝结水线上疏水器的畅通。

(6) 系统蒸汽压力变化。蒸汽压力变化直接导致轴封蒸汽的变化，轴封蒸汽过大会导致能源浪费和增加抽气器负荷，轴封蒸汽过小会使外部空气进入机组而同样增加抽气器负荷，因此需要操作人员根据变化及时调整；蒸汽压力降低会直接导致机组效率和真空度降低，所以操作人员应及时联系生产调度人员进行调整。

2.5 轴承温度升高

(1) 故障原因：仪表显示失灵；润滑油温度升高；进轴承润滑油压下降；润滑油变质；轴承损坏。

(2) 处理：联系仪表判断显示真假，若显示正确可以加大冷却水量或切换油冷却器；适当提高润滑油总管压力或联系钳工提高单个进轴承油压；如发现润滑油已经变质，及时置换成新润滑油；如温度维持不住可按步骤停机后联系钳工解体检查处理。

2.6 机组振动或声音太大

(1) 转子不平衡，包括轴弯曲。如轴有永久变形；停机盘车不当或启动低速暖机时间不够，转子产生热变形；汽轮机水冲击或进入低温蒸汽，机组部件膨胀不均造成轴弯曲等。显著特征就是振幅随着转速的变化而变化，而与机组负荷关系不大，解决办法是停机检修，需要重新做转子的动平衡。

(2) 联轴器偏心，机组中心不正。由于安装质量差，温度变化从而改变轴承座的位置，联轴器磨损，滑销系统不良，基础损坏，各轴承座不均匀下沉，解决办法需要重新找正。

(3) 维护操作的影响，如机组发生喘振的情况下，会发出刺耳的声音；调速油压力的变化导致转速大幅度波动；开机过程中低速暖机运行的转速接近压缩机的一阶临界转速值；润滑油压力或温度变化大，影响了轴承油膜的形成；蒸汽温度变化大，导致气缸膨胀不均匀而发生热变形。

(4) 轴瓦间隙偏差对振动的影响可通过油温变化来判定。如果振动值随着油温的升高而加大，表明振动大多由于轴瓦间隙大而引起的。这种情况比较常见，因为运行中轴瓦表面的乌金磨损、多次修刮而使轴瓦内径增加，导致油膜不稳；否则，如果振动值随着油温升高而减少，表示振动大多由于轴瓦间隙太小所引起的。

2.7 机组自停

(1) 现象表现为机组声音突变，转速急剧降低。

(2) 原因大多情况是因为机组工艺参数联锁导致停机；特殊情况如速关阀内弹簧断裂、系统停主蒸汽等同样导致机组自停。

(3) 处理包括迅速关闭富气出口阀，打开出口放火炬，将机组切除系统后及时通知有关人员；根据现场参数进行准确判断，查找具体导致机组自停的原因，采取有效措施组织开机；如果原因判断不清，及时联系机钳、电工、仪表、值班等人员到现场检查，问题解决后再按常规顺序进行开机。

2.8　复水泵抽空

(1) 现象表现为复水器液位迅速上涨，液位控制不住；泵出口压力表波动大。

(2) 原因包括备用泵填料或入口法兰处漏气；机组真空度值过高；凝结水温度过高。

(3) 处理包括切换备用复水泵；联系维修及时紧固泄漏的填料或法兰；适当降低机组真空度(如关小抽气器的蒸汽入口阀)；接临时胶皮管，用温度低的新鲜水浇复水泵体，给内部介质冷却；打开复水泵入口抽真空阀门，及时排掉泵入口系统内存在的的漏气；紧急状况下还可以关闭凝结水出装置总阀门，打开所有就地放空阀，直接将水排进地漏，从而降低复水器液位，保证机组正常运行，系统正常以后再及时恢复。

3　其他方面的尝试与建议

(1) 密封油过滤器顶部的气相放火炬改造为进富气入口。这样在不影响安全生产的情况下，不走火炬线而进入富气入口线，增加了气体收率，并且使富气直接得到回收，对环保也作出了一定的贡献。

(2) 适当提高富气入口压力，压缩机富气入口压力设计值为40kPa，在不影响系统压力的前提下，适当提高入口压力值到60kPa，即降低富气的压缩比对降低汽轮机的做功很有帮助，由此也能达到节能目的。

(3) 焦化富气含硫量高、焦粉颗粒较多，对机组构件产生一定的腐蚀，并且必不可少地带来一些负面影响，尤其是封油回油管线较脏，虽然加强过滤起到一定的作用，但仍然不彻底。所以利用每次的大修机会，加强润滑油与密封油管线的酸洗，从设备方面也保持润滑油的质量，稳定机组的运行。

(4) 凝结水和凝缩液的回收关系到安全、环保、节能等多方面，要求加强操作，实现密闭回收。

(中国石化沧州分公司炼油三部　张印国)

11. 焦化富气压缩机组常见问题及解决方法

胜利油田石油化工总厂延迟焦化装置中富气压缩机组为1990年德国BORSIG公司的产品，是由GA355/8型单缸两段8级离心式压缩机和B5S-4型凝汽式汽轮机通过GX-22型增速箱联接组成的机组。该机组原来在蜡油催化车间，1998年后一直处于停用状态。2003年，焦化装置在旧装置的基础上进行了完善配套改造，增加了吸收稳定和脱硫系统。经过论证，使得该套设备搬迁至延迟焦化车间。正常生产中，它担负着控制系统压力，向吸收稳定输送压缩富气，为最终回收富气中的汽油、提高轻质油收率、生产液化气和干气等提供先决条件。几年来，经过技术人员的不断改进，机组运行状况良好。

1 常见问题以及解决方法

1.1 由于焦粉原因产生的机械密封泄漏

众所周知，焦化装置的富气中夹带着细小的焦粉颗粒，虽然在富气压缩机的一段和二段入口分液罐上装有过滤网，但仍有部分焦粉颗粒随着富气进入压缩机。为防止富气经过迷宫密封泄漏到机体外，原来设计是机组两端的密封腔各引出一条管线会合到一起与压缩机入口管线相通，使泄漏的富气通过密封腔进入压缩机入口。但经过实践检验，这种做法并不理想，时间不长机械密封就会出现漏油现象。后来，把密封腔去压缩机入口的管线盲死，新加一条管线分两路进入机组两端的密封腔，新加的管线中通入0.55MPa的氮气作为密封气(注：压缩机一段入口压力为0.11MPa，二段入口压力为0.45MPa)，机组正常运行了约一年后，二段入口处的机械密封出现泄漏，拆检分析认为，由于工况波动至使机组轴向窜动会造成密封片出现损耗，使两端密封腔的压力发生变化，二段入口处的压力高于一段入口，结果密封氮气均经由一段入口密封腔通过迷宫密封进入介质中，而二段入口处密封氮气没有起到作用，使得富气中夹带的焦粉仍能够进入机械密封，工况波动时机械密封弹性元件卡涩失去调节作用，就会产生漏油现象。最后我们在与密封腔相连的两条管线上各装一阀门，调节阀门开度保证两端氮气起到密封作用。采用以上技措后，压缩机运行良好(图1为二段入口处机械密封出现泄漏后拆检时拍摄的照片，密封腔里焦粉较多)。

图1 二段入口处机械密封泄漏情况图

1.2 复水泵抽空

复水泵是在高度真空下把凝结水从凝汽式汽轮机组复水器的热井中抽出，保证复水器的液位稳定，从而使汽轮机正常运行。富气压缩机组在运行过程中，当运行的复水泵出现故障需要切换至备用泵时极容易出现抽空现象，由于进水管法兰处和复水泵填料密封处容易漏入空气，而且空气不容易排出，造成长时间抽空，使复水器液位上涨，影响真空度，直至影响机组的正常运转。解决办法是在两台复水泵入口的最高点各加一吸入管与复水器的蒸汽空间相连，使水中分离出来的气体和漏入泵内的空气顺此管抽出，防止泵抽空，确保富气压缩机组的平稳运行。

1.3 复水器液位波动

以前从复水泵出来的凝结水分两路，一路外排，另一路流回复水器，管路上装的是闸阀，一旦液位波动就需要立即到现场调节以上两路的阀门，人工劳动强度较大，而且不容易掌控。现做法是把上述两路的闸阀换成调节阀，自动状态下把复水器液位设定好后，一旦液位偏离设定值出现波动，两个调节阀自动分程调节(见图2)，既减少人工劳动强度又保证调节的精确度，使复水器液位较快平稳下来。

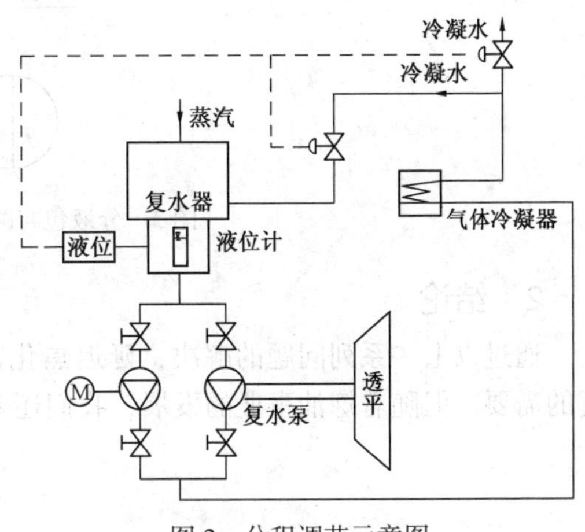

图2 分程调节示意图

1.4 富气压缩机径向轴承振动偏大

2003年10月机组搬迁安装完毕，开机后，压缩机与变速箱连接端径向轴承振动偏大，达到32μm，后虽经过多次抢修，但故障一直没有排除，而且振动值有增大的趋势，最高时达到58μm。经过多次技术分析，决定机组停机彻底检修，检修过程中发现存在以下问题：

(1) 机组对中不良，找正偏差过大。压缩机张口与找正标准相比差0.15mm，轴向和径向都偏差较大。

(2) 联轴器轴向位移量过小。过小的位移量使齿形联轴器对机组传递能力的补偿减弱。

(3) 出入口管线错口。当压缩机在本体法兰处断开时，发现一段和二段入口法兰左右错口达10cm，而且二段出口两法兰面不平行，有上下张口现象。

(4) 轴瓦间隙过大。检查分析发现振动较大的轴承轴瓦间隙过大，超差0.05mm。

针对造成压缩机径向轴承振动偏大的以上问题，我们更换了新的瓦块和瓦座，并对机组进行精确找正，消除管线的应力，在找正过程中兼顾联轴器轴向位移量，使其达到标准范围。

1.5 富气带油

富气压缩机压缩的介质是由分馏塔顶出来的富气，当分馏塔操作不当或者分馏塔顶油气分离器液位过高时，富气中就会夹带着凝缩油，一旦进入机组会出现转速不稳、轴封甩油、运行声音不正常等现象；当凝缩油夹带过多时，机组会出现喘振、停机，甚至毁坏设备。为防止事故的发生，除了生产中精细操作外，我们在靠近富气压缩机入口垂直管线的水平段设一分液包，分液包通过*DN*40的管线与凝缩液压送罐相连，同时在分液包侧面靠上的部位增加一条*DN*25的管线也与凝缩液压送罐相连接(见图3)。机组运行过程中，要求上面两条管线上的阀门打开，一旦富气中大量带油，凝缩油就会流入分液包汇入到压送罐中，随着液位的升高，压送罐中多余的气体会经 *DN*25 的管线排出，从而达到气、油分离的效果，保证机组正常运转。实践证明这种改造是有效的。

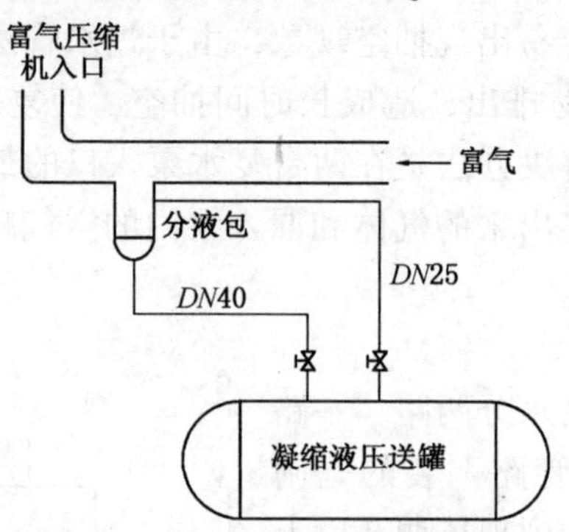

图3　分液包与凝缩液罐相连示意图

2　结论

通过以上一系列问题的解决，延迟焦化富气压缩机组基本满足平稳、高效、长周期运行的需要。但随着炼油事业的发展，我们还要不断改进和完善，以达到更高的技术水平。

（中国石化胜利油田石油化工总厂　李旭阳）

12. 焦化富气压缩机的喘振分析及预防

1600kt/a焦化联合装置富气压缩机，用来处理新焦化装置和800kt/a焦化装置富气及加氢装置尾气，压缩后的富气经吸收和脱硫后，供炼油厂燃料气管网。压缩机型号2MCL527，工艺参数见表1，由蒸汽透平驱动，壳体为水平剖分式焊接结构，段前、段间、段后设分液罐。离心压缩机轴端采用干气密封，级间采用梳齿密封，蒸汽透平级间全部采用梳齿密封。由于该机组设计为全厂多套装置富气共用，因而在一定时期机组实际负荷与设计负荷偏差较大，给机组防喘振控制带来较大影响。

表1　机组设计参数

进口流量	Nm^3/h	29939	出口压力	MPa	1.3
进口压力	MPa	0.04	压缩比		10.2
进口温度	℃	40	设计工况喘振量	m^3/h	21857
进口介质密度	kg/m^3	1.529	工作转速	r/min	9786

1　喘振

喘振就是当压缩机工况超出正常的工作范围时，气量在压缩机和管路中产生了周期性的气流回流脉动，流量和压力变化，通常伴有明显的响声，管道振动，出口温度迅速增加，流量和压力剧烈波动。强烈的振动会造成压缩机的很多破坏，如：破坏叶轮级间梳齿密封；破坏轴端干气密封；破坏压缩机止推轴承和支撑轴承；导致叶轮和隔板摩擦；转子及定子元件受交变应力管路发生晃动，管路附件损坏，严重时会引起设备事故和火灾、爆炸事故。因此，不论从设计还是从使用的角度，都不允许离心式富气压缩机在喘振区工作。

1.1　喘振产生的原理

压缩机在设计流量下运转时，气体的进气角基本等于叶轮的进口安装角度。当实际运转的流量 Q 小于设计流量时，气流进入叶片的方向与叶片进口的角度不一致，冲角 $\delta_i=\beta_{1A}-\beta_1>0$，这时气体与叶轮发生冲击（见图1），在叶片的工作面产生边界层分离，引起气流分离现象，并且气流沿着与叶轮旋转相反的方向移动而形成一个气流分离区（如图2中黑点）。从图中看出，如果气量减少到最小值，则整个叶片流道不但没有气体流出，而且还会形成旋涡倒流，气体从叶轮的出口倒流到叶轮的入口，此时级的出口压力下降，倒流的气体弥补了流量的不足，从而维持正常工作状态，重新把倒流回的气体压出去，这样又造成级中流量的减少，继而压力突然下降，被压缩的气体又重新倒流回级中来，这样周而复始地改变流向和压力波动，机器及排气管路中产生低频高振幅的压力脉动，并发生噪音，

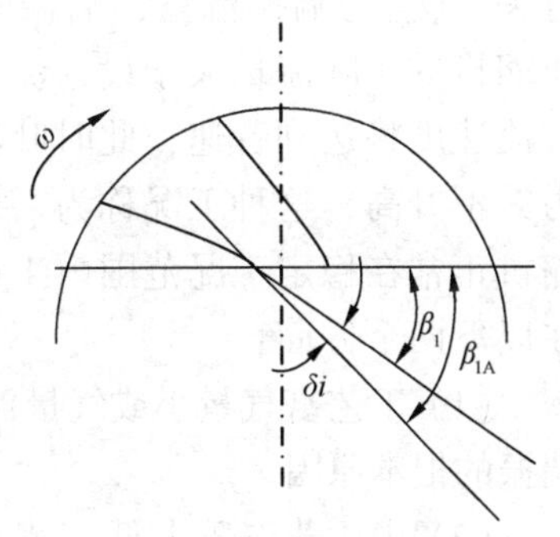

图1　叶轮进口冲角

叶轮应力增加，整机发生剧烈振动，这就是"喘振"现象。

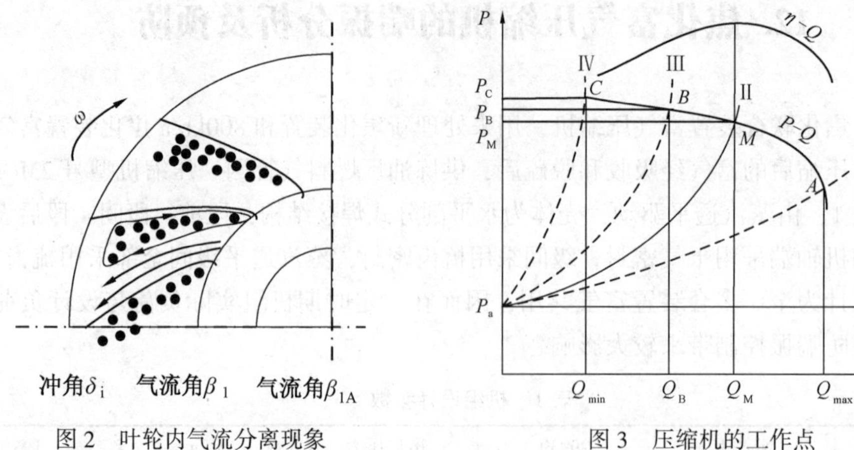

图 2　叶轮内气流分离现象

图 3　压缩机的工作点

1.2　喘振产生的原因分析

压缩机是串联在管路中的增压设备，从图 3 中可以看出，压缩机的工作点是压缩机的特性曲线与管路特性曲线的交点。压缩机在设计工况 M 点工作时，流过压缩机的气体流量 $Q=Q_{设}$，而且压缩机的增压 Δp 等于该管路的压力降 $\Delta p_{管}$。如果压缩机在工作中由于某种原因其工作点偏离了 M 点，只要压缩机继续工作，则工作点必然要自动回到 M 点的位置上。

如果管路的出口阀门关小，压缩机就要向小流量方向移动，阀门关到一定程度，达到管路特性曲线将移到图中Ⅳ位置时，影响到出口管路的流量，由于出口管路中气体的压力并不同时下降，导致管网中气体压力大于出口压力而倒流入压缩机，直到降低到管路中压力小于压缩机中压力或压缩机中压力升到大于管路中气体压力。如此反复，恶性循环，产生周期性脉动，出现喘振。管路的容量越大，则喘振的振幅就愈大，频率愈低。反之，管路的容量愈小，则喘振的振幅愈小，则频率就愈高。因此，机组的喘振与管路有关。Q_{min}为喘振流量，喘振时的工况称为"喘振工况"，C 点为喘振点。相反，当离心压缩机的实际流量大于设计流量达到最大流量 Q_{max} 时，叶片扩压器的最小流通截面处的气流速度将达到音速，此时叶轮对气体所做的功都消耗在克服流动损失上，而气体的压力并不升高，这种工况称为"滞止工况"。喘振工况与滞止工况之间为稳定工况范围。压缩机正常在稳定工况范围内工作，在实际操作中往往因流量过低而造成喘振，一般表现在以下两个方面：

(1) 工艺富气量小或气量波动大，导致压缩机入口流量低于喘振流量 Q_{min}，这是产生喘振的根本原因。

(2) 中压蒸汽压力低，蒸汽焓降小，或背压蒸汽管网波动，汽轮机做功不够，转速下降。

2　实际存在的问题分析

实际存在的问题主要表现在以下几个方面：

(1) 由于气量波动大，汽轮机调速系统不能投串级控制，操作人员在操作过程中稍有不注意，气量的变化导致入口压力波动，引起焦化分馏系统的压力波动。

(2) 冬季期间，由于进汽轮机中压蒸汽在管网末端，管道热量损失大，以至于温度最低降到260℃，对汽轮机的做功不利。

(3) 冬季期间，老装置富气从装置甩头来，不经分液罐，大量液带入压缩机入口分液罐，导致排液来不及，引起缓冲空间不够，入口压力波动，进入喘振区。

(4) 防喘振控制阀开工初期调节不灵活，未能及时开关到位，引起喘振。

(5) 有一次开工操作中，压缩机出口调节阀未及时开到位，导致气量减少，提转速后入口压力高。

(6) 焦化频繁预热换塔，导致气量波动，进入喘振区。

(7) 操作中误动作，在强制状态下切制手动状态，引起压力波动。

3　机组防喘振控制

根据本系统介质特点，工艺设计采用打回流的方法来防喘振，如图4示，将出口管与入口管相接，在喘振时及时打开防喘振阀补充回流，保证压缩机的入口流量比喘振量大，保证机组的稳定工作。本机组防喘振控制采用了压比(P_d/P_s)~h/P_s的计算方法，通过坐标转换，包容了相对分子质量、流量、进口压力、进口温度、出口压力、出口温度的变化影响，控制模型更加靠近喘振线。防喘振控制如图4所示。

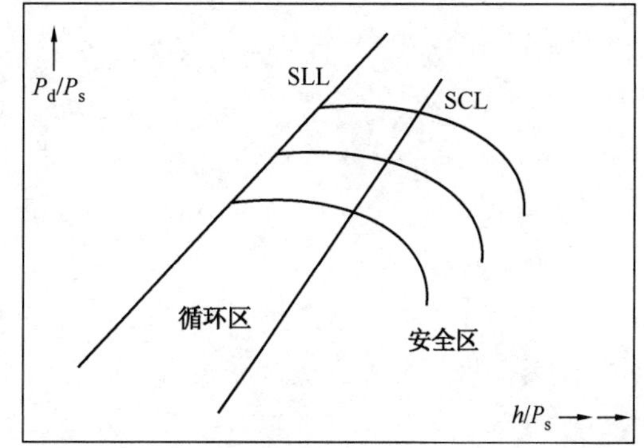

图4　防喘振控制

图4中SLL为喘振线，SCL为防喘振线，SCL把压缩机工作面积(范围)划分成两部分，第一部分位于SCL的右侧，称为安全区，第二部分在SLL和SCL之间，称为循环区。无论因何种原因引起操作点在性能曲线上移动并达到SCL，防喘振控制系统将打开防喘振阀，由此增加压缩机的入口流量，操作点移向安全区。

采取的措施如下：

(1) 增加自动、手动、强制防喘振控制阀三种状态切换时的二次确认，防止误动作引起机组喘振。

(2) 密切注意两套焦化装置的操作，形成系统操作，气量变化后要及时调整操作。

(3) 加强吸收稳定系统的压力调节，不能超压。

(4) 加强对分馏塔顶油气分液罐的液位和界位控制，加强脱水。

(5) 加强压缩机出入口分液罐和中间分液罐的液位和界位控制，及时排液。

(6) 冬季中压蒸汽加强排凝，保证蒸汽压力平稳。

(7) 通过入分液罐前火炬阀来控制分馏系统压力，从而减少对分馏和压缩机的冲击。

(8) 加强老装置富气出装置时排液，防止大量液带入压缩机入口分液罐。尤其在冬季生产时更是如此。

(9) 老装置来富气管线(约600m)增加保温。

(10) 压缩机入口分液罐D32401凝缩油泵原设计为两台多级泵，操作中容易抽空。现增加一台低扬程的单级泵，将凝缩液(油)送至焦化分馏塔顶分液罐D32103，保证了入口分液罐 D32401 的低液位。

4 结论

上述机组防喘振控制措施实施后，取得良好的效果。压缩机组开车以来运转正常。由于防喘振控制处于强制状态，对机组防喘振控制不利，要求操作人员精心控制。下一步装置标定时，应对压缩机喘振线进行现场标定，以确定设计喘振线是否精确。

（中国石化扬子石油化工有限公司机动处　李学勇）

13. 加氢制氢装置 770kW 压缩机透平调速系统改造

中国石化长岭分公司加氢制氢联合装置机 102 是一台日本进口的生产于 20 世纪 70 年代的加氢循环压缩机，功率 770kW。

1　原透平调速系统原理图(见图 1)

说明：8kgf/cm² 压力油分两路。一是通过机械危急保安装置和联锁停车电磁阀(不带电工作)去速关阀。危急保安装置中的轴头飞锤超速飞出时或电磁阀带电联锁动作时，均会将此油路中的压力油卸放回油箱，而使速关阀下部的保持油压骤降，在蒸汽压力与复位弹簧力的共同作用下速关阀瞬间关闭，起到迅速切断蒸汽紧急停车的作用。另一路油则分别去 Woodward EG-10P 型电子-机械式调速器和油动机(内含错油门)。

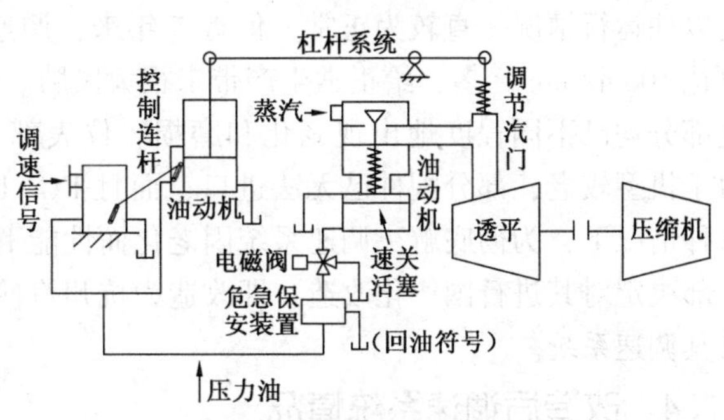

图 1　原透平调速系统原理图

2　Woodward EG-10P 调速器原理(见图 2)

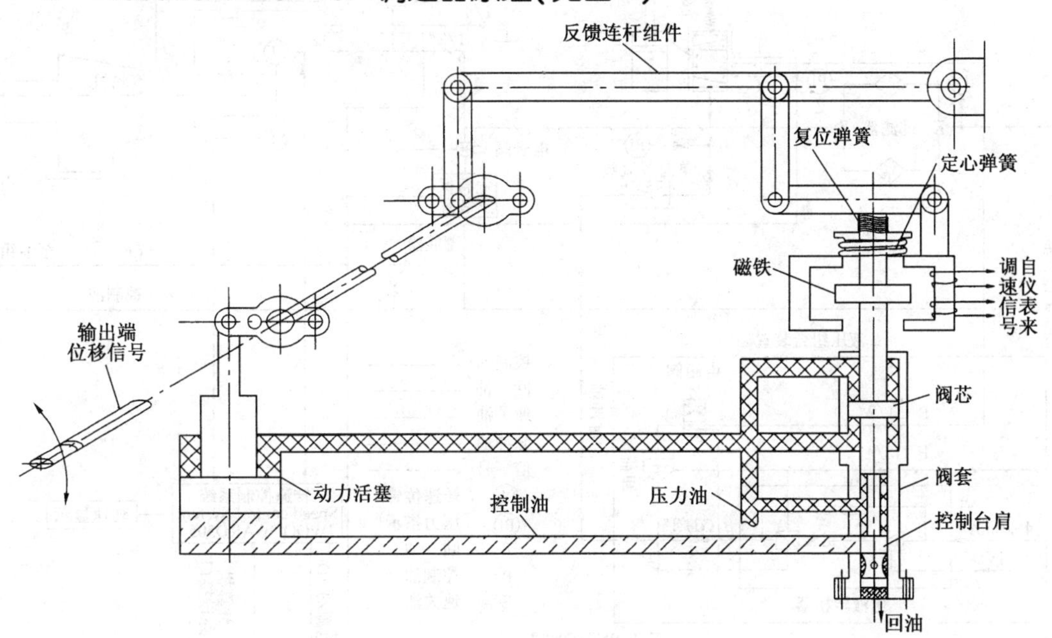

图 2　Woodward EG-10P 调速器原理图

说明：给定转速信号与反馈转速信号经运算放大后以电信号的方式输入 EG-10P 调速器，驱动导阀阀芯移动，阀芯移动使动力活塞下部控制油压力发生变化，活塞产生运动，并对外输出一角位移信号。同时通过内部反馈杠杆组件的反馈作用使该控制形成闭环回路，即一定的输入电信号对应一定的输出角位移信号。该角位移通过控制连杆带动油动机内的错油门阀芯，使油动机在动力油压作用下活塞产生运动(该输出运动与输入角位移信号间也是闭环回路，形成对应关系)。

3　改造起因

从以上介绍可知，EG-10P 电子-机械式调速器是一种介于传统的机械式调速器(如 Woodward PG-PL 型)和现代的电子式调速器(如 Woodward 505 型)之间的调速器。该调速系统以往运行情况一直较为正常。但近 5 年来，调速控制经常失灵，转速波动逐渐增大，有时达 1000r/min 之多，给正常生产带来很大威胁。经分析，我们认为仪表控制部分和机械调速部分均已不同程度地出现老化和磨损。仪表部分和调速器经多次调校，效果仍不理想。由于机型较老，部分配件已无法进口，而且 EG-10P 调速器直接进口的现价非常昂贵。在这种情况下，为彻底解决调速系统因老化而性能下降和因配件短缺而维修难度增大的问题，厂部决定对其进行国产化改造，即改造为杭州汽轮机厂的新型 Woodward 505 电子式调速器及其调速系统。

4　改造后调速系统情况

4.1　改造后调速器系统原理图(见图 3)

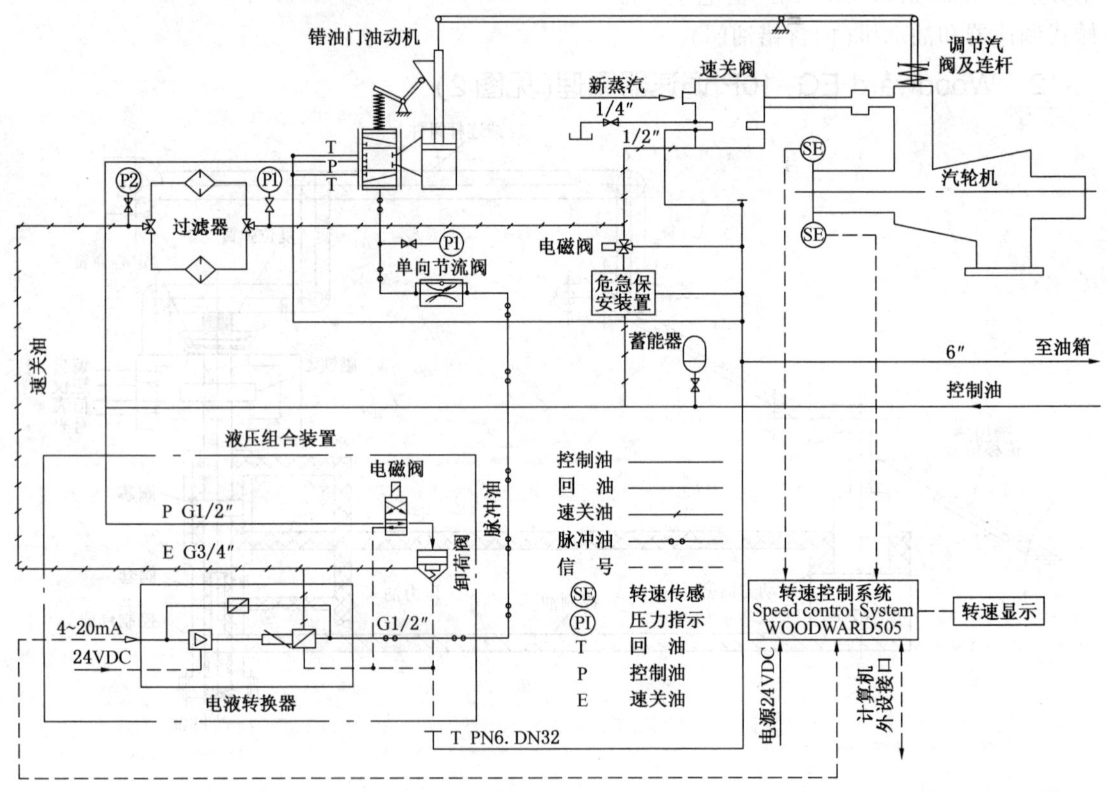

图 3　改造后调速器系统原理图

说明：压力油也主要分两路。一路通过原危急保安装置和原电磁阀后分为两支，一支去原速关阀，仍起速关作用，另一支则经一组25μ的过滤器过滤后去电液转换器，经转换形成脉冲油压(也称二次油压)，去错油门下部推动其阀芯，控制作为动力的压力油进入油动机活塞的上部或下部，推动其运起，并通过一杠杆系统实现对蒸汽汽门的调速控制。另一路也分两支，一支去错油门作动力油，另一支去一个新设的电磁阀，也起联锁停车作用(该电磁阀动作时既可卸放速关油压，也可使卸荷阀复位而将进电液转换器的压力油一同卸掉)。

4.2 调速控制框图(见图4)

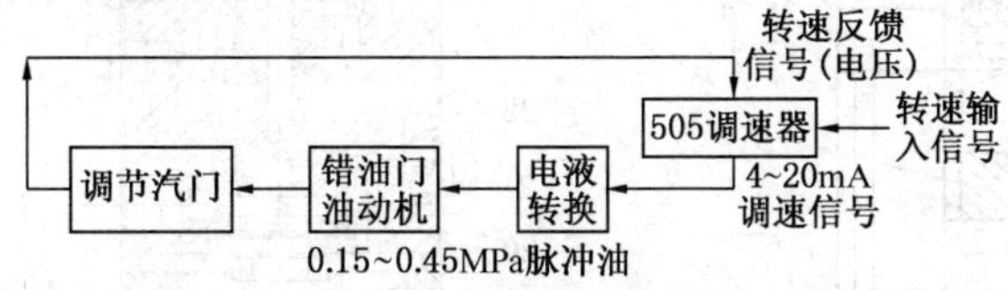

图4 调速控制框图

说明：输入转速信号(电流)与反馈转速信号(电压)在Woodward 505转速控制系统中处理、比较、运算后，输出一个4~20mA的调速信号，该信号在电液转换器中转变为0.15~0.45MPa的油压信号，控制错油门油动机，推动蒸汽汽门，实现转速调节。转速信号又通过仪表测速探头反馈回505，形成一个大闭环控制回路，实现输入转速信号对输出转速的控制。

4.3 电液转换器(见图5)

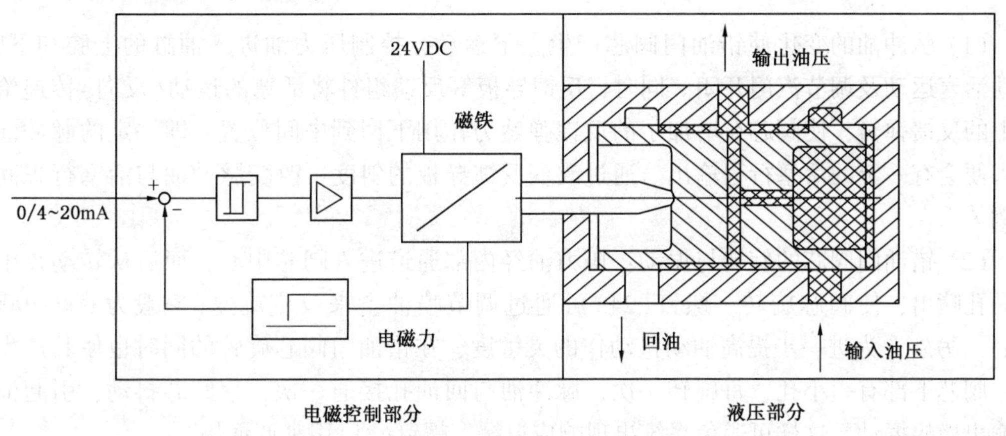

图5 电液转换器

说明：E360型电液转换器是调速系统液压部分的核心元件。电液转换器通过内部的电磁马达将4~20mA的调速信号转换成相应的油压信号(0.15~0.45MPa)，即脉冲油，输出至错油门油动机。为使电信号与油压信号形成对应关系，电液转换器内有一个油压反馈回路，形成一个闭环。通过旋动电液转换器上的X0和X1螺钉，可调整电流与油压间始末两点的对应关系。

4.4 错油门油动机

杭汽的调速系统引进的是德国西门子的技术，错油门油动机的设计在技术上很有特点。

如图6所示，该机构由错油门、连接体、油缸和反馈系统组成。(断流式)错油门的阀芯上端是转动盘和反馈弹簧。

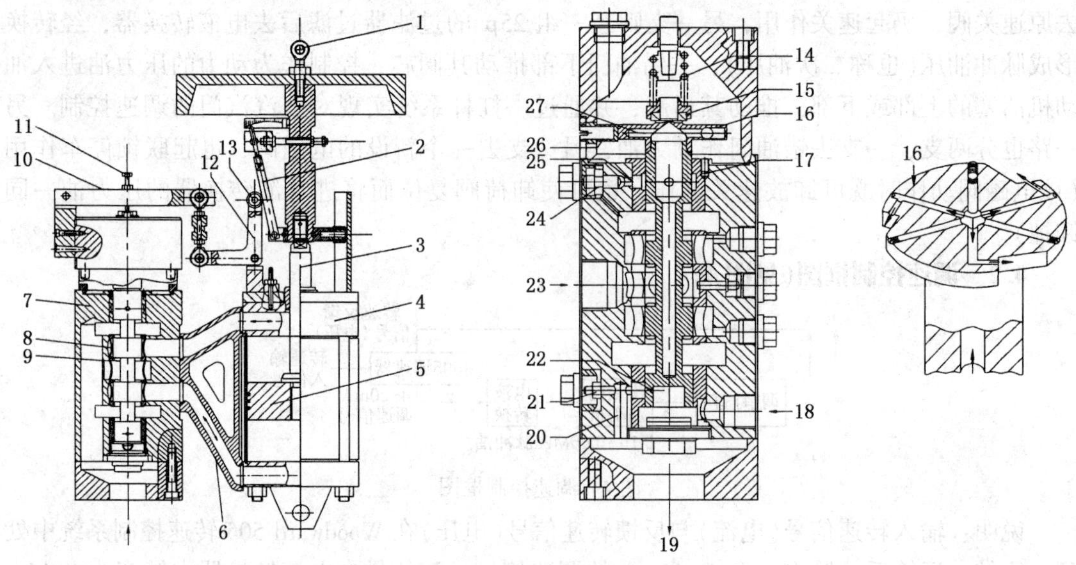

图6 错油门油动机

1—关节轴承；2—反馈导视；3—活塞杆；4—油缸；5—活塞；6—连接体；7—套筒；8—错油门滑阀；9—错油门；10—杠杆；11—调整螺丝；12—弯角杠杆；13—滚针轴承；14—反馈弹簧；15—推力球轴承；16—转盘；17，21，24—螺钉；18—二次油；19—回油；20—回油孔；22—回油孔；23—压力油；25—进油孔；26—螺栓套；27—径向油孔

(1) 脉冲油的变化使错油门阀芯产生上下运动，控制压力油进入油缸的上腔和下腔，推动活塞运动及调节汽门开闭。同时，反馈导板等反馈组件将活塞的运动(反向)传递给阀芯上的反馈弹簧，使阀芯在增加了的反馈弹簧力作用下回到中间位置。即一定的脉冲油压输入便会有一定的活塞行程输出。通过改变反馈导板的斜度可改变脉冲油与活塞行程间的比例关系。

(2) 错油门阀芯的旋转与振动：压力油经内部通道进入阀芯中心，而后从转动盘中的切向孔喷出，使阀芯旋转。螺钉(24)可通过调节喷油量来改变旋速(一般为600~900r/min)。另外，为进一步提高油动机动作的灵敏度，在错油门阀芯旋转的同时也使其产生振动。阀芯下部有一小孔，每旋转一次，脉冲油与回油孔接通一次，使阀芯抖动，引起油动机输出微幅振动。这样可避免系统出现响应迟缓。螺钉(21)用来调振幅。

(3) 由于蒸汽调节汽门一般为多阀蝶结构且各阀蝶形状和开启次序不一，考虑到各阀蝶的开启特性不一，单蝶及整个汽门特性曲线非线性，故要求油动机反馈导板线型应针对该特性曲线专门设计(一机一线型)，以补偿汽门调节的非线性，使调速控制尽量平稳。

4.5 调试

4.5.1 静态调试

由于电流信号的标准值为4~20mA，同时错油门阀芯特性在0.15~0.45MPa间线性最好，即X0~X1线段为最佳工作区，所以我们首先要通过调节电液转换器上的X0、X1旋钮，使4mA时输出0.15MPa的脉冲油，20mA时输出0.45MPa，并使电流与油压间建立线性对应关系(见图7)。之后，通过调整错油门顶部的调节螺钉和改变反馈导板的斜度来分别改变油动机的零位和行程，以使脉冲油压与油动机升程之间建立对应关系，即应使0.15MPa时油动机开始动作(此时汽门开度为0)，0.45MPa时油动机达最大升程80mm(此时汽门全开)，如图8所示。

注：A~B段就与汽门阀蝶特性曲线相近(通过特制反馈导板实现)，可使转速调节更加平稳。

综合之，静态调试应建立如表1所示的对应关系。

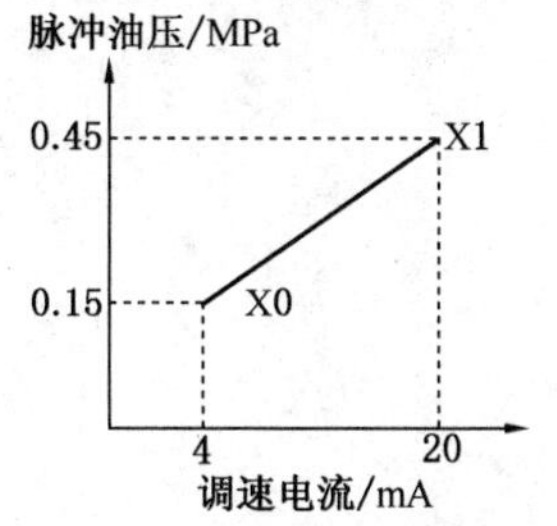

图7 调速电流与二次油压间对应关系

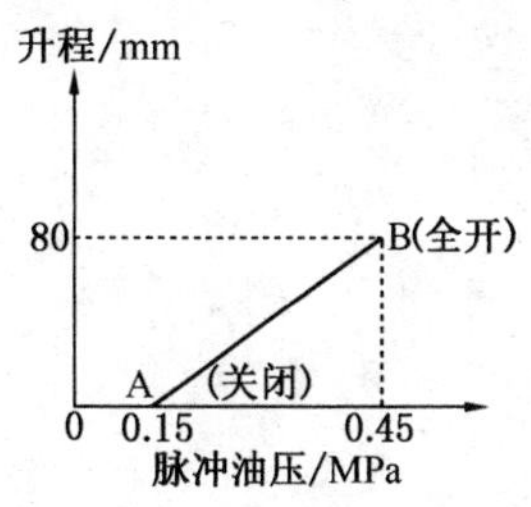

图8 脉冲油压与油动机升程间对应关系

表1 静态调试对应关系

调速电流/mA	4	20
脉冲油压/MPa	0.15	0.45
油动机升程/mm	0	80

4.5.2 动态试车(见图9)

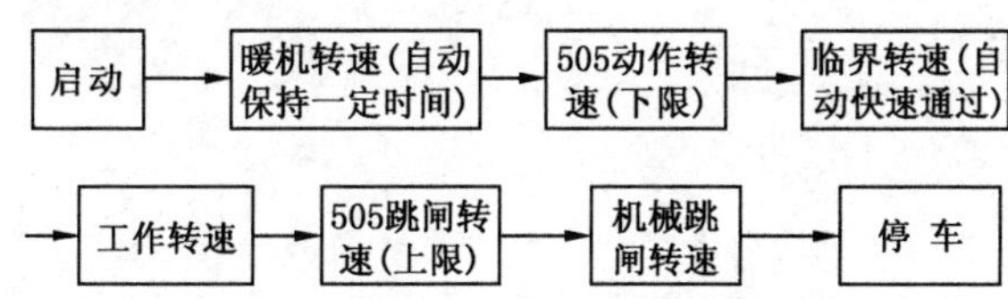

图9 动态试车程序自动给定控制

试车(包括正常开车)转速可在505中通过程序自动给定和控制。

5 改造效果及存在问题

5.1 改造效果

该改造于2006年3月装置停工大检修中实施，试车及开车情况良好，均一次成功。另外，其大部分配件可与我厂现有同类设备通用，体现了国产化的优势。再者，由前面介绍可知油动机反馈导板的线型一般是针对调节汽门的阀蝶开启特性曲线专门设计的，但由于现场改造无法获取该特性曲线，所以这次改造反馈板的线型被近似地设计成直线。实际试车与运行情况较好，转速也较平稳。应该说该处理是可行的。

5.2 存在问题

经过对改造后调速系统的深入分析，认为该系统仍存在有某些问题：改造后油路设计中新增设的电磁阀也起联锁停机作用，与系统中保留下来的原有电磁阀作用相同。两者在逻辑上是“或”的关系，即只要一个动作就会停车，这进一步增加了系统误停机的概率(改造前常有发生)。这是一个不必要的设计冗余。另外新增设的卸荷阀在系统中的作用只是用来在电磁阀作出联锁停车动作时一并切断脉冲油。笔者认为，此时速关阀已被关闭，切断脉冲油已无必要。不必要的元件还可能增加系统的故障率。由于770kW压缩机是加氢装置的关键设备，保证其运行的可靠性是非常重要的。以上问题已向有关技术人员提出，并得到其认同。

（湖南岳阳长炼机电工程技术有限公司　潘勇）

14. 裂解气压缩机组透平叶片结垢原因分析

大庆石化公司化工一厂老区裂解气压缩机组 EC-351、EC-301 是裂解装置生产的核心机组，由压力为 10.5MPa 的蒸汽作为透平驱动，EC-301 机组透平抽汽并入 S40 蒸汽管网，EC-351 机组透平抽汽并入 S10 蒸汽管网，其余蒸汽经复水器后凝液并入 CC 凝液管网送回动力车间，二台机组的上次检修时间分别为：EC-351 是 2004 年 6 月检修；EC-301 是 2006 年 9 月检修。在本次检修之前，2007 年 1 月 25 日至 1 月 30 日，锅炉蒸汽系统出现了水汽质量劣化问题，给水、炉水、蒸汽的二氧化硅超标，持续时间较长，二台机组运行时振动值增大。

1　存在的问题

在 2007 年 7 月检修期间，对上述二台机组进行检修，透平检查情况如下。

1.1　EC-351 透平现场检查情况

高压端各级转子颜色呈红褐色，如图 1 所示。在第二级叶轮上有沉积物，其他部位较少。

低压端各级转子颜色呈黑褐色，如图 2 所示。在叶片上沉积物较多，分布均匀。

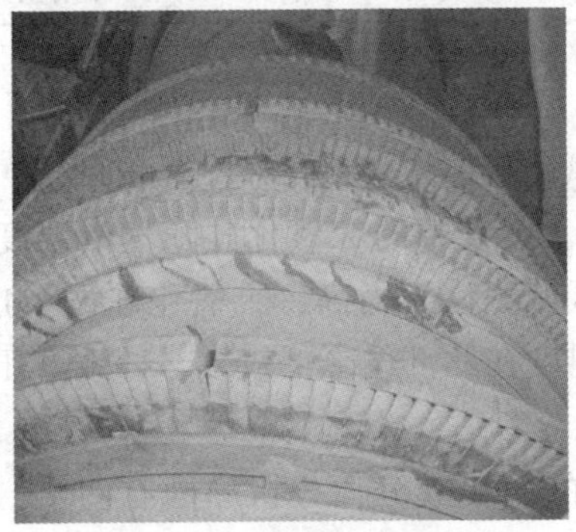

图 1　EC-351 高压端叶片

图 2　EC-351 低压端叶片

1.2　EC-301 透平现场检查情况

高压端各级转子颜色呈红褐色，如图 3 所示。各级叶片上无沉积物。

低压端各级转子颜色呈黑褐色，如图 4 所示。在尾部叶片上沉积物较多，分布均匀，在叶片外边缘区沉积物较多，沉积厚度约 2~3mm，可铲动。

图 3　EC-301 高压端叶片

图 4　EC-301 低压端叶片

1.3 垢样分析结果(见表1)

表1 垢样分析结果表

样品名称	EC-351高压端叶片	EC-351低压端叶片	EC-301低压端叶片
颜　色	红褐色	黑褐色	黑褐色
采样日期	7.9	7.9	7.9
分析日期	7.9—7.13	7.9—7.13	7.9—7.13
分析项目	分析结果/%	分析结果/%	分析结果/%
550℃	7.79	14.37	7.00
950℃	1.42	1.62	1.92
酸不溶物	18.45	81.23	68.55
Fe_2O_3	36.31	2.18	11.27
CaO	5.49	2.10	6.38
MgO	7.93	0.20	5.46
P_2O_5	0.27	0.49	0.93
合计	77.86	102.19	101.51

2 问题分析

(1) 低压端转子叶片的垢样中酸不溶物(二氧化硅)占主要成分，沉积量多，主要原因与今年一月份发生的蒸汽二氧化硅严重超标有关，蒸汽中的二氧化硅随蒸汽温度降低在低压区沉积。EC-301高压端没有沉积是因为抽汽区域蒸汽压力高，二氧化硅被4MPa抽汽带走，而EC-351抽汽为1MPa蒸汽，蒸汽压力、温度在此部位降低较多，导致高压端尾部叶片有少量沉积物。

(2) 转子叶片的垢样中Fe_2O_3的含量占垢样的次要成分，分析原因有两个，一是由蒸汽携带进入；二是在机组停用期间，停用保护措施不到位，有腐蚀情况发生。

(3) 转子叶片垢样中都有一定比例的CaO和MgO，来源是蒸汽携带进入，主要是由于组成减温水的CC冷凝液因复水器泄漏，循环水进入到冷凝液中，冷凝液随着减温水进入到高压蒸汽中。

3 改进措施

根据上述存在的问题，应根据《火力发电机组及蒸汽动力设备水汽质量》(GB/T 12145—1999)的有关控制标准做好水汽质量的控制工作，尤其要对以下几方面的工作进行改进：

(1) 增加回收冷凝液的分析项目及频率，用TOC的数值来比达凝液中有机物的含量，避免有机物对锅炉给水、炉水的污染。

(2) CC冷凝液需要进行除铁、脱盐处理。由于复水器存在微漏，循环水不可避免地要进入到锅炉和蒸汽中，长时间运行后，成垢物质氧化铁、钙、镁、二氧化硅等要影响产汽、用汽设备的长周期运行。所以，CC冷凝液应进入动力车间脱盐系统，进行除铁、脱盐处理。

(3) 对CC冷凝液和蒸汽中的铁、铜含量进行定期监测，来监督复水器内铜管腐蚀情况及降低蒸汽中铁、铜含量，减少透平叶片上的沉积量。

（4）做好停、备用机组在停用期间的防腐保护工作，避免机组水汽系统在停用期间出现腐蚀。

4 结论

通过对机组透平结垢原因的分析，并采取相应的预防和处理措施后，经过近一年的运行观察，机组运行平稳。

（中国石油大庆石化分公司机动处 陈佑军，王希光，王子瑜，闫凤芹）

15. 二氧化碳压缩机组透平振动故障分析及处理

中国石油宁夏石化分公司二化肥尿素装置二氧化碳压缩机组蒸汽透平是1988年意大利新比隆公司采用西门子技术制造的，透平型号为ENK40/50，是抽汽、注汽及凝气式水平剖分式透平，径向轴承为五块瓦可倾式轴承，推力轴承米切尔。压缩机为高低压两缸，并有一个增速箱。机组总貌如图1所示。

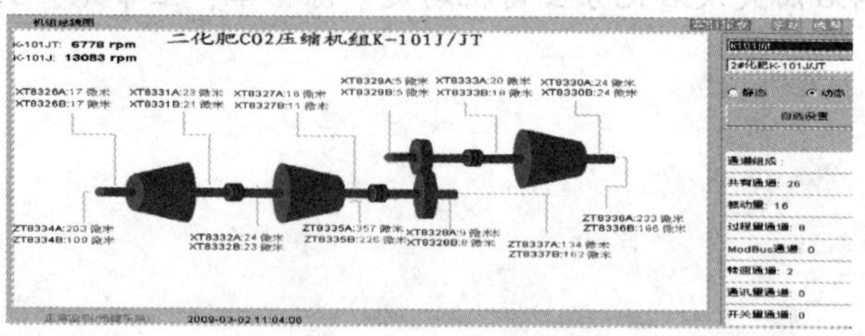

图1 机组总貌图

2008年9月5日以来，透平径向振动值时有瞬间波动现象发生，且波动的最高值逐渐增高，其中透平后轴承振动XT8331B最高达58μm。振动的趋势如图2所示。

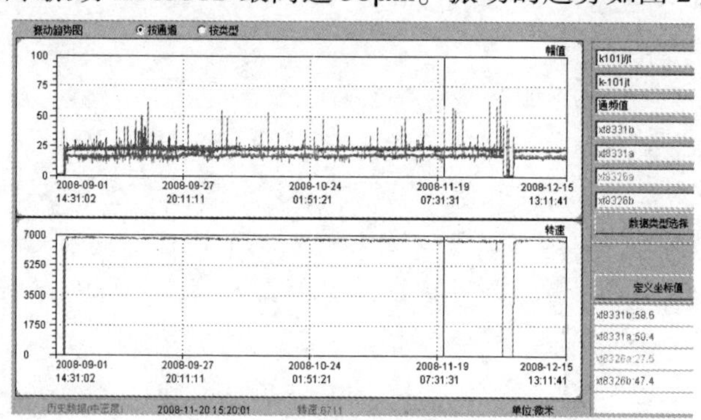

图2 透平径向轴承振动趋势图

1 振动特征及故障分析

该机组安装有美国本特利(Bently)公司的3500系列振动监测系统，可监测各轴承左右45°方向轴的相对振动。本文的振动数据均使用深圳创为实S8000大机组在线状态监测及分析系统进行振动数据采集和分析，且为相对数据。

机组振动的特性有以下几方面：

(1) 轴承振动的发生具有突发性的特点。

(2) 发生振动时，透平的各轴承振幅突然增加很高，如：XT8331A/B由23.4/23.3升高为45.5/60.8μm，XT8326A/B由16.7/15.4升高为36.6/42.8μm。透平轴向位移较稳定。

(3) 从频谱图(见图3)上看，机组振动正常时，高压透平各轴承振动的主要成分为工频成分；当振动升高时，升高的主要成分为工频成分，其中XT8331A/B的1倍频由12.6/12.7μm升高为33.9/52.3μm，T8326A/B的1倍频由7.1/6.0μm升高为34.9/40.7μm。

(4) 发生振动升高前后转子的轴心轨迹显示转子作前向进动(转子的转动方向为逆时针方向)。

(5) 机组发生振动时，机组工艺参数无变化。

由上述特性分析引起机组振动的主要原因为透平发生了局部碰摩。

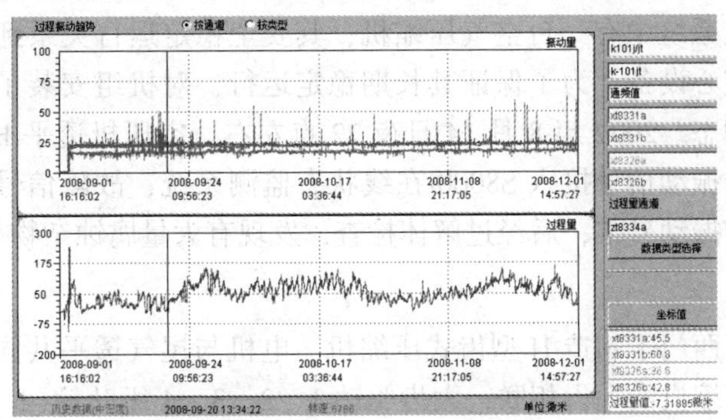

图 3　透平径向振动和轴向位移趋势图

2　产生振动波动的原因及消除措施

根据 K-101T 高压蒸汽透平振动的特征，判断引起高压蒸汽透平振动波动的根本原因为透平发生了局部碰摩。透平发生局部碰摩原因主要为轴挠曲、转子不平衡、转子与静子热膨胀不一致、气体动力作用、密封力作用以及转子对中等原因引起摩擦碰撞。经过认真仔细分析，最终判断最大的可能是该转子盘车装置故障引起透平振动波动。

2008 年 12 月 2 日由于其他设备原因造成机组停车，对透平手动盘车器进行解体检查，发现手动盘车器的挂钩磨损，间隙增大并脱落与转子盘车棘轮碰撞，造成转子振动波动。将盘车挂钩手柄挡进行增宽处理，保证了手动盘车装置的正常，同时也消除了透平转子间歇振动波动的故障，确保机组安全稳定的运行。

(中国石油宁夏石化分公司机动设备处　肖萍)

16. PTA 装置空压机透平异常振动原因分析

PTA 装置主工艺系统中有一台空气压缩机，其安全稳定运行关系到整个装置的生产和经济效益，是一台核心设备。为了保证其长期稳定运行，对机组安装了在线监测系统，实时监测机组的运行动态。2009 年 8 月 14 日夜 22 点左右，空压机透平 Bently3500 出现报警现象。随后，该点轴振动信号接入 S8000 在线状态监测系统，故障信号频繁出现。经过分析判断为碰磨造成的振动异常，后经过解体检查，发现有大量腐蚀杂物和摩擦迹象。

1 机组介绍

该空压机由德国西门子制造 H 型齿式压缩机、电机与尾气透平共同驱动完成四级空气压缩。驱动电机与压缩机的大齿相联，大齿驱动 1、2、3、4 级叶轮(1 和 2 级叶轮同轴，3 和 4 级叶轮同轴)和 1 与 2 级尾气透平(同轴)。1、2、3 级压缩叶轮是开式，4 级压缩叶轮是闭式，1、2 级透平叶轮是开式。该空压机机组技术参数见表 1。

表 1 空压机机组技术参数

压缩机组型号及厂家	VK20-4EX 西门子	空气最大吸气量/(t/h)	39
电机型号及厂家	A5D710M52-04，厂家 AEG	4 级压缩出口压力/MPa	<1.72
电机额定功率/kW	4915	4 级压缩出口温度/℃	128±5
电机与主齿轮转速 /(r/min)	1488	透平介质流量/(kg/h)	<10000
1&2 级压缩机轴转速/(r/min)	16172	1 级透平入口压力/kPa	1230±50
3&4 级压缩机轴转速/(r/min)	24582	2 级透平出口压力/kPa	98±3
1&2 级尾气透平轴转速/(r/min)	17558	1 级透平入口温度/℃	130±10
润滑油	N46 汽轮机油	1 级透平出口温度/℃	50±10
双振动探头监测系统	BENTLY 3500	2 级透平入口温度/℃	120±10
压缩介质	空气	2 级透平出口温度/℃	45±10
透平介质	氧化反应尾气(含 O_2、CO_2、CO、N_2、有机物等)		

机组振动监测测点分布如图 1 所示。

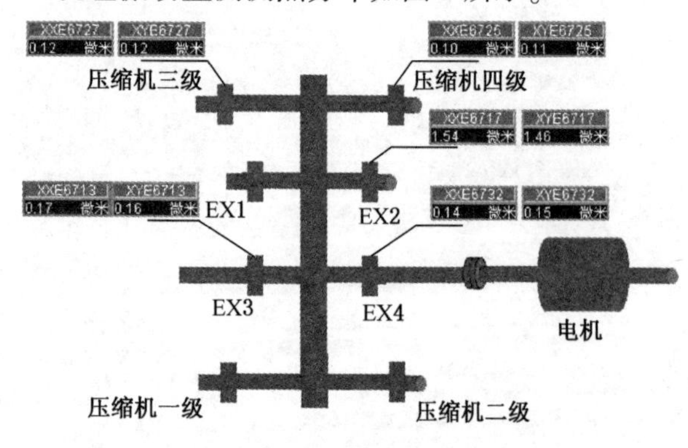

图 1 机组振动监测测点分布图

2 透平出现的异常现象

2009 年 8 月 14 日 22：00 左右，现场控制柜 Bently3500 系统的 2 级透平 XXE6717 测振点报警(报警值 53μm)。在此之前，由于现场控制柜自 2006 年由 Bently3300 改成 Bently3500 后，1 级透平(测振点 XYE6719/XXE6719)、2 级透平(测振点 XYE6717/XXE6717)和 1、2 级压缩的轴振动信号未接入到

S8000在线监测系统和DCS。之后，将XXE6717振动信号接入DCS，8月20日把XYE6717/XXE6717振动信号接入S8000在线监测系统。

8月18日工艺人员反映XXE6717凌晨3点多DCS高报，但无历史记录，当时空压机现场控制盘Bently3500无报警，DCS记录趋势在3：00前后有峰值(见图2)。

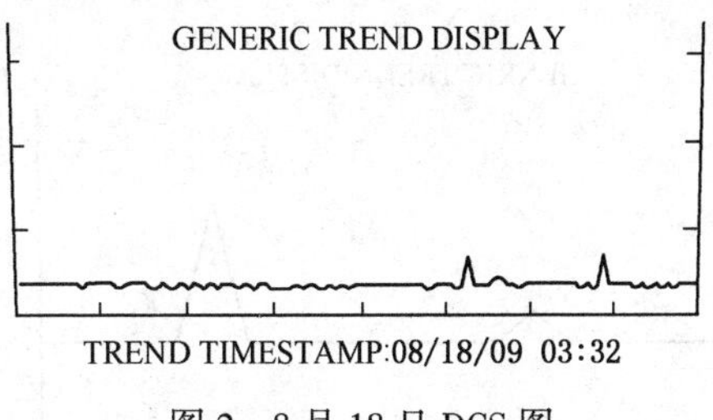

图2 8月18日DCS图

9月9日S8000监测的最大振动为56.6μm。

9月15日16：19将XXE6717/XYE6717(2级透平端轴振测点)与XXE6727、XYE6727(3级压缩端轴振测点)的S8000在线状态监测接口端子相互对调，分别如图3、图4所示。

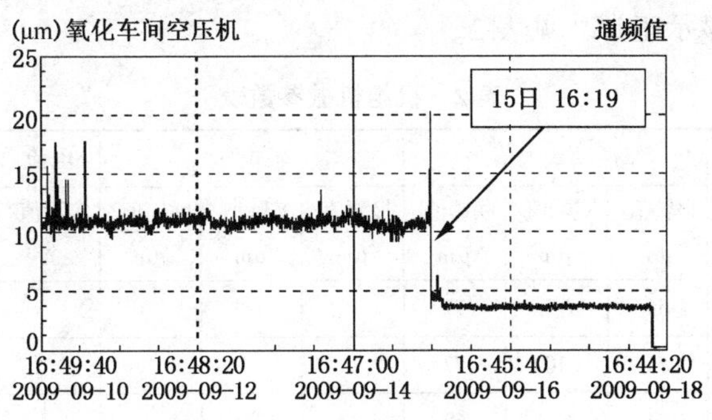

图3 6717在线监测振动趋势图

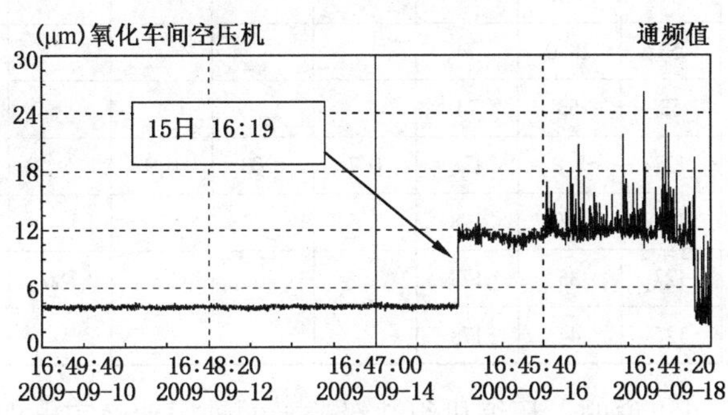

图4 6727在线监测振动趋势图

如图3所示，在9月15日16：19分之前，监测到的数据是XXE6727的振动信号。在9月15日16：19之后，监测到的数据是XXE6717的振动信号。

如图4所示，在9月15日16：19之前，监测到的数据是XXE6717的振动信号。在9月15日16：19之后，监测到的数据是XXE6727的振动信号。

从图3、图4振动趋势图上可以看出，6717与6727振动监测接口端子相互对调后，S8000在线状态监测系统采集到的振动信号如实地反映出XXE6717、XYE6717与XXE6727、XYE6727的振动信息。

9月16日14：43 XXE6717现场控制盘Bently3500报警，DCS记录趋势和S8000在线监测系统同时都有振动异常记录，如图5、图6所示(控制系统、DCS系统、S8000在线监测系统三个时间，经过核定这三个时间系统一致)。

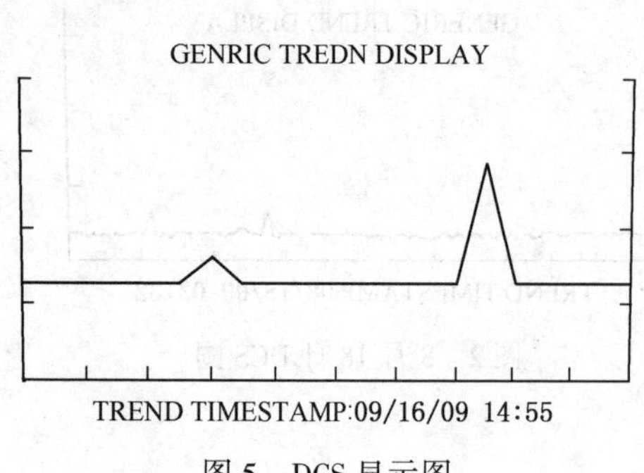

图5 DCS 显示图

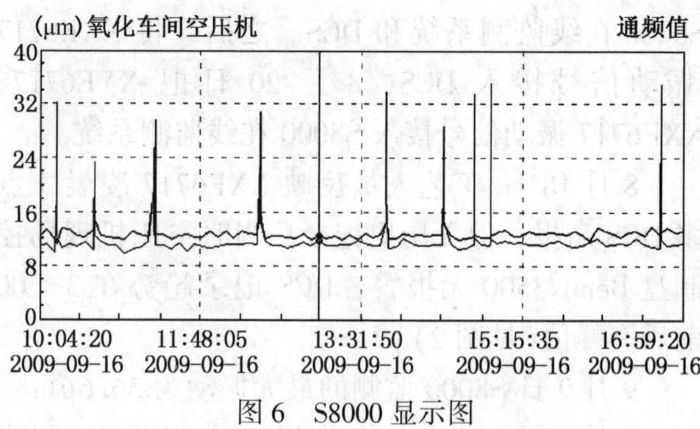

图6 S8000 显示图

机组的工艺运行状况良好、稳定，机组的冷却、润滑系统正常，机组其他测振点的振动值及各轴瓦温度都显示正常，见表2。

表2 机组机械参数表

项目	转速	振动最大值			轴位移			电流	轴瓦温度	润滑油压	润滑油温
		报警值/μm	实际值/μm	联锁值/μm	报警值/μm	实际值/μm	联锁值/μm	实际值/A	实际值/℃	实际值/MPa	实际值/℃
空压机1级	16140	55	6.0	77					91	0.26	47-50
空压机2级		55	10	77					80		
空压机3级	24448	44	6.0	62					78		
空压机4级		44	7.0	62					96		
空压透平1级	17604	53	18.0	74					65		
空压透平2级		53	53	74					60		
大齿轮(非驱动端)	1492	127	8.0	178	0.7	0.08	0.9		64		
大齿轮(驱动端)		127	6.0	178					69		
电机(非负载端)	1492	127	35	178				380	61		
电机(负载端)		127	44	178					62		

从以上数据和图示可以说明，压缩机组2级透平的轴振动确实出现了异常现象。

3 异常振动的分析

9月18日停车之前，S8000状态监测系统中获取了如图7～图12所示的故障图谱(注明：经检查GAP电压数据正常)。

从图7可以看出XXE6717振动值瞬间达到56.5μm。

从图8中可以看出振动异常状况日趋频繁，没有好转迹象。

从图9和S8000状态监测到的轴心轨迹信息中，发现2级透平轴振动一直存在反进动现象。

从图10可以看出XXE6717存在大量的次谐波和高次谐波。

从图11可以看出XXE6717在振动发生异常波动时，伴随着大量的次谐波和高次谐波。

从图12可以看出XXE6717/XYE6717在振动发生异常波动时，伴随着大量的较高能量的次谐波和高次谐波。

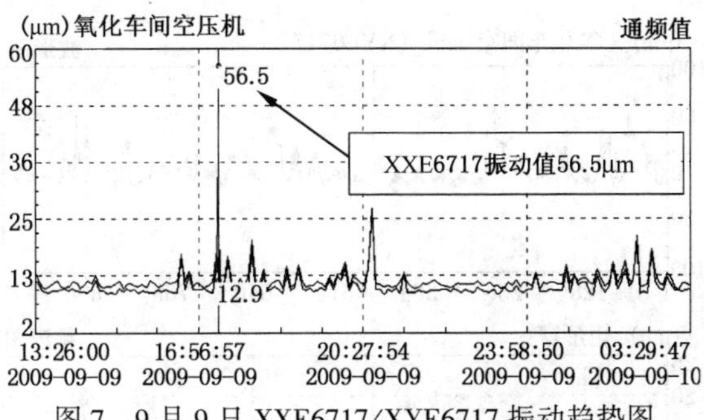

图 7　9 月 9 日 XXE6717/XYE6717 振动趋势图

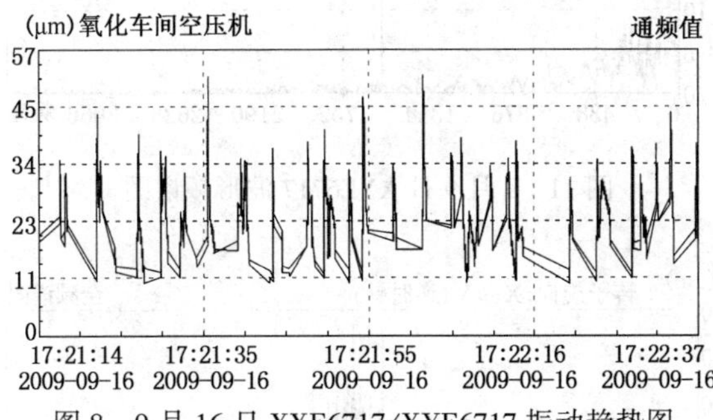

图 8　9 月 16 日 XXE6717/XYE6717 振动趋势图

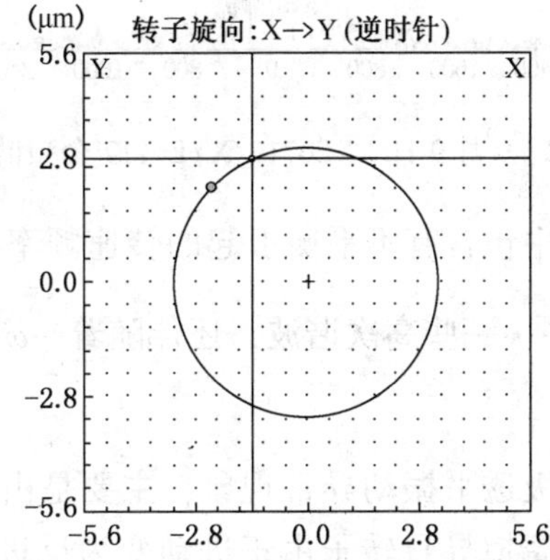

图 9　9 月 9 日 XXE6717/XYE6717 反进动轴心轨迹图

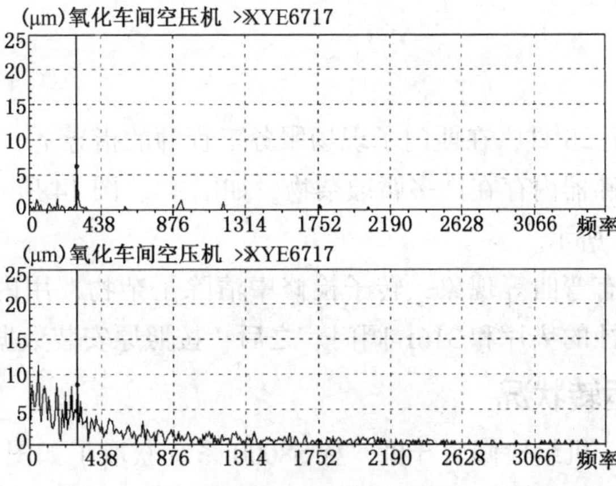

图 10　9 月 9 日 XXE6717/XYE6717 频谱图

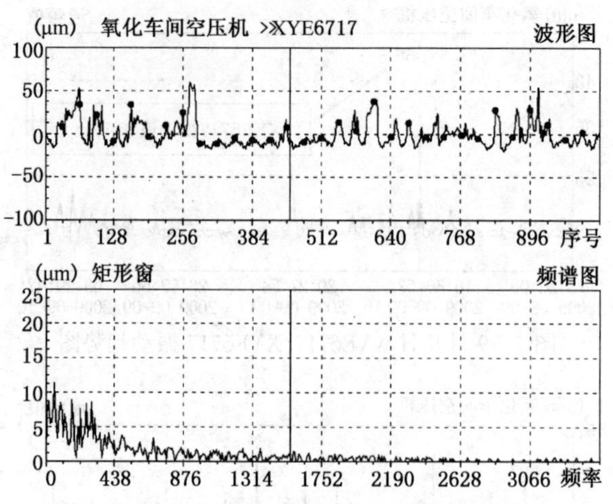

图 11 9 月 9 日 XXE6717 波形频谱图

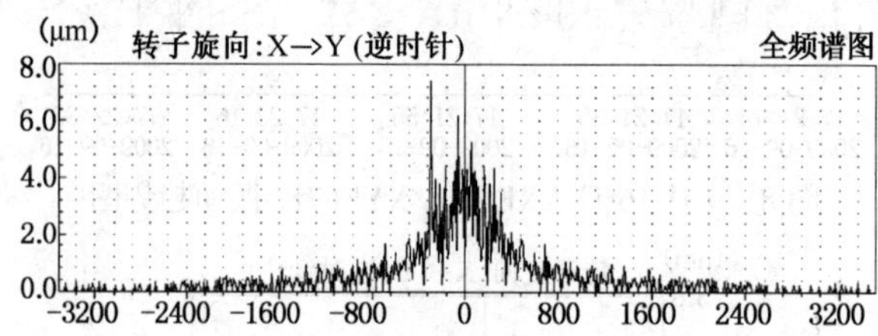

图 12 9 月 9 日 XXE6717/XYE6717 全频谱图

局部摩擦引起的振动频率中包含有不平衡引起的转速频率 ω，摩擦振动是非线性振动。当轻摩擦时，包含有 2ω、3ω……一些高次谐波，还伴随着$\frac{1}{2}\omega$、$\frac{1}{3}\omega$、$\frac{1}{4}\omega$ 和$\frac{1}{5}\omega$ 等丰富低次谐波成分及消波现象。

从以上图谱中可以发现 2 级透平振动异常现象，主要是由于转子叶轮与导流环发生了频繁碰磨，叶轮与导流环持续摩擦导致转子由正进动变为反进动。同时，还产生一系列较高能量的的次谐波和高次谐波。所以我们可以判定空压机组的 2 级透平发生了叶轮与导流环碰磨故障。

4 大修检查

2009 年 9 月 18 日至 28 日，在西门子现场服务工程师的指导下，对空压机进行了检查，发现尾气管道、尾气再沸器内存在许多腐蚀杂物，如图 13、图 14 所示。同时，叶轮与导流环有摩擦痕迹，如图 15 所示。

转子经过检查，没有弯曲等现象，转子检修中清除了杂物，用内外环钛材缠绕垫片和钛阀更换了原先受到腐蚀的垫片和 316L 阀门。之后，按照原安装数据把机组安装完毕。

5 检修后机组运转状况

10 月 16 日 12：00，机组检修后开机，从 S8000 系统获取了如图 16~图 18 所示的故障图谱。

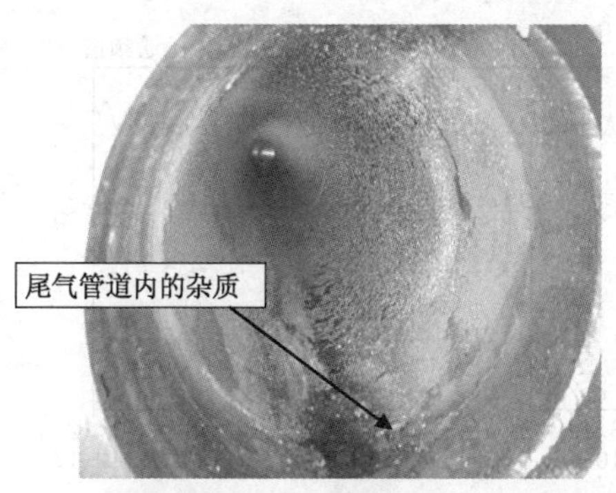

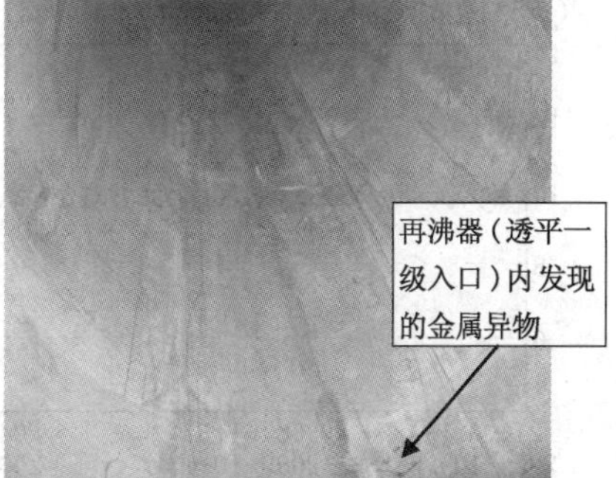

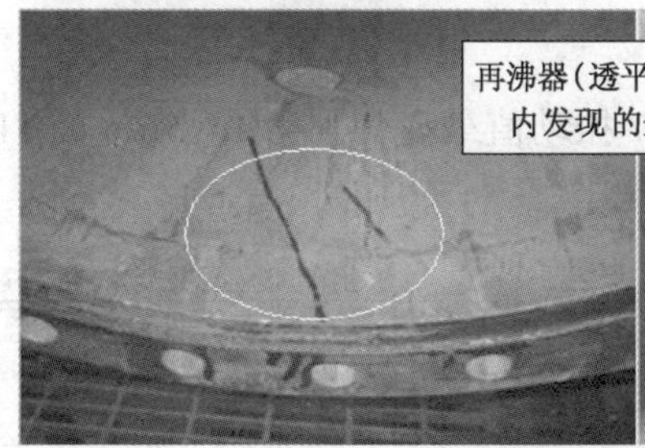

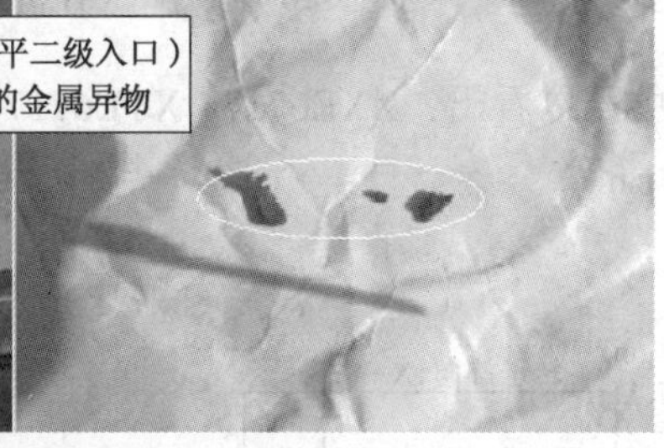

图 13　管道和再沸器内发现的杂物

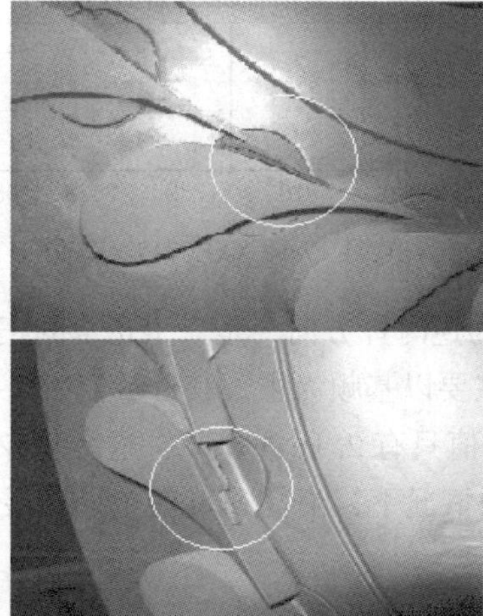

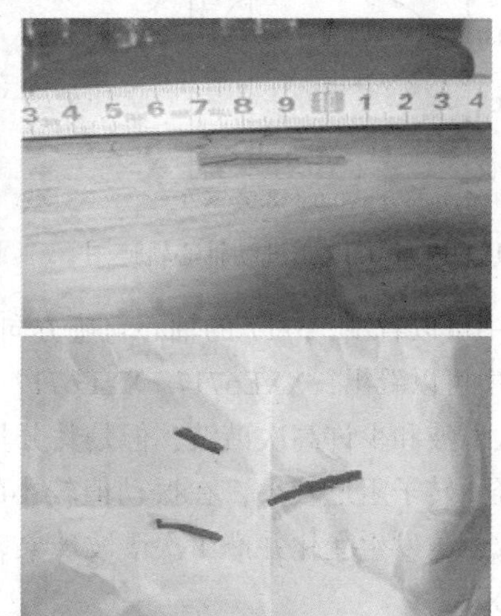

图 14　在透平喷嘴入口处发现的异物

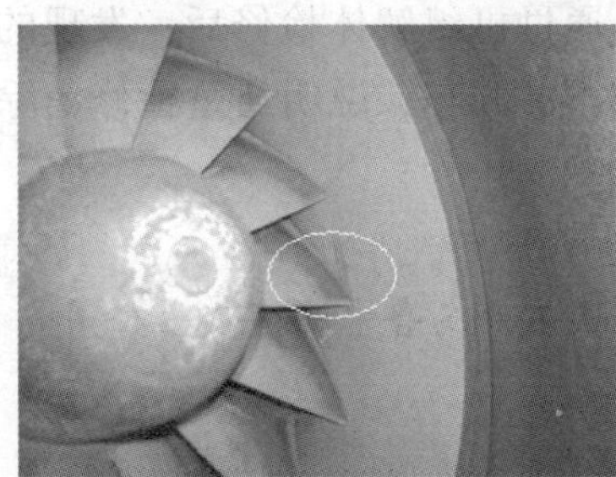

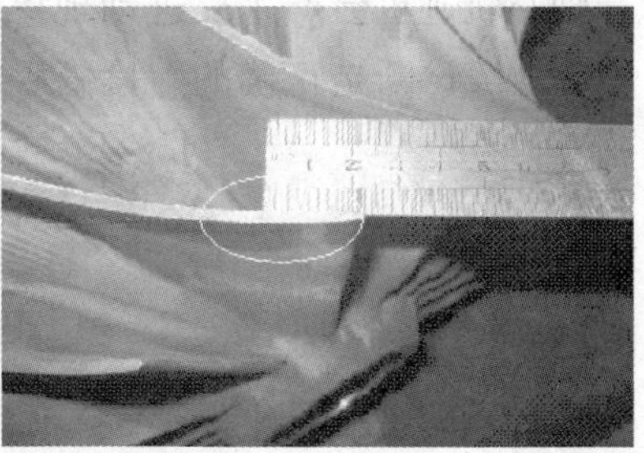

图 15　二级透平导流环与叶轮摩擦痕迹

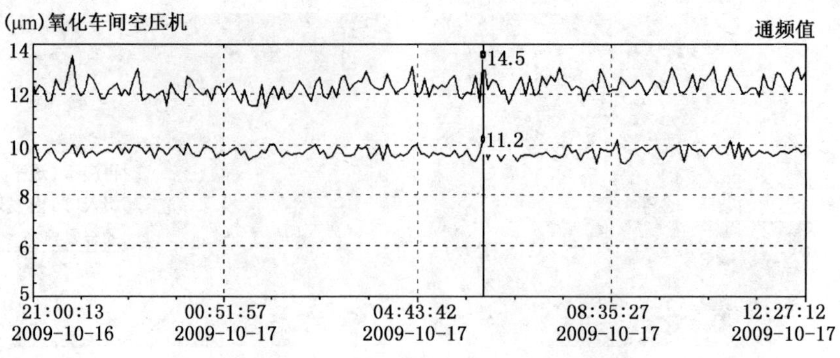

图 16　10 月 17 日 XXE6717/ XYE6717 振动趋势图

从图 16 中可以看出，XXE6717/ XYE6717 振动值最高分别为 14.5μm 和 11.2μm，上下幅度也只有 3μm。

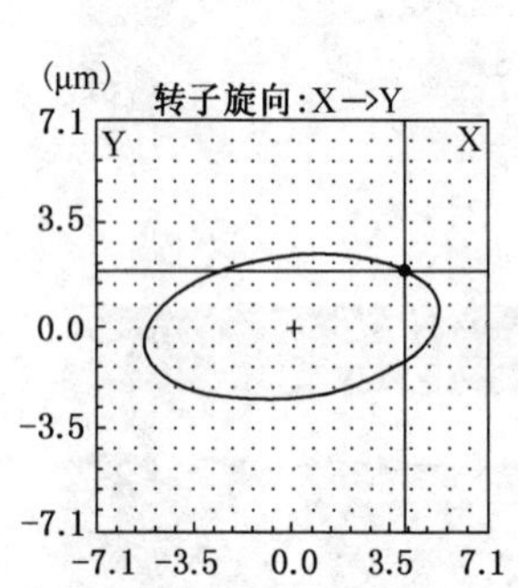

图 17　10 月 17 日 6717 正进动轴心轨迹图

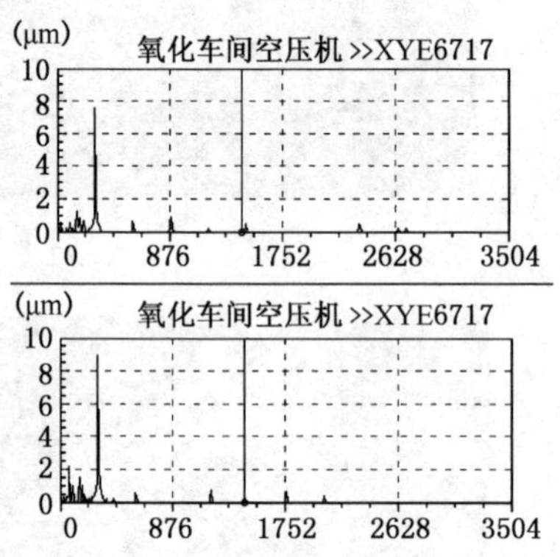

图 18　10 月 17 日 XXE6717/ XYE6717 频谱图

从图 17 中可以看出，6717 的轴心轨迹方向为逆时针方向，是一个正常的正进动图谱。

从图 18 中可以看出，XXE6717/ XYE6717 主要以基频为主，其分量值为 7~9μm。虽然也存在一些次谐波和少许高次谐波，但是其分量值只有 2.1μm 以下，这种现象主要是因为转子质量较轻，转子阻尼较小，在振动值较小的情况下，当高速旋转的转子受到气流涡动时，就会造成相位发生变化并产生次谐波现象。

6　结论

当机组发生碰磨时，振动不稳定，会出现较大的波动，振幅和相位均存在一定的跳动。当碰磨加剧后，轴心轨迹也会产生反进动现象。通过机组解体检修后，发现的异物和碰磨痕迹，验证了本次故障诊断是正确的。检修后的再次开车，说明通过检修消除了设备故障和重大隐患。

（中国石油乌鲁木齐石化分公司　邓杰章）

17. 乙烯增压机振动原因分析及对策

乙烯返送增压机工艺上用来对乙烯气增压，是一种立式迷宫往复式压缩机。自投入生产运行以来，压缩机机体及出入口管系出现了较强的振动，压缩机机体的最大振幅多次达到振动报警值 18mm/s，出入口管线的振动剧烈，带动压缩机区附属管线及管廊的框架振动，多次发生管道法兰松动，导致乙烯气体泄漏，压缩机底座紧固螺栓也多次因剧烈振动发生疲劳断裂的情况，严重危及了装置的安全生产。本文对压缩机的气流脉动特性和管线的结构特性进行了分析计算，找到了引起振动的原因，经过对压缩机基础及管系支撑结构进行相应的改造，消除了振动的情况。

1　压缩机的基本情况

乙烯增压机为无油润滑的双作用式迷宫立式压缩机，型号为 2K160MG-17/6.77-15.1，主要设计参数如表 1 所示。增压机工艺流程示意图如图 1 所示。

表 1　增压机的设计参数

介　质	乙　烯　气	介　质	乙　烯　气
排气量	$17m^3/min$	压缩机转速	585r/min
吸气压力	0.667MPa(G)	轴功率	222kW
排气压力	1.51MPa(G)	活塞行程	160mm
吸气温度	30℃	气缸直径	295mm
排气温度	81℃		

2　往复压缩机振动的原因

影响往复式压缩机及其管线振动的因素较多，主要原因通常有三种：第一种原因是由于脉动气流引起管道受迫振动。往复压缩机的工作特点是吸排气呈间歇性和周期性变化，这必将激起管内气体呈脉动状态，致使管内介质的压力、速度、密度等既随位置变化，又随时间作周期性变化，这种现象称之为气流脉动。脉动的气流沿管道输送遇到弯头、异径管、控制阀、盲板等元件时，将产生随时间变化的激振力，受此激振力作用，管道系统便产生一定的机械振动响应，压力脉动越强，管道振动的位移峰值和应力越大。第二种原因是共振。气流脉动引起的管线振动，将同时存在两个振动系统和三个固有频率、一是管内气体形成的气柱系统，它由压缩机气缸的吸排气产生激发使管内压力产生脉动；二是管路结构的机械系统，压力脉动激发管路作机械振动。显然若管路内脉动压力较大，则会对机械振动系统产生较大激振力，引起较强烈的机械振动。这三个频率即气柱固有频率，管路结构固有频率和压缩机激发频率，三者或二者相同及接近时，会产生共振，且表现为耦合振动。系统振动迭加，就产生该阶频率的共振，使管道产生较大的位移

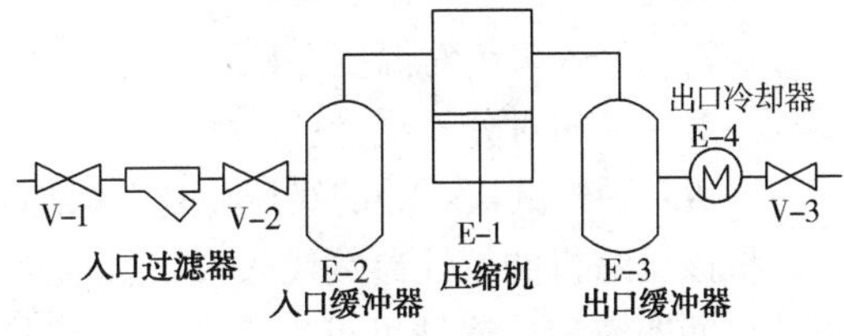

图 1　增压机工艺流程示意图

和应力。第三种原因是压缩机本身运动部件的动平衡性能差，安装不对中、基础设计不当等，均能引起机组的振动，从而使与之连接的管道也发生振动。

3 气流脉动的计算分析

3.1 缓冲器容积的核算

往复压缩机的工作特点不可避免地产生了气流脉动现象，而管路的缓冲能力，是往复式压缩机气流脉动抑制能力的一个最重要的组成部分。其中主要的“抑制”功能是由压缩机进排气缓冲罐来完成的。安装在压缩机气缸的进气口或排气口附近的缓冲罐，可以将压缩机气缸(振源)与管道隔离，使脉动的气流在缓冲罐中得以消减，管道中的脉动变得轻微，同时缓冲罐可以改变管道系统的气柱固有频率，使气缸和缓冲罐间的气柱固有频率值大大提高，从而可以避开低阶气柱共振。

国内一般要求缓冲器的最小容积应大于10倍的气缸行程容积，该压缩机气缸行程容积为0.022m³，10倍的气缸行程容积为0.22m³，该压缩机进排气管道的缓冲器的实际容积为0.259m³，实际的容积大于10倍的气缸行程容积，符合通常的要求。

根据美国石油学会API标准，进出口缓冲罐的最小缓冲容积不得小于下面公式的计算值，且两者都不应小于0.028m³。

$$V_s = 8.1P_d\left(\frac{KT_s}{M}\right)^{\frac{1}{4}} \qquad (V_s \geqslant V_d)$$

$$V_d = 1.6\left(\frac{V_s}{R^{1/K}}\right)$$

式中 V_s——需要的最小吸入缓冲容积，m³；

V_d——需要的最小排出缓冲容积，m³；

P_d——所有与入口缓冲罐相连的气缸每转从缓冲罐吸取的净容积之和，m³/r；

K——气体介质绝热指数；

T_s——入口绝对温度，K；

M——相对分子质量；

R——气缸法兰处的级压力比(本级出口绝对压力除以入口绝对压力)。

将该压缩机的特性参数代入公式，通过计算得到API规定容积的最小容积为0.338m³。通过缓冲器容积计算结果可以看出：该压缩机进排气管道的缓冲器容积为0.259m³，大于10倍的气缸行程容积，但小于美国API标准中规定的最小容积要求。该压缩机缓冲器的气流脉动抑制能力偏小。

3.2 压力不均匀度的计算分析

对压缩机气流脉动的抑制能力除与缓冲罐有关外，前、后续的管路系统设计也起着至关重要的作用。管道流体的压力、速度、密度等参数随时间呈周期性变化产生气流脉动，脉动的气流沿管道输送遇到弯头、异径管、控制阀、盲板等元件时，将产生随时间变化的激振力，受此激振力作用，管道系统便产生一定的机械振动响应，压力脉动越强，管道产生的应力越大，压力脉动的幅度可由压力不均匀度来表达。

根据美国石油学会API 618标准，当压力在0.35~20.7MPa之间时，压力不均匀度允许值按下式计算：

$$\delta = \frac{125.6}{(PDf)^{1/2}}$$

式中 δ——压力不均匀度；

P——管内平均绝对压力，MPa；

D——管道内径，mm；

f——脉动频率，Hz。

上式中的脉动频率按下式计算：

$$f = \frac{RN}{60}$$

式中 R——压缩机转速，r/min；

N——激发频率的阶次。

经过计算前三阶脉动频率分别为9.75Hz、19.5Hz、29.25Hz，对双作用气缸，振动的激发频率为二阶脉动频率，按上式计算的脉动频率为19.5Hz，共振区的频率范围为(0.8~1.2)f，即为15.6~23.4Hz。

管系的压力不均匀度状况主要取决于管线的大小和布置以及压缩机缓冲罐的容积。通过对该压缩机的出入口管系应用计算机程序进行压力不均匀度计算，并与上式计算的API标准进行比较，结果见表2。从表中可以看出压力不均匀度均在API标准的范围内，管道内气流的脉动情况尚不严重。

表2 出入口管道压力不均匀度最大值与API标准值比较

管 径/mm	项 目	Ⅰ阶	Ⅱ阶	Ⅲ阶
		9.75Hz	19.5Hz	29.25Hz
200	管系不均匀度计算值	1.91	1.34	1.01
	API标准	2.20	1.55	1.27
150	管系不均匀度计算值	1.82	1.23	0.91
	API标准	2.07	1.46	1.19

4 管道的结构固有频率分析

往复式压缩机的管线、管件及支架构成的管线系统本身也是一弹性系统。当气流脉动时，遇到弯头、异径管、阀门、盲板等元件后，将产生随时间变化的激振力。受此激振力的作用，系统会对激发作出响应，形成机械振动，即管线振动。因此，管系结构的固有频率应避开压缩机的激发频率以及气柱的固有频率。

管系固有频率计算公式为：

$$f = \frac{\lambda^2/L^2}{(EJ/m)^2}$$

式中 λ——支承形式系数，对刚性支承 $\lambda=3.74$，对铰接时 $\lambda=3.14$；

E——管线材料弹性模数；

J——管线截面的惯性矩；

m——支承间管段单位长度的质量；

L——支承间距。

通过对该压缩机的出入口管系进行理论简化后建立计算模型，应用计算机程序进行计算，压缩机的出入口管系的固有频率分别为24.26Hz和24.23Hz，与压缩机的脉动激发频率接近。

5 振动原因分析及减振措施

通过对压缩机的气流脉动特性的分析计算可知，压缩机的缓冲器容积偏小，但气流脉动情况尚不严重，压力不均匀度也控制在标准值以内。对管线的结构特性进行模拟计算后发现：压缩机的出入口管系的固有频率与压缩机的脉动激发频率接近，现场管线支撑不良及支撑结构失效会造成管线系统的固有频率降低，当其落入激发频率的共振区后，将会引起强烈的机械共振。

通过对压缩机和管线结构的仔细检查，发现现场还存在如下的问题：

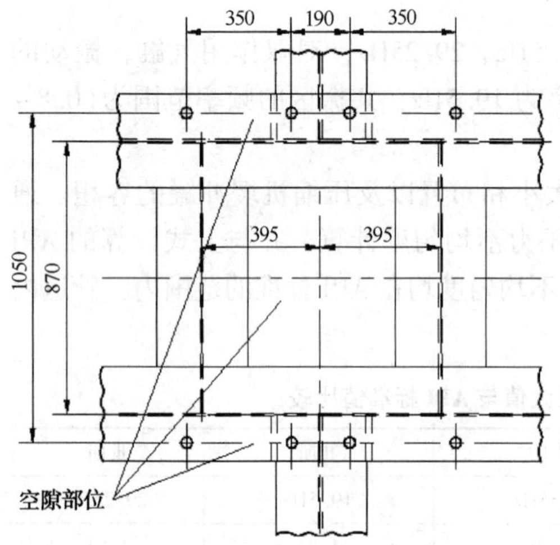

图2 压缩机H型钢底撬示意图

(1) 该压缩机为整体撬装立式结构，底撬部分为H型钢组焊一体，压缩机的底座用8根螺栓紧固在H型钢底撬的10mm厚的钢板上，而且压缩机底座的中心位置存在空隙，造成H型钢的基础刚度不足(见图2)。立式压缩机的底座不稳也是造成机体振动大的一个因素。

(2) 出入口管线原有的支撑形式简单，原有管线用U形卡钩固定在地面的简单支架上，而且卡钩经常出现松脱的情况，管线与支架型支撑的接触不良，造成了整个管系的刚度不足。

压缩机机体及管路系统支撑不良以及由此产生的变形、管道应力等，会造成整个机组系统脉动抑制能力下降，这将促使原有振动的放大，导致压缩机和出入口管线的整个系统振动更加剧烈。

根据以上的分析采取了相应的改造措施：

(1) 从管系固有频率计算公式可以看出，增大振系的刚度或减少振系的质量均可以提高管系的固有频率。管道制成之后，其他参数难以改变，而管道的支撑长度可以改变，管道支撑长度越小，固有频率越高。由于压缩机气流脉动激发频率较低，可以调整支撑位置和支撑刚度，增加支撑点数，减小支撑跨度，改善支撑结构，增加管系的刚度，提高管系的固有频率，避开机械共振区。

通过对该压缩机的出入口管道进行理论简化后建立计算分析模型，应用计算机程序进行计算模拟及分析优化，根据优化的方案在压缩机入口管道过滤器的前后分别增加两点支撑，在出口冷却器后的悬空管道上增加一点支撑，提高了管系的固有频率。

增加管系的支承刚度的同时将原有的简单支架型支撑改为固定卡箍型管托(见图3)。管托的卡箍采用扁钢制作，以螺栓切向拉紧以增加支架的卡紧力，管卡与管托之间加装3mm橡胶垫，保证管道与管卡充分接触，保证足够的夹紧力，卡箍型管托与其生根部位焊接固定，同时卡箍型管托的防振支架采用独立基础，避免压缩机基础的影响。

(2) 增加压缩机基础的刚度，将原铸铁底座更换为刚度足够的铸钢，并与底撬H型钢焊接固定，使得立式机身的重心下移。对基础钢结构进行加筋板加固，对底撬H型钢增加立板及垫板，详细布置见图4。钢结构加固后对H型钢空隙部位重新灌浆填充，进一步增强底撬部分的整体刚度。在临近机体的进出口管线上增加固定卡箍型管托，增加立式压缩机上部气缸的整体刚度，减小整个系统的振动。

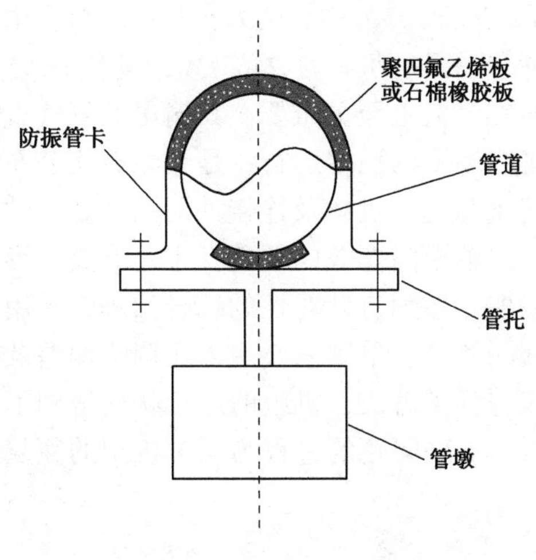

图3　固定卡箍型管托

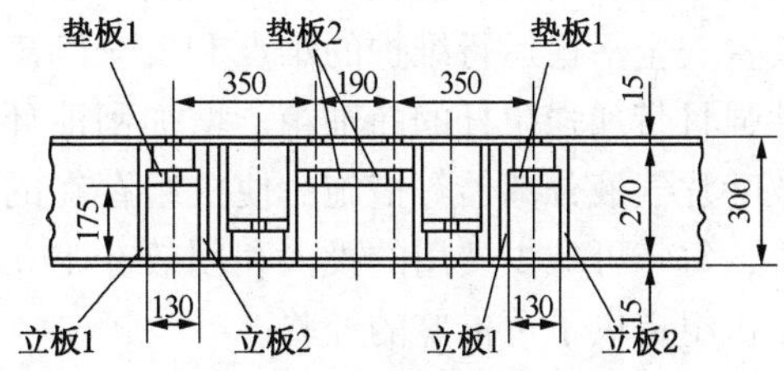

图4　压缩机的底撬部分改造

6　结论

经过实施上述改造措施，压缩机机体和管线的振动明显减小，振动烈度值为3~4mm/s，乙烯增压机的故障率大大降低，避免了因机体及管线振动大导致的乙烯气泄漏等故障停机的现象。现压缩机已连续稳定运行了六个月，乙烯增压机系统振动改造取得了满意的效果。

（中国石化北京燕山分公司化工一厂　王树丰）

18. 氢气增压机运行过程存在问题分析及解决措施

芳烃重整装置重整氢气增压机 K202A/B/C(两开一备)，为四级两列往复压缩机，由沈阳气体压缩机厂制造，在 2000 年投用。该压缩机的轴功率为 2465kW，进气压力为 0.23MPa，出口压力为 2.55 MPa。重整氢气增压机在工艺上至关重要，其输送的氢气直接影响到炼油汽柴加氢、乙烯和芳烃装置等六套关键主装置的稳定运行，是天津石化公司级特护的关键设备。由于机组整体振动严重超标、管系脉动、机体及连接件漏油严重、轴头主油泵振动失效、联接体密封漏气、活塞杆断裂、曲轴箱闪爆等问题的发生，形成了影响装置安全平稳运行维护的难点和安全隐患。通过采取一系列有针对性的综合治理，采用刚性强且带加强拉杆的曲轴箱、增加刮油环的防渗漏隔离气、采用偏心主轴瓦调整偏差及高效叶片气液分离器等措施，使机组存在的问题逐步得到了解决，机组的运行状况得到了改善，每年可减少费用的投入和创效在 170 万元左右。解决问题的过程为同类机型的往复压缩机组提供了可借鉴的经验。

1 机组机简介及工艺作用

1.1 往复压缩机 4M-40 系列简介

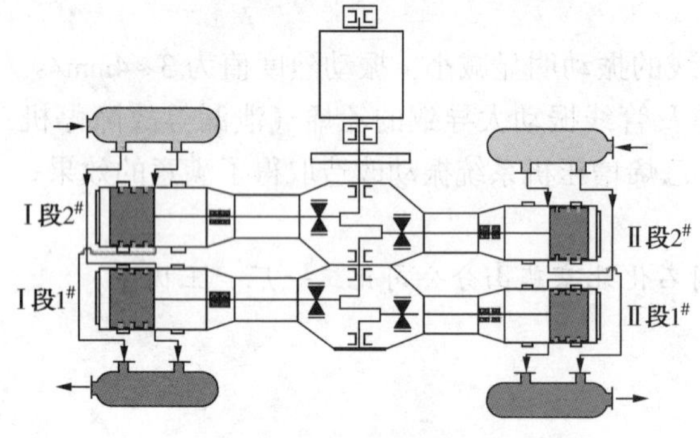

图 1 往复压缩机的结构简图

大芳烃重整装置 K202A/B/C 氢气增压往复压缩机(见图 1)，为沈阳气体压缩机厂制造，其参数见表 1。4M40 系列往复式压缩机，是四列二级对称平衡型压缩机，1999 年 6 月由沈阳气体压缩机厂制造，此系列产品为引进德国博尔齐格公司的专有技术，电机驱动，压缩介质分二级进行压缩，Ⅰ级为低压段，Ⅱ级为高压段。该往复式压缩机的型式为二级双作用、无油润滑；轴功率为 2465kW；转速为 300r/min；输送介质为 H_2(87%)；传动方式采用刚性联轴节直接驱动。

表 1 氢气增压往复压缩机参数

级数	气体压力/MPa		气体温度		入口流量/(m^3/min)	
	进口	出口	进口	出口	正常	最大
Ⅰ	0.23	0.88	44	132	142.7	157
Ⅱ	0.81	2.55	38	124	52.4	57.6

1.2 工艺作用

氢气增压机机组把重整反应产生的氢气，经过压缩增压送给联合装置的预加氢单元、歧化异构化单元使用，还有部分氢气经过压缩增压送给炼油部加氢裂化装置使用。该机组运行的稳定决定着其他几套装置生产负荷的稳定性，所以该机组是芳烃联合装置的关键设备。

2　机组存在的主要问题及解决措施

2.1　机组运行期间存在问题及原因分析

1）管系振动超标

压缩机组管系脉动引起振动值偏大。自2000年7月份正式投用以来，由于机组和管线振动原因事故频出，曾发生缸裂、漏油、缓冲罐管口撕裂、活塞杆断裂、气阀频繁损坏等缺陷，严重影响了装置的运行，经常造成机组非计划停车，成为天津石化公司最大的设备安全隐患。强烈的振动不但降低压缩机的容积效率，引起额外的功率消耗，而且引起设备及管道的连接部位处发生松动和断裂，造成连接部位泄漏、零部件损坏等诸多问题，在其他装置已经引起多起爆炸等安全事故，解决K-202氢压机管系振动问题是确保机组安全运行的关键。该机组的压缩介质为氢气，易燃易爆，给安全稳定生产构成很大威胁。通过监测，发现进出缓冲罐的管线振值从投用以来是逐渐上升的，振值最高达0.6mm，直观感觉管线在跳动，缓冲罐的管嘴发生过撕裂。通过全面检查发现管托、管架、管卡不牢固，部分混凝土基础碎裂，而且位置设置不合理是导致严重超标的原因。管系的脉动带动机体振动加剧，使曲轴箱本来刚度就不足的问题更加突出(曲轴箱改进后增加了四根联固定系梁)。

2）曲轴箱刚度差，振动超高

由于该型号的曲轴箱存在原始设计缺陷，(在管系振动解决后)运行过程中发现(以K-202A台为例)一级一列缸头水平振值高达16.7mm/s(均方根值)，在机组旁的平台振感强烈，同时能够用眼睛观察到曲轴箱与转动频率相同频率的扭曲变形。曲轴箱振动值高，导致曲轴箱主油泵不能运行(只好拆除，另外增加润滑油站)；曲轴箱所有法兰螺栓连接部位长期漏油严重，顶部大盖的螺栓经常发生断裂，机体及周围油渍无法清理，给现场管理造成了很大难度；由于曲轴箱振动大，加剧了运动部件的磨损和损坏(填料磨损泄漏、连杆断裂、活塞杆断裂等)，大修频度低到三个月，维修费用明显上升；虽然曲轴箱盖加厚加固，振动仍未减小。由于往复式压缩机的机身须承受气缸传递过来的激振力，因此要求机身应具有足够的强度和刚度。该机组为沈阳鼓风机有限公司引进的德国BX系列压缩机，机身采用垂直竖壁开口，封口的上盖板是一块整体钢板，与机身间通过螺栓预紧力紧固成一个整体，来达到承受和传递力的作用，工作时扭动受力机身与盖板“张口”，产生相对运动，时常将螺栓剪断。

3）填料漏气，引起爆燃

重整氢气增压机K-202B曲轴箱内曾发生两次闪爆，均造成Ⅰ级十字头部位润滑油视窗崩碎，进油管线断裂，同时发生着火。发生闪爆后，对曲轴箱内进行了可燃气体检测，确认可燃气(主要是H_2)超标，存在闪爆的可能性。泄漏的部位是气缸与活塞杆处的密封填料，然后经中间隔板的刮油环密封串入曲轴箱。

4）排气阀排气开启不同步

曲轴箱整体更换后，试运行12h后其振动值逐渐增大，而且趋势明显，主要表现在气缸轴向振动均较高，尤其是二级一号缸轴向振动达到9.0mm/s，曲轴箱内部运行声音杂且较大，如果继续运行存在着较大的安全隐患。解体进行检修，发现二级一列活塞环水平方向磨损严重，磨损掉原来厚度的50%以上，已经形成气缸内串气。

5）主轴瓦窝偏低

对曲轴进行了检验，经过测量发现2#、3#主轴瓦中心比1#、4#主轴瓦中心低0.3mm，曲轴在运行时底部悬空上部硬顶，形成了外部添加一个周期的力矩，曲轴始终处于不自然的扭曲状态，存在一定的应力变形。主要原因是曲轴箱变形，在安装找正时地脚部位垫铁垫的不实或曲轴箱本体存在一定的加工变形。

6）活塞杆断裂

控制室监测到K-202A曲轴振动报警，发现压缩机停机二级输出压力低，同时机组联锁停机。经现场检查确认，发现二级2号缸活塞杆断裂(见图2)。

图2 活塞杆断裂图片

在机组进行检修时，活塞杆进行拉伸试验，150MPa压力下活塞杆伸长量为0.61mm(标准为0.5~0.7mm)，预拉伸伸长量符合标准要求。做着色探伤也未发现裂纹或其他缺陷。通过断口宏观检验可知，断面明显分为两个不同的区域，即粗糙区和平坦区，前者为裂纹扩展区，后者为瞬断区，是典型的疲劳断裂特征。此活塞杆已累计使用超过800天。压缩机长期存在带液运转，振动超标，这种特殊的工况明显加大了对压缩机各个连接部件的损伤。K-202往复压缩机进气分液罐D-217在重整装置由$60×10^4$t扩大到80万t后，停留时间由原设计11.87s减低到4.5s，不能达到压缩机入口氢气分液的要求。采取的措施为将压缩机入口过滤器排放倒淋全开，入口缓冲罐每小时排液一次。这种措施不能从根本上防止机组带液，还会有部分液体进入气缸中，使得压缩机带液运转；同时大量的氢气排火炬烧掉，造成浪费。

2.2 解决措施及实施

针对往复压缩机组运行过程中出现的几个典型问题进行了原因分析，采取有针对性的措施，得到了较好的改善。

2.2.1 治理管系脉动导致振动超标解决措施

(1) 往复式压缩机的吸气或排气过程工作的特点必然促使气流呈脉动状态。气流脉动是引起管线振动的主要原因。这就为管道振动造成了先天性条件。气流脉动引起的管道振动时，将遇到两个同时存在的振动系统：一是气柱振动系统；二是机械振动系统，由管道(包括管道本身、管道附件和支架等)结构系统构成。

而引起的振动，采取添加支承和改变支承方式来消除。由气流脉动引起的管道振动的问题从两方面来解决：一是合理地设计管系；二是现场采取适当的消振措施。压缩机系统已经投入运行想对设计管系做彻底修改存在难度，经过对气流脉动和管系核算，确认采取下列措施来消除或缓和：设置缓冲器或调整缓冲器在管系中的位置；在管道中的特定位置设置阻力元件——孔板；改变管道结构尺寸或布等。

(2) 气柱引起的振动主要采取了加大进排气缓冲罐的容积，同时在出口设置孔板进行适当节流，管系振动明显下降。

(3) 对于松动的支架重新配置，把支架加大和加强，按照设计设置了弹性减振支架，确保了机组能够正常运行。对于混凝土基础重新进行了加固。针对管系脉动对机组产生的影响进行了治理，对1、2级进排气缓冲罐进行定位加固，减少相互影响和振动传递，最大限度地减少管系脉动对整个机组系统的影响。

2.2.2　曲轴箱刚度不足改进措施

(1) 在曲轴箱上端的每个轴承上方加一个方梁，中间穿过一根长螺栓进行紧固，对增加横梁的机身在开口处进行改进设计，同时增加了加强筋的数量，使刚度得到了加强(见图3)。

图3　曲轴箱每个轴承上方加一个方梁的改进型结构

(2) 横梁与机身凹槽处的配合采用过盈配合，过盈量及横梁螺栓的紧固力矩经过计算，在设计上保证机身承受气体力作用之后仍保持微量过盈，对此处的变形做到了有效控制。注意安装时按照图纸给定的力矩紧固横梁螺栓。

(3) 增加的四根机身横梁布置在轴承座上方的位置，使受力结构更为合理。

2.2.3　避免曲轴箱可燃气超标闪爆改进措施

曲轴箱中形成氢气与空气的混合气体超标，是发生闪爆的直接原因。曲轴箱内可燃气可确定为氢气和润滑油气。压缩机由于采用填料密封，存在部分氢气泄漏，泄漏出的氢气大部分被填料处密封吹扫氮气带走，少部分泄漏出的氢气通过活塞杆表面经填料密封、中间隔板的刮油环密封串入曲轴箱。曲轴箱设计为非完全密闭环境，存在空气进入的可能。机组由于本身存在缺陷，曲轴箱强度不足，机组震动大，导致曲轴箱大盖板、视窗紧固螺栓很难完全紧固，空气可以从盖板、视窗的缝隙中进入曲轴箱中。因此，在曲轴箱中可能会形成氢气与空气的混合气体，遇引火源而发生闪爆。

1) 增加隔离氮气结构

气缸与活塞杆的填料密封允许有一定的泄漏量，磨损后泄漏量会增加，通过适量的通入氮气进行保护，压缩氢气和氮气混合气大部分通过管线被导入火炬线，少部分通过填料泄漏到曲轴箱和联接体，通过联接体上部*DN*40 排气管直排大气，如有积液通过底部一排放管排入收集管内。因氮气是固定量，而填料随着磨损量的增加压缩氢气泄漏量也随之增加，通过活塞杆表面经填料密封中间隔板的刮油环密封进入曲轴箱，当达到一定浓度时，闪爆随时都会发生。为了避免泄漏的压缩氢气通过中间隔板的刮油环密封进入曲轴箱，在原一组两道刮油环的基础上变成了一组刮油环+一组密封，刮油环和密封填料之间增加隔离氮气的结构，彻底避免了可燃气进入曲轴箱引起闪爆的可能性(见图4)。通过结构的改进和优化氮气量，三台机组在原来保护氮气 500Nm^3/h 的基础上，减少到目前 280Nm^3/h。

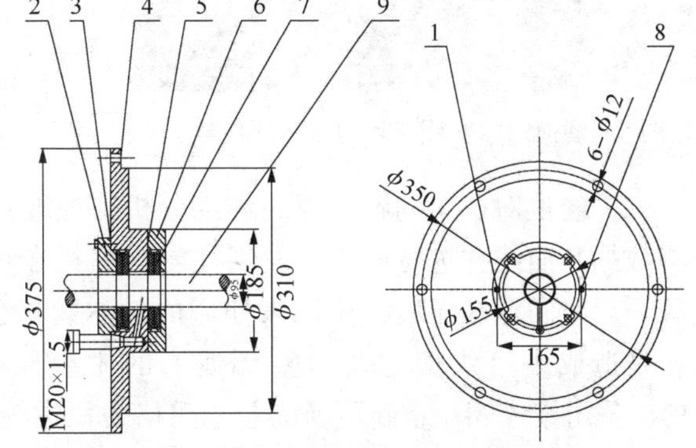

图4　中间隔板的刮油环填料密封结构改造图

1，8—氮气进口；2—刮油环压盖；3—刮油环；4—填料函；5—密封圈；6—填料压盖；7—密封填料；9—活塞杆

2) 增加曲轴箱体内可燃气体的浓度分析

为了避免曲轴箱因可燃气超标引起闪爆，每日一次对曲轴箱体内可燃气体的浓度进行分析，为调整保护氮气的气量提供参考，更重要的是根据曲轴箱内

的可燃气浓度确认气缸与活塞杆的填料是否泄漏量加大，如加大则需要进行检修或更换。

2.2.4 排气阀开启不同步解决措施

（1）缸头解体拆开后抽出活塞时，发现活塞环存在严重偏磨（见图5）。正常运行时，一般情况下活塞环磨损是在活塞的底部即下部，不可能会出现侧面磨损的情况出现。活塞环出现侧面磨损严重，可以判断是由于有外力或不平衡的力影响造成的。在机组进行曲轴箱更新时，增上了一套往复压缩机在线状态监测和故障诊断系统，需要在排气阀上取得温度和压力的参数，以便为检测系统提供机组的运行变化状态，因此需要在原来采用赫尔碧格公司制造的排气阀上进行改造。

以二级一列气缸为例，进气阀和排气阀各四个对称排列，原来进排气阀使用的是赫尔碧格公司制造的阀，本次增上状态监测和故障诊断系统，为了节省费用，只是更换了一侧的两个采集信号的排气阀（由COOK公司提供），形成了不对称力。由于两大供货商排气阀的结构和材料的不同，开启力可能存在着一定的时间偏差，导致活塞在气缸内往复运动时产生侧向推动力，致使活塞环受力不均，从而形成偏磨（见图5）。

通过截取状态监测和故障诊断系统对活塞杆沉降的监测曲线图（见图6），可以看出，2号缸存在缸体对中不良情况，活塞紧贴气缸上壁运行，程度684-544=140μm，3、4号缸存在活塞杆弯曲现象，S图形红灰两线。3号缸程度900-683=217μm，4号缸程度633-541=92μm。从活塞杆监测沉降特征上反映活塞环磨损、缸体对中不良、活塞杆弯曲等故障现象，可判断机组活塞杆载荷较大，与机组存在偏磨有关，增加运动摩擦力，因此造成载荷过大。

图5 磨损的活塞环与新的活塞环比较

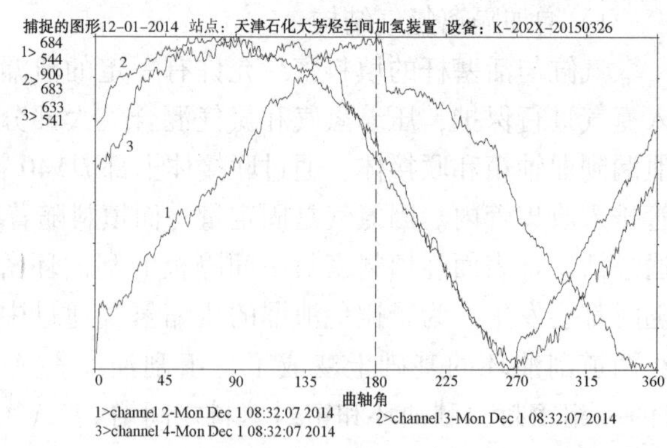

图6 活塞杆沉降曲线

（2）经过对产生问题原因的详细分析，提取往复压缩机在线监测与故障诊断系统运行监测数据及曲线并进行分析，发现往复压缩机在线监测与故障诊断系统所使用的COOK排气阀开启时间存在滞后，比原来使用的赫尔碧格公司排气阀晚开启10°，形成了一个侧推力，是造成十字头偏心及活塞环偏磨的主要原因。找出发生问题的原因之后，拆下了COOK公司排气阀，重新更换为赫尔碧格公司排气阀。

2.2.5 主轴瓦2#和3#主轴瓦窝偏低不同心采取的措施

（1）为了确认问题的根本原因，对机身主轴瓦间隙、连杆大小头瓦间隙、十字头滑履间隙、活塞环磨损情况、气缸水平等参数进行检查。在检查曲轴箱四个主轴瓦同心度时，根据曲轴与四个主轴瓦接触面积进行判断，发现1#及4#主轴瓦与主轴之间接触面良好，2#

及 3#主轴下瓦与主轴之间存在明显的间隙，经过测量得知 2#、3#主轴瓦中心比 1#、4#主轴瓦中心低 0.3mm(见图 7)，2#及 3#主轴瓦处于下悬上顶的状态，轴瓦上部无间隙，不能形成有效的油膜，是造成润滑不良的主因，轴瓦、轴颈出现严重的磨损(见图 8)。在拆卸机身大盖时，同时发现曲轴箱两侧存在巴氏合金碎片，经拆卸后检查 3#连杆大头瓦巴氏合金发生严重脱落，分析判断是在外力的作用下而发生的。再者，轴颈处外加力所形成的应力，传递到连杆，造成二级连杆运行状态的扭动，再通过十字头及活塞杆传递到缸头位置，造成气缸侧的振动值增大。在对十字头滑履间隙进行检测时，发现东西侧两侧的间隙一大一小，也证明十字头与滑道不同心，形成扭动运动。

图 7 2#、3#主轴瓦不同心的位置图

图 8 2#、3#主轴瓦上半瓦磨损情况

(2) 主轴瓦 2#、3#瓦窝低的问题，采用了专业厂家现场测绘瓦窝与主轴的相对配合尺寸，重新制作非标偏心瓦，解决了瓦窝低的问题。新的偏心瓦安装后，有效地降低了机组运行时的振动。

(3) 经过对 3#连杆大头瓦定位销的测量，发现大头瓦定位销偏短(无法定位大头瓦，可能造成机组运行时大头瓦与连杆存在相对运动)。采取的措施是重新更换了大头瓦定位销，消除了一个产生振动的条件。

(4) 从工艺操作方面也进行了强化，确保机组负荷的变化平稳；进气排液及时，保证进气少带液或不带液，从而减少由于带液产生结焦对机组的影响。同时安排检查工艺管线、进排气缓冲罐法兰连接情况，确保无开口、错位等现象，做到无应力连接。

2.2.6 避免活塞杆断裂采取的措施

(1) 对活塞杆进行检验，特别是加强无损探伤检验，确保活塞杆无缺陷上机。

(2) 加强检修质量控制，确保各项配合精度。

(3) 运行时严格要求机组入口排液，尽量减少机组带液量。

(4) 增加高效叶片式气液分离器，提高了气液分离效率。

夹带液滴的气体一旦进入高效分离叶片的通道，将被叶片立即分隔成多个区域。气体在通过各个区域的过程中将被叶片强制进行多次快速的流向转变。气体在进行多次快速的流向转变过程中，在惯性力和离心力的作用下，液滴将与叶片发生动能碰撞，液滴之间通过吸附聚结效应附着在叶片表面。

附着在叶片表面聚结成膜的液体在自身重力、液体表面张力和气体动能的联合作用下进入叶片的夹层，并在夹层中汇流成股，流入到叶片下方的积液槽中进行收集。最终得到经过完全净化处理的、不再含有夹带液滴的干净气体。增加高效叶片式气液分离器后，检测除液效率，8μm 以上的液沫去除率达到 99.9%，较好地解决了进气带液问题，避免了由于气缸内高温碳化结焦、导向环、活塞环磨损严重而引起活塞杆下沉造成的的受力不匀现象发生。

3 效果检验

3.1 机组振值明显降低

通过对机组出入口支架的加固、偏心瓦的调中心、入口叶片式气液分离器高效气液分离、双刮油环增加隔离气防泄漏及采用新型的高刚度曲轴箱体等措施，四个缸体的轴向振动明显降低，尤其是二级一号缸轴向振动由原来的 9.0mm/s 降低到 7.0mm/s 以下，同时曲轴箱和缸体的水平、轴向等部位的振值均在 7.0mm/s 以下，连续运行达到了 180 天以上，往复压缩机的综合治理取得了较理想的效果(见表 2)。

表 2 机组综合治理前后的振动检测值比较表

序号	机组位号	名称	治理前数/(mm/s)	治理后数据/(mm/s)
1	K-202A	一级 1#缸水平振动	16.7	4.1
2	K-202A	一级 1#缸垂直振动	9.3	5
3	K-202A	一级 1#缸轴向振动	7.6	5
4	K-202A	一级 2#缸水平振动	15.8	5.8
5	K-202A	一级 2#缸垂直振动	8.7	4
6	K-202A	一级 2#缸轴向振动	8.2	5.6
7	K-202A	二级 1#缸水平振动	11.7	5.5
8	K-202A	二级 1#缸垂直振动	8.4	4.3
9	K-202A	二级 1#缸轴向振动	10.1	6.3
10	K-202A	二级 2#缸水平振动	13.7	5.2
11	K-202A	二级 2#缸垂直振动	8.5	3.6
12	K-202A	二级 2#缸轴向振动	8.7	5.3
13	K-202A	曲轴箱水平振动	7.6	2.3
14	K-202A	曲轴箱垂直振动	5.8	1.5
15	K-202A	曲轴箱轴向振动	6.9	2.6

3.2 效果

通过对机组的缺陷综合治理，机组运行状态得到明显改善，振动值明显降低，降低幅度达 50%以上，确保了机组的安全稳定运行。机组检修周期由改善前的 5 个多月延长到改善后的 8 个月，检修费用、备件费用节省 30%以上，经初步统计计算每年可节省 70 万元以上。通过优化隔离气量，每年减少氮气保护在 $100\times10^4Nm^3$ 以上，可产生效益在 170 万元以上。

3.3 安全运行可靠性提高

通过改进刮油环的结构，在保证原来刮油环作用的前提下，增加一组填料和隔离氮气，彻底避免了可燃气体曲轴箱内引起闪爆的可能性，机组安全运行可靠性得到了较大幅度的提高，消除了影响机组安全运行的一大隐患。

4 结论

通过对机组存在的六个主要问题的综合治理，均取得了较好的效果，为机组的稳定运行提供了基础保证。但是，还需要提醒从机组的安装和管理上查找引起机组振动值高的原因。偏心瓦的应用只是暂时解决了运行问题，还需要在大检修过程中对机组中心两个主轴瓦窝偏低的问题进行彻底地解决。

往复压缩机进排气阀组件更新时一定要对称更换，采用一个厂商提供的进排气阀，以免造成开启不同步时气缸内活塞产生侧向推力、气缸活塞偏磨，防止托瓦、活塞环或活塞不必要的磨损、活塞杆受力不均损坏。

（中国石化天津分公司化工部　钱广华，刘世超）

19. 加氢裂化新氢压缩机曲轴箱闪爆原因分析

某石化公司 400×10^4t/a 蜡油加氢裂化装置新氢机组是进口意大利新比隆公司生产的6HF/3型往复式压缩机，如图1所示。该装置设计采取两开一备运行方式，其中两台在运行过程中曾相继发生曲轴箱闪爆事故，拆检时发现两台机组6号缸的连杆小头衬套和十字头烧损在一起，人工拆不下来，现场拆检的烧损事故图片如图2所示。本文从反向角、气阀、连杆和十字头销的设计等方面，对连杆小头衬套和十字头烧损的原因进行了深入分析和研究，揭示了导致发生事故的相关原因，并提出改进预防措施。

图1 6HF/3型往复式压缩机

图2 连杆小头衬套和十字头烧研

1 事故原因分析

1.1 压缩机运行过程中出现反向角减小甚至为零是导致事故的直接原因

往复式压缩机活塞杆及其传动部件在工作中受到拉力或者压力，而连杆小头衬套和十字头销的润滑和冷却需要润滑油的进入，如果活塞杆只受拉或者压一个方向上的力，则这个力使十字头销始终压在连杆小头衬套的一侧，这一侧润滑油就无法进入，使十字头销与连杆小头瓦以及曲轴与轴瓦之间不能形成正常的润滑油膜，进而造成严重磨损或烧研。因此，活塞杆的受力方向必须交替改变一定时间，以便连杆小头衬套两侧轮流得到润滑和冷却，这就是“负荷反向”。

反向角是指压缩机曲轴旋转一周时，综合反向负荷持续时间内曲柄转过的角度。综合反向负荷的持续时间(反向角)是往复式压缩机设计中必须十分重视的一个问题，反向角对于大型压缩机尤为重要，因为它直接影响连杆小头瓦、十字头销、主轴瓦的润滑和寿命。

如果压缩机运转过程中反向角过小或为零，则十字头销承载一个方向(通常为压向曲轴侧)的综合负荷，使十字头销与连杆小头瓦以及曲轴与轴瓦之间不能形成正常的润滑油膜，甚至出现断油情况，摩擦温度积聚并持续升高，进而造成严重磨损或烧研。尤其是在压缩机的高压级盖侧气阀失效或者轴侧吸气阀不工作造成盖侧单作用的情况，最容易出现反向角为零的现象。因此，在设计往复式压缩机时必须充分认识到反向角的重要性，应尽量使正、反向负荷持续时间均匀，以保证轴承处的良好润滑。

以下列举当气阀损坏时造成反向角太小或为零而导致润滑不良烧研事故的几种情况，在计算机上利用软件对事故压缩机的反向角进行验算。

1）正常额定工况的反向角验算

如表1所示，正常工况时各列反向角都大于170°，此时连杆与十字头销润滑情况良好。

表1 正常额定工况时动力复算结果

列号	气体力/kN	活塞杆载荷/kN	综合活塞力/kN	反向角/(°)	级号	工作压力/bar(A)	
						吸气	排气
Ⅵ	618	635	664	172	3/3	88.52	163.6
Ⅴ	618	635	664	172	3/3	88.52	163.6
Ⅳ	552	569	599	179	2/2	47.52	88.52
Ⅲ	570	583	604	178	1/1	24.5	47.52
Ⅱ	552	569	599	179	2/2	47.52	88.52
Ⅰ	570	583	604	178	1/1	24.5	47.52
电机侧							

注：$1bar=10^5Pa$。

2）6号缸(三级)轴侧吸气阀损坏失效时的反向角验算

如表2所示，当6号缸轴侧吸气阀损坏失效时，反向角减小为20°，此时连杆与十字头销润滑情况严重恶化。

表2 6号缸(三级)轴侧吸气阀损坏失效时动力复算结果

列号	气体力/kN	活塞杆载荷/kN	综合活塞力/kN	反向角/(°)	级号	工作压力/bar(A)	
						吸气	排气
Ⅵ	486	515	549	20	3/3	111.02	163.6
Ⅴ	494	523	557	170	3/3	111.02	163.6
Ⅳ	799	806	813	178	2/2	48.91	111.02
Ⅲ	600	607	617	178	1/1	24.5	48.91
Ⅱ	799	806	813	178	2/2	48.91	111.02
Ⅰ	600	607	617	178	1/1	24.5	48.91
电机侧							

3）6号缸(三级)盖侧排气阀损坏失效时的反向角验算

如表3所示，显然当一列三级盖侧排气阀损坏失效时，反向角为零，在综合活塞力作用下，十字头销一直贴紧在小头瓦的曲轴侧，并把连杆体内的给十字头销供油的孔堵死。此时连杆小头瓦与十字头销润滑情况极度恶化，曲轴侧小头瓦面与十字头销之间无法形成润滑油膜，在不长的时间里就能引起烧瓦故障。图3为烧瓦后小头孔内残留的的巴氏合金层，图4为坏损的十字头销表面。

表 3 6 号缸(三级)盖侧排气阀损坏失效时复算结果

列号	气体力/kN	活塞杆载荷/kN	综合活塞力/kN	反向角/(°)	级号	工作压力/bar(A)	
						吸气	排气
Ⅵ	438	485	565	0	3/3	111.02	163.6
Ⅴ	468	498	549	170	3/3	111.02	163.6
Ⅳ	846	849	860	178	2/2	48.91	111.02
Ⅲ	606	613	624	178	1/1	24.5	48.91
Ⅱ	846	849	860	178	2/2	48.91	111.02
Ⅰ	606	613	624	178	1/1	24.5	48.91
电机侧							

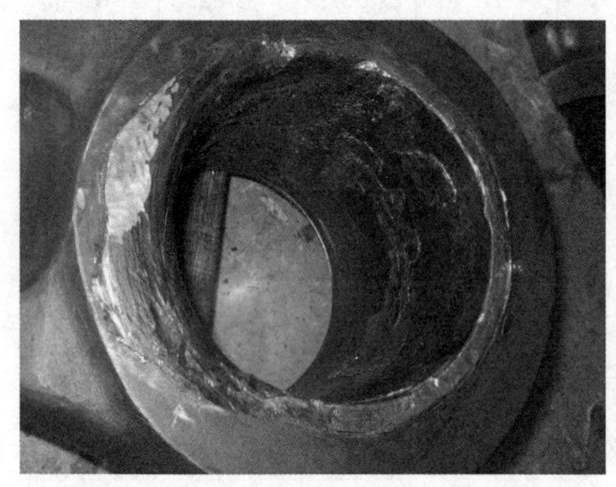

图 3 连杆小头瓦内残留的的巴氏合金层

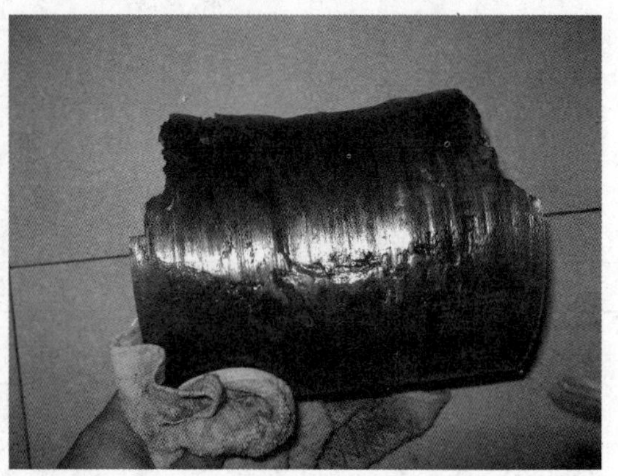

图 4 坏损的十字头销表面

4) 6 号缸(三级)轴侧吸气阀和盖侧排气阀同时损坏失效时的反向角验算

如表 4 所示，当 6 号缸轴侧吸气阀和盖侧排气阀同时损坏失效时，不但 6 号缸反向角变为 0°，还会导致同为三级的 5 号缸反向角减小为 29°，导致三级两个缸的连杆与十字头销润滑情况欠佳，危害尤其大，但是这种情况的概率比较小。

表 4 6 号缸(三级)轴侧吸气阀和盖侧排气阀同时损坏失效时复算结果

列号	气体力/kN	活塞杆载荷/kN	综合活塞力/kN	反向角/(°)	级号	工作压力/bar(A)	
						吸气	排气
Ⅵ	161	209	292	0	3/3	163.32	163.6
Ⅴ	201	248	329	29	3/3	163.32	163.6
Ⅳ	1374	1362	1342	177	2/2	51.85	163.32
Ⅲ	667	674	685	178	1/1	24.5	51.85
Ⅱ	1374	1362	1342	177	2/2	51.85	163.32
Ⅰ	667	674	685	178	1/1	24.5	51.85
电机侧							

5) 6 号缸(三级)轴侧排气阀损坏失效时复算结果

如表 5 所示，当一列三级轴侧排气阀损坏失效时，最小反向角为 142°，此时连杆与十字头销润滑情况良好。这种情况只能引起各级压力异常，不会导致连杆与十字头销烧研故障。

表5 6号缸(三级)轴侧排气阀损坏失效时复算结果

列号	气体力/kN	活塞杆载荷/kN	综合活塞力/kN	反向角/(°)	级号	工作压力/bar(A)	
						吸气	排气
Ⅵ	204	266	372	142	3/A	111.02	163.6
Ⅴ	494	523	574	170	3/3	111.02	163.6
Ⅳ	799	806	817	178	2/2	48.91	111.02
Ⅲ	600	607	624	178	1/1	24.5	48.91
Ⅱ	799	806	817	178	2/2	48.91	111.02
Ⅰ	600	607	624	178	1/1	24.5	48.91
电机侧							

6）事故压缩机6HF/3反向角的验算结论

根据两台压缩机汽阀实际更换情况来看，106-K-101C和106-K-101B事故分别发生在2009年6月19日和2009年6月27日凌晨，如表6所示，在机组发生事故前确实都有盖侧排气阀或轴侧吸气阀损坏情况。通过上述对事故压缩机6HF/3反向角的验算，在三级6号缸盖侧排气阀和轴侧吸气阀损坏失效的情况下，反向角为零或变得很小，这与反向角的理论分析是一致的。

表6 6号缸汽阀损坏更换情况

机组	轴侧	盖侧	备注
106-K-101B	吸气阀损坏5月16日更换	吸气阀损坏6月19日更换	损坏后更换前机组开了一段时间
	排气阀损坏5月16日更换	排气阀损坏6月19日更换	损坏后更换前机组开了一段时间
	排气阀损坏5月21日更换	排气阀损坏6月27日更换	损坏后更换前机组开了一段时间
106-K-101C	排气阀损坏6月18日更换	排气阀损坏6月18日更换	损坏后更换前机组开了一段时间

通过上述综合计算分析，事故的直接原因是压缩机运转过程中出现反向角为零的现象，而且持续时间相当长，造成连杆小头瓦与十字头销润滑不良甚至断油情况，进而摩擦温度积聚并持续升高，最终导致连杆和十字头部件严重烧研报废的事故。

1.2 三级气阀频繁故障导致反向角为零是事故的重要原因

根据对压缩机气阀更换记录(见表6)和气阀生产厂家的拆检结果，三级盖侧排气阀更换的次数最多，环状阀片成断裂性破坏，而且高温变形后嵌到阀座通道里。

气阀坏损的原因除了气阀本身制造质量存在问题外，阀片的运动固有频率落在了气流脉动频率范围内，出现了严重的共振现象也是不可忽视的重要因素。该机组在各级缓冲器进出口都设置了孔板，来抑制气流的脉动。然而经检测孔板产生的压降约为10bar，超出了API618第3.9.2.2.4款规定(经计算不应超过该装置管线平均绝对压力的0.75%，即应不大于1.22 bar)。而且加装过多的孔板形成的气柱脉动严重干扰了盖侧排气阀的正常工作，迫使阀片不能正常开启和关闭，高温气体倒流，使本来在氮气工况下长时间运转已经降低寿命的气阀破坏性失效。三级轴侧的气阀损坏得较轻，是因为与盖侧气阀安装尺寸不同，固有频率也不相同，不易共振。不管是盖侧排气阀还是轴侧的吸气阀一旦失效，将造成十字头销反向角减小甚至完全消失，加上该压缩机十字头销为固定不动的结构，反向角消失后在每转中连杆小头瓦与十字头销曲轴侧单面一直贴合，堵死了润滑油孔，连杆小头瓦与十字头销摩擦副缺油干磨，最终烧研。图5为拆检时发现巴氏合金层被摩擦高温熔化后挤出的情况；图6为拆卸后连杆小头高温色变后的情况。

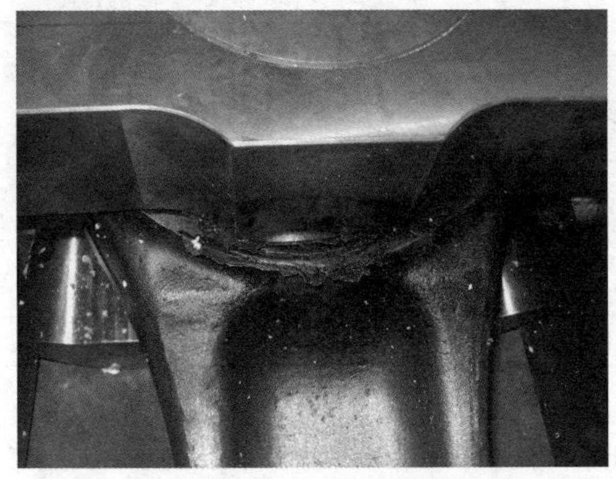

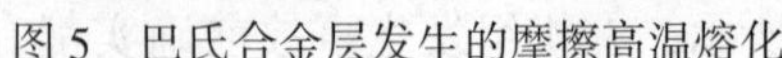

图5 巴氏合金层发生的摩擦高温熔化

图6 连杆小头发生的高温色变

需要说明的是：气阀损坏失效以及出现反向角为零的现象并不一定都会导致这种烧研事故，关键看是否有其他不稳定因素同时存在，有的因素是该起事故的导火索，有的则是恶性循环的助推剂。衡量机械设备是否易产生故障的重要指标是对各零部件安全系数高低的综合评估。以下是对其他不利因素的概括论述。

1.3 连杆和十字头销设计存在缺陷是事故发生的助推剂

6HF/3压缩机连杆采用小头定位，对于大型的往复式压缩机，国际上通常都是采用连杆大头端定位，它具有侧向定位的比压小、润滑良好、运行平稳等优点。小头定位则刚好相反，而且间隙较小，一旦缺油造成小头衬套钢背与十字头体干磨，温度升高后容易胀死。

十字头部件设计得过于单薄，十字头销直径170mm相对于传递的最大88.7t的载荷太细，这造成了连杆小头衬套承受载荷的比压超出许用范围。下面依据《活塞式压缩机设计》计算方法进行小头衬套比压校核：

（1）当在额定工况时，根据动力计算结果取三级活塞力 $P=66400\text{kgf}$，$d=17\text{cm}$，$b=20.5\text{cm}$，计算出相应比压 $=P/db=66400/17\times20.5=190(\text{kgf/cm}^2)$。

（2）当在实际工况时，根据动力计算结果取活塞力 $P=59600\text{kgf}$，$d=17\text{cm}$，$b=20.5\text{cm}$，计算出相应比压 $=P/db=59600/17\times20.5=171(\text{kgf/cm}^2)$。

（3）显然结果都大于设计手册中的允许的最大值 $150(\text{kgf/cm}^2)$，比压超标的后果将导致摩擦连接部位不易形成良好的润滑油膜，不仅小头衬套磨损加剧，而且摩擦热能不能被润滑油很好地导走，一旦出现反向角为零且长时间运转的情况，必定出现烧研故障。

2 事故分析结论

通过上述计算、分析，6HF/3往复式压缩机发生曲轴箱闪爆、连杆衬套和十字头销烧损的原因可以归纳如下：

（1）由于连杆衬套和十字头销之间缺油、润滑不良甚至出现断油现象，摩擦温度积聚并持续升高，进而造成严重磨损和烧损；

(2) 缺油、润滑不良和现断的主要原因则是由于反向角减小或为零造成的；

(3) 反向角减小或为零是由于气阀频繁故障所致；

(4) 气阀频繁故障的主要原因是气阀本自身质量存在缺陷和气阀的固有频率与管路脉动频率接近，产生共振所致；

(5) 连杆和十字头销设计存在缺陷也是事故发生的重要因素。

3 现场改进措施

针对由于汽阀损坏失效产生的反向角改变，导致连杆衬套和十字头销烧损的现象，为了避免压缩机再次发生类似事故，建议采取以下改进措施：

(1) 增设压缩机排气压力和温度高高联锁停机系统，一旦发生汽阀损坏失效，当压力和温度严重异常时，可以在短时间内实现自动联锁停机，避免十字头销和小头衬套的破坏，从而保证压缩机的安全；

(2) 要求气阀制造厂家重新对气阀的设计参数、材质进行核算，找出气阀故障频繁的原因，提高气阀的使用寿命；

(3) 汽阀拆检时发现阀片出现分层和断裂，针对此情况对阀片材质进行改进，更换成耐冲击的更高强度材料；

(4) 对压缩机出入口管路的脉动频率和孔板直径进行核算，并使管路的脉动频率远离气阀的固有频率；

(5) 适时增上 HydroCOM 气量无级调节系统，避免机组长时间在部分负荷下运行，这对保证机组长周期平稳运行是有利的。

（中海石油宁波大榭/舟山石化有限公司　黄梓友；
中海炼化惠州炼油分公司　何振歧）

20. 压缩机联轴器柱销断裂原因分析

中国石化长岭分公司循环氢压缩机 C1101 安装投用后，联轴器柱销先后两次发生断裂。对联轴器柱销进行强度核算及断口分析，并仔细测量了柱销孔位、配合尺寸，由此找到故障发生的原因，并做了改进，保证了压缩机同一故障不再发生。

1 基本情况

此压缩机采用弹性圆柱销联轴器，共有柱销 10 个，材质为 2Cr13。运行 81 天后发生第一次断裂事故，柱销断裂七根。将材质更换为 35CrMo 运行 17 天后，联轴器柱销又断裂两根。事故发生后，我们对柱销做了强度校核。

2 校核柱销剪切强度和化学成分、分析断口形成机理

由于联轴器和飞轮是刚性联接，柱销在两个轮毂的接合面处受剪切应力。经计算，柱销的剪切强度应不低于 $\tau = 11.7\text{MPa}$。

通过查取相关资料得知 2Cr13 和 35CrMoA 在变载荷下的许用剪切应力分别为 80MPa 和 180MPa，故完全满足工况强度要求。

对两种柱销分别取样进行化学元素分析，证实材料的材质合格。

两个柱销断口均较平齐，无明显宏观塑性变形痕迹，清洗后发现每个断口都有一处先断裂的黑色区域，其余部位呈放射状。

分析试样为两个断裂柱销的断裂面，用 KYKY-Amray2800 扫描电子显微镜分别进行断口分析。

1#断口为平齐的脆性断口，裂纹源以外有放射状解理台阶，具有粗晶反光小平面，断口上布满了小气孔，沿小气孔有许多二次裂纹。观察整个断裂面，找到最先开裂的裂纹源，此处有一夹杂物，进行定点能谱分析，其结果为含有 NaCl、KCl 等多种元素的冶金夹杂物。

2#断口形貌为放射状解理断口，其上气孔数量多且较大，为圆形；裂纹源附近有两处夹杂物，断裂面上二次裂纹较多。两个柱销断裂形貌均为平齐断口，断口有放射状准解理面，并有垂直于断裂面的二次裂纹，这种断裂形态为脆性断裂。可以看出柱销断裂时受冲击载荷作用。

从断口扫描电镜照片可见，裂纹源附近有冶金夹杂物，断裂面上有许多气孔，表明材料较疏松。

通过测量检查销孔各部位，发现运行过程中联轴器柱销上的载荷受力不均匀，个别柱销受力超载，柱销材料表面的冶金缺陷处首先成为微裂纹的起点，柱销在不断超负荷运转的情况下，表面的微裂纹沿着有气孔的平面扩展，直至柱销整个脆性断裂。

3 结论及采取的措施

3.1 柱销断裂原因

(1) 材料缺陷是引起柱销多次断裂的主要原因，因此选择合适的柱销材料为解决问题的重中之重，柱销材质选择应在保证强度的前提下重点考虑冲击韧性。

(2) 加工误差是造成柱销受力不均匀的主要因素，因此联轴器柱销孔的形位公差必须

控制在规定范围内。

（3）电机和压缩机联轴器的对中精度也会影响联轴器柱销的使用寿命。

3.2　改进措施

（1）采用低合金钢 35CrMoA 加工柱销。粗加工后进行调质处理，调质硬度为 HB260～280，严格按图上技术要求加工。加工后要对每个柱销进行无损探伤。

（2）为保证各柱销受力均匀，需重新加工电机对轮和压缩机飞轮的柱销孔。

（3）确保联轴器的装配精度及电机和压缩机的同心度要求，制定合理的拆装方案，紧固柱销时应使用力矩扳手均匀锁紧。

采取以上措施后，重整 C1101 压缩机运行平稳，联轴器柱销未再发生断裂事故，设备隐患彻底消除。

（中国石化长岭分公司　田兰明，杨南喜）

21. 压缩机叶轮断叶片故障分析与处理

某乙烯裂解气压缩机 E-GB/GT201，由日本三菱公司制造，该压缩机是将裂解工段的急冷塔 DA104 和第二急冷塔 DA160 塔顶及 2[#]乙烯装置裂解工段的急冷塔 DA1104 来的 0.057MPa(表压，以下无特殊说明，均为表压)裂解气，经五段压缩后，将压力提高到 3.7MPa，为深冷分离提供条件。裂解气在压缩过程中，各段排出都设有冷却器和分离罐，以除去重烃和水，并在三段出口设有两/三段碱洗，除去裂解气中的酸性气体，为分离系统提供合格的裂解气。机组介质流向见图 1，参数见表 1。

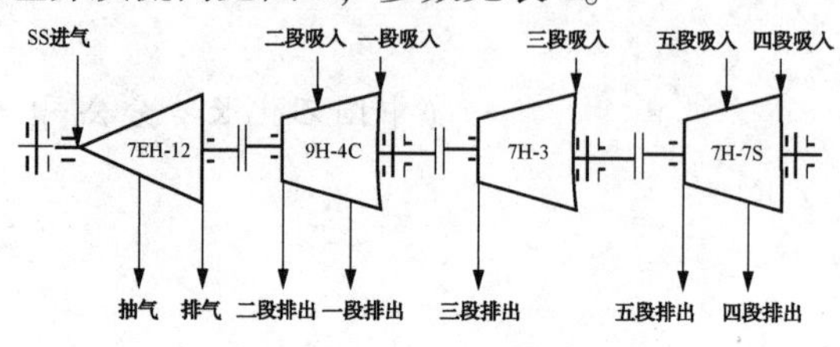

图 1　机组介质流向示意

表 1　机组工艺参数

介　质	裂解气	流　量	134102m³/h
进口温度	42℃	出口温度	95.9℃
进口压力	0.054MPa	出口压力	3.71MPa
额定转速	5427r/min	额定功率	19215kW

该压缩机组有三个缸，水平剖分式，抽气冷凝式汽轮机驱动。各缸采用的是浮环密封，在压缩机级间采用迷宫密封。径向轴承为五块可倾瓦式，止推轴承采用米楔尔式。压缩机组每个转子的两端轴颈部位装有 2 套测振探头，止推侧装有轴位移探头，机组采用在线振动监测诊断系统。

1　机组运行中存在的的问题

E-GB/GT201 机组于 2010 年 10 月 1[#]乙烯装置大修结束开车运行 12 个月后，在 2011 年 10 月 13 日上午 10 时 30 分，E-GB201 低压缸吸入、排出端四点轴振动突然同步上升，后四点轴振动一直处在波动状况。2012 年 2 月 20 日，XIA2013H/V、XIA2014H/V 四点轴振动同步发生二次突变，XIA2013H 最高达到 53.3μm。机组运行噪音明显上升，且机体内有杂音。振动突变趋势如图 2 和图 3 所示。

2　故障分析

2.1　第一次振动突变

2011 年 10 月 13 日机组轴振动值突然上升后，组织相关技术人员进行了分析。

1）仪表真实性判断

为了确认振动值是否真实，仪表专业人员从前置放大器接头引出信号检测振动值与中控室显示值比较，结果一致；将几个振动信号线延伸电缆互换，显示值同样较高，由此确认从前置放大器到中控室的延伸电缆完好，说明振动的上升是真实的。在转速降低约 60r/min 时，四点振动同步下降，具有振动与转速同步变化的特征。

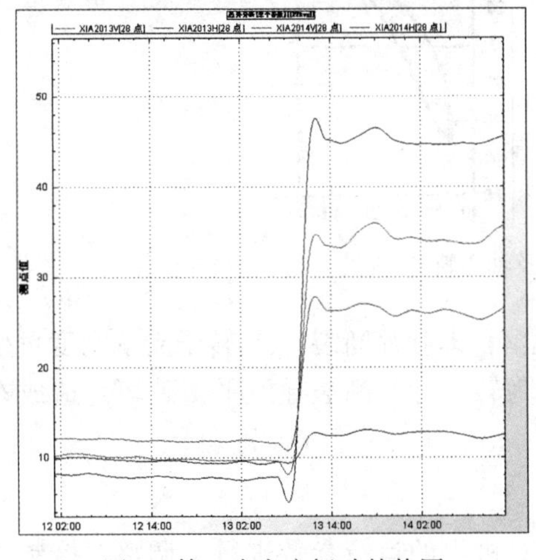

图 2　第一次突变振动趋势图

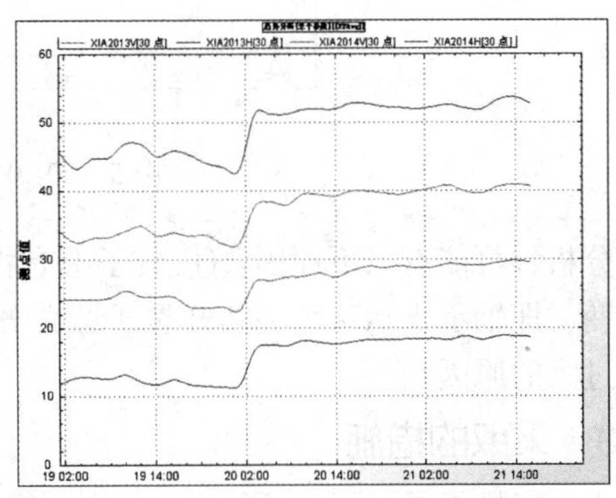

图 3　第二次突变振动值趋势图

2）振动信号分析

通过在线监测系统对振动信号进行分析，2013HV 主振频率为工频，占总能量 95%，2014HV 主振频率为工频，占总能量 62. 5%，出现二倍频、三倍频、四倍频等倍频；轴心轨迹未发散；2014HV 通频轴心轨迹出现尖峰，非标准椭圆；转子轴心运动轨迹为正进动。频谱轴心轨迹见图 4。

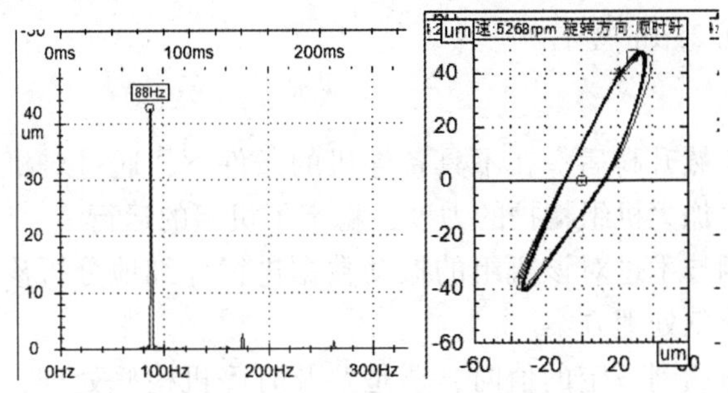

图 4　2013H 频谱及轴心轨迹

2. 2　第二次振动突变

2012 年 2 月 20 日低压缸振动突然第二次上升。通过监测振动信号分析，2013HV 主振频率为工频，2013H 最高 52. 5μm，最低 48. 4μm，工频占 78. 5%，2013V 最高 37. 8μm，最低 34μm，工频占 70. 9%；2014HV 主振频率为工频，二倍频、三倍频、四倍频等倍频仍存在；2014H 最高 20. 7μm，最低 18μm，工频占 40. 2%；2014V 最高 30. 3μm，最低 26. 1μm，工频占 70. 4%。

2013HV 轴心轨迹未发散；2014HV 通频轴心轨迹有尖峰，非标准椭圆。转子轴心运动轨迹大部分为正进动，有反进动。频谱及轴心轨迹见图 5。

2. 3　故障分析

通过两次振动变化图谱分析，振动具有典型的不平衡特征。根据振动阶跃故障现象和

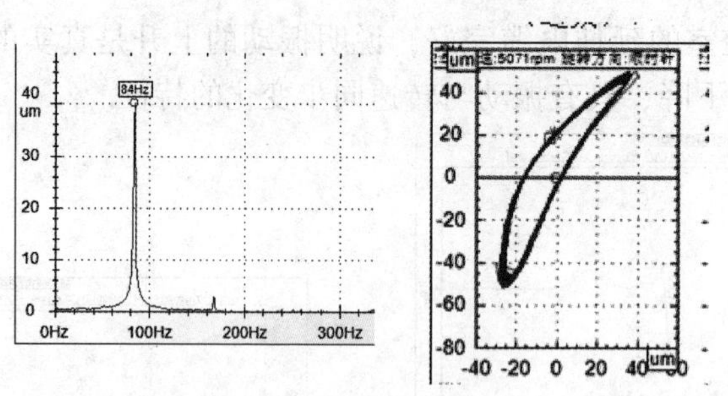

图5 2013H 频谱及轴心轨迹

数据分析，可能有以下原因：① 转子上有物件脱落，即叶片断裂；② 转子支承刚度发生突然改变，即轴承支承系统突然开裂。综合分析认为转子叶片断裂导致平衡破坏是造成本次振动过大的原因。

3 采取的措施

为稳定机组的运行，预防突发事件的发生，对机组的运行参数进行了调整，控制机组负荷，转速控制不大于5400r/min，波动不大于50r/min，加大工艺系统温度、压力、流量的监控，对振动、瓦温、润滑油温、润滑油压监控，加大了浮环密封酸油泄漏的监控。由于特护到位，机组一直在监控下运行至4月11日，为避免机组产生大的破坏，在一切检修准备就绪后，计划4月11日到4月17对压缩机低压缸进行检修。低压缸揭盖后发现首级叶轮有两只叶片出现了断裂脱落，结果与故障分析判断相吻合，掉下尺寸分别约为110mm×70mm和95mm×60mm(长×宽)。更换备用转子检修后开车运行正常，各点振动值恢复到以前正常水平，振动值在25μm左右。

4 结论

(1) 压缩机振动突然升高后，在不具备停机的条件下，通过对机组的运行参数进行了调整，控制机组负荷，加大机组特护的力度，稳定了机组的运行。

(2) 利用状态监测技术过对该机组的振动数据进行详细地分析诊断，准确判断出机组存在的故障，制定了应急处理方案。

(3) 当机组振动值达到一定的值时，还是要及时停机检修处理，检查存在的问题，以彻底消除隐患。

(4) 在诊断和处理过程中，这种叶片断裂故障往往被误判为轴承开裂、开焊或其他故障，即使诊断为叶片断裂，也未必会采取揭缸措施，其原因是：一方面，揭缸可能会影响生产，造成一定的经济损失；另一方面，不揭缸又担心叶片再次断裂，造成重大事故，严重影响机组的安全运行。对这一故障进行及时和准确地诊断，并提出合理的处理对策与建议，可有效地提高机组运行的安全性和经济性，对防止机组重大事故的发生具有重大意义。同时，对故障数据进行分析和研究，对提高故障诊断的准确性和进一步诊断分析同类故障均具有较大的借鉴意义。

（中国石化扬子石油化工有限公司机械动力部　李学勇）

22. 离心式空压机轴瓦裂纹故障的分析诊断

某石油化工装置使用的一台 Cooper 公司制造的离心式空压机，型号为 TA-11000M4R2/30。机组结构示意图如图 1 所示。由电机通过齿轮增速箱驱动，电机额定转速为 2970r/min（49.5Hz）。空压机为四级压缩，一、二级转子转速为 23070r/min（384.5Hz），三、四级级转子转速为 40530r/min（675.5Hz）。压缩机各轴承均为滑动轴承（可倾瓦）。各级压缩缸轴颈位置竖直方向上均安装了一个电涡流振动传感器。该压缩机于 2007 年投用，运行中曾出现过叶轮结垢、中冷器腐蚀穿孔泄漏等故障。

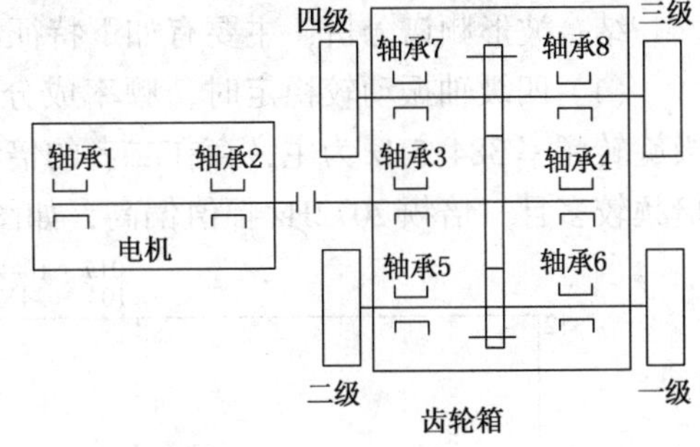

图 1　机组结构示意图

1　振动特征分析

2012 年 7 月，空压机四级轴振动开始增大且不稳定。表 1 为摘录的轴振动运行记录。2012 年 7 月 3 日前，四级轴振动稳定在 19μm，7 月 4 日四级振动上升到 21μm 上下，7 月 10 日四级振动上升到 27μm，调节设定系统压力从 12.93MPa 至 12.85MPa 后，振动下降至 22μm。7 月 13 日之后四级振动开始出现波动，最高值达到 29μm。一、二、三级振动基本保持稳定。

2012 年 8 月 13 日，对机组进行现场振动测试，采集了轴振动信号以及轴承座振动信号。稳定时刻四级轴振动为 23μm，但频繁发生波动，波动区间为 23~28μm，持续时间 1~2s，一级、三级振动也有 1μm 小幅波动。

表 1　系统轴振动记录

时　间	轴振动/μm				备　注
	一级	二级	三级	四级	
2012.6.19	11	14	12	19	
2012.7.3	11	14	12	19	
2012.7.4	11	14	11	21	
2012.7.6	11	14	12	22	
2012.7.9	11	14	12	23	
2012.7.10	11	14	12	22-27	调整出口压力振动变化
2012.7.13	11	14	12	22-29	振动波动
2012.8.13	11	14	11	23-29	振动波动
2012.8.15	9	13	9	18	检修后

轴承座振动烈度见表 2。

表 2 轴承座振动烈度记录

mm/s

时间	5H	5V	5A	6H	6V	6A	7H	7V	7A	8H	8V	8A
2011. 8. 20	0. 8	0. 4	0. 9	0. 7	0. 4	—	0. 7	0. 6	0. 9	0. 7	0. 6	0. 8
2012. 7. 13	0. 5	0. 3	0. 8	0. 7	0. 5	—	0. 6	0. 7	0. 8	0. 6	0. 7	0. 8
2012. 8. 13	0. 5	0. 5	0. 9	0. 6	0. 5	—	0. 7	0. 7	0. 8	0. 7	0. 6	0. 8

注：5H 为轴承 5 水平方向，5V 为竖直方向，5A 为轴向，其他类同。

结合波形频谱分析，主要有如下特征：

(1) 四级轴振动较稳定时，频率成分主要以三、四级转子旋转频率 675. 7Hz 及一、二级旋转频率 384. 5Hz 为主，存在二者的倍频成分。其中 384Hz 幅值大于 675Hz 幅值，675Hz 倍频较多且三倍频 2072Hz 幅值偏高，如图 2 所示。

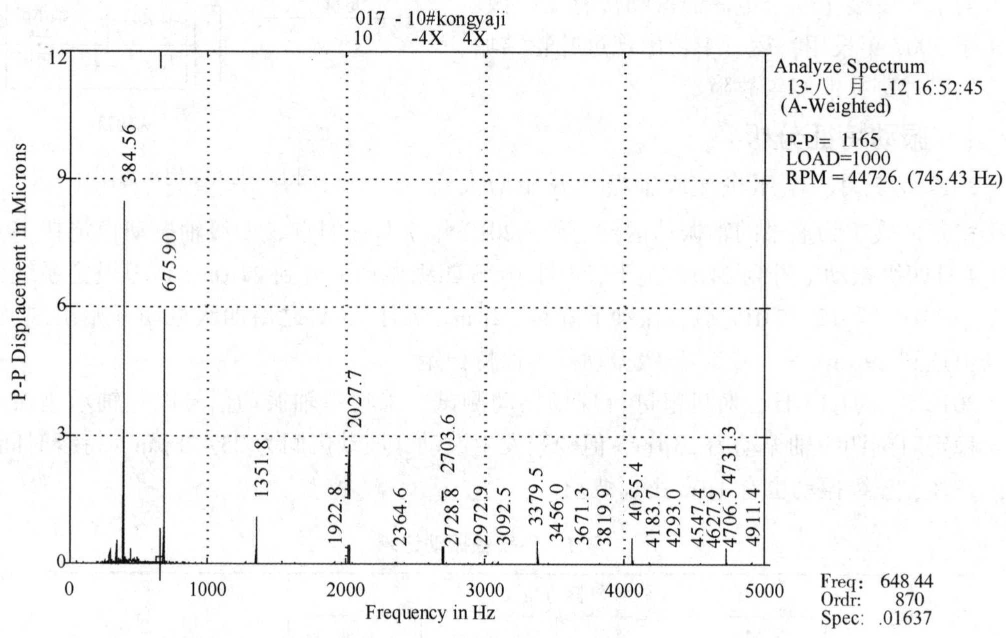

图 2 8 月 13 日振动较稳定时刻四级轴振动频谱图

(2) 四级轴振动波动时，频率成分中出现幅值较突出的 433Hz 成分(384. 5+49. 5 = 433Hz，一级旋转频率的 49. 5Hz 边频)及其 0. 5 倍(216. 7Hz)、1. 5 倍(650Hz)频率成分，433Hz、216Hz、650Hz 等成分的出现也是通频值增长的主要原因，如图 3 所示。

(3) 一级轴振动频率成分主要为转子的旋转频率 384. 5Hz，存在二、三倍等倍频，幅值相比 384Hz 幅值小；二级轴振动二倍频 769Hz 较突出，有一倍及其他倍频成分；三级轴振动频率成分主要为三、四级转子旋转频率 675. 7Hz 及其二倍频。

(4) 压缩机轴承座振动烈度在良好范围内，频率成分主要以一、二级旋转频率 384Hz 及三、四级旋转频率 678Hz、主动齿轮旋转频率 49. 5Hz 等为主，存在各自的倍频成分，倍频幅值较小。多个测点频谱中存在以 384Hz、675. 7Hz 为中心频率、以 49. 5Hz 为间隔的边带频率。

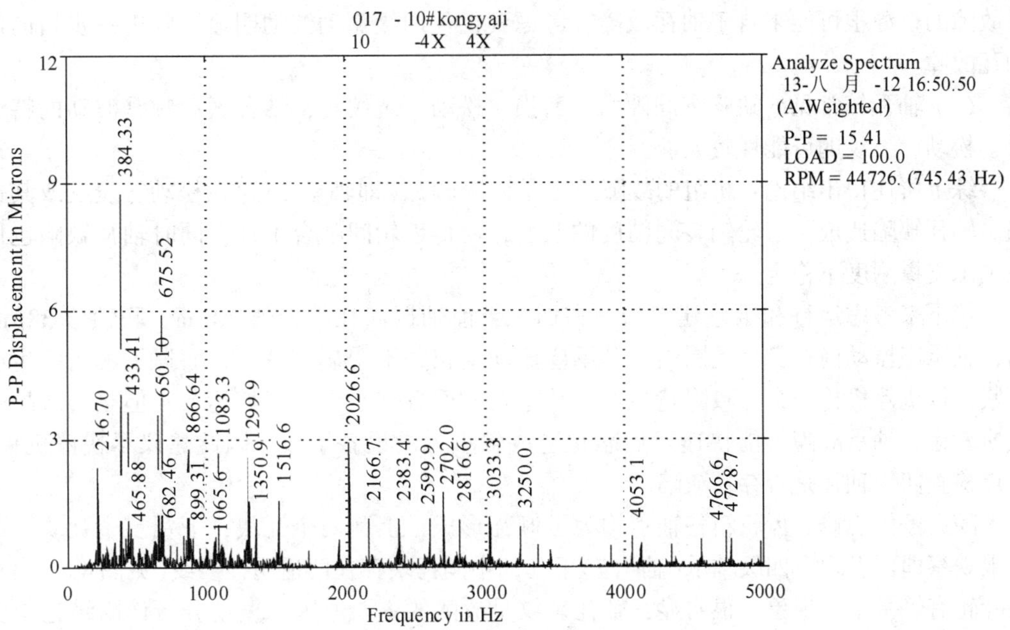

图3　8月13日振动波动时刻四级轴振动频谱图

2　诊断结论与现场验证

综合上述振动特征，对故障原因逐步作出以下分析诊断：

(1) 四级轴振频谱中一、二级转子旋转频率384Hz幅值较大，而一、二级转子的振动能量主要通过齿轮传动传递过来，因此有齿轮啮合不良的可能。频率边带是齿轮啮合不良的典型特征，监测到384Hz成分的大齿轮频率边带(433Hz)及675.7Hz成分的大齿轮频率边带，这也表明大齿轮与两个小齿轮之间的啮合状态不佳。433Hz幅值时大时小，且出现433Hz的0.5倍、1.5倍等非线性特征，更是表明齿轮啮合状态不稳定。

(2) 一、二级轴振值不高，也没有增长趋势，表明一、二级转子动平衡情况正常；四级轴振动旋转频率675Hz幅值较低，低于384Hz幅值，因此三、四级转子动平衡也不是主要故障原因。

(3) 出现介质带液、异物通过等情形时，一般以工频幅值波动为主，不会出现433Hz等异常频率成分。

(4) 四级旋转频率倍频成分较多，这一特征与动静部件之间发生摩擦特征有些类似。但实际上通频值的波动并不是由旋转频率及其倍频的波动引起的，而主要是由433Hz等成分引起的。用动静摩擦的机理同样无法解释384Hz幅值高、存在433Hz异常频率成分等振动特征。

(5) 造成齿轮啮合不良的原因有可能与齿面精度、齿面缺陷等有关。假定齿面缺陷引起齿轮啮合不良，则往往会在各级轴振上表现出明显异常。而本案中仅四级波动明显，其余三级轴振动波动十分轻微。

(6) 当轴瓦出现间隙不当、磨损、松动等情况时，轴的实际位置会偏离设计的位置，三轴之间的实际装配精度(齿轮轴的平行度等)会因此改变，进而影响齿轮的正常啮合。因此故障的根源很可能来自于轴瓦故障，考虑到仅仅四级振动波动明显，则进一步指向四级轴瓦故障。

(7) 轴瓦较常见的缺陷有间隙大、磨损、松动、裂纹等，结合振动频繁波动的特征来看，松动、裂纹的可能性较大。

综上所述得出结论：机组的故障原因是四级轴瓦(即轴承7)存在松动、裂纹或其他缺陷。轴瓦缺陷造成了齿轮轴装配精度的改变，使得齿轮间啮合不佳；同时轴瓦缺陷也使得该轴承支撑刚度不稳定。

接下来考虑运行和维修建议。一方面，当前轴振尚在报警值 30μm、联锁值 38μm 以内，轴承座振动尚在良好范围内，轴承座振动增长并不明显；另一方面据了解当前生产任务紧，该机停机检修会导致降量生产。从这两方面看似乎应该坚持运行。但是，从故障的性质考虑，轴承故障可能快速发展恶化造成较重大的设备事故。因此建议尽快停机检修，重点检查四级轴瓦是否存在缺陷。

随后停机检修。齿轮箱各轴承均为可倾瓦形式，上瓦两个瓦块，下瓦三个瓦块。通过肉眼观察即可发现，四级轴承(轴承7)下瓦的中间瓦块存在两道明显裂纹(见图4)，另外各级叶轮有轻微结垢现象。很明显，轴瓦裂纹是故障的主要原因。振动分析诊断结论与实际情况相符。更换四级轴瓦，清理叶轮垢物，8 月 15 日开机后四级轴振下降至 18μm(见表1)，机组运行恢复正常。

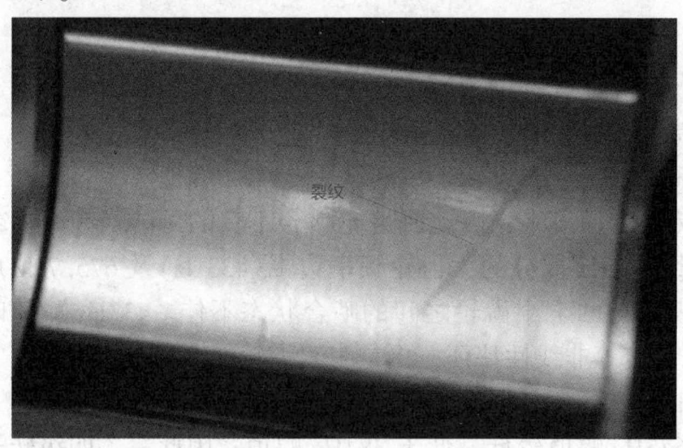

图4 四级轴瓦存在裂纹

3 总结

旋转设备状态监测与故障诊断是一项细致、严谨和科学的技术工作，这个诊断案例中体现了故障诊断所必备的一些方法和原则：

(1) 诊断中应在分析直接原因的基础上进一步分析根本原因。本案中齿轮啮合状态不佳是振动异常的直接原因，但得出该结论仍不能正确地指导设备管理和生产，只有进一步推断其根本原因，即轴瓦故障，才真正具有指导意义。

(2) 分析中应该分清主要矛盾与次要矛盾，从主要矛盾推断故障的主要原因；同时又要综合考虑各种振动特征，避免以偏概全，造成误判。本案中四级 384Hz 成分幅值高、存在边带频率 433Hz、振动不稳定等振动特征是矛盾的主要方面，是得出轴瓦存在缺陷的重要依据；虽然某些特征符合转子动平衡故障、介质带液或动静摩擦，但另外一些振动特征无法用这些故障类型来解释，因此综合考虑应排除这些故障类型。

(3) 在准确诊断的基础上，应该依据故障性质预测故障恶化的快慢程度和可能后果，恰当地提出运行和维修建议。对于一些较稳定的故障，如转子原始动平衡不佳，在未超出相关标准的情况下是可以坚持运行甚至长周期运行的；而对于本案中的轴瓦裂纹故障，有可能发生急剧恶化，造成轴瓦开裂、轴颈磨损、叶轮碰摩等严重后果，即使触发振动联锁停机也不一定能及时保护设备，因此这种情况下不可简单地参照振动标准或报警联锁值，及时检修方为上策。

(岳阳长岭设备研究所有限公司，胡学文，朱铁光，刘红梅，廖慕中)

23. 氨冷冻螺杆压缩机轴承损坏原因分析与应急维修

中国石化镇海炼化分公司连续重整装置进口氨冷冻双螺杆压缩机组，自 2010 年 7 月投用，未进行过解体检修。2013 年 9 月 17 日，对机组进行频谱分析，发现有明显高频连续谱。9 月 20 日上午发现机组轴封系统的机械密封泄漏，停机置换，安排检修。解体后发现轴承磨损并引起螺杆、壳体等次生故障，并因生产工艺要求，现场对机组进行了应急维修。压缩机组基本参数见表 1。

表 1 压缩机组基本参数

设备名称	氨压缩机	设备型号	RWFⅡ-399
设备类别	双螺杆压缩机，无增速箱与同步齿轮	调节方式	滑阀+滑块，无级调节 10%~100%
介质	R717+Frick3#冷冻机油	气体相对分子质量	17
入口设计温度	0.9℃	出口设计温度	82.2℃
入口设计压力	0.298MPa	出口设计压力	1.475MPa
转速	2972r/min	轴功率	644.4kW

1 离线状态监测分析

2013 年 9 月 17 日，对机组进行频谱分析，发现有明显高频连续谱，如图 1~图 3 所示。该频段幅值突出的频率成分为各基频的非整数倍频，噪声底线明显抬高，存在以阳转子工频为间隔频率的边带成分。分析认为：氨压机在运行过程中可能存在流动状态不佳(可能与通流部件堵塞腐蚀有关)，联轴节侧滚动轴承和推力轴承出现磨损的可能性最大。9 月 20 日解体检修，主要检查氨压机通流部分的堵塞及腐蚀情况，更换机械密封并对各滚动轴承进行检查更换(见表 2)。

表 2 氨压机轴承座振动烈度详细数据 mm/s

测点位号	MIH	MIV	MIA	CIH	CIV	CIA	COH	COV	COA
2013.9.17	0.98	0.43	0.57	6.5	9.89~13.70	8.73~10.57	4.25	3.89	4.36

注：M—电机，C—压缩机，I—内侧(联轴节侧)，O—外侧，H—水平方向，V—垂直方向，A—轴向。

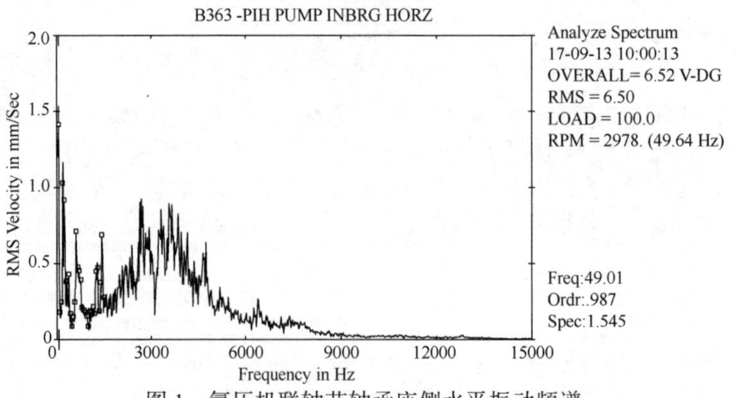

图 1 氨压机联轴节轴承座侧水平振动频谱

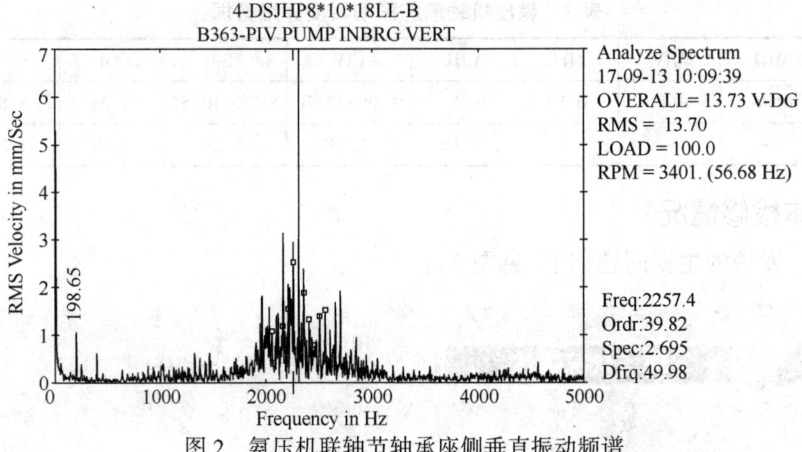

图 2 氨压机联轴节轴承座侧垂直振动频谱

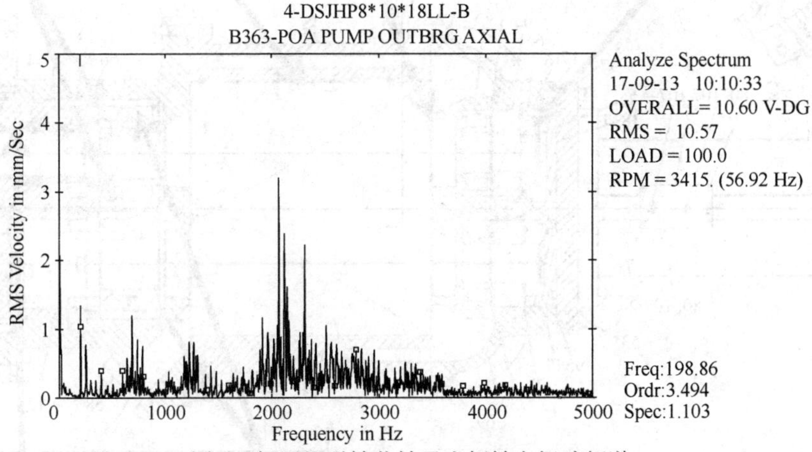

图 3 氨压机联轴节轴承座侧轴向振动频谱

9 月 27 日，机组检修后开机并投用正常。29 日再次进行频谱分析(见图 4)，C-303 检修前后数据对比：振动烈度下降明显，频谱中高频成分消失(见表 3)。

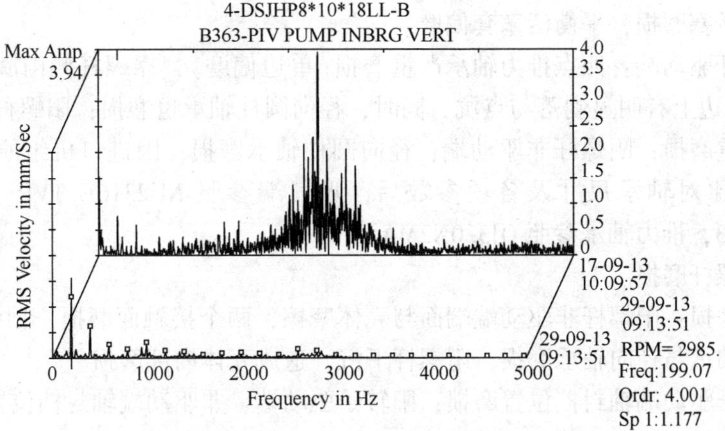

图 4 检修前后联轴节侧垂直振动频谱对比

表 3 氨压机轴承座振动烈度详细数据 mm/s

测点位号	MIH	MIV	MIA	CIH	CIV	CIA	COH	COV	COA
2013. 9. 17	0. 98	0. 43	0. 57	6. 5	9. 89 ~ 13. 70	8. 73 ~ 10. 57	4. 25	3. 89	4. 36
2013. 09. 29	—	—	—	2. 73	1. 58	2. 23	1. 69	1. 86	1. 71

2 解体检修情况

解体后，发现的主要问题如下(见图 5)：

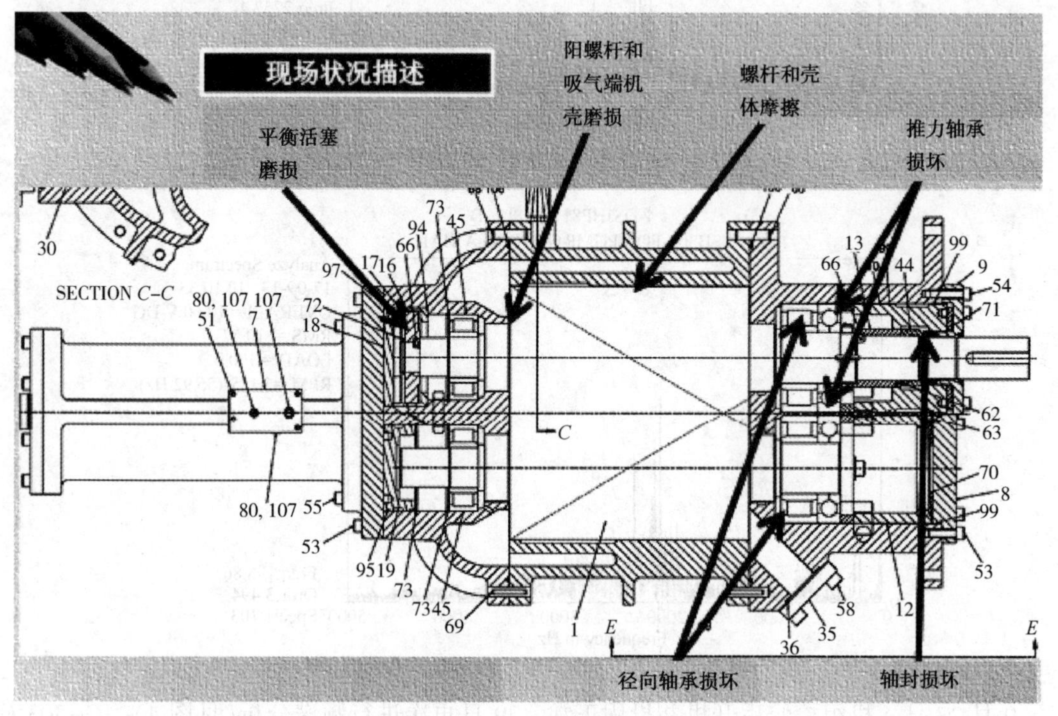

图 5 解体检修情况

(1) 平衡活塞磨损，平衡活塞套偏磨。

(2) 阳螺杆驱动端：四点推力轴承严重磨损(单边偏磨)，靠螺杆侧内圈轴向磨损量达 1. 22mm 以上，边上有明显剥落与点坑，同时，径向圆柱轴承也磨损；阳螺杆非驱动端：径向圆柱轴承严重磨损；阴螺杆非驱动端：径向圆柱轴承磨损；因进口机组原装配的轴承无型号等标识，比对轴承尺寸及各项参数后，吸气端参照 NU2316E. TVP3，排气端参照 NU2320 E. TVP3，推力轴承参照 QJ320N2MA。

(3) 阴阳螺杆磨损。

(4) 壳体磨损：阳螺杆非驱动端端面与壳体摩擦，两个接触面磨损，划痕明显；同时，因阳螺杆推力轴承与径向轴承磨损，阳螺杆下沉，造成壳体内部磨损。

(5) 阴转子驱动端轴封档位置磨损；阳转子驱动端、非驱动端轴封档位置磨损。

3 现场应急检修处理措施

(1) 更换阳螺杆上的平衡活塞以及平衡活塞套。

（2）更换全部6个轴承，推力轴承2个，径向圆柱轴承二种规格各2个。

（3）非驱动侧大盖端面磨损部位光出，约车掉1.6mm，同时再加工O形圈槽，保证O形圈槽的深度。

（4）驱动侧大盖上的两个轴封档径向磨损位置光出，车至ϕ136.02~136.05；非驱动侧大盖轴封档磨损位置光出，镗至ϕ136.02。

（5）两根螺杆对应的轴封档磨损位置镶套。镶套过盈0.20~0.30mm，再车至与相应的轴封档配合尺寸。间隙控制在0.50mm（该间隙值是根据未磨损部分的实测间隙）。阳螺杆非驱动侧磨损端面车出，阳螺杆从481.3mm车至480mm。同时将阴螺杆的非驱动侧端面也车削，保证两个螺杆啮合部分长度一致。

（6）将中间筒非驱动端的结合面位置车削，总厚度从482.3mm车至481左右mm，确保螺杆在安装后总的窜动量在1~1.1mm。

（7）中间筒体径向地与阳螺杆摩擦，造成的划痕手工修复。

（8）阴阳螺杆做动平衡。

（9）阳转子端面窜量调至0.31mm，阴转子端面窜量调至0.26mm。

4 原因分析

4.1 直接原因：轴承失效

阳螺杆推力轴承内圈磨损是造成机组故障的主因。该轴承的损坏不是即时、瞬间的，而是有一定的发生、发展、加剧过程的，机组已连续运行了3年2个月左右。推力轴承的磨损引起螺杆轴向定位的破坏，最终导致螺杆与壳体摩擦碰撞；螺杆与壳体的摩擦以及推力轴承的磨损所产生的金属屑带入径向轴承，导致径向轴承磨损并不断加剧，进而引起螺杆径向定位破坏而下沉，导致螺杆与内壳体磨损，也使平衡活塞及平衡活塞套摩擦，活塞套下边偏磨而损坏。

4.2 间接原因：高压侧润滑不良，阳螺杆轴向力增大

（1）入口过滤网部分堵塞，导致进出口压差上升，引起机组阳螺杆轴向力上升，增加了阳螺杆推力轴承负荷。

（2）机组润滑系统示意图如图6所示。

机组出口冷冻机油经油分后，冷却、过滤后分别注入前后轴承。润滑油总管路压降2.07bar联锁停机（延时900s）。

从近一年历史数据看（见图7），从2013年1月20日开始，油路总压降从80kPa一跃上升至150kPa左右并逐步向上增加，最高在2013年8月6日达到联锁值以上（211kPa），因联锁设置延时而未引起跳机。

润滑油总管路压降的增加，导致排气压力与机组进油压力的差压明显扩大，即进油压力降低后，造成氨压机C-303阳螺杆联轴器侧（出口侧，内部压力与进油压力差值较小，推力轴承首先失效）轴承供油量偏少，润滑效果在逐步降低，长期运行后，导致推力轴承逐渐磨损失效。这与解体后，该四点推力轴承单边严重偏磨且靠螺杆侧内圈轴向磨损量达1.22mm以上，边上有明显剥落与点坑等情况非常吻合。

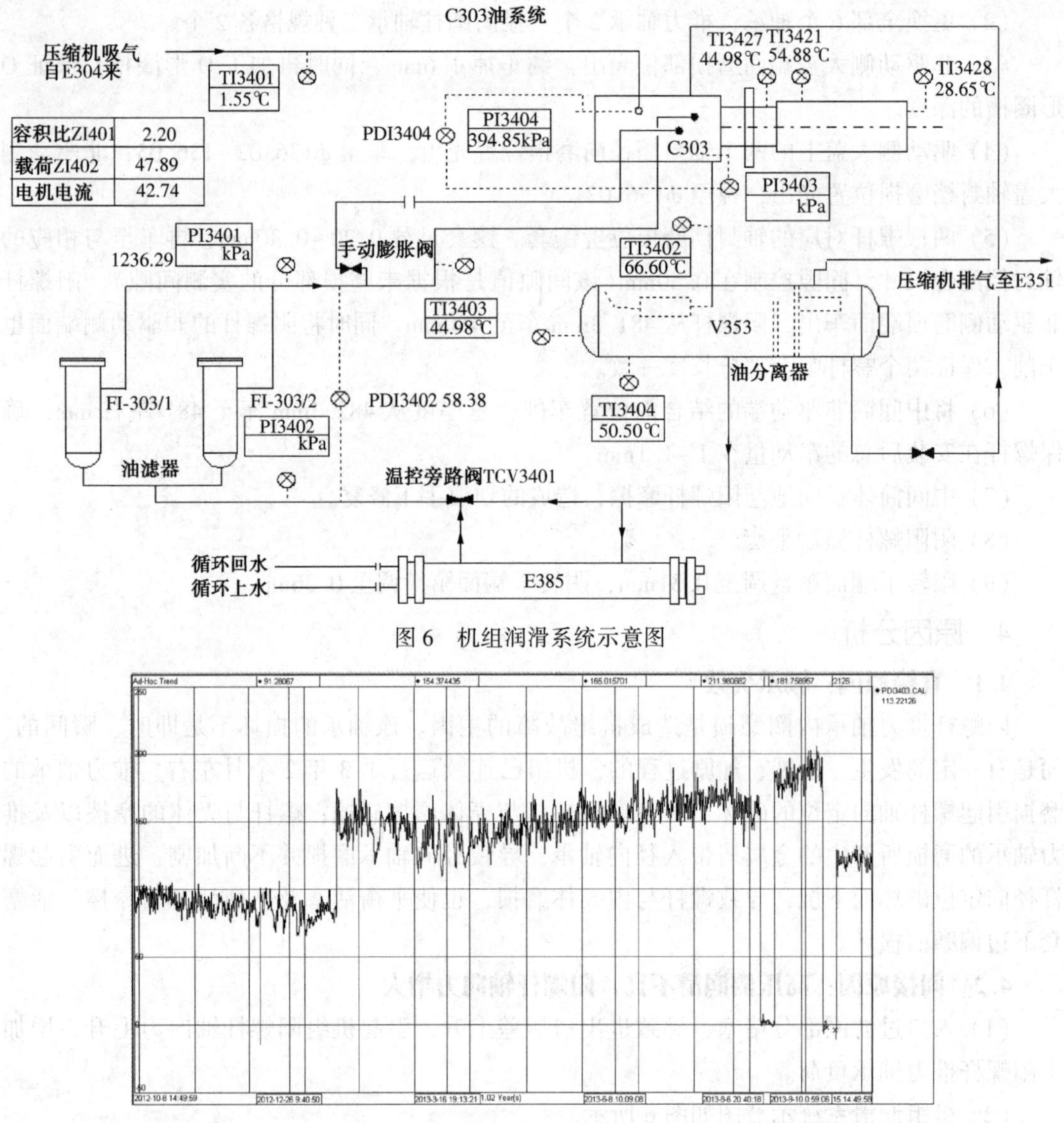

图6　机组润滑系统示意图

图7　2012年9月22日至2013年9月29日油路总压数据

5　结论

（1）此次氨压机故障解体检修结果，与之前频谱分析最大可能为轴承失效相一致；

（2）轴承故障后期，故障的发展非常快，仅三天时间就扩展至机械密封泄漏，故障的判断与处理要及时；

（3）控制好润滑油总压降，定期更换油过滤器滤芯；

（4）在今后的运行中，开展定期状态监测，通过机组振动状态的细微变化，来监控机组运行，尤其是在机组运行的后期。

（中国石化镇海炼化分公司机动处　黄建权）

24. VLG25C螺杆式制冷压缩机振动原因分析及对策

兰州石化合成橡胶厂水汽车间14#制冷装置现有七台螺杆式制冷压缩机，其中有两台是武汉冷冻机厂生产制造，其余五台全部采用的是大连冷冻机股份有限公司生产制造的可调内容积比螺杆式制冷压缩机，其工作原理如下所述：

可调内容积比螺杆式制冷压缩机是回转式容积型压缩机，是通过工作容积的逐渐减小来达到气态制冷工质压力提高的目的。

可调内容积比螺杆式制冷压缩机的工作容积是由一对互相平行放置且相互啮合的转子的齿槽与包容这一对转子的机壳所组成。在机器运转时两转子的齿相互插入对方的齿槽，且随着转子的旋转插入对方齿槽的齿向排气端移动，使被对方齿所封闭的容积逐步缩小，压力逐渐提高，直至达到所要求的压力时，此齿槽方与排气口相通，实现了排气。

一个齿槽被与之相啮合的对方齿插入后，形成了两个被齿隔开的空间，靠近吸气端的齿槽为吸气容积，与排气端相近的为压缩气体的容积。随着压缩机的运转，插入齿槽的对方转子的齿向排气端移动，使吸气容积不断扩大，压缩气体的容积不断缩小，从而实现了在每个齿槽的吸气及压缩过程，当压缩气体在齿槽中气体压力达到所要求的排气压力时，这齿槽正好与排气口相通，开始了排气过程。被对方转子的齿槽分成的吸气容积和压缩容积的变化是周而复始的，就这样使压缩机能连续地吸气、压缩和排气（见图1）。

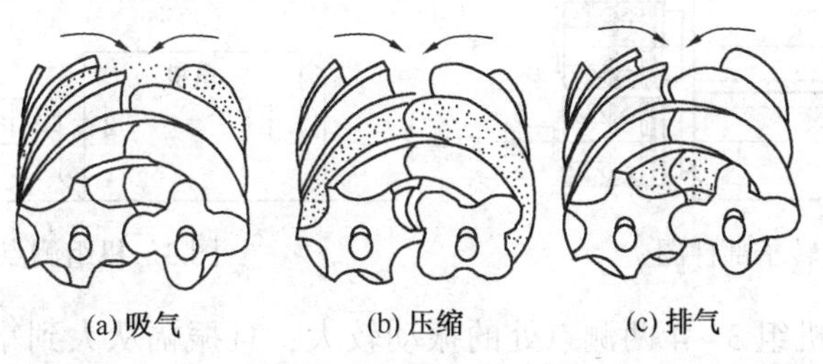

图1　可调内容积比螺杆式制冷压缩机工作过程

螺杆压缩机是一种容积型、回转式压缩机，它具有许多活塞压缩机无法比拟的优点。近年来，随着转子齿型和其他结构的不断改进，各方面性能在逐步提高，机型种类也在不断增多，容量范围和使用范围也越来越大，特别是在中型制冷装置上，是取代活塞压缩机具有发展前景的一种机型。但是，由于螺杆压缩机作为一种新型的压缩机，在检修维护保养方面，还缺乏成熟的经验与资料。结合这几年来我车间在螺杆压缩机维护保养方面的工作经验和实践，就螺杆式制冷压缩机在使用过程发生的振动问题进行分析，找出消除振动的方法，从一个侧面为搞好螺杆压缩机的维护保养进行了探讨。

1　问题提出

大连冷冻机股份有限公司生产制造的五台可调内容积比螺杆式制冷压缩机，为双螺杆式，机组型号为VLG25C，主要技术指标见表1。

表 1 主要技术指标

名 称	单 位	参 数
转 速	r/min	2960
转子直径	mm	250
长径比		1.65
理论排量	m^3/h	2395
标准工况制冷量	kW	1289.3
标准工况轴功率	kW	358.8
标准工况配用电机功率	kW	450
转子间的传动方式		阳转子带动阴转子

5#螺杆压缩机自投入运行以来一直运行比较平稳，但在 2009 年 1 月，压缩机出现振动情况，而且随着时间推移，机组振动的幅度也越来越大，不但严重影响到机组的正常运行，而且还多次由于振动造成油管线和氨管线的焊缝脱焊，从而造成漏氨、漏油等现象的发生，不能保证设备的正常运行，对车间安全生产带来不利影响，针对这种现象，车间组织技术公关，商讨解决该压缩机振动的办法。

2 原因分析

2.1 分析有可能产生振动的原因

为了使分析更有针对性，我们对机组的振动情况进行了检测，测点(主要分布在轴承处)分布如图 2、图 3 所示。

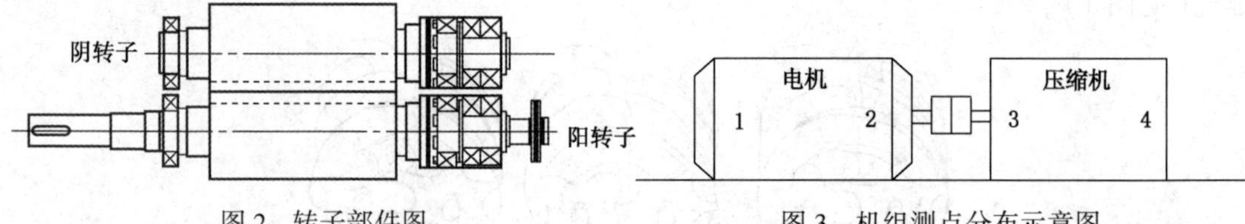

图 2 转子部件图　　图 3 机组测点分布示意图

检测结果显示，机组 3、4 两测点处的振动较大，且振幅从大到小的排列次序为 3、4、2、1，这充分说明机组的振动是由螺杆机头引起的。

在详细查阅了有关资料及产品说明书，掌握了机组的工作原理及其结构的基础上，对机组的振动原因进行了全面的分析和探讨，认为引起螺杆机组振动的原因有以下几种可能：

(1) 机组操作不当，吸入过量的润滑油和制冷剂液体。

(2) 压缩机与电机轴线错位偏心。

(3) 压缩机地脚螺栓松动或螺帽松动。

(4) 机组与管道的固有频率相同而产生振动。

(5) 压缩机与电机联轴节由于敲击变形，联轴器组合件产生偏重，静平衡被破坏。

(6) 机组内部的阴阳转子在运转中受到了不平衡力的作用。

2.2 运用排除法找出振动的真正原因

(1) 对机组进行全面检查后，按照正常开车程序，重新启动机组，调整各运行参数(油压、油温、进气压力、排气压力、电流等)至正常范围。

(2) 重新校正压缩机与电机同轴度到规定的范围(端面跳动 0.05mm, 径向跳动 0.08mm)。

(3) 检查地脚螺栓、螺母有无松动, 并紧固好。

(4) 检查并紧固机组有关工艺管线支承点, 判断有无产生共振的可能, 并消除机组管道产生的共振。

综上所述, 每采取一项相应对策措施后, 都开机试运转, 检查机组振动情况, 发现机组振动情况暂时有所好转, 但振动还没有从根本上消除, 这说明以上四个方面的原因都不是机组振动的主要原因。

(5) 检查联轴器, 发现有敲击痕迹, 且变形很大。由此我们推断, 联轴器可能产生偏重, 静平衡被破坏。再经过多次盘动机组, 转动后停止的位置基本维持不变, 又从另外一个侧面证明以上的推断。

联轴器静不平衡, 机组运转后离心力在轴承上产生附加载荷, 对轴承交变作用, 轴承受力产生变化, 磨损加大, 变形加大, 温度升高, 机组产生振动。可见, 联轴器静不平衡是产生振动的原因之一。

(6) 通过对机组结构, 特别是对阴阳转子运转过程的受力进行了详细分析, 认为转子不平衡力的产生是由各部件间隙不当引起的。即: 转子外圆与机体孔的间隙; 转子排气端面与排气端座间隙; 转子吸气端面与吸气端座间隙; 转子轴承压盖与单列向心推力球轴承外圈端面间隙; 单列向心推力轴承组件外隔圈和轴承之间的间隙; 轴承压盖与单列向心推力球轴承外圈端面间隙; 平衡活塞与平衡活塞套间隙。由于间隙不当引起摩擦、撞击等产生不平衡力, 其结果必然会引起振动。

通过进一步拆检机组, 测量相关部件间隙, 并与标准间隙进行了分析和对比。测量间隙与标准间隙对照表见表 2。

表 2 测量间隙与标准间隙对照表 mm

项 目	测量间隙	标准间隙
阴转子外圆与机体孔的间隙	0.14	0.12~0.166
阳转子外圆与机体孔的间隙	0.13	0.12~0.166
转子排气端面与排气端座间隙	0.13	0.12~0.15
转子吸气端面与吸气端座间隙	0.45	0.4~0.63
阴转子轴承压盖与单列向心推力球轴承外圈端面间隙	0.01	0.005~0.01
阳转子轴承压盖与单列向心推力球轴承外圈端面间隙	0.09	0.005~0.01
单列向心推力轴承组件外隔圈和轴承间隙	0.01	0.005~0.01
平衡活塞与平衡活塞套间隙	0.20	0.18~0.28

从表 2 中可以看出, 阳转子轴承压盖与单列向心推力球轴承外圈端面的测量间隙与标准间隙相比大了许多, 再经对轴承压盖和轴承挡圈仔细检查, 发现轴承压盖和轴承挡圈均有不同程度的撞击痕迹, 由此可以推断轴承压盖与单列向心推力球轴承外圈端面间隙过大是造成转子运转中不平衡力产生的主要原因, 即机组产生振动的又一个原因。

3 采取对策

(1) 要把轴承压盖与单列向心推力球轴承外圈端面间隙调整至标准间隙范围, 就必须在充分掌握这部分零部件的结构基础上采取相应的调整方法。

轴承压盖和单列向心推力球轴承端面间隙是靠挡圈来调整的，即增加了挡圈厚度，就会使转子与排气端座间隙相应减小，就有可能造成它们之间的相互摩擦或撞击。要把轴承压盖和单列向心球轴承外圈端面间隙调整至标准间隙范围，既要增加挡圈厚度，又要相应增加调整垫圈的厚度，从而减少轴向方向上转子在运转过程中的不平衡力。

我们将挡圈厚度增加0.08mm，调整垫圈厚度相应增加0.08mm，使轴承压盖与单列向心推力球轴承外圈端面间隙，以及转子与排气端座贴合面间隙都符合标准间隙要求。

（2）联轴器的静不平衡是由于在平常的维修中，拆装联轴器频繁敲击引起变形造成的，我们更换了机组的联轴器一副，组装完毕，对联轴器按要求进行找正，做了盘车检查，感觉机组的静不平衡已经消除。

4 效果检验

4.1 检修后机组内部零部件间隙

检修后机组内部零部件间隙见表3。

表3 检修后机组内部零部件间隙 mm

项目	测量间隙	标准间隙
阴转子外圆与机体孔的间隙	0.14	0.12~0.166
阳转子外圆与机体孔的间隙	0.13	0.12~0.166
转子排气端面与排气端座间隙	0.13	0.12~0.15
转子吸气端面与吸气端座间隙	0.45	0.4~0.63
阴转子轴承压盖与单列向心推力球轴承外圈端面间隙	0.01	0.005~0.01
阳转子轴承压盖与单列向心推力球轴承外圈端面间隙	0.01	0.005~0.01
单列向心推力轴承组件外隔圈和轴承间隙	0.01	0.005~0.01
平衡活塞与平衡活塞套间隙	0.19	0.18~0.28

4.2 运行情况

检修后，经空载及负荷试运行，机组运转平稳，相关运行参数正常，机组振动的问题得到了解决。

（中国石油兰州石化分公司合成橡胶厂　李广秀）

25. 双螺杆空气压缩机典型故障的原因判断及维修方法

SA-230A 型微油式双螺杆空气压缩机具有运转性能可靠、易损件少、振动小、噪音低、效率高的特点。额定工作压力为0.7MPa，排气量为3.6m^3/min。在石化、机械、医药等行业均有广泛的应用，比如为气动工具提供动力等。在我公司，是为燃油焙烧炉的柴油燃烧器提供雾化风。

工作中，这种机型的空压机易出现排气温度高和排气量低于正常值等故障。由于这类机型的压缩机系统较复杂，很难根据说明书的描述对故障的原因作出正确判断。因为导致一种故障情形的可能原因有几种，使得维修人员无从着手。所以，结合实际总结出正确的维护、维修操作规程和故障原因判断方法是很必要的。

1　微油螺杆压缩机的机体构造、系统流程和工作过程

1.1　微油螺杆压缩机的机体构造

微油螺杆压缩机是由压缩机主机、油路系统、气路系统、控制系统和冷却系统组成。(见图1)主机由机壳和阴、阳转子组成；油路系统由油气筒、油冷却器、油过滤器、温控阀组成；气路系统由空气滤清器、进气阀、油气筒、油细分离器、压力维持阀、后部冷却器和水分离器组成；控制系统由容调阀、泄放阀、压力开关组成。油路系统中没有油泵，润滑油是在油气筒和主机二者之间的压差的作用下被输送到各润滑点的。油冷却器和后部冷却器合为一体，由专门的电机驱动冷却风扇进行冷却。

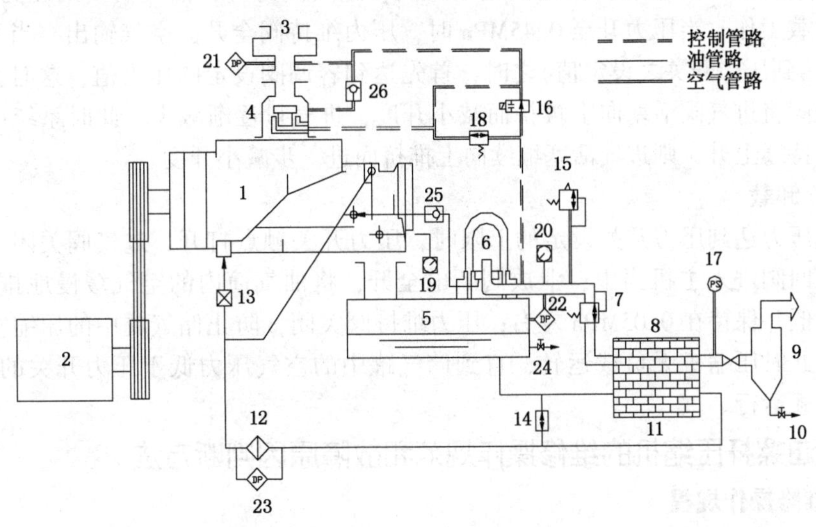

图1　微油螺杆压缩机结构配置图

1—压缩机机体；2—电动机；3—空气过滤器；4—进气阀；5—油气筒；6—油细分离器；7—压力维持阀；8—后部冷却器；9—水分离器；10—泄水阀；11—油冷却器；12—油过滤器；13—油流量调节阀；14—温控阀；15—安全阀；16—泄放阀；17—压力开关；18—容调阀；19—温度开关附指示；20—压力表；21—空气滤清器压差开关；22—油细分离器压差开关；23—油过滤器压差开关；24—泄油阀；25—回油止回阀；26—止回阀

1.2 微油螺杆压缩机的系统流程

1.2.1 空气流程

空气由空气滤清器滤去尘埃之后，经进气阀进入主压缩室压缩，并与润滑油混合。与油混合的压缩空气进入油气筒进行第一次油气粗分离，再经油细分离器进行精分后，含油量极低($\ngtr 5\times10^{-6}$)的纯净空气通过压力维持阀、后部冷却器和水分离器后送入使用系统。

1.2.2 润滑油流程

在油气筒内压力的驱动下，润滑油流经温控阀。当油温低于67℃时，润滑油不经过油冷却器直接循环；当油温高于67℃时，温控阀慢慢打开，至75℃时全开，将润滑油压入油冷却器内。在油冷却器中将润滑油加以冷却之后，经过油过滤器除去杂质颗粒，然后分为两路，一路由机体下端喷入压缩室，冷却压缩空气，另一路，通到机体的两端，用来润滑轴承组。而后，两路润滑油再聚集于压缩机底部，随压缩空气排入油气筒，分离大部分润滑油，再经油细分离器进一步脱油。经过油细分离器分离出来的润滑油经回油管回流至机体进口。

1.3 微油螺杆压缩机的工作过程

1.3.1 启动

电动机为Y-△启动。Y-△启动期间，泄放阀全开，进气阀关闭，空压机无负载启动。油气筒内的压力(表压)接近于零。此时压缩机主机进气侧成高度真空状态，只有少量的空气从止回阀进入主机当中。油气筒内的大气压力与压缩室真空之间的压力差确保了压缩室及轴承所需的润滑油。

1.3.2 加载

当电动机完全△运转后，泄放阀通电关闭，进气阀打开，油气筒内的压力迅速升高，压缩机全负载工作。当压力升至0.45MPa时，压力维持阀全开，空气输出。当系统压力逐渐上升(未达到压力开关之设定值)之时，首先达到容调阀设定的压力值，这时会有少量空气通过容调阀将进气阀活塞向上推挤而减小开度，进气量逐渐减少，此时系统已经开始容调，若压力持续上升，则进气活塞继续向上推挤而进一步减小开度。

1.3.3 卸载

当排气压力达到压力开关设定的上限时，压力开关触点打开，进气阀关闭，只有少量的空气从止回阀进入主机当中；泄放阀断电全开，将油气筒内的空气缓慢地排至大气中，直到压力降低并保持在0.05MPa左右；压力维持阀关闭，防止储气罐中的压缩空气倒灌到油气筒中。此时压缩机无负载运转，直到储气罐中的空气压力低于压力开关的负载压力，系统重新负载运行。

2 微油螺杆压缩机的维修操作规范和故障原因判断方法

2.1 维修操作规程

(1) 必须掌握设备的工作原理、机体构造、系统流程和各关键部件的功能用途。只有这样，才能做到准确判断，正确维修。

(2) 必须坚持清洁维修的原则。设备部件按要求及时清洗，保证维修环境的清洁，更要安装时作业工具和手套的清洁。

(3) 通过认真分析，判断哪些部件出现问题才能导致故障的发生，然后逐步检查各个部件是否工作正常。每步检查完成之后，做好记录，并将检查部件和接管恢复，再行下步检查。

(4) 进行故障诊断时，须将空气出口阀门关闭。进行此操作时必须精心，防止压力调整系统失灵，导致压力超高而可能出现的严重事故。若发生此种情况，应立即按下急停开关，不能按正常停机开关，因此时该开关已失灵。

(5) 在检查部件时，要尽可能地减少开停压缩机的次数，要注意开停机的时间间隔，要及时向主机内补充润滑油。

(6) 故障原因找到后，提出维修方案，及时进行维修。设备运行正常后，认真填写设备维修验收记录。

2.2 故障原因判断方法

2.2.1 排气温度高

(1) 检查环境温度是否过高(≥40℃)，如果环境温度过高，应强制通风，常见的方法是用轴流风机加快空气流动，否则，则进入下一步检查。

(2) 检查冷却风扇是否正常工作，若不工作，说明故障原因在风扇电机或控制电路上，如果正常，则进入下一步检查。

(3) 检查油冷却器的散热翅片是否被灰尘堵塞，若发现堵塞，应用低压空气清除散热翅片上的灰尘。若翅片上的堵塞物无法清除干净，则应卸下，用清洗剂清洗。油冷却器内部的碳污层也影响散热效果，需定期用专用的碳污清洗剂清除。油冷却器失效是排气温度过高的常见原因。如果油冷却器工作正常，则进入下一步检查。

(4) 检查温控阀是否正常工作。简单的检测方法是触摸温控阀和油冷却器的连通油管，若感觉很热，则说明温控阀可以开启。用水浴的方法可以检测到温控阀开启的具体温度值。若温控阀无法正常开启，则必须更换。若可以正常开启，则进入下一步检查。

(5) 检查油过滤器是否堵塞。方法一是在压缩机的控制面板上有油过滤器是否堵塞的差压显示灯；方法二是一个经验的检查方法，观察润滑油的压力是否比排气压力高，若高于0.05MPa，则表明油过滤器堵塞。如发现油滤堵，则更换，若正常，则进入下一步检查。

(6) 检查润滑油是否符合要求，润滑油规格是否正确，油质是否乳化，若不符合要求，则更换正确的润滑油品；若符合，则进入下一步检查。

(7) 检查主机是否工作正常，传动轴承是否损坏，阴阳转子是否啮合正常。

可能造成压缩机排气温度高的部位已检查完毕，针对故障维修后，压缩机即可正常工作。

2.2.2 排气量低于正常值

(1) 检查空气滤清器是否堵塞。控制面板上有差压指示灯，若空滤堵塞，批示灯亮。也可直接将空气滤清器短时间取下，看排气量是否正常。若发现空滤堵塞，则清洁或更新；若空滤未堵，则进入下一步检查。

(2) 检查油细分离器是否堵塞。控制面板上有差压指示灯，若油细分离器堵塞，批示灯亮，应更换；若未堵塞，则进入下一步检查。

(3) 检查进气阀动作是否正常。将进气阀取下，检查进气阀活塞工作面及其配合工作面是否有污渍、锈迹影响其滑动，若有对其进行清洗研磨；检查活塞的O形橡胶密封圈是否损坏，若损坏则更换。若进气阀动作正常，则进入下一步检查。

(4) 检查容调阀工作是否正常。可将容调阀直接拆下，观察压缩机在无容调的情况下工作时排气量是否能达到正常值。若能达到，说明容调阀或调节不当或已损坏漏气，调整或更换容调阀即可；若不能达到，则进入下一步检查。

(5) 检查泄放阀是否泄漏。可将泄放阀与容调阀之间的连通管断开，便可检查。若发现泄漏，则应检查阀芯及其密封，并对其进行维修或更换；若未发现泄漏，则进入下一步检查。

(6) 检查压力维持阀动作是否正常。观察操作面板压力表示值和水分离器压力表示值是否有压力差，若有，则表明压力维持阀动作不良，拆下检查止回阀片和阀座，进行清洗或研磨。若压力维持阀动作良好，则进入下一步检查。

(7) 检查主机阴阳转子的磨损情况。主机阴阳转子磨损，配合间隙增大，会导致排气量不足。若出现此种情况，应联系制造厂，研究维修方案。

可能造成压缩机排气量低于正常值的部位已检查完毕，针对故障维修后，压缩机即可正常工作。

在日常的检修当中，造成压缩机排气量不足的原因以(3)、(4)、(5)三种情况较为多见，故障判断也多由此着手。

3 总结

本案例介绍了双螺杆空气压缩机 SA-230 的机体构造，三个工作过程和两个系统流程，以及易出现的故障情况。着重论述了维修操作规范、逐步原因判断和正确的维修方法。依此可做到有条不紊，比较快速地作出正确的故障诊断，并制订出检修方案，减少无用功，提高工作效率。

（抚顺石油化工研究院　薛利昌）

26. 离心空压机喘振原因分析处理及预防

新空压站是公司全厂仪表风、工业风和烧焦风的供应装置，通过管网向公司各装置提供。空压站能否平稳运行对公司的正常生产操作起着至关重要的作用。空压站的核心是五台空压机 6240-K101ABCDE，采用英格索兰 C3000 框架离心式压缩机，额定流量为 160NM^3/min，其中 6240-K101AB 为透平驱动，6240-K101CDE 为电机驱动。

新空压站从 2008 年开始投入运行至 2013 年年底，运行可靠性一直不高，共发生 32 次较大检修，其中与喘振有关的检修达到 25 次。可见，空压机喘振是影响公司空压站长周期可靠运行的主要因素。如何从根本上解决喘振问题，对公司的平稳运行至关重要。

1　空压机喘振原因分析及处理

1.1　离心空压机的喘振现象

当离心空压机转速一定时，入口流量因为某种原因持续下降，造成流道中气体速度不均匀和出现倒流，当扩展到整个流道时，流道中的气体输送不出去，造成压缩机内压力突然下降，而出口压力不变，相对高压的气体会倒回流道内，流道内压力恢复正常，叶轮也恢复工作，重新将气体输送出去。由于流量不足，流道内压力又突然下降，气流倒回，这种重复出现并伴随类似喘气的吼声的现象就称为离心压缩机的喘振现象。压缩机发生喘振时，造成的危害很大，后果很严重。机组发生喘振时，轻则可能导致设备密封、轴承等备件损坏，引起动、静部件碰磨损坏机组，重则可能造成机组完全爆炸报废，造成重大人身安全事故。离心压缩机禁止在喘振状态下工作。防喘振控制的目的在于控制机组远离喘振区域工作，避免工作点进入喘振区域。

1.2　空压机喘振的影响因素

(1) 入口空气温度　在空压机转速恒定、管网性能曲线不变的情况下，入口温度越高，空压机的性能曲线越低。

(2) 入口压力　在相同转速下，入口压力越低，空压机的性能曲线越低。

(3)转速　在空气流量一定的情况下，空压机转速越高，排压越高，离喘振区越近。

(4) 管网阻力　随着管网阻力增加，阻力曲线逐渐变陡，空气流量会逐渐减少，空压机工作点会逐渐靠近喘振点，直至发生喘振。

(5) 控制系统　空压机的控制系统是空压机的大脑，当这个管理系统设计不合理时，就很容易使机组发生喘振。此外，调阀能否准确快速执行控制系统的指令也是影响机组喘振的重要因素之一。

1.3　空压机喘振原因分析及处理

1.3.1　C3000 框架空压机结构示意图

我公司英格索兰空压机为 C3000 框架机组，结构紧凑，其内部流程示意图如图 1 所示。空气经入口过滤器过滤、入口调阀、一级叶轮、一级中冷器、二级叶轮、二级中冷器、三级叶轮后进入管网，三级出口设有独

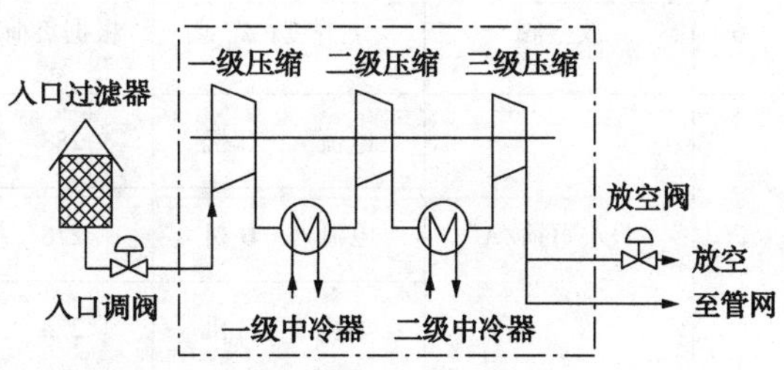

图 1　空压机内部流程示意图

立的放空调阀。

1.3.2 空压机喘振实例分析

从压缩机的结构来看，机组内部流程长，在运行中各级压缩机、中冷器等会相互影响，每一次喘振的发生，都可能是几种因素相互影响的结果。要准确分析导致喘振的原因，是非常困难的，因此具体到每次喘振分析，都需要从机组整体上来综合考虑，要全面分析，避免因原因分析不到位导致问题处理不彻底。

将与机组发生喘振的相关参数整理到一个表中(见表1)，并应用之前关于喘振的研究结果，分析各参数在喘振中的作用，在机组发生喘振故障或疑是喘振时对照该表，罗列出所有变化的参数，可快速找到喘振的原因，提高了机组喘振原因分析的准确性和及时性。

表1 空压机喘振故障原因分析表

序号	参数		正常值	与喘振的关系
1	入口过滤器	设计参数		新机组需要核算，一是过滤精度，精度高，通过的空气的杂质含量低；二是设计流量，应为压缩机设计流量的1.2倍以上
		压差/kPa	<150	压差升高，说明过滤器芯变脏，空气阻力增加，相应的入口处压力降低，工作点靠近喘振线
2	入口调阀	开度	根据负荷	机组在不同负荷下对应不同的开度
		最小负荷开度/%	40，电机 48，透平	只要放空阀有开度，机组就处于最小负荷工况下运行，入口阀开度应为40%。如果此时入口阀开度超过40%，那么就说明机组内部的流动阻力增加，原有开度已经不能维持机组的最小负荷(电流)要求
3	一级排气压力/kPa		130	排气压力测点在一级中冷器后，压力降低，意味着一级中冷器阻力增加，二级压缩机喘振可能性提高
	一级循环水出口温度/℃		<37	温度升高意味着水侧流量下降，中冷器水侧结垢
	一级冷后温度/℃		<52	排气温度在一级中冷器后，温度升高，意味着一级中冷器换热效果降低，二级压缩机喘振可能性提高
4	二级排气压力/kPa		400	排气压力测点在二级中冷器后，压力降低，意味着二级中冷器阻力增加，三级压缩机喘振可能性提高
	二级循环水出口温度/℃		<37	温度升高意味着水侧流量下降，中冷器水侧结垢
	二级冷后温度/℃		<52	排气温度在二级中冷器后，温度升高，意味着二级中冷器换热效果降低，三级压缩机喘振可能性提高
5	三级	排气压力/kPa	900	与系统压力相关，压力升高，三级喘振可能性提高
6	放空阀	开度/%	根据负荷	开度与系统用风关系很大。在最小负荷工况时，机组通过该阀的开度来控制排气压力
7	最小负荷/A	电流A，C机	288	CMC通过电流来体现最小负荷。一般情况下，机组加载后，入口调阀开度开到40%，电机电流上升到设定的最小负荷。如果此时电机电流无法到达最小负荷电流值，CMC会控制逐渐开度入口调阀，直到满足最小电流
		电流A，D机	278	
		电流A，E机	273	

续表

序号	参　数		正常值	与喘振的关系
8	透平	转速/(r/min)	9400	正常情况下，透平控制系统 PEAK150 会维持透平转速的恒定。当用风系统波动时，CMC 通过调节放空阀、入口阀来适应系统波动，此时对于透平而言就是负载的变化，PEAK150 控制蒸汽流量来满足负荷的变化。当负载变化过大时，PEAK150 就无法适应，造成透平超速或欠速跳机
9	蒸汽参数	流量	根据负荷	由 PEAK150 根据用风系统负荷来调节
10	大气参数	温度/℃		大气温度升高是喘振的一个非常重要诱因
		湿度/%		大雾、暴雨等异常天气中，可能造成入口过滤器流阻异常升高，导致流量不足而喘振
11	用风量变化		根据负荷	公司用风系统始终存在波动，特别是乙烯烧焦时，需要加开机组。各路用风只有在装置出口才有一个总的流量计。单台机组无单独的流量计，机组并联运行时无法知道单台机组流量
12	运行机组			
13	CMC 记录			
14	其他			

1）喘振实例 1

空压站在 2009 年 3~7 月间，几台机组接二连三发生喘振，然后自动卸载，严重影响了空压站运行的可靠性。表 2 为本案例的喘振故障原因分析表（仅列出有变化的参数），表格数据分析如下：

表 2　案例 1 喘振故障原因分析表

序号	参数		正常值	当前值（变化、趋势等）
1	入口过滤器	设计流量		设计流量为 23100Nm³/h，与空压机设计流量（23000Nm³/h）相当
		压差/kPa	<150	较投用初期有所升高，没报警
3	一级排气压力/kPa		130	较投用初期略有降低
4	二级排气压力/kPa		400	较投用初期略有降低
6	放空阀	开度/%	根据负荷	波动，排气压力基本稳定
7	最小负荷/A	电流 A，C 机	288	在最小负荷电流附近波动
		电流 A，D 机	278	
		电流 A，E 机	273	
10	大气参数	温度/℃		进入夏季，气温有升高，但小于 33℃
12	运行机组		两台机组并联运行	
13	CMC 记录		有喘振、提高最小负荷电流、卸载等记录	
14	其他		（1）入口管线选型不合理，法兰处漏风 （2）公司一体化项目建设高峰期，现场空气质量较差 （3）运行机组的放空阀不稳定，波动范围较大	

2008~2009 年是公司一体化项目建设高峰期，现场空气质量较差，粉尘含量高，空压机经过大半年的运行，入口过滤器芯表面有了一定的结垢，影响了入口空气的流量，而入口过滤器设计时未考虑足够的设计裕量，造成空气流量小于设计流量。其次，入口管密封不严，未经过滤的空气进入空压机内部，加剧了中冷器气路的结垢，增加了空气在机组内部的流动阻力。第三，时间上已经进入夏季，机组也接近设计工况运行。因此在几个因素的共同作用下，导致了本次机组群的频繁喘振。

根据上述分析，本次喘振采取如下整改措施：

(1) 停机解体空压机，中冷器、流道、叶轮清洗；

(2) 更换入口过滤器芯；

(3) 更换入口管线，确保管线不漏风；

(4) 入口过滤器重新设计，按空压机设计流量的 2 倍进行设计选型。

2) 喘振实例 2

2012 年 8 月 19 日，6240-K101A 在运行中突然发生驱动透平超速跳车故障，查阅 CMC 记录，先有一次喘振，随即收到驱动透平超速跳车后发回的反馈信号。

2013 年 5 月 18 日 6240-K101B 再次发生类似故障，CMC 记录与 A 及完全一样。表 3 为本案例的喘振故障原因分析表(仅列出有变化的参数)，表格数据分析如下：

表 3　案例 2 喘振故障原因分析表

序号	参　　数		正常值	当前值(变化、趋势等)
2	入口调阀	开度	根据负荷	由 48%升到 70%，随后再下降至 48%
5	三级	排气压力/kPa	900	基本保持不变
6	放空阀	开度/%	根据负荷	20%到全关，后全开
8	透平	转速/(r/min)	9400	之前基本保持不变，后突然超速保护跳机
9	蒸汽参数	流量	根据负荷	流量有增加
11	用风量变化		根据负荷	仪表风流量突然大量增加，后又恢复
12	运行机组		两台机组并联运行，一台电机驱动，一台透平驱动	
13	CMC 记录		检测到喘振，随后驱动器跳车	
14	其他		中冷器为使用 4 年的旧中冷器	

透平的特性决定了机组在负荷调整时转速是存在波动的。系统用风增加时，透平转速先下降，控制系统 PEAK150 通过增加蒸汽用量来提高输出，转速逐渐提高，转速的增加使空压机抵抗喘振的能力下降。旧中冷器也使机组相对于新机组而言更靠近喘振曲线。当系统用风突然下降，背压升高，在这几个因素作用下，空压机发生了喘振。空压机喘振使透平瞬间失去载荷，透平瞬间超速，透平保护跳车。

同时运行的电驱空压机并没有发生喘振，说明透平驱动空压机的控制系统在系统风量剧烈波动时调节能力较差。这说明一个风量调节系统存在是非常必要的。如果有风量调节系统，控制中心会使透平驱动机组保持稳定并在较小的范围内调节，避免了大幅度调节导致的喘振故障。

根据上述分析，采取以下措施应对本次机组喘振：

(1) 建立全公司范围内风量使用规定，要求各团队在非正常工况下有较大风量使用时，需提前告知空压站；

（2）因喘振是用风系统剧烈波动造成的，设备本身没有问题，可以重新开机投用。随后机组投用也证明了这一点；

（3）后续应择机停机检修机组，解体清洗流道、转子等部件，中冷器更换；

（4）后续应考虑对空压站控制系统进行升级。

1.4　空压机喘振预防措施

空压机发生喘振时，准确找到导致喘振的原因并及时处理，这对机组的运行管理来说，属于事后处理，太被动。采取措施，预防机组发生喘振，延长机组发生喘振的周期，提高机组的运行效率才是我们的最终目标。经过几年来机组运行管理经验的积累，我们逐渐摸索出一套空压机的管理方法，空压站运行可靠性逐步得到提高。

1.4.1　已采取的措施

（1）入口过滤器重新设计选型：入口过滤器流量设计时没有考虑裕量（详见实例1），为从根本上解决这个设计缺陷，我们按46000Nm^3/h重新设计了入口过滤器，极大地提高了机组抗喘振的能力，消除了入口过滤器通量不足的因素。

（2）加强入口过滤器压差的监控，定期更换入口过滤器滤芯。

（3）入口调阀系统和放空阀系统定期调校。

（4）中冷器定期清洗。

在日常运行中，我们要求中冷器每年需安排一次拆卸清洗，可极大减少中冷器气路堵塞导致的空压机喘振。如果在日常检查中发现中冷器换热效果变差或有内漏，则需要提前安排解体检查处理。中冷器的解体检查包括：

（1）中冷器水侧结垢情况检查，并进行高压水清洗。

（2）冷却水管路清洗，打开中冷器上水阀冲洗上游管线，减少管线内的水垢残留。

（3）中冷器气路在没有严重结垢、腐蚀时，对中冷器气路采用清洗剂浸泡的方式除垢。

（4）中冷器泄漏情况检查。对中冷器水侧、气侧进行清洗后，进行打压试漏，以确保中冷器不会产生内漏。

（5）中冷器定期更换。中冷器采用内翅片铜管，换热效率高，结构紧凑，由于空气的细微粉尘会在这些翅片上累积，而且在运行中还存在水气，结垢物还会腐蚀翅片，这种工况下产生的结垢仅靠浸泡及高压水是无法清洗干净的。中冷器的材质和结构决定了中冷器的寿命只有4年左右。因此运行4年后中冷器应进行更换。

（6）各级转子定期拆检，清洗。空气中的细微粉尘进入到压缩机内部流道，会在压缩机转子上累积。随着机组运行时间的延长，结垢会越来越厚，这些结垢如果不及时清理，随着机组频繁运行启动会突然部分掉落，转子的动平衡会破坏，导致机组发生严重的振动。根据经验，压缩机转子的清理一年一次即可。

上述（3）～（6）点工作，可以整合到一起完成，在每年的业务计划中，我们要求对每一台机组都安排一次计划维护，消除机组喘振现象。

1.4.2　正在进行的措施

预防机组喘振、延长机组发生喘振周期，仅通过上述措施还不够，以下改造我们也将逐步进行，可进一步提高机组运行的可靠性。

1）中冷器改为外置式

内置式中冷器结构紧凑，这也决定了它的换热面积余量非常有限，不利于设备的长周期运行，而且对于检修而言，额外的拆卸工作量大，作业空间小，非常不方便。

对内置式中冷器进行升级改良，改为外置式中冷器，一方面可以增加换热面积，延长设备运行周期，减少检修次数，提高空压站运行可靠性；另一方面，降低了检修难度。

2）空压机控制系统升级

纵观压站运行五年来，空压机 CMC 控制系统基本完成了对空压机正常运行控制，但该系统仍然存在设计缺陷，造成机组不能及时响应用风系统的波动，对机组的运行工况不能准确反映。现有控制系统的缺陷主要有：

（1）入口调阀及放空阀实际开度无反馈，CMC 显示的是控制系统的输出值，如果系统输出值与阀门实际开度有偏差时无法及时发现。

（2）CMC 系统仅保留本机组参数实时值的显示，没有历史记录。所有发生的报警或联锁，CMC 仅在事件列表中记录。机组运行参数有引入 DCS，但 DCS 记录取样周期为 10s，这个周期对于监控运行可以满足要求，但对于故障原因分析则完全无能为力。

（3）CMC 控制系统的喘振判定原则存在缺陷，有发生过一起已发生喘振但 CMC 却没有判定到的喘振。

（4）各机组 CMC 各自独立工作，没有统一的协调中心。这带来的问题是每台运行的机组都根据波动的系统压力来调节各自的入口阀和放空阀开度，超调现象严重，使用风系统压力始终处于较大范围内波动。

目前我们拟对每台空压机的控制系统进行升级，同时增设风量控制系统，提高空压站的控制水平。

2 结论

通过对离心空压机喘振原理、喘振影响因素的研究，结合空压机结构及实际运行工况，应用整体分析机组参数变化的方法，准确分析发生的喘振原因，针对性地提出处理方案，确保了空压机故障得到及时准确处理。

同时摸索出了一套适应现有工况、提高公司空压站的运行可靠性的设备管理方法，有效避免了空压站因喘振而引起的运行不稳定。通过这一系列措施，空压站运行可靠性得到很大提升。

此外，为进一步提高空压站运行可靠性，对空压机中冷器进行外置式改造，以及对空压机控制系统进行升级，并增设一套风量控制系统。

（福建联合石油化工有限公司机械设备部　赖仁满）

27. 空分车间 SVK6-3S 离心压缩机喘振问题处理

大连石化空分车间为两套 1500m^3/h 空分配套的两台 SVK6-3S 离心式压缩机，主电机功率是 630kW，压缩机为沈阳鼓风机生产，分三级压缩，流量为 75m^3/min，等压调节值为 0.86MPa，这一压力是空分塔正常工作所需要。两台 SVK6-3S 离心式压缩机共用一个油站。自 1997 年 7 月投产一直未发生过喘振，2003 年 7 月 1 日下午 3 时突然发生喘振，经多项检查后发现是型环上的软涂层脱落后，压缩机的自身效率降低、流量减小引起的喘振。

1　SVK6-3S 离心式压缩机喘振原因查找及分析

1.1　原因查找

2003 年 7 月 1 日下午 3 时，空分车间 4#SVK6-3S 离心式压缩机突然发生喘振，防喘振放空阀自动打开，造成 1500m^3/h 空分塔的生产停工，经检查 PLC 控制盘记录，只记录了压缩机喘振；检查操作人员的操作，当时没有操作；检查 PLC 控制盘历史记录一切正常，通知电工、钳工、仪表分头检查，也一切正常。因为供氮生产不能停，确认 SVK6-3S 离心式压缩机油压、振动、位移及温度、入口导叶开度、入口过滤器差压等参数一切正常。再次开机向空分塔供料，当压缩机出口压力升到 0.74MPa 时防喘振放空阀自动打开，当时离心式压缩机油压、振动、位移、及温度入口导叶开度、入口过滤器差压一切正常，为防止防喘振放空阀自动放空阀来回波动，造成离心式压缩机损坏，遂将手动放空阀打开。换 3# SVK6-3S 离心式压缩机向空分塔供料。

在放空的情况下，再一次对 4# SVK6-3S 离心式压缩机升压测试，当出口压力升到 0.74MPa 时防喘振放空阀自动打开，入口流量为 3900m^3/h，其他参数一切正常。实验证明 4#SVK6-3S 离心式压缩机的能力已无法满足生产。

1.2　原因分析

由于 SVK6-3S 离心式压缩机的叶轮与型环之间涂有一层软涂层，目的是防止振动时碰到叶轮将叶轮损坏，经过多年的气流冲刷，大多已经脱落，使得叶轮与型环之间的间隙加大，压缩机的效率降低，加上当时的环境温度较高(35℃左右)，空气密度较小，压缩机的入口流量为 3900m^3/h，比额定流量 4500m^3/h 少 600m^3/h，使得离心式压缩机的性能曲线下移，实际工作点碰到防喘振线，防喘振放空阀自动打开，经解体检查，实际情况与分析一致，具体情况如图 1、图 2、图 3 所示。从图 3 离心式压缩机的性能曲线可以看出，在入口导叶全开时的最大流量的出口压力 0.74MPa，无法达到 0.86MPa 的等压调节值，所以 4#SVK6-3S 离心式压缩机的能力已无法

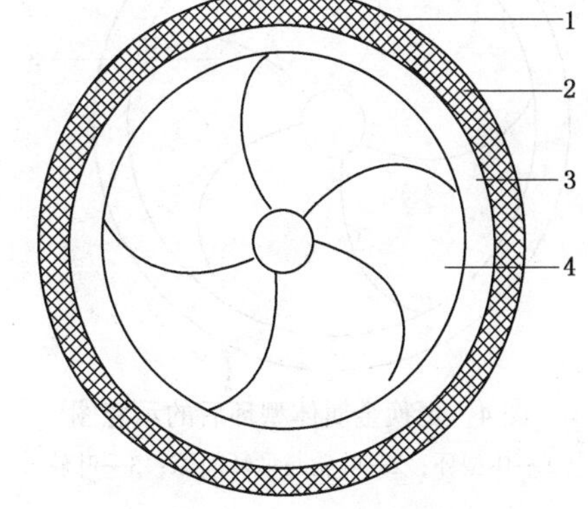

图 1　型环涂层未脱落前的示意图
1—型环；2—型环软涂层；
3—叶轮与型环间间隙；4—叶轮

满足生产需要。

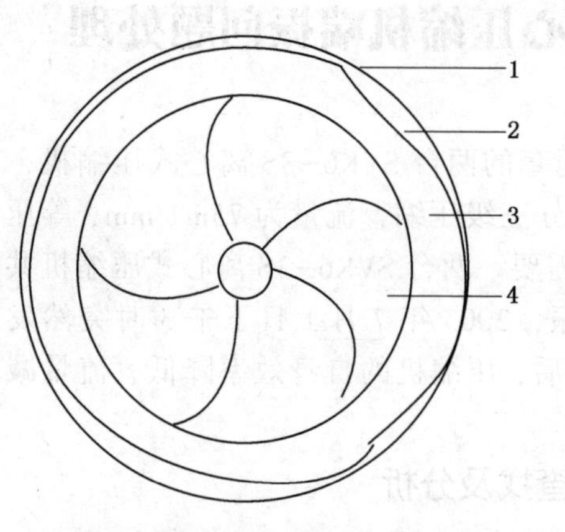

图 2 型环涂层脱落后的示意图

1—型环；2—型环软涂层；

3—叶轮与型环间间隙；4—叶轮

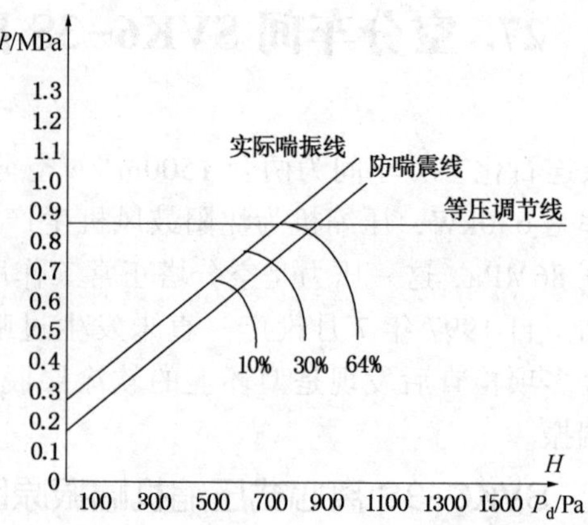

图 3 型环涂层脱落后的性能曲线图

2 SVK6-3S 离心式压缩机喘振处理

经与沈阳鼓风机厂 SVK6-3S 离心式压缩机的设计者研究决定，不采用叶轮与型环之间涂软涂层的结构，采用金属一体的型环，解决 SVK6-3S 离心式压缩机在运行时由于叶轮与型环之间涂软涂层的逐渐脱落效率逐渐降低最后导致喘振发生的问题。型环定做加工后，进行现场安装调试，确保各部分间隙符合原设计要求，间隙由 0.65mm 减小到 0.15mm。三级全部更换好后，开机试运行，效果十分理想。在环境温度在 35℃ 时，出口压力在 0.86MPa 的等压调节值时的流量是 4650m^3/h，其工作点远离防喘振线，发生喘振的问题得到解决。具体情况如图 4、图 5 所示。

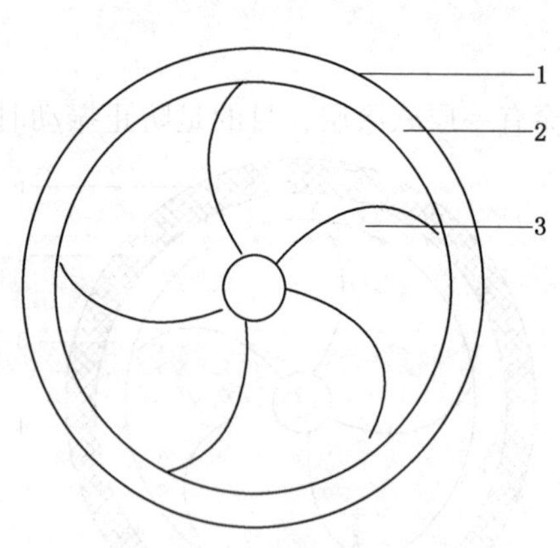

图 4 更换金属体型环后的示意图

1—体型环；2—叶轮与型环间隙；3—叶轮

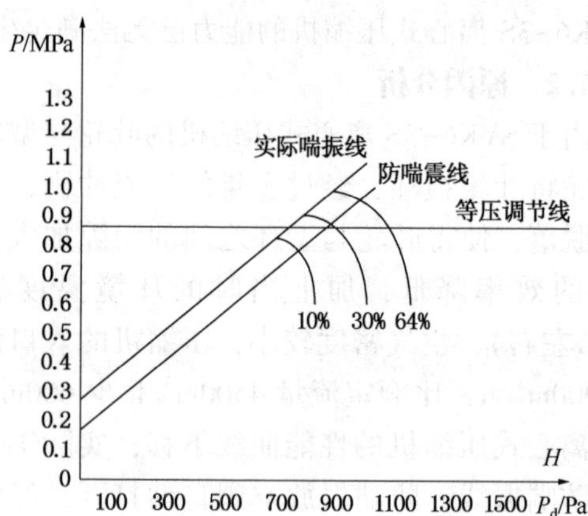

图 5 更换一体型环后的性能曲线图

3 结论

离心压缩机的喘振发生原因是多种多样的，根据环境温度改变防喘振曲线的设定值是经常用的方法，但是要结合生产中设备的具体情况。沈阳鼓风机厂 SVK6-3S 离心式压缩机是国内首创的小流量高压头的离心式压缩机，本来其安全工作区间就比较小，为了保证有较大的工作区间，防喘振曲线的设定值已经靠近上限，所以没有通过改变防喘振曲线的设定值的方法来解决问题，否则会为后来的安全运行带来隐患，而是通过减小做功部件叶轮与型环的间隙来提高离心压缩机本身的效率，从而扩大其安全工作区间的方法来解决问题，更有利于安全生产。经过一年的实际运行，SVK6-3S 离心式压缩机喘振的问题彻底解决。

（中国石油大连石化分公司　邹昌利）

28. 二氧化碳压缩机高压缸推力轴承技术改造

二氧化碳压缩机(9102J)是由沈阳鼓风机厂制造的高压离心压缩机，机组由2MCL607低压缸和2BCL306A高压缸组成。由于对介质的认识不精确，加上段间的压差大，该机组的残余轴向力在设计和制造上很难把握，国内外同行业的二氧化碳压缩机一般都存在轴向力偏大的问题。我公司二氧化碳机组运行20多年来，每年至少要检修二次以上，更换已经损坏的高压缸推力瓦和处理由于瓦损坏引起的窜轴事故，检修时间少则两天，多则一星期，损失很大。特别是2002年下半年由于工况变化，连续发生多起故障。2002年8月28日8点，该机高压缸轴位移从-230μm突升至-395μm，严重危及该机组的安全运行；9月16日，利用化工部短期抢修机会对该机进行检修，检查发现主推瓦块严重烧损，更换磨损的主推瓦块；10月22日晚22点30分，该机因高压缸轴位移大联锁停机，尿素装置停工，机组进行抢修；12月4日，该机高压缸轴位移再次从-260μm突升至-560μm，机组轴位移报警，严重危及机组和尿素装置的安全运行(高压缸轴位移报警为-500μm，联锁为-700μm)。

1 原因分析

1.1 机组运行情况分析

从几次轴位移突变或联锁停机时的工艺参数来看，当时工艺上无变更操作，DCS显示各项工艺指标趋势也无突变，运行平稳。轴向力影响较大的是段间压差，段间压差无异常。

自1984年投用以来，每次常规检修中，检查高压缸主推瓦块表面均有不同程度烧损的情况，说明机组高压缸推力轴承承载能力设计余量很小，轴向力与推力轴承的承载力常处于临界状态，瓦块表面温度高，当检修质量稍差或开停车及尿素高压系统导出时的波动，对主推瓦有损伤时，正常运行中也会引起瓦块烧损。

1.2 检修检查情况

在2002年12月17日高压缸大修时，检查各部间隙，特别是段间气封未见明显磨损现象，主推力瓦架上、下水准块及基块检查后发现有磨损(该瓦架已运行10多年未进行过更换)；油路检查畅通，检修数据符合要求，主推力瓦块已严重烧损，推力瓦间隙0.55mm，推力盘无磨损现象。

综上所述，引起高压缸推力瓦烧损原因是：该机组的残余轴向力太大，特别是开停工过程中，推力瓦表面温度高，瓦极易损伤，在长时间运行及多次开停车，轴瓦表面及支点等有可能因疲劳及磨损等原因，轴瓦承载能力有所下降，最终导致烧瓦故障。

2 技术改造情况

2.1 技术改造分析

从以往检修检查高压缸主推瓦面过热损伤情况看，该轴承瓦面温度显然较高，润滑油不足以带走产生的热量，推力轴承润滑油压设计是0.09~0.15MPa，而现场实际润滑油压已调至0.2MPa，油温也控制在下限，说明润滑油外部条件已满足；检修中通过内窥镜检查进推力轴承油路畅通；前期检修中对轴承座出油口偏小也进行了扩孔，但收效不大。从2002年12月17日高压缸大修中检查看，主推力瓦块已严重烧损，在这样状态下，机组还运行十多天，说明轴承在稳定的情况下承载面积是够的，关键问题是如何降低轴瓦表面温度，防止轴瓦巴氏合金的强度及性能退化。

滑动推力轴承主要有两种结构，即米契乐轴承和金斯伯雷轴承，国内许多金斯伯雷推力轴承沿用其传统结构，即瓦块的支撑点在瓦块的几何中心。瓦块承载的原理如滑雪和滑水(见图1)，当轴向力增大时，h_0 减少，油膜压力及其刚度升高，反之油膜压力降低，推力瓦的倾斜度随负荷而变化。其中 t 是可倾瓦推力面到支点的距离，S 是从后缘到支点的距离，当油膜压力绕支点的综合力矩加上瓦面上作用的摩擦力乘以距离 t 达到平衡时，可倾瓦就会处于一个倾斜的平衡位置，一般来说，S 应小于 $L/2$，平衡状态就能存在，且能呈现一个希望的倾斜工作状态。机组所用的金斯伯雷轴承是对称支点，按精典的力学计算，它根本不能承受轴向力，因为它不能在工作状态下形成油楔——即倾斜，之所以能承载，是由于油的粘度和油的抗剪切能力。油能被推力盘带入摩擦面，起到润滑、承载、冷却作用。Kingsbury 介绍：对称支点推力瓦能承载的另一个原因是由于轴承的变形，也会产生承载的必要油楔。通过改变支点位置，可以使油楔增大，即 h_i 增大 h_0 减小(但出油口总的侧面间隙变化不大)。这样可保证稳定的承载力学结构，同时可使轴瓦进出油量增加，起到降低瓦面温度的作用。根据文献介绍推荐，在同样的承载面积下，偏心支撑的推力瓦可提高承载能力 20%，瓦面温度可下降 5~12℃。综合考虑稳定和承载力因素，进口边到支点位置取 0.55~0.6L 为宜。

2.2 技术改造实施

在原装配结构尺寸无法改变的情况下，按照提高轴承的承载能力，降低轴瓦温度的原则，查阅了大量技术文献，对原对称瓦块进行改造，改造成偏心瓦块。原瓦的瓦块支点以轴心为圆心，向出油边偏移 5°，轴承的承载能力可达最大；根据原瓦块测绘图和瓦块实物，进行重新设计(见图2)。

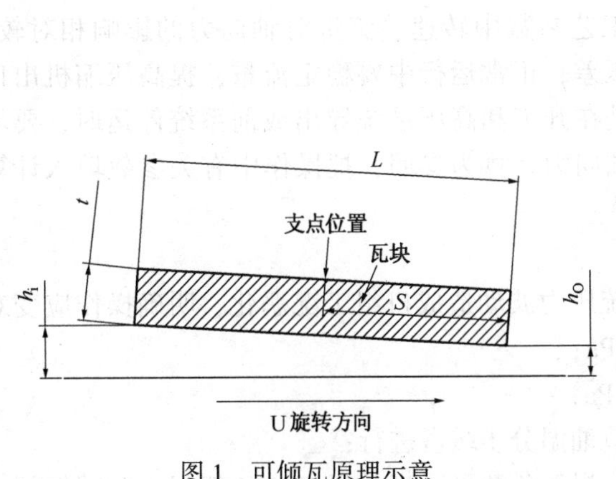

图1 可倾瓦原理示意

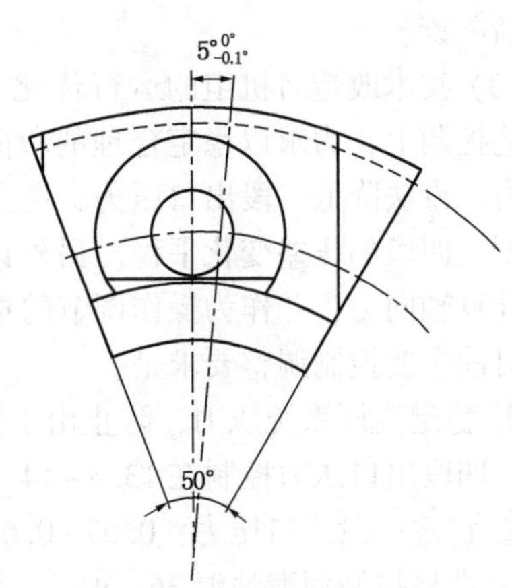

图2 偏心瓦块设计图

2002 年 12 月 16 日，因化工部合成装置原因，装置进行短期停工检修，二氧化碳机高压缸也进行大修。从解体情况看，主推瓦块表面已严重烧损，转子内部段间气封等无明显磨损，各部配合间隙基本正常。由于当时偏心瓦块加工尚未完成，势必要对现有瓦块进行改造。从偏心瓦设计原理入手，把瓦块出油边局部刮削成斜面，出油边承压面积降低，油膜压力绕中心支点力矩就"偏心"了，从而改善进油条件。为了谨慎起见，对出油边局部 3°

范围削成斜面(见图3)；同时对瓦块表面上平板进行研磨修刮，使表面均匀接触，厚度差在0.01mm以内，对新瓦架、水准块厚度及表面进行检查和处理。

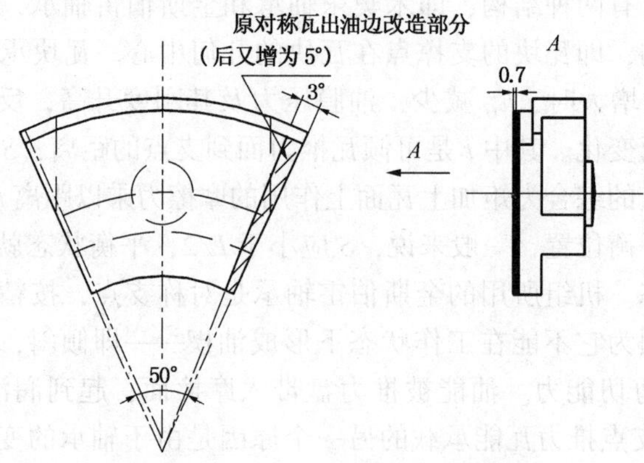

图3 原对称瓦块出油边修刮改造图

2.3 技术改造中质量控制

(1) 对备件质量的控制。通过对库存二氧化碳压缩机高压缸推力瓦备件(与在用推力瓦同批次由航天部六〇六所供货)和新到货的高压缸推力瓦备件(由沈阳鼓风机厂供货)显微硬度分析对比，发现两组备件基体硬度差别不大，但第二相质点硬度差别较大，且原航天部六〇六所备件第二相质点大小、分布不均匀，备件质量存在一定问题。为此对改造的偏心瓦加工时厂家要严格按技术要求加工；备件到货后，不仅要对外观尺寸、内外表面质量进行复检，同时还应增加瓦块显微硬度分析检验内容。

(2) 检修中的质量控制。通过研磨或修刮等，瓦块的厚度差、水准块的厚度差控制在0.01mm以内，瓦块表面平整且接触均匀，红丹检查接触面积在90%以上。上、下瓦盖销子孔重新配铰。

(3) 技术改造后机组的运行优化。工艺参数中转速、流量对轴向力的影响相对较小，在工艺控制上，力求以稳定合理的段间压差，正常运行中要稳定流量，提高压缩机出口系统压力，设法降低三段出口压力，尤其是在开工和高压系统导出或前系统停运时，要尽可能控制三四段的压差变化平稳。另外以轴向力计算为参照，把操作中有关参数填入计算表格，计算轴向力，并作为操作调节的指导。

目前主要控制调整要求是：

① 稳定高压系统压力，防止由于系统压力波动造成机组工况恶化，明确操作应变对策方案，四段出口压力控制在13.8~14.1MPa；

② 稳定一段入口压力：0.57~0.61MPa；

③ 严格控制润滑油温36~39℃，调节油温分步缓慢进行；

④ 在目前工况下维持机组转速不变，提高负荷可适当关闭FV104四回一防喘振阀，但机组操作不得进入喘振区为宜，在低负荷情况下要避免四回一开度过大，严格控制工艺参数和加减负荷速度，适当降低二氧化碳进口压力，尽可能保证机组平稳运行，消除负荷突变及短期内忽高忽低变化的现象，以探索低负荷下机组长周期运行的操作经验。

3 效果

改造后高压缸与检修前比较，推力瓦温度下降3℃左右，推力瓦水平与垂直方向振动基本不变，其他各点振动、轴承温度等也变化不大。

在2003年3月初合成氨装置停工抢修中，对二氧化碳压缩机高压缸推力瓦进行检查（使用4个月），推力瓦表面基本完好，轴承间隙未变，表面有少量焦迹，清洗后正常，是该机自1984年投用以来历次检修中检查最好的一次（见图4～图6）。为此，对原改造的瓦块出油边削去尺寸从3°再增加到5°，改进后运行良好。自推力瓦改造以来，经历多次开停工、故障紧急停运及尿素高压系统二氧化碳导出的冲击，目前机组运行平稳，振动及温度正常。至2004年9月19日开工不当过程中发生烧瓦故障，期间经历16次开停工及6次二氧化碳导出操作，创运行时间最长纪录。该机推力轴瓦从对称瓦改偏心瓦的成功实践，有效地保障了该机组的长周期运行。

图4 在原对称瓦上出油边刮削使用4个月情况

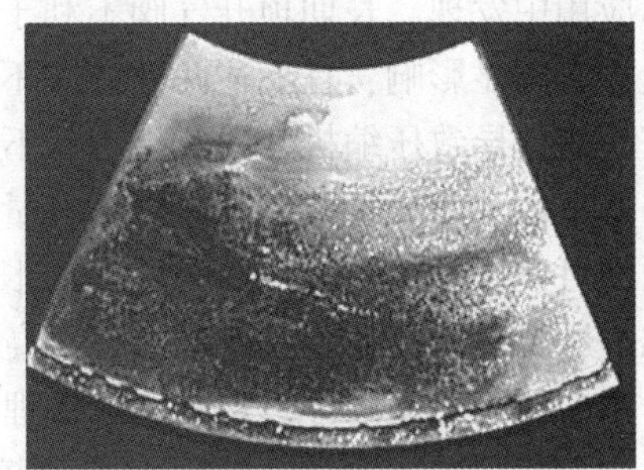

图5 以往常规检修检查瓦面烧损情况

图6 2002年10月22日轴位移联锁跳车烧瓦情况

4 结论

在不改变原装配尺寸的前提下，把推力轴承对称瓦改为偏心瓦，投资少、改造方便且见效快，该改造实用性强，对提高二氧化碳压缩机稳定运行成效显著，对其他运行机组的推力瓦改选具有推广价值。下一步工作将对该瓦块增设金属温度测点，及时监控轴瓦温度；同时设法尝试采取增加轴瓦散热表面积等措施进一步降低推力瓦块表面温度。通过持续的改进，降低高压缸原设计的先天不足，提高机组安稳运行周期。

（中国石化镇海炼化分公司机动处　郑雪良，朱吉新）

29. 余隙调节在活塞式压缩机上的应用

炼油化工装置加工工艺所需活塞式压缩机的气量一般根据装置最大所需气量来选择压缩机，同时据 API 618 要求活塞式压缩机设计时气量还要按正偏差(3%~5%以内，相对分子质量小的选大值)来确定，再加上装置负荷变化、入口条件改变等因素，活塞式压缩机气量大都有较大的富余量。为了满足炼油化工生产需要，都要进行气量调节。

传统的气量调节方法有顶开气阀、固定余隙调节以及旁路调节共同使用。通过我们实际应用中发现，长期顶开气阀不利于活塞式压缩机长周期运行，固定余隙调节对耗功和气量没有明显影响，且上述两种方式不是无级的，所以活塞式压缩机气量调节大都用旁路调节，这就导致压缩机气量与指示功不成正比，压缩机功耗高。

目前，部分行程顶开进气阀气量调节是一种新技术，节能效果较好，气量调节范围也大，可使压缩机气量在 20%~100%长周期运行，但由于对调节及气阀的行程和时间要精和准，所以对控制执行机构要求也很高，直接导致投资费用高。

中国石化荆门分公司采用武汉理工大学《活塞往复式压缩机余隙无级调节装置》专利技术，与武汉理工大学、九江大安自控工程有限公司合作，成功实现了该技术工厂化应用，我们选择了两台不同工况的往复压缩机应用此项技术，结果表明节电效果很显著。

1 活塞式压缩机功率与余隙容积的关系

专业人士都知道，活塞式压缩机气缸都存在余隙容积，由于气体的膨胀使气缸工作容积部分失去进气作用，所以在压缩机的设计过程中是一个要尽可能往少控制的一个指标，这样有利于提高气缸利用率。同时，余隙容积变化影响轴功率。如下式是活塞式压缩机实际气体指示功率的计算公式：

$$\begin{aligned} N_{id} &= \sum N_{idi} \\ &= 1.634 \times \sum \left\{ P_{si} V_{thi} \lambda_{vi} \frac{K_{Ti}}{K_{Ti}-1} \right. \\ &\quad \left. \left[\left(\frac{P'_{di}}{P'_{si}} \right) \frac{K_{Ti}-1}{K_{Ti}} - 1 \right] \times \frac{Z_{si}+Z_{di}}{2Z_{si}} \right\} \end{aligned}$$

式中 N_{id}——指示功率，kW；

N_{idi}——各级指示功率，kW；

P_{si}，P_{di}——i 级进气、出气压力，kgf/cm^2；

P'_{si}，P'_{di}——i 级在考虑压力损失后的进气压力和排气压力，kgf/cm^2；

K_{Ti}——i 级多变指数；

Z_{si}，Z_{di}——i 级进、出气条件下的气体压缩性系数；

V_{thi}——实际气体的行程容积，m^3/min；

λ_{vi}——i 级容积系数。

$$\lambda_{vi} = 1 - a_i \left(\frac{Z_{si}}{Z_{di}} \varepsilon_i^{\frac{1}{m_i}} - 1 \right)$$

式中　m_i——i 级多变膨胀过程指数；

a_i——i 级相对余隙容积；

ε_i——i 级压力比。

$$a_i = V_{ci}/V_{pi}$$

式中　V_{ci}——i 级气缸余隙容积，m^3；

V_{pi}——i 级气缸工作容积，m^3。

从以上计算公式可以看出，气缸余隙容积 V_{ci} 与指示功率 N_{idi} 是成反相关的，余隙容积增加，排气量降低，指示功率也随之减少。

2　余隙无级调节装置结构原理

余隙自动无级调节装置是在固定余隙调节的基础上，将固定余隙改变成余隙容积连续可调的调节方法，取消控制辅助余隙腔与气缸之间连接的余隙阀，可调余隙缸与外侧气缸直接相通，进出余隙缸的气体几乎没有阻力损失。

余隙自动无级调节由智能控制系统控制，实现对气量自动实时的控制。可调余隙调节执行机构如图 1 所示。图 2 为外侧气缸可调余隙调节的示意图和理想气体示功图。

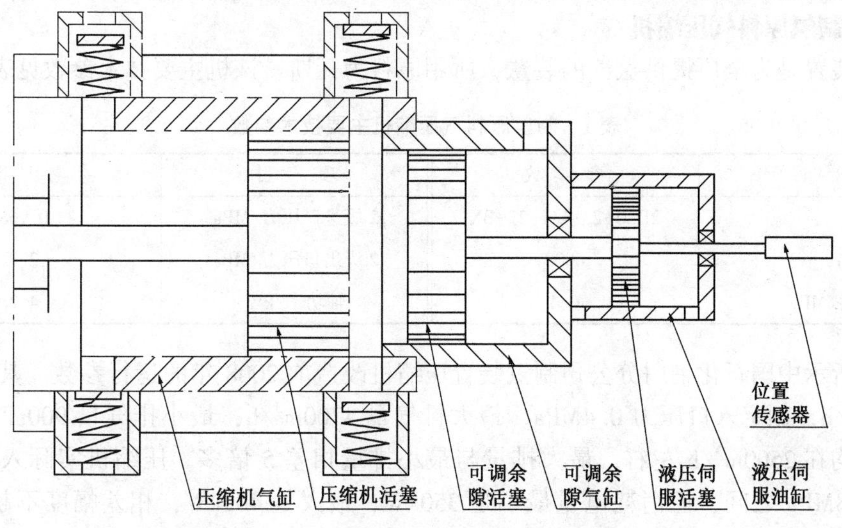

图 1　可调余隙调节执行机构示意图

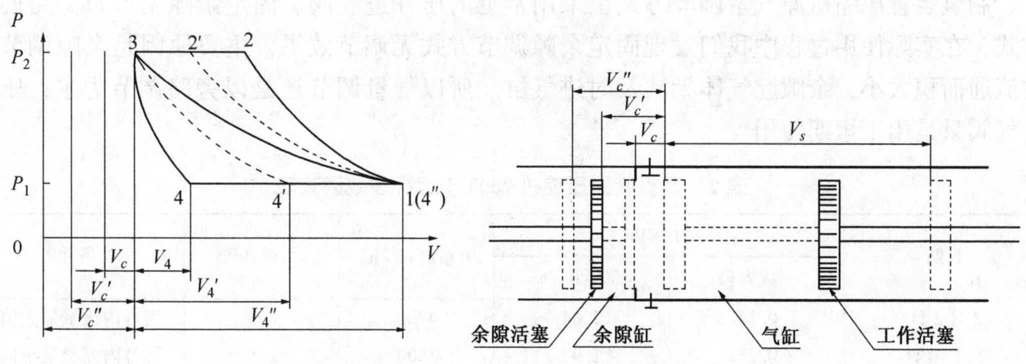

图 2　可调余隙调节的示意图和示功图

如图2所示，当需要减少排气量时，可以增加余隙容积到 V_c'，此时功率循环图为1-2′-3-4′。进气量由全进气量相应的线段长度4-1减少到线段长度4′-1，压缩过程按1-2′进行，压缩过程活塞力的增加速率小于余隙容积为 V_c 时的速率，排气量由相应的全排气量线段2-3减少到线段2′-3。由于没有额外的阻力，在3-4′膨胀循环过程中，气体对压缩机活塞做功，减轻了曲轴连杆的负载。

当需要外侧气缸零排气量时，可以增加余隙容积到 V_c''，此时，余隙容积 V_c'' 中留存的高压气体膨胀到吸气行程 V_s 终止，膨胀线和压缩线合二为一，如图中过程线1-3-3-4″所示。对双作用气缸来说，理论上讲采用比较普通的电液控制设施就可实现压缩机排气量50%~100%范围无级调节。

3 试验活塞式压缩机的选择

为了考验自动无级调节余隙技术的技术特点，我们先后在两台压缩机试用了此技术，一台介质为瓦斯，两级压缩，出口压低，气量富余较大；另一台是循氢和新氢联合机组，由于循氢部分气量变化较少，我们只选择新氢部分，三级压缩，入口条件变化频繁，各级压缩比也需调节，具体如下所述：

3.1 制氢原料气压缩机

制氢装置是为全厂提供氢气的装置，所用原料为瓦斯，该机主要技术参数见表1。

表1 制氢原料气压缩机主要技术参数

项目	参数	项目	参数
型号	2D20-23.4/4-27-BX	2级进口压力/MPa	0.968
流量/(m^3/h)	6000	2级出口压力/MPa	2.7
1级进口压力/MPa	0.4	轴功率/kW	452

表2所示中国石化荆门分公司制氢装置压缩机改造前2008年的运行参数。其额定流量是6000m^3/h，额定入口压力0.4MPa，最大排气量4700m^3/h，最小排气量900m^3/h，一般情况下平均在2500m^3/h左右，最大排量与最小排量相差5倍多。压缩机实际入口压力在0.25~0.38MPa之间，但消耗电量最小是350kW，最大是409kW，相差幅度不超过15%，而且耗电量最大值不是出现在最大排量时，而是出现在最高排出压力时。

制氢装置压缩机原气量调节方式也采用常见的压开进气阀、固定余隙调节及旁路调节方式，在实际使用过程中我们发现固定余隙调节方式无调节效果，主要原因是余隙调节阀的流通面积太小，余隙腔气体无法及时进气缸。所以气量调节还是以旁路调节为主，压开进气阀只是用于短期使用。

表2 制氢装置压缩机2008年运行参数调查表

日期	压力/MPa		流量/(m^3/h)	功耗/kW	备注
	一级入口	二级出口			
2月2日	0.34	2.04	4700	372	当月内流量最大值
2月20日	0.25	1.97	1500	358	当月内流量最小值
2月25日	0.32	2.00	2000	365	当月内流量一般值
4月6日	0.28	1.98	2500	387	当月内流量最大值

续表

日期	压力/MPa		流量/(m^3/h)	功耗/kW	备注
	一级入口	二级出口			
4月15日	0.25	2.02	900	351	当月内流量最小值
4月28日	0.27	2.12	1500	365	当月内流量一般值
6月5日	0.38	2.17	3600	402	当月内流量最大值
6月18日	0.27	2.00	1000	380	当月内流量最小值
6月27日	0.35	2.17	2700	387	当月内流量一般值
8月28日	0.37	2.18	3100	409	当月内流量最大值
8月15日	0.27	2.10	2000	394	当月内流量最小值
8月20日	0.33	2.20	2700	402	当月内流量一般值
10月27日	0.32	2.10	2900	394	当月内流量最大值
10月8日	0.27	1.99	800	372	当月内流量最小值
10月14日	0.3	2.03	2000	380	当月内流量一般值
2月2日	0.34	2.04	4700	372	年内流量最大值
4月15日	0.25	2.02	900	351	年内流量最小值

3.2　润滑油改质新氢+循氢压缩机

为了验证余隙自动无级调节技术在高压活塞式压缩机的调节和节电效果及调节装置的可靠性，我们第二次又选择了润滑油改质装置的新氢+循氢联合机组，该机是由荷兰汤马逊公司设计制造，二列四缸布置。循氢部分一个缸，新氢部分三个缸，三级压缩。由于全厂需要氢气的装置较多导致入口压力波动较大，又由于要生产不同润滑油基础油，出口压力也随之经常变化。气量调节方式同制氢压缩机一样。该机技术参数见表3。

表3　新氢+循氢压缩机主要技术参数

项　目		参　数
轴功率/kW		1133(循氢占375kW)
流量	新氢/(m^3/h)	9000
	循氢/(m^3/h)	50000
一级压力	入口/MPa(表)	1.08
	出口/MPa(表)	2.6
二级压力	入口/MPa(表)	2.51
	出口/MPa(表)	6.1
三级压力	入口/MPa(表)	5.83
	出口/MPa(表)	13.8
循环氢压力	入口/MPa(表)	11.6
	出口/MPa(表)	13.8

4 余隙无级调节装置结构组成及控制系统

余隙自动无级调节装置主要由执行机构、液压油站(包含油箱、油泵和伺服阀等)和控制系统等组成，如图3所示。

执行机构由余隙缸、余隙活塞和液压缸等组成，取代原有的缸盖、余隙阀和气动执行机构。由于余隙缸的直径仅略小于气缸直径，直接与气缸相通，所以进出余隙缸的气体几乎没有阻力损失。

新增加的控制系统可以根据主控变量或通过手动给定参数，通过可编程控制器(PLC)、伺服阀、位移传感器、伺服油缸组成的电液位置控制系统，使余隙缸活塞按输入信号作直线位移，从而实现各级余隙容积变化的伺服控制，最终实现压缩机排气量和级间压缩比的控制。油站电动齿轮泵间歇运行，运行时间只占停泵时间的1/20，所以控制系统的耗能很低。

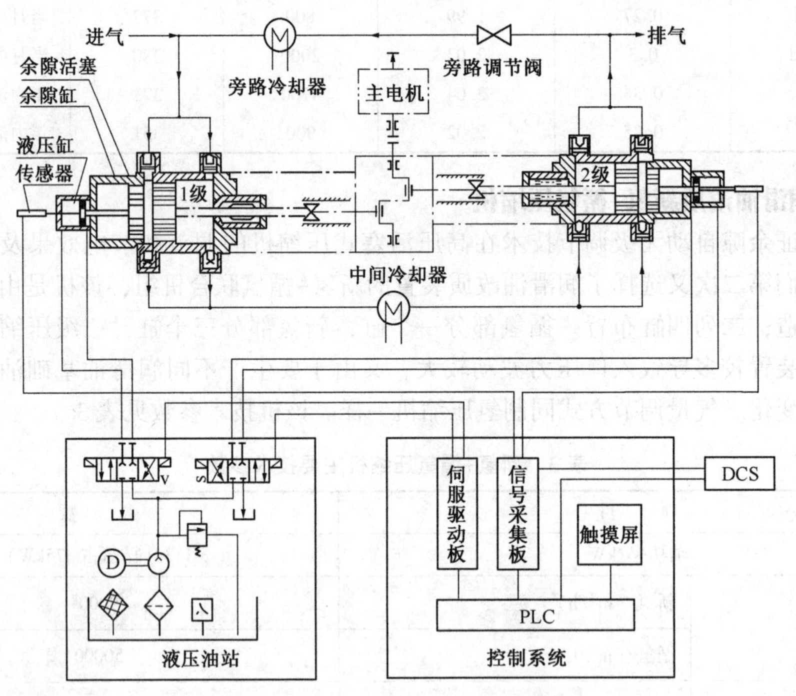

图3 可调余隙调节系统结构配置图

5 节能效果

5.1 制氢装置压缩机节电效果

制氢装置压缩机采用余隙自动无级调节装置改造后，我们对该机进行标定。标定方法是压缩机入口与工艺系统相连，出口阀关闭，通过调节旁路调节阀控制排气压力，通过调节中间冷却器和旁路冷却器在不同工况下控制各级入口温度基本一致，系统采集的多工况下功率消耗数据见表4。

表4中的额定排气量是按双作用气缸有活塞杆影响及附加余隙对流量的影响计算的，而不是压缩机工作时实际的流量。功率是通过测量主电机的电流、电压以及功率因数计算所得，因而是主电机输入的功率，并非是压缩机的轴功率。

表 4 多工况下功率消耗

工况	一级余隙阀位/%	二级余隙阀位/%	顶开气阀载荷/%	额定排气量/%	一级入口压力/MPa	二级入口压力/MPa	二级出口压力/MPa	功率/kW
1	100	100	0	0	0.168	0.169	0.17	52.96
2	100	100	50	48	0.164	0.774	2.08	223.36
3	100	100	100	100	0.162	0.631	2.06	398.38
4	75	60	100	90.5	0.164	0.648	2.01	349.61
5	50	30	100	81	0.163	0.663	2.08	304.62
6	25	12	100	71.5	0.171	0.662	2.06	270.18
7	0	0	100	62	0.182	0.670	2.08	244.95

将表 4 中的数据进行处理，即可作出增设余隙自动无级调节装置的制氢装置压缩机的流量-功率曲线，如图 4 所示。图中虚线是压开吸气阀的流量-功率曲线，粗实线是通过可调余隙来调节压缩机气量的流量-功率曲线。在粗实线与虚线之间的斜线是利用调节余隙可节省的功耗。从图 4 可以看出，调节余隙所节省的功率是非常明显的。当压缩机的排气量只有额定排气量的 62%时，功耗只有额定排气量的 61%，减少功耗 153kW。

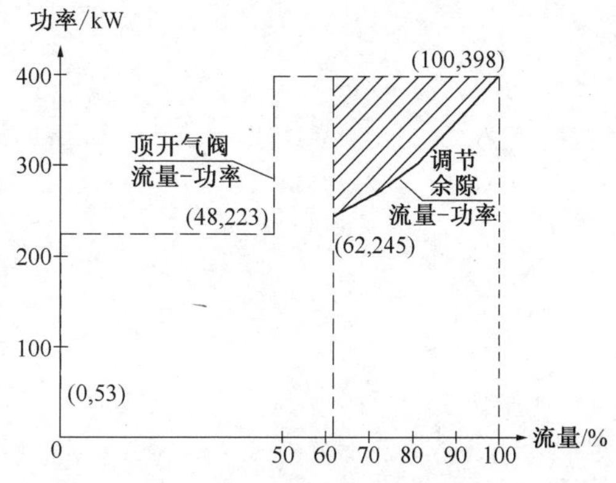

图 4 可调余隙调节的制氢装置压缩机的流量-功率曲线

5.2 润滑油改质装置压缩机节电效果

从表 5 可以看出，压缩机入口状态负荷从 100%调节到 70%时，压缩机功耗从 948.74kW 下降到 787.38kW，在压缩机入口状态负荷 80%~85%之间，可减少功耗 71~105kW。按新氢一、二、三级排气量以及循环氢轴功率比例计算，新氢压缩机排气量与轴功率接近正比例的关系。未设可调余隙调节系统前，压缩机排量从 100%调节到 70%只能依靠旁路调节，功耗是相同的。

表 5 润滑油改质装置压缩机节电效果

负荷(%)	压力/MPa						流量/(m^3/h)		总功率/kW	减少总功率/kW
	1 级入口	1 级出口	2 级入口	2 级出口	3 级入口	3 级出口	1、2 级	3 级		
70	0.86	2.09	2.08	4.99	5.17	11.53	3000	5600	787.4	161.4
75	0.88	2.15	2.14	5.04	5.2	11.72	3300	5900	806.7	142.0
80	0.87	2.15	2.11	5.06	5.22	11.76	3480	6080	843.6	105.2
85	0.85	2.11	2.11	5.04	5.19	11.93	3700	6300	877.7	71.1
90	0.83	2.09	2.09	5.04	5.19	11.98	4000	6600	902.7	46.0
95	0.81	2.09	2.08	5.08	5.23	12.1	4200	6800	932.9	15.8
100	0.8	2.06	2.06	5.15	5.3	12.13	4500	7100	948.7	0.0

6 结论

根据上述介绍，不难看出该技术有如下特点：

（1）节电效果明显，等同于部分行程顶开吸气阀调节方式。不管是高压还是低压压缩机，节电效果一样，排气量与功耗略成正比。

（2）调节信号能进 DCS，能实现远程调节，也可实现闭环自动调节，调节控制方式设置灵活。

（3）对多级压缩机，还能适当调节各级压缩比和出口压力，压缩机噪音也略有降低。

（4）由于机构没有高速运动部件，故障率低，系统稳定可靠。

（5）投资抵，改造简单易行，在装置开工期间也可对备用压缩机进行改造。

（6）不适用于级差式活塞压缩机，气量调节范围宜在 60%~100%。

（7）不宜用于超高压活塞式压缩机。

（中国石化荆门分公司　游碧龙）

30. 往复式压缩机气缸余隙控制与运行状态分析

往复压缩机是通过气缸内活塞的往复运动，使气体压缩增压排出，达到输送介质气体的目的。活塞在气缸内每往返运动一次，气缸内气体就完成一次工作循环，气体经膨胀、吸入、压缩和排出的一系列状态变化又恢复到原始状态。实际工作中，由于往复压缩机气缸余隙容积的存在，以及压缩机工作时气缸内动力和热力的交替变化，实际工作循环所经历的上述四个工作过程要复杂得多。因此，其对压缩机的作用及运行的影响也很复杂，有必要对其进行详细的分析和论述，搞清楚其中的关系和作用机理，对使用和检修压缩机一定会有很大帮助。

1　气缸余隙容积的组成及其作用

1.1　理论工作循环、实际工作循环及其气缸余隙容积的组成

理论工作循环是假设往复压缩机没有余隙容积存在、无漏气、进排气阀没有阻力，它的膨胀过程、吸气过程、压缩过程和排气过程是完全符合标准要求。往复压缩机理论工作示功图如图1所示。

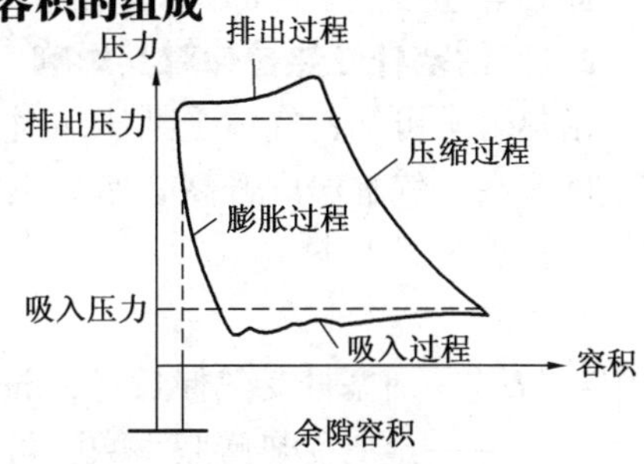

图1　往复压缩机理论工作示功图

实际压缩机工作时有余隙容积存在，气体通过吸、排气阀都存在阻力损失。

往复压缩机中余隙容积的大小，由四部分组成：

（1）活塞在内、外止点时，其端面与气缸盖端面间的间隙；

（2）气缸内壁与活塞一段外圆(从端面到第一道活塞环)之间的环形间隙；

（3）气缸内阀窝间隙；

（4）阀道中的槽道间隙。

由于这些间隙的存在使缸内气体无法排尽，吸气前它先膨胀，因而减少了吸气量，使气缸利用率降低，所以要求余隙容积应尽量减少。但余隙容积也不能太小，否则将造成撞缸事故，这是由于活塞和活塞杆在工作时受热后膨胀及活塞杆被拉伸所至，故一般对各种型号压缩机的气缸余隙都有一规定值。在一般情况下，所留压缩机气缸的余隙容积约为气缸工作部分体积的3%~8%，而对压力较高、直径较小的压缩机气缸，所留的余隙容积通常为5%~12%。

1.2　气缸余隙容积存在的必要性及其作用

（1）压缩气体时，气体中可能有部分水气凝结下来。我们知道液体是不可压缩的，如果气缸中不留余隙，则压缩机不可避免地会遭到损坏。因此，在压缩机气缸中必须留有余隙。

（2）余隙存在以及残留在余隙容积内的气体可以起到气垫作用，也不会使活塞与气缸盖发生撞击而损坏。同时，为了装配和调节的需要，在气缸盖与处于死点位置的活塞之间也必须留有一定的余隙。

（3）压缩机上装有气阀，在气阀与气缸之间以及阀座机身的气道上都会有活塞赶不尽

的余气，这些余气可以减缓气体对进出口气阀的冲击作用，同时也减缓了阀片对阀座及升程限制器(阀盖)的冲击作用。

(4) 由于金属的热膨胀，活塞杆、连杆在工作中，随着温度升高会发生膨胀而伸长。气缸中留有余隙就能给压缩机的装配、操作和安全使用带来很多好处，但余隙留得过大，不仅没有好处，反而对压缩机的工作带来不好的影响。

2 气缸余隙的影响因数及控制

从往复压缩机的结构可以知道，往复压缩机一旦设计成型制造出厂后，气缸的余隙容积一般已设计确定，其中气缸内壁与活塞一段外圆(从端面到第一道活塞环)之间的环形间隙、气缸内阀窝间隙以及阀道中的槽道间隙是固定不变的，只有活塞在内、外止点时，其端面与气缸盖端面间的间隙——称为气缸余隙，在检修装配时可以调整变化。因此，气缸余隙是影响气缸余隙容积大小的唯一可变因数。而气缸余隙除了检修装配可调外，还应考虑压缩机工作时动力和热力变化使活塞杆受热拉伸对其的影响，以及活塞杆、十字头、连杆、曲轴等连接点装配间隙对其的影响。

2.1 活塞杆受热拉伸对其影响

由热力学可知，气体受到压缩时，温度必然升高，同时，活塞运动时产生摩擦热，也使温度升高。气缸温度升高必然会影响到活塞和活塞杆的温度升高，其活塞杆受热膨胀将伸长，计算公式如下：

$$\Delta L = kL_0 \cdot \Delta T$$

式中 ΔL——活塞杆受热伸长量，mm；

k——金属受热膨胀系数，可查表得到；

L_0——活塞杆受热膨胀之前的(原)长度，mm；

ΔT——活塞受热前后温度之差，℃。

另外，活塞在气缸内运动对气体做功，使气体膨胀压缩、压力升高的同时，气体对活塞同样有一个反作用力，使活塞杆拉长。计算公式如下：

$$\Delta L = \&L_0 \cdot \Delta P$$

式中 ΔL——活塞杆受拉伸长量，mm；

&——金属拉伸系数，可查表得到；

L_0——活塞杆受拉伸长之前的(原)长度，mm；

ΔP——活塞受到的压力之差，MPa。

由以上分析可知，活塞杆受热拉伸总是使活塞杆伸长，因而只对气缸内活塞外止点处气缸余隙有影响，使外止点处的气缸余隙存在减小的趋势，因此，检修调整时须严加控制，使外止点处的气缸余隙大于活塞杆受热拉伸的伸长量之和，才能避免活塞和气缸盖之间撞缸事故发生。

2.2 各运动部件连接点装配间隙对其影响

我们知道，往复压缩机传递动力的运动部件有：曲轴、连杆、十字头、活塞和活塞杆，通过曲轴的旋转运动传递动力给连杆，与连杆一起运动，推动十字头以及活塞杆和活塞，作往复直线运动，使活塞在气缸内做功，其各连接点存在的装配间隙如下：

(1) 活塞杆与连杆在十字头处通过十字头销连接，其销与十字头之间存在的间隙，称为十字头销间隙，其销与连杆小头瓦之间的间隙，称为小头瓦间隙；

(2) 连杆与曲轴是通过连杆大头瓦与曲轴销连接，之间存在的间隙，称为大头瓦间隙；

(3) 曲轴主轴与机身轴瓦之间的间隙，称为主轴瓦间隙。

当活塞被推进到气缸外止点时，各运动部件及其连接点正好呈一直线，做功腔气体被压缩，气体压力升高到最大，对活塞产生一个反作用力，同时，由于活塞与气缸之间摩擦作用，活塞受到同方向的摩擦力，使各运动部件朝主轴瓦方向被压缩，其压缩量等于上述四个连接点间隙之和。

当活塞被拉动到气缸内止点时，各运动部件及其连接点也正好呈一直线，同理，使活塞受到气缸方向的拉力，活塞杆、十字头、连杆被拉伸，曲轴由于运动方向相反被压缩，因此，其拉伸量等于十字头销、连杆大头瓦及小头瓦的间隙之和，减去主轴瓦间隙。

上述活塞杆拉长或压缩的量可用下式计算：

$$\Sigma J = J_1 + J_2 + J_3 + J_4$$

式中 ΣJ——各运动部件连接点装配间隙之和，mm；

J_1——十字头销间隙，mm；

J_2——小头瓦间隙，mm；

J_3——大头瓦间隙，mm；

J_4——主轴瓦间隙，mm，活塞在外止点时取正值，在内止点时取负值。

由以上分析可知，不管活塞运动到气缸内止点还是外止点时，活塞做功端面受到的膨胀力以及摩擦力，总是使活塞在内、外止点处的气缸余隙有增大的趋势。因此，在压缩机检修时要严格控制上述各挡装配间隙，确保气缸余隙不致过大而对压缩机运行造成影响。

3 气缸余隙大小对机组运行状态的影响

通过以上论述可知，气缸余隙是影响气缸容积大小的唯一可变因数，对于气缸余隙过小导致压缩机发生撞缸事故，我们不难理解，在此不作详细分析；而气缸余隙过大对压缩机运行造成的影响，现作如下详细分析。

3.1 对气缸工作效率、做功能力的影响

气缸余隙过大，压缩机工作排出气体时，留下的余气就过多，引起吸气前膨胀过快，气体吸入量减少，导致气缸工作效率降低，压缩机做功能力下降。这可以从压缩机示功图看出。

图 2 是压缩机气缸余隙过大时的示功图。图中虚线表示压缩机工作正常情况，实线表示压缩机气缸余隙过大的情况。从图中可以看出，膨胀线 a–d 向右偏离正常位置，表示膨胀过快；吸气线 d–c 比正常短，表示吸气量减少；示功图面积比正常小，表示其做功能力下降。

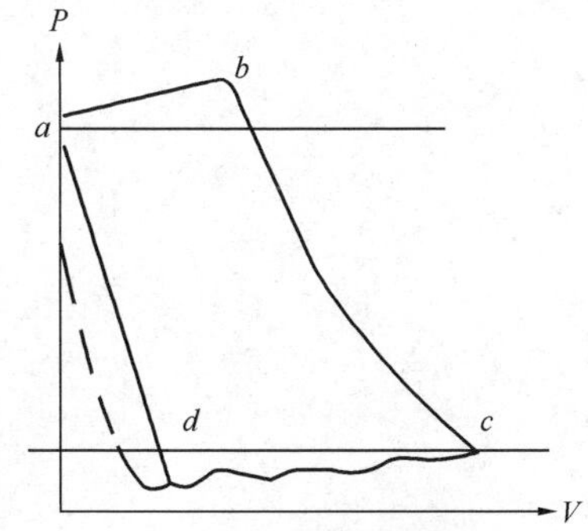

图 2 往复压缩机余隙过大时的工作示功图

3.2 对双作用气缸导致气缸受力不均

一般压缩机气缸余隙总量由设计确定后固定不变，对于双作用气缸在检修调整余隙时，在保证活塞不撞缸的前提下，如果一边调整偏大，则另一边一定偏小，此时虽然压缩机不发生撞缸，但由于活塞两边气缸工作效率、做功能力不同，导致气缸受到的气体脉动压力不均，继而影响活塞受拉趋势增大，或受压的趋势增大，使各

运动部件连接点轴瓦单边磨损的趋势增大，长期作用将会影响各轴瓦的使用寿命和压缩机的长周期稳定运行。

3.3 对气阀工作的影响

同理，由于气缸膨胀过快，吸气量减少，导致排出过程时间缩短，排气量减少，使进出口阀启闭工作时间缩短，气阀阀片工作行程缩短，虽对升程限制器的脉动冲击减少，但阀片冲击次数将增多；如果是双作用气缸，则另一边的吸、排气量增大，气阀的启闭工作时间过长，阀片的工作行程将增大，对升程限制器的脉动冲击也将增大。以上两种情况如长时间作用，均会影响气阀的使用寿命和压缩机的长周期稳定运行。

4 结语

综上所述，往复压缩机的余隙容积是由其结构特点决定且必须存在的，但过大和过小都会对压缩机不利，而气缸余隙是构成压缩机余隙容积所有因数中唯一可变因素，虽在压缩机设计制造时通过精确计算确定，但在使用检修时根据实际可作调整，调整不当会使压缩机发生事故，或影响压缩机长周期稳定运行，因此，调整时不但要考虑活塞杆受热拉伸的因数，还要考虑活塞杆及其运动部件各连接点的间隙，注意外止点的余隙适当大于内止点的余隙，同时要检查测量并严格控制各连接点的轴瓦间隙，严格按检修标准给予调整，确保气缸余隙控制在最佳范围。

（上海石油化工股份有限公司设备动力部　俞文兵）

第三章　汽轮机维护检修案例

31. 汽轮机检修中的几个注意事项

连续重整 K-201 机组由沈阳鼓风机厂制造的 BCL606 压缩机和杭州汽轮机厂制造的 NG25/20 背压式透平汽轮机组成，机组制造安装于 2002 年，从 2003 年开机运行，已运行七年，其中压缩机由于振动大，于 2008 年解体大修过一次，汽轮机由于长期运行状况较好，一直未做检修，今年厂里鉴于去年重催汽轮机检修过程中的转子结垢，螺栓拆卸困难，决定对连续重整 K-201 机组的透平汽轮机部分进行解体大修，抽转子做动平衡。本次检修由于此种型号的汽轮机组在炼油厂属于第一次检修，前期检修资料不全，检修经验不足，因此在检修过程中存在一些困难，但是经过钳工车间精心准备及精细检修，圆满并超额完成本次透平汽轮机的检修任务。现在就本次检修过程中的精心准备和检修中的难点、重点及注意事项作一介绍。

1　检修前的准备

大型机组检修准备工作做得好坏直接影响到检修进度、检修质量的好坏，因此检修前的准备工作不容忽视。

1.1　检修技术准备

由于每一台杭汽蒸汽轮机机组的工作参数都不相同，因此安装间隙就不同，杭汽汽轮机在出厂时每台机组有不同的质量证明书，因此在检修时要严格按照质量证明书上的要求执行，各项安装间隙要符合质量证明书上的标准。所以检修前要认真对检修资料进行查阅，对各部位技术参数要进行确认，如对中曲线、主轴定位、轴瓦装配间隙、气封间隙、轴瓦间隙、瓦背紧力、猫爪螺钉间隙、导向键间隙、通流间隙、角型环装配间隙等一系列装配参数，任何装配参数的错误都会直接影响到开机试车的好坏。

1.2　工机具、量具的准备

在检修前应提前对机组检修的专用工机具、量具进行清理，确保检修中工具的正常使用，检修前准备工具如下：

(1) 常用工具　此机组检修需准备常用工具一套，如套筒、六方、活动扳手等常用工具。

(2) 专用工具　此机组检修所需专用工具不多，主要是转子同心度找正架，由于汽轮机转子叶片围带上有气封片，因此运输做动平衡必须有转子座架。

(3) 量具　合适的卡尺，合适的深度卡尺，适合的千分尺，适合的内径量缸表，塞尺一套，百分表 3 个(三表找正用)。

(4) 辅料准备　白布 5m，毛粘 5 条，面粉 2kg，砂纸 40 张，密封胶 2 筒(乐泰 982)，气缸密封剂一桶，锯条一盒，塑料布10m。

1.3 配件的提前确认

提前确认配件是保证机组顺利检修的前提，对于易损件和一次性使用配件必须组织到位，确认存在后方可对机组检修，否则会造成检修工作延误。

2 蒸汽轮机检修关键注意点

蒸汽轮机包括汽轮机本体、调节保安系统及辅助设备三大部分，如图1所示。蒸汽轮机本体包括：

(1) 静体(固定部位) 气缸、喷嘴、隔板、汽封等。

(2) 转子(转动部分) 轴、叶轮、叶片等。

(3) 轴承(支承部分) 径向和止推。

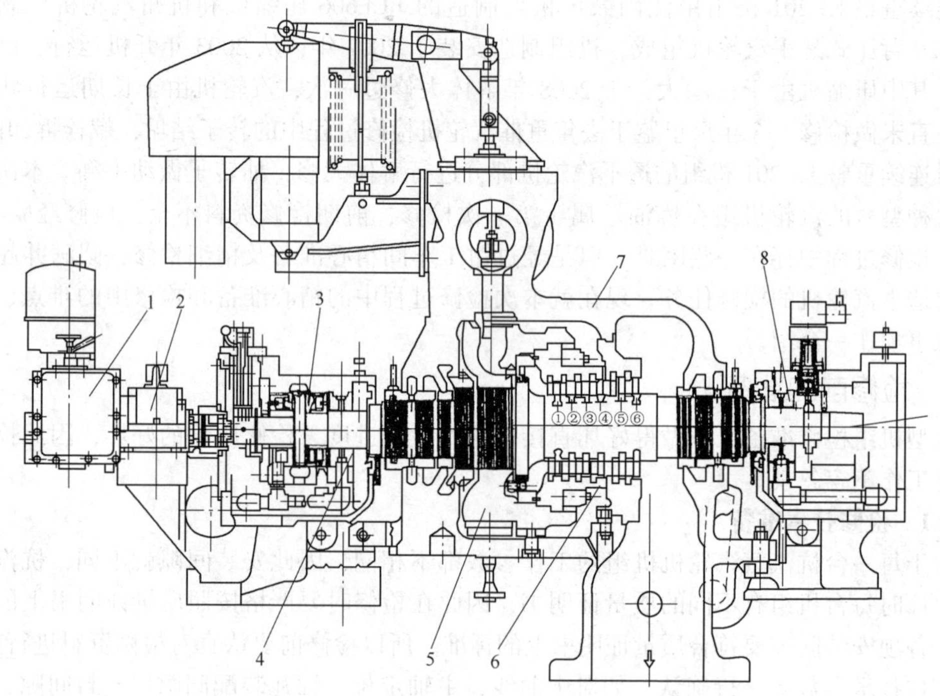

图1 背压式工业汽轮机结构图

1—调速器；2—减速箱；3—止推轴承组件；4，8—径向轴承组件；5—透平气缸；6—静叶持环；7—透平气缸；9—透平转子

2.1 气缸部分检修的注意事项

气缸本身是水平剖分上下两部分，汽轮机组在启动或停车、增减负荷时，缸体温度均会上升或下降，会产生热胀和冷缩现象。由于温差变化，热膨胀幅度可由几毫米至十几毫米。但与气缸连接的台板变化很小，为保证气缸与转子的相对位置，在气缸作为台板间装有适当间隙的滑销系统，以使机组既能自由膨胀，又能保持中心不变。在实际操作开机过程中，机组要经过暖机过程使机组叶轮和缸体能充分膨胀。

蒸汽室和上导叶持环的上下连接螺栓为了防松，使用电焊点焊的方式固定，但是由于上次安装时点焊部位不正，使得点焊处拆卸打磨困难，使用磨头磨钻打磨一天时间方可将螺栓拆卸下来，而且导致蒸汽室螺栓报废更换。对于此问题，本次检修时在点焊防松时，尽量点焊易于打磨部位，保证下次拆卸顺利。

在所有的热机检修中都会存在缸体连接螺栓拆卸困难的问题，而且对于长期未检修的机组更为突出，本次检修也遇到了此问题。对于缸体连接螺栓的拆卸，笔者认为，第一，在机组安装时的缸体连接螺栓上涂抹石墨粉机油混合物较为理想(如蜡催气压机组透平机的螺栓拆卸本次未遇到任何困难)，高温防咬合剂由于长期高温作用可能存在失效的问题，尽量不要再使用了。第二，对于拆卸困难的螺栓，在使用扳手时，敲击尽量使用油锤拆卸，不要使用大榔头，主要是人员拆卸站位存在安全问题。第三，在拆卸螺栓时可采用热拆法拆卸，即在温度降到80℃以下将螺栓拆松后再稍微上紧的方法拆卸，这样既可防止缸体变形，又可便于螺栓拆卸。第四，在拆卸杭汽透平时，应将猫爪顶丝顶起后方可拆卸上缸螺栓(在用顶丝顶上缸时，要求打百分表观察顶起状况，三表观察，即一表猫爪，一表转子径向，一表转子轴向)。

2.2 喷嘴和隔板检修

如图2所示，冲动式汽轮机每一“级”由一个隔板及一个叶轮组成。隔板由外缘、喷嘴和板体三部分组成，为便于安装，隔板一般都做成对分的，上半隔板装在气缸上盖内，下半隔板装在下气缸内。隔板都开有中心孔，主轴从中穿过，为了减少漏气，在隔板与轴之间装有梳齿类密封。

通常隔板安装在气缸槽子里，留有适当的间隙，因为隔板受热后要膨胀，一般轴向间隙为0.1~0.2mm，径向间隙为1.6~3mm，但在我厂一般检修时不将隔板取出。

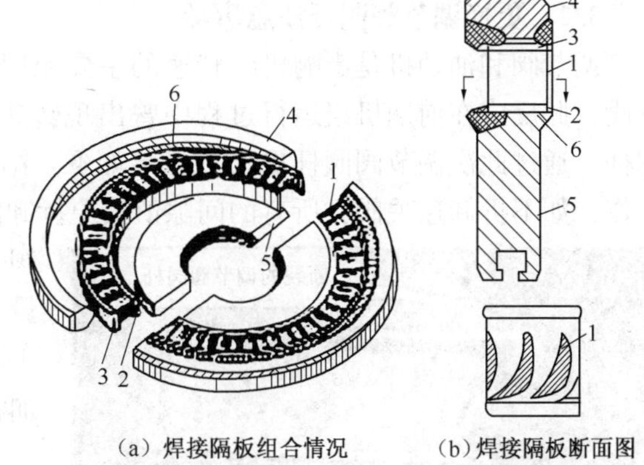

(a) 焊接隔板组合情况　　(b) 焊接隔板断面图

图2 焊接隔板结构图

1—喷嘴片；2—内环；3—外环；4—隔板轮缘；5—隔板体；6—焊缝

2.3 汽封检修注意事项

汽轮机气缸两端轴孔处与转轴间有一定间隙，这样在工作时，气缸内进汽端将发生高压蒸汽大量外漏，进入前轴承箱污染润滑油。因此，为了减少高压端的向外漏汽和排汽端往里漏空气，要求在气缸两端轴孔处配备汽封注汽、抽汽装置。

在汽封部分检修时应当注意其间隙测量，在以往的其他机组检修时气封检测通常使用纵向贴胶布方法测量，此方法测量存在一些缺陷，如易将转子抬起、测量用胶布易断、盘不动车等现象，因此建议在以后的汽封油封测量时使用径向贴胶布的方法测量。

2.4 转子检修注意事项

汽轮机所有转动部件的组合体称为转子。它主要包括：主轴、叶轮、叶片等部件。

汽轮机转子除了受高温高压蒸汽的作用外，更重要的是由于它在高速下工作，受有离心力的作用，因此转子的少量质量偏差就会极大地影响机组的震动，因该机组长期运行转子积垢较多，若积垢工作中脱落，就会造成转子动不平衡的现象，因此转子的清洗工作为本次作业的重点项目。

本次检修在检查转子表面时，发现转子表面附着一层红色的蒸汽垢层，先期曾使用人工机械除垢，但工作量太大，局部部位无法清除，因此决定使用高压水清洗，清洗后效果明显。对于转子的清洗，要使用铁皮包裹气封片处，并且保证不得损伤气封片。

2.5 轴承

目前大多数汽轮机都采用滑动轴承，汽轮机除了有径向轴承外，还必须有止推轴承。

在工业上常用的止推轴承有米歇尔止推轴承和金丝伯雷止推轴承，特点是由多个可组成环状的小扇形止推瓦块组成，在各瓦块后有承力点，止推瓦块可以绕支点摆动，形成最佳状态的润滑油膜。

在工业汽轮机上常用的径向轴承有圆瓦轴承、椭圆瓦轴承、多油楔固定轴承和可倾瓦轴承，其中以可倾瓦轴承使用最多。

瓦块的检修关键点为检查瓦块的接触情况，瓦块与轴面接触必须达到80%以上才能保证瓦块及转子的良好运行状态。

3 其他注意事项

3.1 仪表的的安装拆卸

由于此机组仪表探头较多，而且安装精度高，因此对探头的监测安装要求较高。对于探头的拆卸安装要求做好标识，确认不会存在安装错误问题。在检修过程中，对于键相位探头的安装要注意在安装时避开键相位槽，否则会损坏探头。

3.2 更换调节阀阀杆注意事项

调节阀和油动机是影响机组转速的主要原因。在这次检修中发现机组进气调节阀一阀杆段，此反应在前期机组运行过程中曾出现转速失速现象，因此此次更换了两侧调节阀的阀杆。通过此次调节阀阀杆更换，总结如下：第一，更换调节阀阀杆时必须注意做好测量工作，如不拆卸速关阀，所有的间隙值按原拆卸间隙回装，保证安装时阀杆不被压弯(调节阀全关时，阀梁下的阀组有2mm的活动余量)；第二，阀连接盘内部有防转销，必须对正阀杆后，方可配钻防转销(配钻需ϕ4.5的加长钻头)，如图3所示。

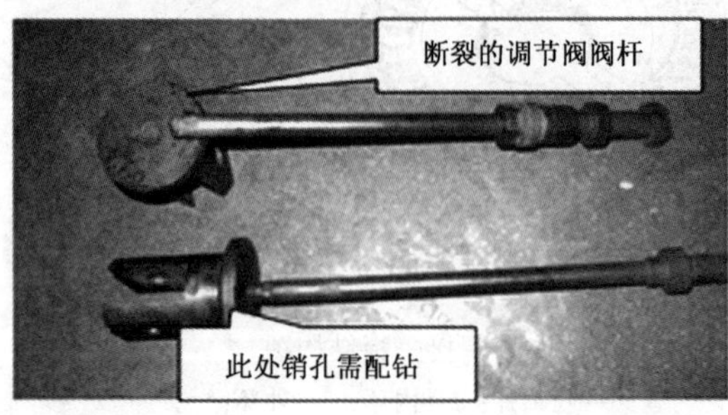

图3 调节阀杆

3.3 角形环的安装间隙问题

本次检修拆卸后发现蒸汽室西侧角形环间隙过小，怀疑有脏物卡住角形环，因此机组运行中存在漏气现象，通过敲击研磨处理，将此处角形环间隙调整至正常范围，保证了安装间隙。对于此问题笔者认为：第一，角形环的安装间隙在出厂时已经确定，无需进行调整；第二，角形环的间隙测量可在上盖拆卸后将上蒸汽室压胶泥放入上机壳后侧，但不得使任何异物进入上机壳或蒸汽室；第三，角形环与机壳的对口间隙是指下机壳。

3.4 速关阀问题

本次在开机过程中出现了东侧速关阀漏油的现象，但是由于东西侧速关阀使用年限相同，本次结合速关阀图纸，对于两侧速关阀都进行了检查，结果发现东侧速关阀由于长期高温运行(西侧调节阀损坏)，外部压盖O形圈老化漏油，因此本次更换O形圈。对此笔者认为应注意以下两点：第一，更换O形圈生产厂家，发标准配件；第二，只要技术成熟，速关阀是可以进行检修的，但应注意安装拆卸方式。

3.5 机组找同心度

汽轮机组找中心包括汽轮机本身部件找中心和汽轮机转子与被驱动机械找中心。汽轮机在运行中，要使转子同静止部件同心，以保证汽轮机安全、稳定运行。

对于机组找同心度，本次使用磁铁和杠杆表进行，对于同心度的复查，按照安装质量证明书要求对照，有所偏差，但未作调整，测量数值仅作参考，因为在安装时测量转子各气封间隙与拆卸时相同，怀疑同心度测量数值不准。对于转子同心度问题，笔者认为在以后的检修中应注意以下几点：第一，在轴承箱未移动的情况下，同心度仅复查即可，但必须结合汽封间隙检查结果进行确认；第二，由于上下气封无安装基准面，因此同心度检查不必拆卸上下气封；第三，检查同心度时使用的专用工具一定要合适。

3.6 对中找正

汽轮机转子与被驱动机转子找中心，通常称做对中找正，它是机组安装和检修过程中一个很重要的步骤。

本次检修机组找正共耗时 2 天半时间，机组的找正耗时过多主要是由于找正表架不符合要求，前期打表显示的数值为假值。通过这次检修，笔者认为在机组找正方面：第一，在找正时，要求将压缩机前端轴承箱上盖拆卸便于打表；第二，在找正时，要求调整压缩机的猫爪垫片，达到找正的目的，本次为将机组端面上张口 0.15mm 调整到标准范围，在机组后端猫爪处加了 1mm 调整垫片；第三，在找正时，要求使用加工精度较高的合适的找正架和找正盘进行找正；第四，找正表要准，根据热涨曲线，找正时表值应为实际值的 2 倍，但如果给出找正打表图，则要求按表值来进行找正；第五，杭汽蒸汽轮机表座架在压缩机和蒸汽轮机上的找正热涨曲线数值不同。

4 结论

汽轮机检修后机组的运行各测点振动值小于 15μm，压缩机各测点振动值最大 19μm，达到预期效果。通过这次检修，对此机组的结构和检修方法进行了了解和熟悉，对以后杭汽汽轮机的检修提供了依据。总结此次检修，笔者认为对汽轮机应该认真仔细地检修，做好检修前的准备工作，在检修前熟悉资料，对机组各项间隙多复查，一定要控制在标准范围内，同时注意以上的检修注意事项，这样才能保证正确检修，保正机组正常运行。

（中国石油乌鲁木齐石化公司炼油厂　郭站军）

32. 汽轮机组重大联锁隐患技术攻关

某热电厂二电站8[#]汽轮发电机为上海汽轮机厂生产的CC100-11.6/4.2/1.3型超高压、双抽、单轴、双缸、双排汽、双抽汽、反动式汽轮机，其进汽压力为11.6MPa，进汽温度为535℃，一段抽汽为4.2MPa，抽气温度为399℃，三段抽汽为1.2MPa，抽汽温度为263.6℃；其控制系统使用的是某进口品牌，以数字计算机为基础的数字式电气液压控制系统(Digital Electric Hydraulic Control System，DEH)，于2009年随汽轮机主体新建完成，设有一台DEH服务器和一台DEH操作员站，服务器(上位机)采用该品牌Tristation 1131 v4.2专用组态软件，用以实现对汽轮机转速、负荷的控制；机组重要参数状态监视，采用Bently机组在线监视系统，实现对汽轮机转速、相对膨胀、偏心、轴向位移等运行参数的监视；ETS紧急停机系统集成在DEH系统之中(见图1)，接收现场信号，在超出机组运行正常参数后，发出报警或停机指令，并设置有“操作台紧急停机”手动按钮。

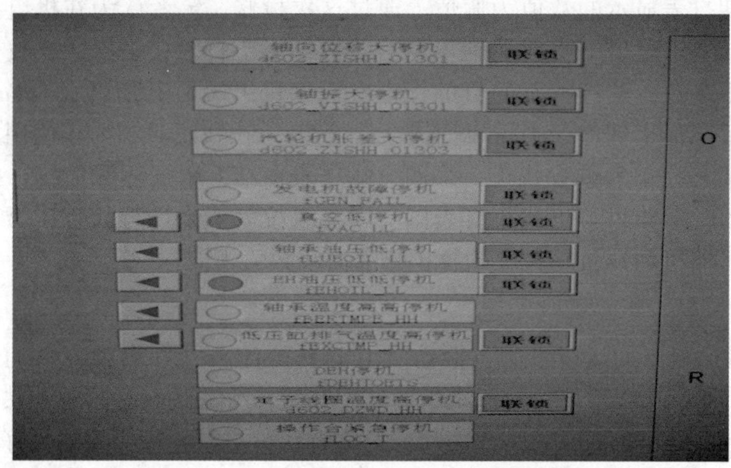

图1 改造前机组ETS联锁画面

该汽轮机重要联锁保护系统包括：

(1) 轴向位移大联锁：采用“2取2”联锁动作，现场对应2只探头。

(2) 相对膨胀大联锁：采用“单点”联锁动作，现场对应1只探头。

(3) 轴承温度高停机：采用“单点”联锁动作，现场各对应1只探头。

(4) 轴振大停机：每个轴瓦X、Y相采用“2取2”联锁动作，每个轴瓦现场对应2只探头(X、Y相)。

(5) 低压排气缸温度高停机：采用“2取1”联锁动作，现场对应2个模拟量温度测点。

1 机组联锁故障现象

该机组自2009年投产以来，多次发生因现场仪表测量设备误动作引起的“非计划停车”事故，分析多次事故现象，发现如下规律：

(1) 轴承、轴瓦温度高停机多发，该机组1~5瓦温度原件均发生过温度跳变达到报警甚至停机值的现象。

（2）相对膨胀大停机，根据该机组联锁投入台账和《联锁工作票》统计查明，自 2013 年 5 月至今，相对膨胀大停机联锁一直处于“旁路”未投入状态。

（3）低压缸排汽温度高停机，根据该机组联锁投入台账和《联锁工作票》统计查明，自 2012 年 10 月至今，低压缸排汽温度大高停机联锁一直处于“旁路”未投入状态。

从上述故障统计可以看出，该机组长期处于缺乏部分保护系统或保护系统不完善的状态，机组安全、长期运行无法保障。

2　原因分析及解决方法

2.1　事故原因分析

（1）根据事故现象分析，因仪表联锁系统导致的停车，各联锁系统均是“单点”动作方式，即现场 1 个测点，DEH 组态也是“1 取 1”联锁，在现场设备发生故障的情况下，必然引起“单点”动作导致的停机。

（2）按照 2014 年最新发布的《防止电力生产事故的二十五项重点要求及编制释义》(以下简称新《反措》)的要求，该汽轮机联锁系统已有多数不能满足新《反措》要求，包括：轴向位移停机联锁、相对膨胀大联锁、排汽温度高联锁、未设置主油箱液位低停机联锁、机组不同轴系应加装就地转速表等。

2.2　解决方法

为彻底解决机组隐患，该厂于 2015 年 7 月停止该机组运行，并对联锁隐患及不符合新《反措》要求的项目进行技术攻关，目的是彻底消除该机组所有的“单点”联锁，并按照新《反措》要求增加相应的机组保护，在结合汽轮机本体结构后，制定方案如下：

（1）轴承、轴瓦温度高停机联锁：根据原先温度测点开孔尺寸($\phi4$、$\phi6$)，安装可靠的单点双支热电阻测温原件，并分别组态为“2 取 2”联锁动作(见图 2)。

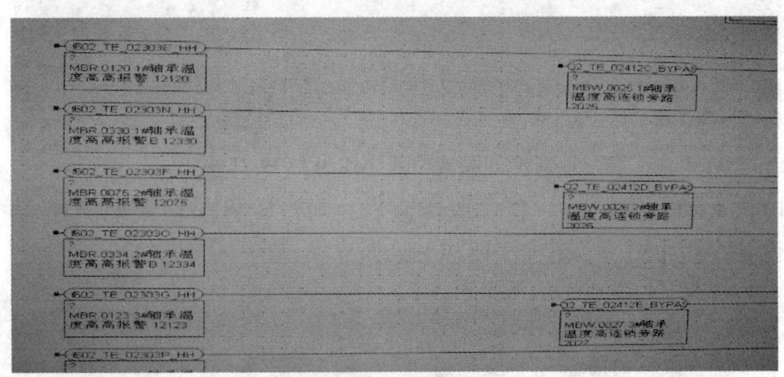

图 2　轴承温度高停机联锁改为“2 取 2”

（2）轴向位移大停机联锁：利用汽轮机本体自带的轴向位移探头支架，增加一个就地探头，DEH 中更改逻辑动作方式“3 取 2”动作，使该联锁更加安全、可靠。

（3）相对膨胀大停机联锁：汽轮机本体解体后，与机组 3#、4#瓦之间，增加一个就地探头，根据相对膨胀探头的尺寸重新设计探头支架(见图 3)，DEH 中更改逻辑动作方式为“2 取 2”动作，摒除以往的单点联锁方式，在单个探头损坏或误动的情况下，保证不发生非计划停车事故。

(4) 排汽温度高联锁：更改该联锁动作方式为“2 取 2”，避免单个设备损坏导致联锁停机触发，如图 4 所示。

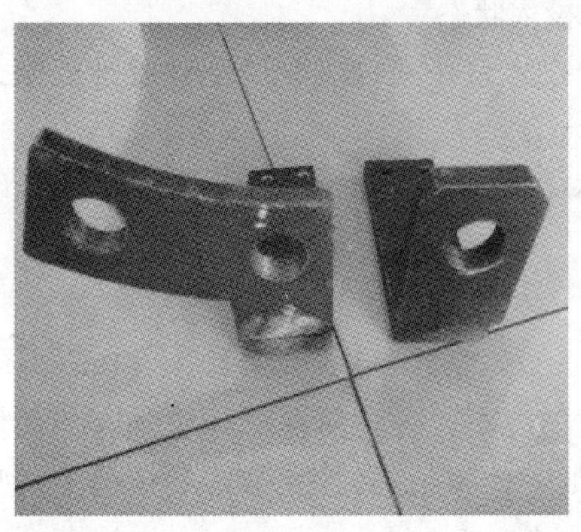

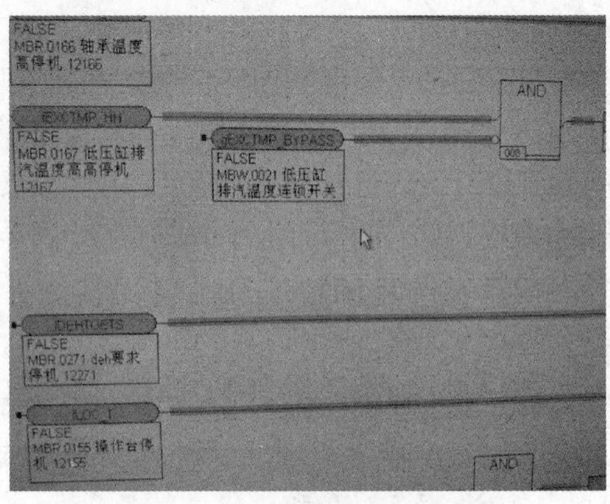

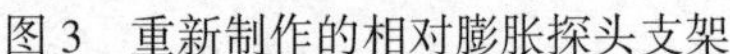

图 3　重新制作的相对膨胀探头支架　　　　图 4　排汽温度高组态

(5) 新增主油箱油位低停机联锁，该机组自带一组模拟量液位指示信号与两组开关量信号，考虑到模拟量的趋势可查性与开关量动作的及时性，将该联锁组态为“3 取 3”联锁输出，大大提高了新增联锁的可靠性(见图 5)。

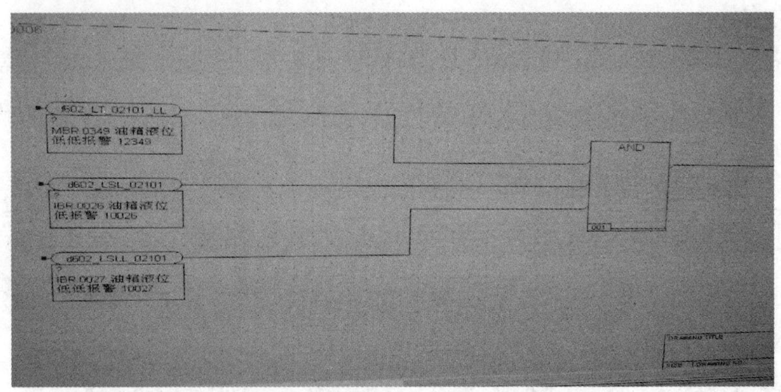

图 5　新增油箱液位低组态为“3 取 3”输出

(6) 在发电机大轴一侧安装一套就地转速表，与汽轮机前箱就地测速表一并作为机组就地转速监视设备(见图 6)，满足新《反措》要求。

图 6　发电机侧新增测速探头及就地转速表

机组状态监测系统监视机组重要的运行参数，其保护仪表设备安装、调试、维护要求很高，在保证改造、新增联锁系统可靠运行的前提下，彻底改变了该机组长期运行时保护投入不全的状况，改造完成后机组重新开车，除了油箱液位停机联锁未投入外(为保证新增联锁安全投入，该联锁旁路运行半年平稳后再投入运行)，其余改造联锁系统全部投入并运行正常。

3　结论

通过对某厂汽轮发电机组联锁系统故障现象的分析，解决了故障现象，可以得出以下结论：

(1) 找出了该厂8#机运行期间联锁频繁动作的故障原因，成功增加相关联锁的现场测点设备，软件中实现“2取2”、“3取2”联锁动作方式，软件与硬件做到与实际对应，有效避免了类似事件再次发生，保证了机组运行安全，又提高了联锁本身的可靠性。

(2) 改造后完全符合国家《防止电力生产事故的二十五项重点要求及编制释义》的要求，为该厂机组联锁系统隐患的治理开了先河，并为同类型机组的改造积累了宝贵经验。

(中国石化天津分公司热电部设备科　林鹤，李昌海)

33. 异构化压缩机组汽轮机转子热弯曲故障及其诊断

海南炼化 60×10^4t/a 对二甲苯项目，是中国石化十条龙攻关项目之一，是国内首套具有完全自主知识产权的大型对二甲苯项目首次工业应用，项目设计由中国石化洛阳工程公司(LPEC)作为总体院和中国石化工程建设公司(SEI)共同完成。中国石化洛阳工程公司负责芳烃抽提单元、歧化及烷基转移单元和联合装置控制室、联合装置公用工程、系统配套工程等设计工作。异构化、二甲苯精馏、吸附分离单元等核心部分的设计工作则由中国石化工程建设公司负责。装置于 2011 年 5 月正式破土动工，2013 年 12 月 15 日装置建成并产出合格产品，装置开车一次性成功，成为继美国 UOP、法国 IFP、第三家拥有整套芳烃生产技术的技术提供商及生产设备制造商。

异构化循环氢压缩机由沈鼓集团设计制造，型号为 BCL905，驱动机为凝汽式汽轮机，由杭汽公司设计制造，型号为 NK40/37/20。无论是汽轮机单机试车，还是压缩机空负荷试车，再到压缩机氮气负荷试车，包括振动、轴瓦温度和干气密封系统在内，机器运行状况都非常良好。但是在首次氢气介质正常开车过程中，由于操作不当，引起汽轮机振动超高而被迫手动停车。通过机组的状态监测分析系统，经过仔细分析与诊断，判断为汽轮机转子发生了热弯曲故障。在对汽轮机的蒸汽进气室等进行梳齿密封的更换处理后，并且有针对性地在开机过程中采取了切实有效的措施，有效地解决了汽轮机转子的发生的热弯曲问题，取得了良好的效果。

1 事故经过

2013 年 11 月 17 日汽轮机进行单机试车，11 月 19 日汽轮机带压缩机空负荷试车，11 月 27 日汽轮机带压缩机氮气负荷试车，上述三次试车，汽轮机和压缩机的机械性能都非常良好。12 月 10 日，压缩机氢气介质正常开车，当汽轮机转速升速至 5440r/min 时，稳定运行约 7min 后，汽轮机转子的轴振动通频峰峰值在 1min 时间内突然升高：进气端 Y 方向轴振动由 24μm 升高至 91μm，排汽端 Y 方向轴振动也由 32μm 升高至 175μm，因此，被迫手动紧急停机。2min 后，机组转速降至 126r/min，而此时汽轮机转子进气端轴振动的通频峰峰值仍高达 86μm(Y 方向)和 117μm(X 方向)。但是，启动过程中此转速下汽轮机转子的轴振动通频峰峰值却只有 9~10μm。

2 拆检情况

2013 年 12 月 13 日开始对汽轮机进行了拆检，首先，断开汽轮机与压缩机之间的联轴器，然后拆开汽轮机两端的轴承箱盖，对汽轮机的径向瓦、推力瓦的磨损、轴两端的跳动、推力盘跳动等进行了全面检查。检查结果是：推力盘跳动实测值是 0.01mm，大于 0.005mm 的技术要求，仅此一项超标，其余相关指标均在技术要求范围内。尽管推力盘跳动偏大，有点瓢偏，但不影响汽轮机正常的运行。最后，商量决定，还是对汽轮机进行揭缸检查，从打开的情况来看，高、低压缸各处汽封都有轻微的磨损，平衡鼓处汽封也发生了一定程度的磨损，但该处磨损最为严重，其汽封顶间隙值由出厂值的 0.30mm 上升到 1.05mm，进汽室的上半部分发生了较为严重的变形，进汽室上、下两半部分合好后，检查中分面的情况，最大间隙达 0. 70mm。判断进汽室上半部分发生了中间向上、两侧向内的弓形变形。

2013 年 12 月 15 日晚，经汽轮机制造厂杭州汽轮机股份有限公司确认，汽轮机的进汽室的上、下两半的中分面应上磨床分别进行打磨处理，然后，把进汽室上、下两半部分合好后，再对汽封内圆进行车圆处理。于 12 月 17 日，把汽轮机进汽室的上、下两半一起送至杭汽进行处理。处理的结果是：进汽室的上、下两半中分面一共合计磨去 0. 70mm，进汽室上、下两半所有原来的汽封全部剔除，重新更换新汽封。12 月 21 日上午运回厂，汽轮机开始回装，进汽室的下半两侧各加调整垫 4×0. 20mm = 0. 80mm，测量平衡鼓上、下汽封间隙，上、下值分别约为 0. 40mm，完全符合出厂要求。

3　故障诊断与原因分析

图 1 所示为机组启动过程的汽轮机转子的振动通频值与一倍频幅值和相位的随时间的变化趋势，由图 1 可以看出，在短短的几分钟内振动迅速升高，排汽端 Y 方向的轴振动最高接近 190μm，进汽端 Y 方向的轴振动也高达 100μm，且振动分量几乎都是一倍频分量，而且一倍频振动的相位也同时产生了较大的变化。但是转速却一直稳定没有变化。

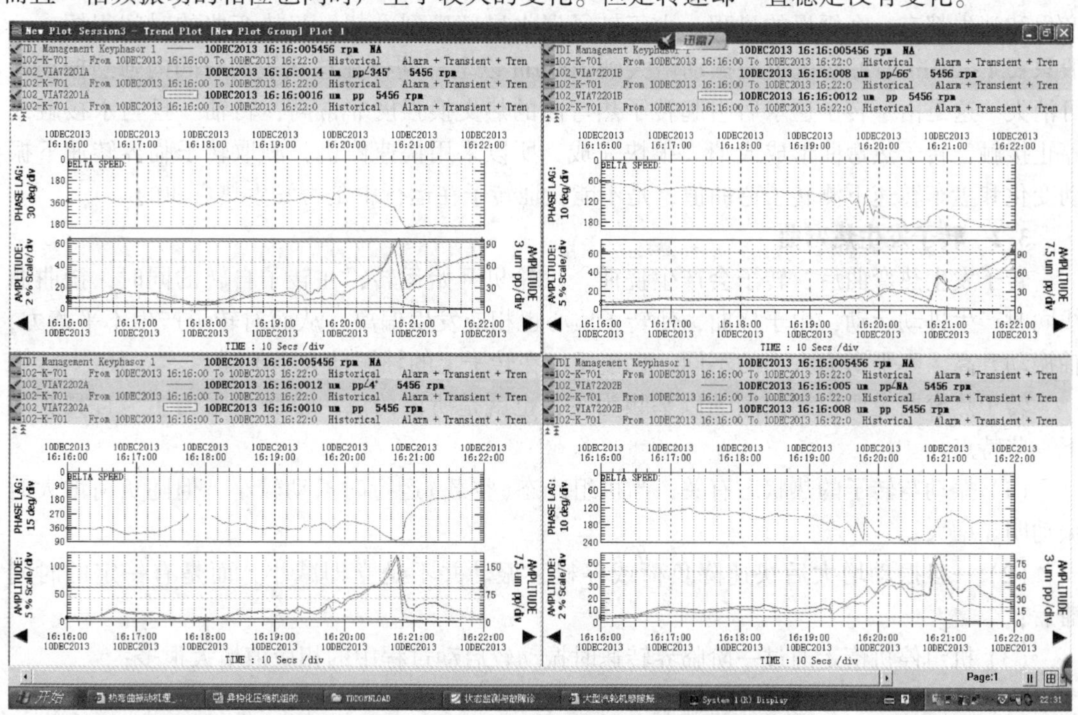

图 1　汽轮机转子启动过程轴振动变化趋势图

根据这种现象，可以初步判断造成汽轮机转子突然强振的可能原因有两个：

（1）汽轮机平衡管没有疏水或疏水不到位；

（2）汽轮机转子发生了热弯曲。

3.1　汽轮机平衡管没有疏水或者疏水不到位

汽轮机平衡管位于汽轮机下缸下面，一端连接在高压端，位置在汽轮机的调节级和平衡鼓之间，另一端连接在高低压缸之间，如图 2 所示。平衡管为 U 形结构，U 形结构的底部有一疏水阀，通过该疏水阀把平衡管中的凝结水排放至疏水膨胀箱。在开机前，如果汽

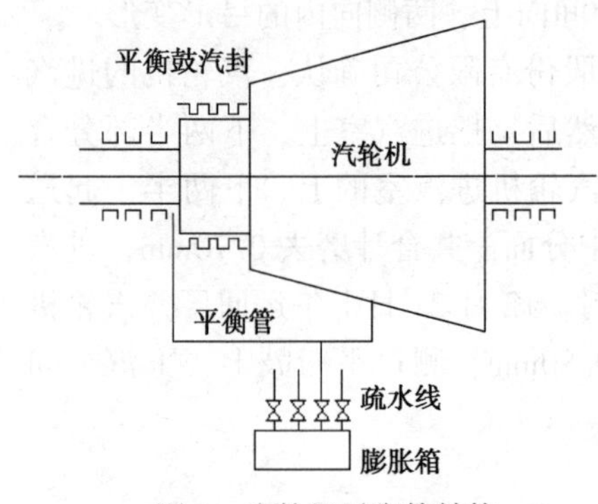

图 2　汽轮机平衡管结构

轮机的平衡管没有疏水或者疏水不到位，汽轮机运转时，进汽室的高压蒸汽经平衡鼓泄漏到平衡管高压端，由于平衡管中凝结水的水封作用，泄漏到平衡管高压端的蒸汽不能经平衡管到达低压端，随着转速的不断升高，平衡管高压端的蒸汽压力也会越来越高，当平衡管高压端的蒸汽压力上升到大于平衡管低压端蒸汽压力加水封压力后，平衡管高压端的蒸汽就会把 U 形结构平衡管底部的凝结水突然压至低压端，造成汽轮机低压端后几级叶轮与水接触，在凝结水突然被冲破的瞬间，转子轴向力和转子的状况都发生了比较大的变化，引起汽轮机的突然振动。同时，由于平衡管高压端的蒸汽无法通过平衡管到达低压端，平衡管高压端的一部分蒸汽会泄漏到轴端汽封，轴端汽封的蒸汽量加大，两端冒汽管的排出蒸汽增多。但是这种故障引起转子热弯曲不像其他原因引起转子热弯曲那样的产生和消失都有一个缓慢的过程。由于转子遇水局部遭到冷却引起热弯曲的时间很短，一般只要 1~2min 即可使机组的振动增大到 100μm 以上，同样在这么短的时间内强烈振动即可消失。这是由于转子遇水后引起转子热弯曲的热交换强度非常高，转轴一旦与水接触或停止接触，转子热弯曲形成或消失很快完成，所以采用快速停机，测取转子临界转速下振动变化和盘车转速下测转子弯曲值，是不能验证转子在运行中是否发生热弯曲的。

3.2　转子发生热弯曲

转子发生热弯曲后，转子会产生挠曲。汽轮机开始运转，在转子自转的同时，挠曲曲线同时产生进动运动，由于挠曲，使转子质心也相应发生偏离，从而对转子产生不平衡力，轴振动升高，不平衡力大小的不同，直接反应在转子上的轴振动大小不同。

转子热弯曲主要引起的振动以基频为主，也就是所说的以一倍频分量为主，且具有如下一些特点：

(1) 振动与转子的热状态有关，当机组冷态(空载)运行时振动较小，但随负荷增大时振动明显增大；

(2) 一旦振动增大后快速降负荷或停机，振动并不是立即减小，而是有一定的时间滞后；

(3) 机组停机惰走通过一阶临界转速时振动较启动过程中的相应值增大很多；

(4) 转子发生热弯曲后，停机惰走时在低速下转子振动的一倍频振动分量幅值比开车时相同转速下一倍频振动幅值要大很多，且在相同转速下，一倍频振动的相位也可能不重合。

而 Bode 图恰恰就是反映不同转速情况下振动的一倍频振幅与一倍频相位的变化规律的曲线，如图 3 所示。

结合 Bode 图的这一特征，就可以成为诊断转子是否发生热弯曲故障的基本方法和判定准则。

热弯曲性质：转子发生热弯曲，这样的弯曲可以是永久的，是不可能得到恢复的；也可以是暂时的，如果操作得当，根据发生热弯曲的严重程度不同，是可以得到部分甚至完全恢复的。

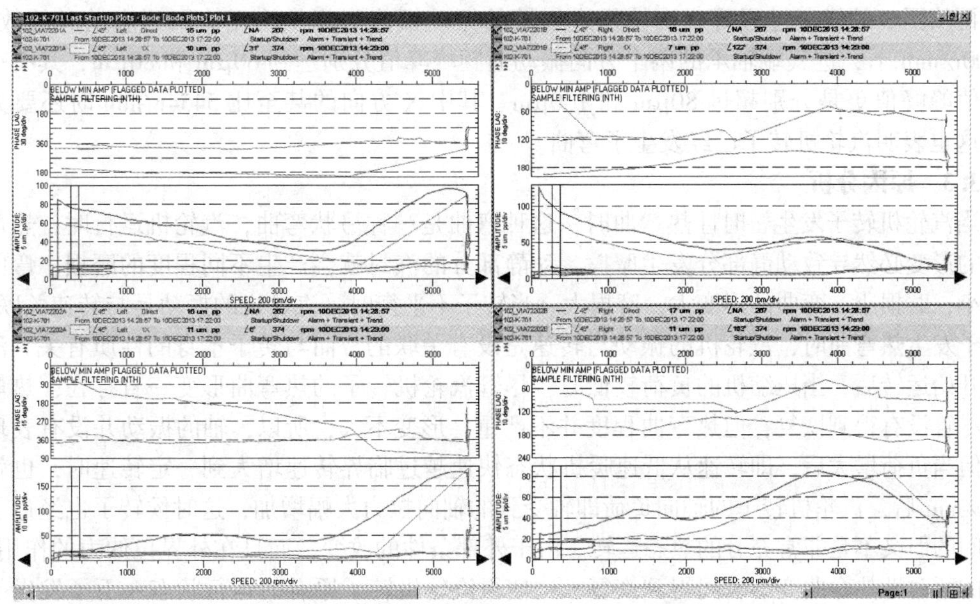

图 3　机组启停车过程汽轮机转子的轴振动 Bode 图

由图 3 可以看出，汽轮机转子在整个升速过程中振动幅值一直变化不大，通频振动峰峰值在 15μm 以内，一倍频幅值的峰峰值在 20μm 以内。没有明显的临界转速区域。只是在 4000r/min 以后振动略有增加，但也不明显。而由图 4 看，压缩机转子系统在升速过程中，有较为明显的临界转速区域。因此，此 Bode 图表明，在升速过程汽轮机转子系统的刚度发生了改变，汽轮机转子系统存在隐含的故障-碰摩或卡涩等。

当机组运行转速达到 5454r/min 时，虽然转速稳定，但是汽轮机转子的轴振动通频值、一倍频的幅值与相位均发生了改变。特别是汽轮机转子进气端的轴振动通频的峰峰值高达 150μm。这表明，汽轮机转子发生了临时性弯曲(热弯曲)。因此，被迫手动紧急停车。

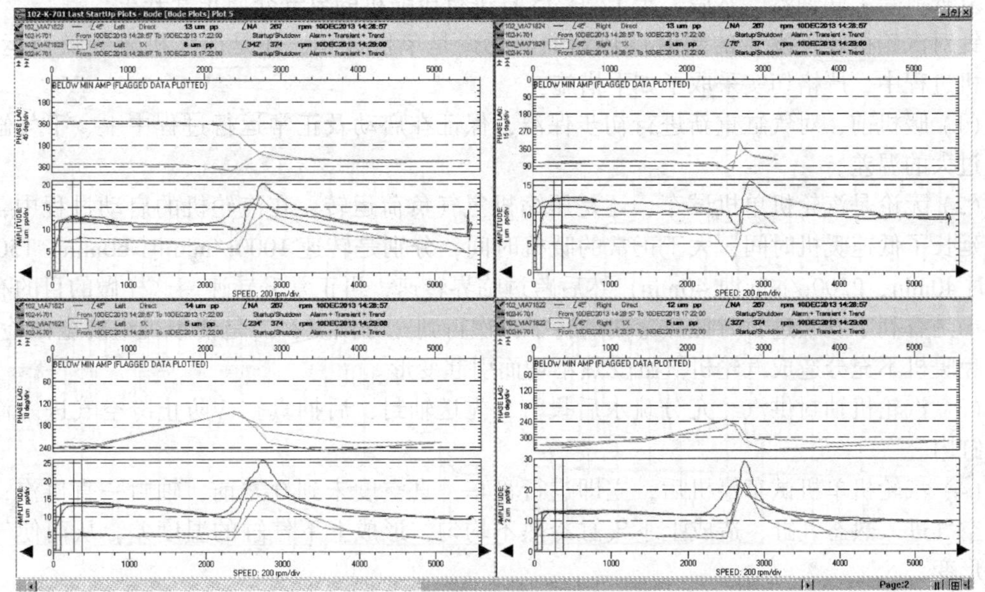

图 4　机组启停车过程压缩机转子的轴振动 Bode 图

再从图3的停车过程看，汽轮机进气端的振动幅值与相位均无法回到启动时的数值，在200r/min下，进气端轴承的两个方向振动通频峰峰值分别达到60μm和80μm，其中一倍频幅值峰峰值更是分别超过80μm和100μm。其中X方向的甚至比5454r/min时还要大得多。这也表明汽轮机转子已经发生了弯曲。

3.3 原因分析

当汽轮机转子发生暂时性热弯曲时，这种弯曲是一种弓状弯曲，汽轮机运行时，热弯曲产生的形变必然导致动静部分发生摩擦，动静部分的汽封就会产生不同程度的磨损，弯曲的形变小，磨损小，弯曲的形变大，磨损大。当转子不平衡时，汽轮机的振动是与转速关联的，当转子发生热弯曲时，汽轮机的振动与转速是没有关联的，而与转子本身的性质有关。汽轮机组开始运转后，当压缩机的负荷较低时，尽管汽轮机转子的热弯曲形变一直存在，热弯曲形变尽管没有得到恢复，但热弯曲程度并不严重，形变不大，所以，轴的振动并没有表现出来。但当负荷增大后，即转速从低速暖机状态快速越过临界转速增大到一定转速时，也就是5454r/min后，汽轮机转子的轴向负荷即轴受到的轴向拉力大幅增加，这时候转子也经过了一定时间的但又不是非常充分的热态运转。由于外部条件的改变，而且在外界拉伸力的作用下，转子的暂时性热弯曲变形瞬间得到恢复。这使得汽轮机转子原有的运行状态一下子发生了比较大的变化，运行状态的突然改变导致转子产生了比较大的振动。

结合上述两种情况进行分析，询问相关人员，了解现场情况，分析结果与当时现场的情况是吻合的，再通过对平衡鼓梳齿密封的间隙进行检查，发现转子发生了热弯曲。因此，可以说，12月10日开机时，汽轮机振动高是由于疏水不到位或者疏水不充分，导致在开机过程中，部分凝结水突然进入转子，转子受热不均，转子发生暂时热弯曲所致。总之，这是一起典型的操作不当造成的事故。

4 采取的措施

基于以上的分析，就要针对上述两种原因采取相应的一些措施。首先，于12月23日，对汽轮机进行了单机试车，单机试车的结果非常理想，单机试车结束后，机组重新进行了对中复查，装上联轴器，然后，于12月25日进行压缩机的氢气介质正常开车。

针对汽轮机转子发生的暂时性热弯曲，无论是单机试车、还是压缩机氢气负荷运转，在开机过程中，严格切实采取了如下措施：

（1）暖机前，对气缸重新进行初步保温，保证在启动及正常运行过程中上、下气缸不产生过大的温差。

（2）无论是汽轮机单机试车，还是压缩机氢气负荷运转，在汽轮机的启动过程中，都适当延长了低速暖机时间，大于正常的暖机时间，分别是转速1000r/min时60min，1500r/min时40min，2200r/min时40min，然后跨过临界转速，再正常升转速。这样做的目的有两个：一是有利于发生过暂时性热弯曲的转子再次得到充分恢复；二是便于机组的全面检查，并避免暖机不充分造成汽轮机气缸受热不均而引起变形。

（3）汽轮机轴封供汽经充分疏水后投汽，先送轴封，后抽真空，防止冷空气进入汽轮机气缸内。

（4）汽轮机单机试车停机后，立即进行盘车，真空度未到0之前，轴封一直供汽，防止冷空气进入热态气缸，造成上下气缸冷热不均匀，形成上下气缸的温度差，从而使气缸产生形变。

（5）汽轮机各疏水系统应保证疏水畅通。

5　效果

转子检修并针对故障初始原因采取相应的处理措施后，2013 年 12 月 23 日汽轮机通过了单机试车，汽轮机转子的支承状态得到了改善，试车结果非常理想。2013 年 12 月 25 日进行压缩机氢气介质正常开车。一切正常。图 5 和图 6 分别为机组氢气介质正常开车的 Bode 图，显而易见，汽轮机转子的状态得到了根本改善，处理措施效果明显。

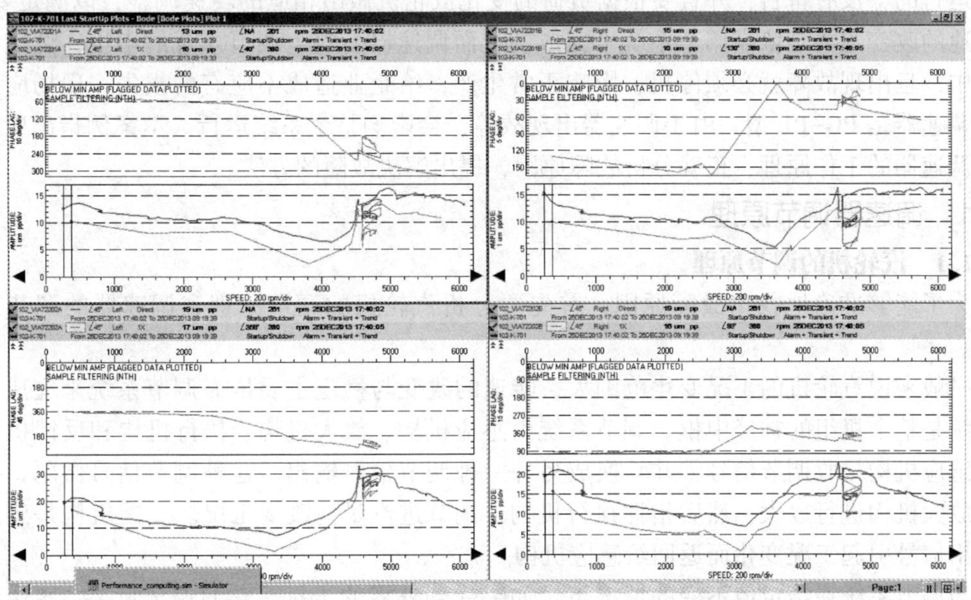

图 5　机组氢气介质正常开车过程汽轮机转子的轴振动 Bode 图

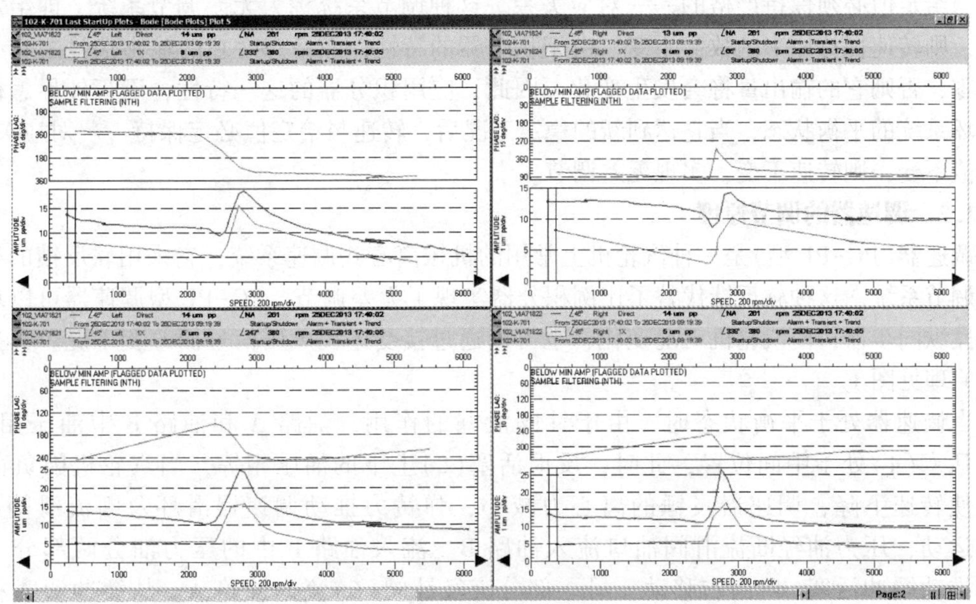

图 6　机组氢气介质正常开车过程压缩机转子的轴振动 Bode 图

（中国石化海南炼油化工有限公司　周辉）

34. 汽轮机调速器故障诊断分析

汽轮机通常是作为泵、压缩机等较大型机组的驱动机，而这样的机组在工厂几乎都是单机运行的，没有备台，并且要根据负荷的变化汽轮机做出相应的转速调整，以满足要求。而转速的改变主要是依靠调节系统来完成的，而调速器是整个调节系统的中枢，调速器在运行中一旦出现故障就必须停机，影响正常生产，给企业造成不应有的损失。现场应用最多的调速器是PG-PL型。由于调速器出现故障，会影响整个系统运行。本案例指出应用汽轮机调速器的工作原理，正确分析故障原因，提出解决故障的方法。

1 调速器调节原理

1.1 汽轮机的调节原理

为了能够准确地找出故障原因，首先要分析汽轮机的调节原理和调速器的调节系统原理。

一般来说汽轮机的工况变化范围大，转速的改变与稳定主要依靠调节系统来完成。调节系统是整个机组的神经中枢。调节系统由感应机构、放大机构、执行机构和反馈机构组成。感应机构接收调节信号，并转换成另外一种调节信号输出。这种调节信号微弱，必须经过放大机构进行放大，然后指挥执行机构，调节进汽量，改变工况。反馈机构是感应机构输出信号引起工况变化而返回给感应机构。

当调节系统在给定值不变的情况下，如果受到外界的干扰，它的输出量——转速的稳态值也会发生一定的变化。对于调节品质要求比较高或干扰严重的场合，即在稳定工况下，转速与给定值必须保持严格的一一对应关系。这种调节系统称为无差调节系统，即给定值不变，则转速保持原来的数值不变。由于积分器的特性，在稳态时它的输出信号之和必须等于零，否则它的输出量将会发生变化。因此，应用积分器的这一特性，不管外界怎样干扰破坏系统的平衡状态，当它达到新的稳定工况后，转速与给定值必定保持一一对应关系。给定值不变，则转速不变，实现无差调节。

1.2 调速器的调节原理

调速器(PG-PL型)是一种汽轮机上常用的机械离心式调速系统，它采用软反馈的机械液压调节系统。这种软反馈代替了比例积分器实现了无差调节。PG-PL型调速器可以现场手动操纵同步器，使汽轮机工况变化，也可以通过接受远程风压信号而改变工况。其控制调节原理见图1。

当调速器处于平衡状态时，由于针阀泄漏的作用，油路A和油路B中油压相等，缓冲活塞(4)处于中间位置，此时，反馈活塞(2)上下的油压相等，当汽轮机因负荷增加而使转速下降，调速器飞锤的离心力减小，弹簧力推动调速器滑环及断流滑阀(3)向下运动，压力油经断流滑阀油口流入油路B。流入油路B中的压力油分两部分，一部分推动缓冲活塞(4)向右移动，另一部分流经针阀(6)流入油路A。从缓冲活塞右侧排出的油与经针阀流入油路A的油流入油动机(5)活塞的上部，推动活塞向下运动开大调节阀。在运动的初始阶段，缓冲活塞两侧的油压差还没有建立起来，流经过针阀流量很小，可以略去不计。

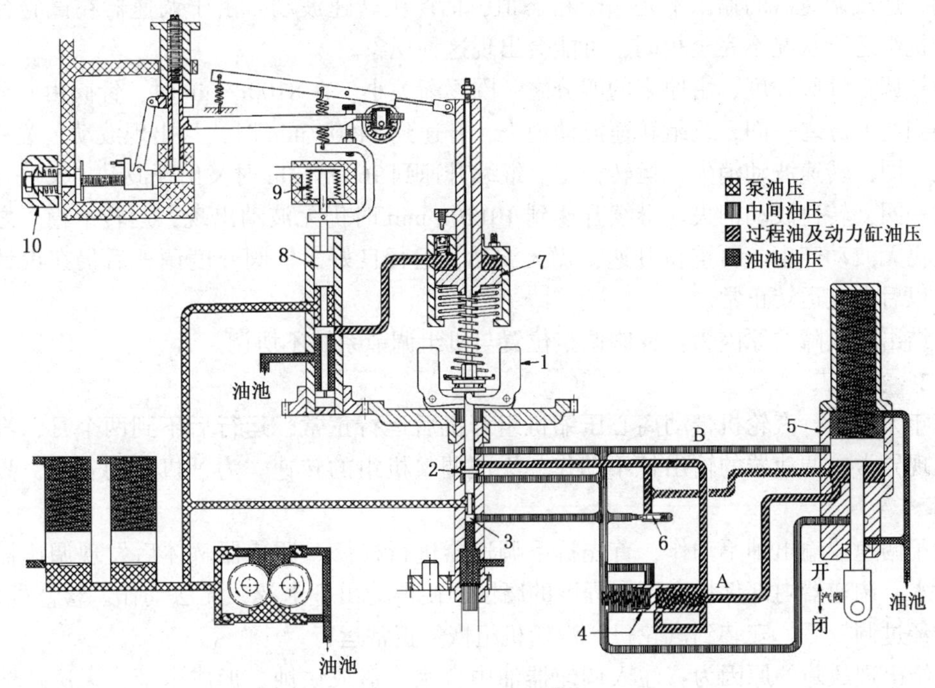

图 1 PG-PL 型调速器

1—飞锤；2—反馈活塞；3—断流滑阀；4—缓冲活塞；5—油动机；6—针阀；7—活塞；8—侍服活塞；9—风压接收器；10—手动速度调节旋钮

缓冲活塞两侧的压力差和缓冲活塞的位移成正比，这个压力差作用在反馈活塞(2)的上下两侧，推动断流滑阀向上移动，关小进油口，对断流滑阀起负反馈作用。当断流滑阀的油口关小时，由于油路 B 中的油经针阀流入油路 A，缓冲活塞逐渐回到中间位置，活塞两侧油压也逐渐趋于相等，通过反馈活塞对断流滑阀的反馈作用也逐渐减弱。当最后达到新的平衡状态时，断流滑阀回到初始位置，缓冲活塞达到新的工作位置。

这样在新的工作状态下，由于反馈活塞上下的油压差等于零，为了保证断流滑阀能回至初始位置，必然要求调速器转速保持为常数，也就是在不同的负荷下，汽轮机的转速保持不变，实现无差调节。

2 应用实例

在实际运行中，有许多故障是调速器本身造成的，也有的是调节系统的原因，但它的表现却是从调速器来反映出来的。

2.1 实例一

某汽轮机开车后，当转速升到 8100r/min 时出现转速波动，当继续升速到达工作转速 9600r/min 时转速仍波动，使机组无法正常工作。

这台调速器是大修当中解体检查的，在试验台上进行调校好的，而且运行良好。了解现场机组的情况，也没有发现问题。从汽轮机和调速器的原理上经过多方分析，确定针阀调整不当。因为针阀开度越大，流通面积就越大，缓冲活塞回到中间位置所需要的时间 T 就越短，这个时间 T 与调速器输出信号到汽轮机转速发生变化再返回给调速器的时间 T 不成比例，造成调速器的输出不是一个稳态值，而产生转速波动。由于调速器在试验台和实际汽轮机组运行状况不完全相同，可能会出现这种现象。

现场调整针阀开度，由原来的四分之一圈逐渐关小。在8100r/min时，针阀由四分之一圈关小到约五分之一圈，机组转速波动消失，升速到8400r/min时，又出现波动，关针阀到六分之一圈，转速波动消失，运转稳定。继续升速到9600r/min时又出现波动，又关针阀到八分之一圈，转速波动消失。继续升速到10110r/min时仍无波动出现，运转平稳。之后又降转速仍无波动产生。再重新升速，仍无波动，运行良好。针阀开度调整后仍在设计值范围内。以后一直运转正常。

总结出现故障的原因为：针阀调整位置与机组调节系统不协调。

2.2 实例二

某年大修后，汽轮机带动离心压缩机组开机后运行正常，运行后不到两个月，汽轮机运行出现异常，调速器的输出杆不动作，无法调整机组的转速。为了机组的安全，只好停机检修。

由于调速器输出轴不动作，首先拆下调速器进行检修。调速器解体后发现调速器内部油中含水，调速器内部件均有不同程度的腐蚀，使得输出杆卡涩，无法动作。检修处理后，调速器经过调校后，安装到汽轮机，汽轮机组恢复正常运行。

总结出现故障的原因为：注入调速器油中含水，造成锈蚀，形成卡涩，无法传输系统调节信号。

3 结论

汽轮机调速器发生故障直接影响汽轮机的转速，影响汽轮机调速系统整体的协调，同时也影响生产的正常运行。保障汽轮机调速系统的整体一致，要求每个运动可调部位都调整在合适的范围之内，调速器内部的一个部件不能正常工作，影响到汽轮机组正常工作。同时对于机械调速器的用油要管理好，防止油质不良造成不应用有的损失，影响生产正常运行。

（中国石油辽阳石化分公司生产检测部　陈英杰）

35. 100MW 汽轮机组调速系统常见故障及预防

热电联合车间 3#汽轮机组为上海汽轮机厂生产的 100MW 高压双抽汽凝汽式机组，型号为 CC100-8.83/4.12/1.47，其调速系统采用的是纯电液调节系统(DEH)，主要包括以下几个部分：①DEH 系统，主要由控制柜、手动操作面板、工作站构成；②EH 供油系统；③EH 油动机；④抽汽调节阀；⑤电磁阀、危急遮断系统；⑥ETS 系统；⑦TSI 系统。其功能主要是满足汽轮机转速/功率控制，限制器功能、转速保护功能、阀切换功能、抽汽/负荷协调功能。调速系统用动力油采用的是高压抗燃油(EH 油)，主要成分为三芳基磷酸酯。与采用透平油为工作介质的低压调节系统相比，DEH 系统有以下特点：①工作压力高；②直接采用流量控制形式；③对油质的要求特别高；④具有在线维修功能。

1　典型及常见故障实例

热电联合车间的 3#机组自 2001 年 8 月投入运行以来，调速系统多次发生了异常和故障，实例列举如下：

(1) 2002 年 3 月 3#机停机检修完成后，进行拉阀试验。试验过程中发现多处调门不动作。经过机修和仪修及运行人员全面排查后认为是多处伺服阀卡涩引起，经过更换伺服阀的工作后，拉阀试验正常。本次试验共更换了 12 只伺服阀，其中在试验中 2#高压调门伺服阀竟更换了 3 次。直接费用高达 18 万元，并且推迟了 48h 开机并网，带来了很大的直接损失和间接损失。事后化学对 EH 油取样并送至检测所(省电科院)进行分析，其中颗粒度竟然达到 8 级(NAS 标准，规定为 6 级以内，SAE 标准为 3 级以内)。

(2) 2003 年 6 月 3#机大修结束后，启动 EH 油泵，发现 EH 油压仅在 6.7~7.0MPa 波动，系统无法挂闸。启动备用 EH 油泵后油压上升至 7.5~7.8MPa 产生波动，油泵电流接近额定电流，系统仍然无法挂闸。联系仪表检查伺服卡和系统参数设定值，均未发现异常。后就地检查油动机，发现 12 只油动机里有 4 只油动机伺服阀回油管道温度较高，并有明显的液体流动的现象，显然是由于伺服阀内漏引起的故障。更换这几只伺服阀并对控制参数进行调整后启动 EH 油泵，单泵运行，EH 油系统压力升高至 12.7MPa，系统挂闸成功，油压正常。同样的故障在 2004 年 11 月 3#机检修后再次发生，单台油压仅维持在 2.5~3.0 之间波动，两台油泵同时运行后油压仅维持在 5.5~6.0MPa。经过检查，有 6 只伺服阀存在不同程度的泄漏，更换后 EH 油系统压力恢复正常。

(3) 2004 年 5 月 3#机运行过程中低压 2#调整阀出现抖动状况，调整控制参数无效。后经过仪表检查，发现对应的伺服卡已经损坏。此调整阀已经无法控制，后在 2004 年 11 月 3#机检修中更换了伺服卡后试验、运行正常。

(4) 2004 年 12 月 2#高调阀油动机进油模块截流孔堵塞造成 2#高调阀无法开启和异常动作。本案例也是发生在 3#机检修之后，拉阀试验过程中，对 2#高调门进行拉阀试验，指令为 100%，2#高调门全开后自动关闭至 50%处，多次试验情况均如此。热电联合车间运行及检修人员对伺服卡、伺服阀、卸荷阀进行了更换和检查，包括替换试验，均未发现问题。再次进行拉阀试验发现 2#高调门无法开启。不得已联系上海汽轮机厂来人处理，发现压力油进油模块节流孔被杂物堵塞，流量几乎为零。清理节流孔后试验正常。本次检修共更换伺服阀7只，推迟并网82h，经济损失较大。

(5) 2005年2月3#机右侧主汽门有压力回油管道活接头发现漏油，采取堵漏的方法失败，被迫停机处理。经检查，发现接头O形圈已经老化失效，腐蚀变形。后更换O形圈后故障排除。此后一个月内，连续出现3#蓄能器进油阀填料泄漏和危急超速试验阀接头漏油等两次EH油泄漏故障。

2 故障原因分析及故障处理和预防

以上实例，都是热电联合车间机组运行中比较常见和比较典型的故障，经过故障分析和总结，主要归纳为以下几种情况：

(1) 检修后调试阶段EH油系统压力下降，机组无法正常开启。油中杂质将油泵出口滤网的滤芯堵塞、油箱控制块上溢流阀整定值偏低、油泵故障导致出力不足，备用油泵出口逆止阀不严、系统中存在非正常的泄漏等故障均有可能导致系统压力下降。热电联合车间机组多次经历这种情况，主要是由于伺服阀泄漏量较大也就是系统中存在非正常泄漏而造成的。当多只伺服阀都有泄漏状况时，受EH油泵出力所限，EH油系统的压力自然无法维持在较高的压力。特别是伺服阀因卡涩等原因进行更换后，由于每只伺服阀的试验特性参数都不尽相同，经常会发生伺服阀特性曲线与控制参数不对应的情况。我们应及时对相应的参数或伺服卡进行调整，使其能彼此对应，使伺服阀滑阀处于要求的位置，尽量减少伺服阀的泄漏量，以保持EH油系统压力为正常状态，使机组调速系统能够正常工作。

(2) EH油管道或阀门泄漏、密封件损坏。这种情况主要是由于密封件老化造成的。由于系统工作压力高，而且还受到机组高温及高频振动影响，所以对EH油管道材质以及焊接工艺要求高，一些微裂纹可能扩大导致EH油管道开裂；EH油管路有些分布在高温区域，容易造成O形密封圈受热老化断裂，这一现象在汽轮机调门的O形密封圈上经常发生。EH油本身具有一定的腐蚀性，对密封件的腐蚀破坏作用也较为明显，而在正常检修工艺中，仅仅对出现问题的地方进行消缺处理，对其他密封点则常常忽略不予检查。在今后的工作中，我们可以在检修工艺中采取预防性维护的措施，即根据目前统计的实际可使用时间和周期对密封件提前进行全部更换，对密封点进行全面检查，不合格的及时更换。虽然这样会增加部分维修成本，但是对机组长周期安全稳定运行和设备可靠性的提高都有着非常重要的意义。

(3) 运行过程中调门出现不规则频繁大幅度摆动或震荡抖动。这种故障的原因主要是由于对应的卡件故障或控制参数设定偏差而引起或伺服阀的卡涩造成。热电联合车间机组实际并未遇到过由于伺服阀卡涩造成的此类故障，故障原因主要都是由于卡件损坏造成。3#机运行至今已有两块伺服卡损坏，分别为中压3#和低压2#。2004年11月3#机检修后12块伺服卡已经全部更换为上海汽轮机有限公司生产的新型的卡件，其操作性和可靠性较之旧型号伺服卡都有较为明显的提高。除此之外，这些设备在运行中的维护也是非常重要的，特别是对灰尘、温度、湿度的要求都应该非常严格，对卡件和端子应定期进行清扫和检查，避免发生接触不良的故障；对电子设备间的空调环境也应该作出严格的要求，保持室内恒温恒湿，对空调滤网应定期清洁，保证灰尘数量在规定的等级范围之内。

(4) 油动机卡涩，调门动作迟缓或不动作，有时泄油后不回座。这种情况主要是由于EH油质污染引起伺服阀卡涩或是节流孔、泄荷阀堵塞后排油不畅造成的。伺服阀及调速系统附件都是非常精密的设备，其精度等级为微米级，任何细小的颗粒、杂质、水分都可能给伺服阀带来致命的伤害。热电联合车间于2003年5月更新了EH油在线过滤装置，加装了再生泵和循环泵，设置了新型的过滤装置，并安装了PALL专用滤油机和德国KLEENOIL超微过滤装置作为加油装置，对EH油的油质和油温严格监控，并定期取样分析化验，取得了较好的效果，投入使用后调速系统部件卡涩而造成调速系统失常的故障大为减少。

（中国石化金陵分公司热电联合车间　李勇）

36. 50MW汽轮机推力瓦烧坏轴向推力大分析改造

上海高桥石化热电事业部八号汽轮发电机机组是原上汽轮机厂1971年产品(出厂编号170)。型号为C50-95-1，属单缸、冲击、抽汽凝汽式(具有一级调整抽汽和四级非调整抽汽)，原先安装在老厂主井内，1996年7月经过整修后安装在新厂。2003年12月机组扩容改造后，型号为C55-8.83/1.47(出厂编号H170-1)。自从2000年12月9日9号炉给水阀门出故障，造成汽轮机水冲击后，出现推力瓦烧坏、前轴封漏汽严重、轴向位移偏大、差胀值过大、第四道轴承振动超标等缺陷，机组出力由45MW下降到40MW以下。对这一系列缺陷逐一进行分析研究，并请多方面同行专家进行会诊，找出轴向推力过大的最根本原因。

1 推力瓦烧坏，轴向推力过大状态分析

1.1 运行状态分析

1.1.1 推力瓦烧坏分析

自1996年7月8号机安装以后，曾出现推力瓦块温度高现象，单瓦温度最高达105℃，经过检修几次消缺后，瓦块温度恢复正常，故几次推力瓦烧坏时，运行中冷油器温度为48~50℃，推力瓦回油温度正工作面为57~59℃，基本排除运行操作不当、推力瓦进油温度偏高、油质差等因素，判定为推力瓦过载引起瓦块温度急剧上升而致使瓦块烧坏。

1.1.2 轴向推力过大分析

自2000年12月水冲击后，推力瓦块温度一直过高，因此每次开机过程较缓慢，一方面是防止推力瓦块升温过快，另一方面是让气缸充分膨胀，可缓解差胀过大(达报警值2.5mm)。当各项指标趋于正常时，方开始升负荷。为了使推力瓦块温度不升至停机的温度，采用多次升降负荷，直至推力瓦温度稳定在上限温度以下，但出力有所下降，再经过反复试验调整进汽压力、抽汽量等均无效果，因而排除了运行过程中各种引起轴向推力过大的因素，经分析认为是机组前期设计不完善或机组老化，内部漏汽过大而造成轴向推力增加。

1.2 检修工艺分析

1.2.1 推力瓦检修分析

8号机组水冲击后，对推力轴承进行了全面的检查：瓦枕、球面体、衬瓦各部接触情况均达70%以上。上下球面体合体检查、修复推力承力面，上下错口小于0.005mm，推力瓦承力环检查接触、变形、厚度均符合出厂要求，推力瓦块更新，检测各瓦块厚度差值小于0.02mm。瓦块钨金修复按上汽厂技术要求进行修复工作，接触面均匀并达70%以上，但对顶轴力大小未能控制好，可能与运行状态不一致。

1.2.2 气缸内部检修分析

(1) 隔板检修分析

隔板检查按检修工艺进行肉眼检查，静挠度检测，必要时进行探伤检查，对隔板清理后上下两半只结合面进行红丹粉检查，接触情况均良好，用0.05mm塞尺塞不进。虽然结合面接触要求符合上汽厂出厂标准，但忽视了上下两半只端面不平行进，在正常运行进就

会出现单侧张口面造成漏汽，如图1所示。

(2) 汽封间隙调整分析

汽封间隙，按上汽厂出厂标准进行调整，各汽封间隙调整值如表1所示。

表1　汽轴封检修标准间隙　mm

设备部位	前轴封	中轴封	后轴封	高压隔板	中低压隔板
汽封环间隙值	0.40~0.60	0.40~0.60	0.40~0.60	0.40~0.70	0.40~0.70
汽轴环整圈膨胀间隙	0.30~0.50	0.15~0.30	0.15~0.30	0.30~0.50	0~0.30

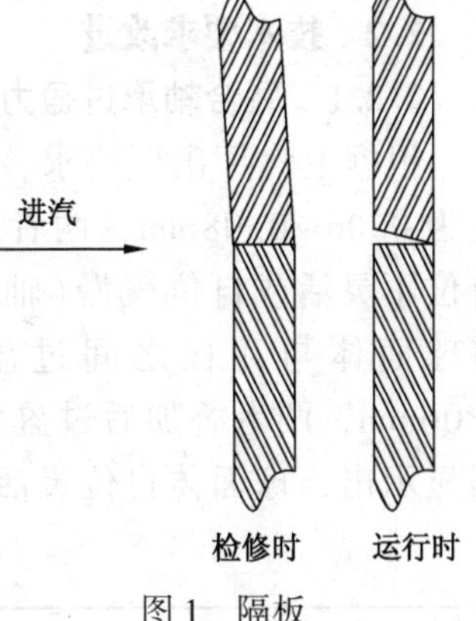

图1　隔板

虽说汽封间隙调整值均符合出厂标准，并通过验收，但较多间隙均调整到上限值，并且均未考虑到气缸前侧有向B侧偏移现象。

1.2.3　电力系统专家会诊分析

由于经过几次推力瓦块更新、修复等工作均不能消除推力瓦温度高、差胀大、左右缸胀不同步等缺陷，故请电力系统专家进行会诊。其中有华东设计院、上电中试所、上汽厂、电力系统兄弟单位设计制造、安装与检修方面的高级工程师、高级技师近20人。

1）气缸偏移分析

专家对滑销系统进行检查：①立销间隙0.08mm，固定座无移动；②纵销间隙0.03~0.04mm无偏移，气缸向B侧偏移（偏移量：A侧汽封间隙0.35mm，B侧汽封间隙0.90mm），所以机组运转时A侧漏汽量大。

2）缸胀不均分析

对于气缸左右缸胀不同步，开机过程中两者差值为1mm（最大1.2mm），直至缸胀全部到位差胀为0.8mm。专家们对前轴承压块进行拆卸、检查，发现压板与轴承座间隙为0.06mm，轴承座与基础台板0.05mm塞尺塞不进，均符合上汽厂出厂要求；对猫爪横圆销检查间隙小于0.02mm；对猫爪（安装垫片）轴向间隙测量为：A排0.09mm，B排0.08mm，没有问题；对可能造成偏移的气缸单面受冷，进行A侧窗户全部关闭，保持机组均衡温度，无明显变化。

3）推力瓦块修复工艺分析

专家参与推力瓦块修复过程并通过验收后，最后的结论：所有修复工艺要求均比上汽厂出厂要求高，应该无问题。

2　工艺改进

参考上述各方面分析，运行已作各种调试均无效果，故运行方面基本无异常，重点对检修方面做工艺改进。

2.1　推力瓦检修工艺改进

原推力瓦修复时，未重视顶力对中，顶力大小每次不一样，致使上半只瓦枕向后移动量有大有小，修复后的推力瓦块位置与运行状态不一致。所以采用顶丝专用顶头工具，中心位置较正，与瓦枕处装百分表监视，每次顶力均使表计为0.01mm变量，这样推力瓦修复完成后与运行状态达到了一致。

2.2 技术要求改进

2.2.1 联合轴承过盈力

根据上汽厂出厂要求，原球面体与瓦枕之间过盈为0~0.02mm，瓦枕与轴承盖过盈为0.06~0.08mm，两者迭加过盈为0.06~0.10mm。实际运行当中经常出现球面体自位不灵活或自位缓慢(轴向推力达到一定量时)，因此改变技术要求，检修装复时，将球面体与瓦枕之间过盈调为-0.01~-0.03mm；瓦枕与轴承盖过盈为0.04~0.06mm，两者叠加后过盈为0.01~0.05mm，经过改进后，实际运行中，如表2中数据显示出，球面体自位灵活。

表2 推力瓦块温度

项目	负荷5000kW				2002年5月17日8：00抄					
	1	2	3	4	5	6	7	8	9	10
瓦块温度/℃	63	65	66	65	64	63	59	61	62	63

2.2.2 汽封间隙

原汽封间隙调整值(见表1)均按出厂要求进行调整，但实际检修中，大部分间隙均调整到上限值，按上下限差值0.20mm计算，前轴封第四至十四道汽封环阻汽能力下降，即反轴向推力能力也随着下降，后经过咨询上汽厂设计高级工程师得知，前轴封处城墙式固定齿(见图2)直径每增加1mm，反轴向推力约增加1000kgf，依此推算，每道齿间隙增加0.2mm，反轴向推力降低200kgf，第四道至十四汽封环共有城墙式固定齿51齿，即反轴向推力就会下降1010t左右，如按实际状态计算，第十四道汽压为90kgf，第四道出口汽压为13kgf，即每道齿平均受压38.5kgf，因而汽封间隙增大0.2mm时，相当于反轴向推力降低$38.5\text{kgf/cm}^2\times\pi/4\{(60.8\text{cm}^2-0.02\text{cm}^2)-60.2\text{cm}^2\}^2=10.17\text{kgf}$。那么，前轴封第四至十四道汽封间隙如调整到上限值，反轴向推力就会下降510kgf，如果加上隔板汽封间隙过大，轴向推力肯定增大许多，因而我们将汽封间隙调整至表3所示，并且对气缸偏移作一定的限制，即在气缸前猫爪与前轴承之间加装限位装置，防止汽轮机启动过程中气缸偏移造成汽封齿单侧碰擦磨损漏汽。

表3 检修实际调整间隙 mm

设备部位	前轴封	中轴封	后轴封	高压隔板	中低压隔板
汽封间隙/mm	0.40~0.45	0.40~0.45	0.35~0.40	0.40~0.45	0.45~0.50

3 检修工艺改进后的效果

3.1 推力瓦块温度

推力瓦修复工艺改进后，机组启动至正常运行状态，球面体自位灵活，瓦块温度普遍有所下降，但维持时间不长，在将近一个月时，由于变工况运行过程中，轴向推力增大，瓦块温度又会持续上升到一定值，大大影响了机组出力。

3.2 汽封间隙

(1) 前气缸两侧加装气缸偏移限位装置后，机组在启动过程中，低速暖机时，A侧膨胀值大于B侧0.45mm，至高速暖机时，此膨胀值逐渐降低，机组带负荷后，A、B两侧膨胀值基本相同，因此前轴封漏汽缺陷消除。

(2) 汽封间隙改调为下限值后，A、B两侧缸胀在启动过程中，最大差值降到0.5mm，推力瓦块温度由平均温度95.43℃下降到89.64℃(负荷均为4万kW)，轴向位移由0.5mm下降到0.45mm，从上述数据来看，轴向推力有所降低，但相对来讲还处于较大状态，特别是推力瓦块温度随时间的增长而逐步提高(见表4)，这三次抄写的推力瓦块的平均温度分别为89.4℃、96.77℃、97.32℃，由此可见，轴向推力过大依然存在。

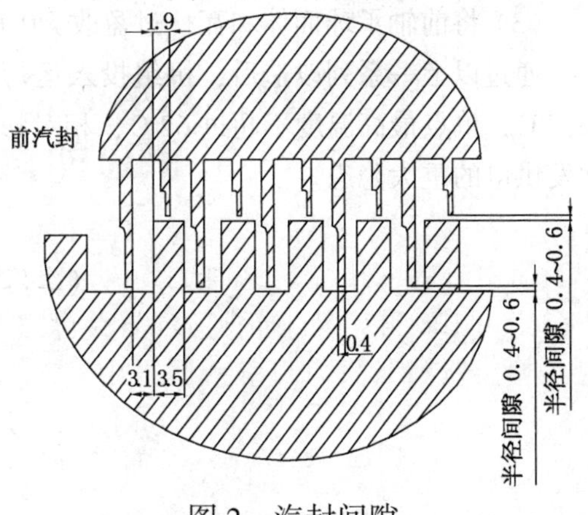

图2 汽封间隙

表4 推力瓦块温度

项目	瓦罐编号										负荷/kW·h	抄表时间
	1	2	3	4	5	6	7	8	9	10		
瓦块温度/℃	91.9	84	84.7	85.2	89	83.2	94.8	96.2	95.6	87.8	4	2002.5.17 8:00
	97.9	98	101.4	100.8	101.4	87	98.3	96.1	96	92.8	4	2002.5.27 9:45
	104.8	91.5	93.1	93.4	98.5	83.8	105	102	102	99.1	3.95	2002.10.14 8:15

4 缺陷根本原因

4.1 轴向推力过大

由于机组相对膨胀不同步，造成前轴封处城墙式固定齿(轴上)向前磨损较严重，致使反轴向推力能力下降，此机组已运行30年左右，各部磨损冲蚀较严重，汽转子上阻汽片相应出厂时阻汽能力有较大下降，中低压隔板水平结合面、轴向固定端面冲蚀较严重，内漏现象较严重，均使一部分蒸汽未做功而使下一级叶轮前汽压有所提高，从而增加了汽转子的轴向推力。

4.2 前轴封漏汽大

经过检查与分析，认为机组停机后，由于气缸下部管道冷缩产生向B侧收拉造成气缸移位，但调整汽封间隙时按气缸冷态位置进行调整，因而造成运行状态中，热胀后向A侧移位，致使汽封间隙单侧偏大。

5 机组改造后效果

为了彻底消除8#机出力不足的缺陷，在2003年12月对机组进行了扩容改造(改造后机组型号C55-8.83/1.47)，为防止推力瓦温度高及轴向推力过大，改造设计过程中：

(1) 由制造单位在前轴封处轴颈上增加部分反轴向推力端面，可以平衡一部分轴向推力。

(2) 将转子叶轮上平衡孔进行放大处理，减少前后压差，平衡部分轴向推力。

（3）将前轴承球面体和瓦枕过盈改为0.03~0.06mm，增加轴承调整自位能力。

通过以上一系列改造后，机组投入运行，在机组额定工况下，推力瓦块温度平均值为56.7℃，单点最高温度不超过62℃，相对膨胀值0.1mm，彻底消除了这一严重影响机组正常发供电的重大隐患。

（上海高桥捷派克石化工程建设有限公司　李信）

37. 50MW 汽轮机组叶片断裂分析及改造

镇海炼化公司Ⅲ电站 2 台 50MW 汽轮机是 2002 年由上海汽轮机厂设计制造的 C50-10.4/4.41 型抽背机组。转子为整体锻造，一共有 16 级叶片，其中有 2 级为调节级。末三级叶片采用长扭叶片，为自由叶片。从 2008 年 12 月，到 10 年 2 月，2 台汽机先后 4 次发生叶片断裂事故，断口均在叶根圆角处。频繁的断裂给装置和电网的正常运行带来了重大影响和巨大经济损失。经多次组织专家分析，制定了安全性改造的方案，并于 2009 年实施了改造。

1　故障现象

如图 1 所示，2008 年 12 月 12 日，1#汽轮机在未有任何先兆的情况下，前后轴承振动突然大幅上升，前后径向轴瓦温度也略有上升。振动值最高超过 300μm，并最终达到振动联锁条件跳机。

经监控系统分析，认为质量不平衡是振动突然升高的主要原因，初步判断为叶片断裂。机组揭缸后，发现次末级有一叶片(编号 44)于叶根处断裂(见图 1)，断裂面与叶轮轮槽基本齐平，断口曾明显疲劳断裂特征。

同时断裂叶身在高速状态下对其他叶片和隔板造成损伤。图 1 中可见部分叶片弯折，部分叶片表面有小缺口。图 2 中可见隔板上有两个较大的撞击缺口。

图 1　叶根断裂及叶片损伤情况

图 2　隔板损伤情况

考虑到隔板受损后主要是对热效率和汽机抽力有影响，而此二处缺口总体来讲并不大，带来的影响较小，而对缺口补焊后可能会导致隔板热变形、隔板补焊金属脱落等问题，综合考虑后只对隔板受损表面进行打磨消应力处理。

此后 2#汽轮机也发生了同样问题，故障特征基本相同。

2　叶片断裂原因分析

当 1#汽轮机发生叶片断裂后，组织有关专家分析断裂的原因，得出如下结论：

(1) 对断裂叶片进行材质及金相分析，材料化学成分符合设计要求，金相组织为回火索氏体，晶粒度正常。

(2) 断裂部位为叶根过渡圆处，断口呈现典型的疲劳断裂特征，疲劳裂纹源位于进汽边内弧侧的叶根过渡圆角区域，疲劳裂纹扩展区约占整个断面面积的75%，其余为快速撕裂区。

(3) 进行静强度及动强度校核，发现静强度能够满足要求，但动强度局部不足，总体应力水平不高。

(4) 从疲劳断面的情况看，疲劳源扩展的速度很慢，也说明了应力水平不高，且存在着长期的振动。

通过以上结论基本可以推断：该叶片的实际工作应力水平较低，但运行中发生了振动，在叶根圆角处产生疲劳源，并不断扩展，最终导致叶片断裂。

3 机组改造

为了从根本上解决叶片本身存在的隐患，避免汽轮机次末级自由叶片断裂事故重复发生，我们与哈汽电站合作对机组进行安全性改造，以彻底解决叶片断裂的问题。同时利用此次改造机会，适当提高机组级间效率，对机组进行性能优化。

3.1 安全性改造

1) 改造叶根型式和安装方式

采用叉形叶根，加强叶根的强度。并采用径向跨装法安装叶片，即将每一只叶片的叉型叶根径向插入相应的叶轮轮缘的叉型槽内，然后用铆钉固定。叶片之间相互独立，减少了接触面，叶片加工精度要求相对较低。经过改造，动叶片振动应力变小，避免了应力集中，解决了紧力分配不均的问题。运行安全可靠，也便于维修和更换。双倒T形叶根和叉形叶根对比见图3。

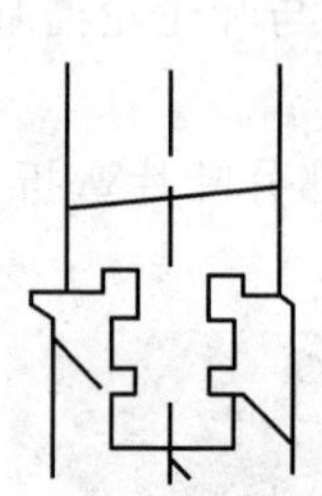

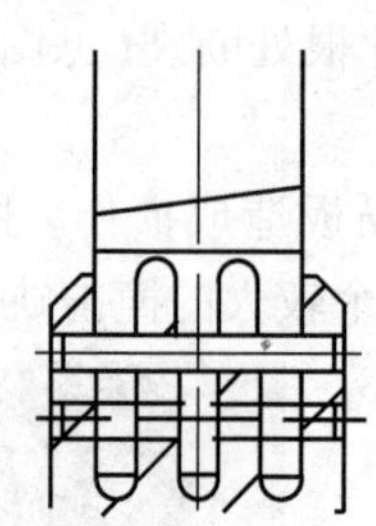

图3 双倒T形叶根和叉形叶根对比

2) 叶顶自带围带

动叶顶部形成整圈连接，减少动叶应力，动强度可以达到原来的5倍，使运行更加安全可靠。

3) 叶片改成调频叶片

通过叶片改型、叶顶自带围带等措施将叶片由不调频叶片改成调频叶片。同时为了确保汽机正常运行时叶片避开共振区域，大幅改小了叶片的静频率。上汽出厂的时候次末级叶片静频率在200~215Hz，末级在103~110Hz，此次改造过程中，采用的次末级叶片静频率在118~125Hz，末级在68~72Hz。通过降低叶片的静频率，使叶片在运行时动频率能够安全避开共振区域，避免了叶片因共振引起的金属疲劳断裂而导致事故的可能性。

4) 加大叶轮与转子之间的过盈量

为保证刚性，新叶轮、叶片增加了厚度，因此提高了过盈量(由原来的0.5mm改为0.8mm)，保证了叶轮和转子之间的足量接触，确保满足汽机高速运行时叶轮离心力要求。

5) 加大叶根刚度

根据原始计算了解到该机组在设计过程中就存在着原始动强度不足的问题，多次叶片断裂也均发生在叶根位置，可以说叶根是最薄弱的环节。因此对叶根强度进行加强，使其满足运行中承载动应力的要求。

6）改造隔板静叶

通过控制静叶节距和喉宽公差，避免造成流场不均匀的结构因素，减小汽流激振力，相应地提高了叶片运行的安全性。

3.2 提高机组效率

1）采用最新的三元流技术

根据实际运行状态，应用三元流技术进行流场设计，通过对蒸汽热力参数和气动参数沿叶高分布的分析，静叶采用复合弯扭叶片，动叶沿叶高反扭。

2）改进叶片型线

采用新型高效叶片型线，使最大气动负荷在叶栅流道的后部，以大幅度地减少径向、横向和端部二次流损失；减小叶栅通道前段压力面与吸力面的压差，消弱了通道二次流的强度，降低叶栅总的二次流损失。

对叶片前缘小圆进行改型，改小小圆半径且使其具有更好的流线形状，保证进汽攻角±30°范围内叶栅损失基本不变。另一方面，改薄叶片尾缘，减少尾缘损失。同时增大了叶型的厚度，提高了叶片的刚性。

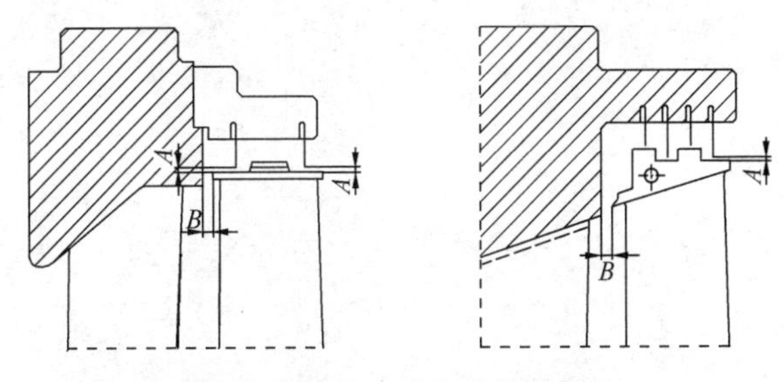

图4 汽封齿改造改造前后对比

3）增加汽封齿

采用外平内斜的自带整体围带，并增加汽封齿数，减少漏气损失，如图4所示。

4）通流子午面改造

动叶片采用内斜外平的自带围带，隔板顶部子午面也采用斜通道，形成光滑的子午面通道，抑制了径向流动，避免了台阶式通道所造成的局部涡流死区，大大降低级间损失，有效提高级效率，如图5所示。

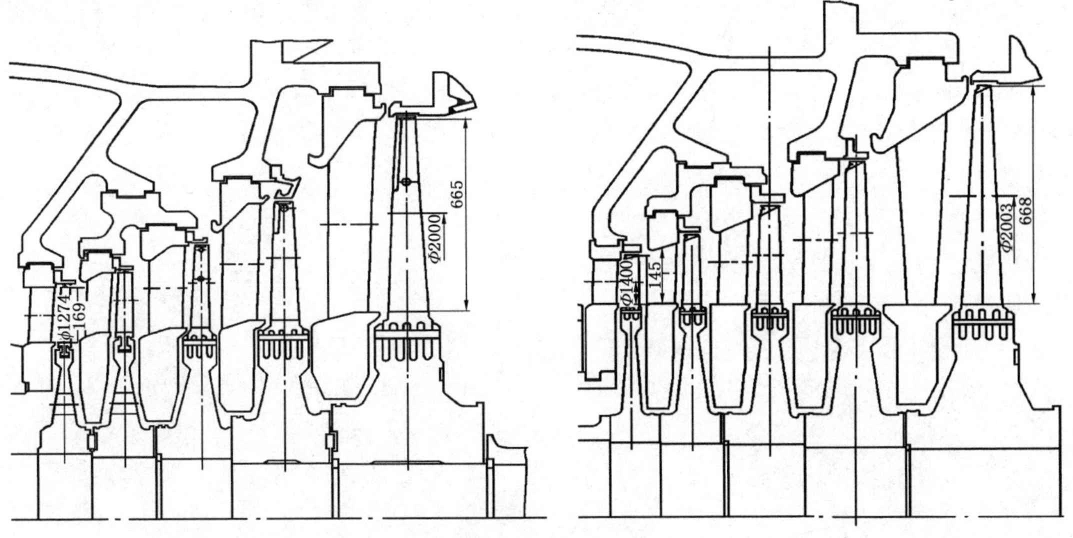

图5 通流子午面改造前后对比

4 结论

叶片是汽轮机主要做功部件。它承受着高压差、高速离心力、不均匀蒸汽激振力、湿蒸汽水蚀等的作用，运行条件十分苛刻，其安全性直接关系机组的长周期运行。通过本次改造，消除了设计制造存在的各种隐患，保证了汽轮机的长周期运行。

（中国石化镇海炼化分公司机动处 张弼）

38. 切割汽轮机末级叶片维持生产运行

热电厂 8[#]汽轮发电机组正常工作转速为 3000r/min，功率为 50MW。该机组于 2001 年 12 月中旬因振动过高而停车。解体后发现汽轮机转子次末级(即 17 级)叶片断裂，造成次末级叶片、末级(即 18 级)叶片均有不同程度的损伤。由于生产的需要，要求机组尽快开车，因此决定将损坏较重的 17 级叶片全部摘出，将损坏较小的 18 级叶片进行部分切割处理。鉴于 17 级叶片全部摘出，因此降低负荷在 40MW 以下运行，以维持生产工作。汽轮机转子简图如图 1 所示，机组测试简图如图 2 所示。

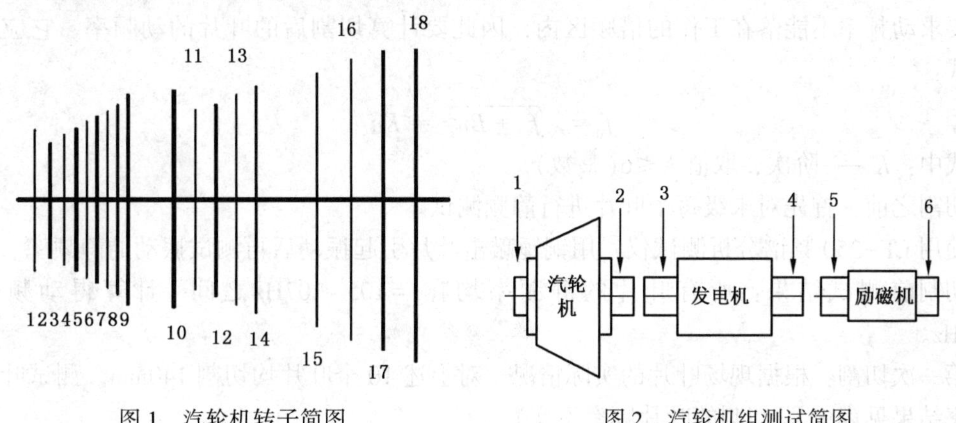

图 1 汽轮机转子简图　　图 2 汽轮机组测试简图

1 叶片切割方法

汽轮机转子的末级叶片为调频叶片，结构为单只自由叶片，每个叶片长 540mm，其叶片的振动型式为 A_0 型，共 100 个叶片，其切向振动静频率为 $10^5 \sim 10^7$Hz。以其铆钉所在为起点，顺时针方向对叶片进行顺序编号从 1[#]至 100[#]。

切割汽轮机转子末级叶片之前，对碰撞变形、损坏较重的叶片进行了校形、打磨以及表面探伤。根据损坏情况、探伤结果及考虑到切割后质量不平衡等因素，确定对 10 个叶片进行切割。其编号为 15[#]、24[#]、29[#]、39[#]、50[#]、65[#]、74[#]、79[#]、89[#]、100[#]。切割方式采用气割，之后进行打磨处理。

切割叶片的主要问题是确定叶片切割长度，并且保证切割后汽轮机运行平稳。切割叶片的长度取决于叶片的振动频率。因每个叶片受到一短时间性作用力时都有自已的自振频率 f。

当单自由度时叶片的自振频率为：

$$f = \frac{\omega_n}{2\pi} = \frac{1}{2\pi}\sqrt{\frac{c}{m}}$$

式中 m——质量；

c——材料弹簧刚性系数。

实际上叶片是有阻尼的，在有阻尼时叶片的自振频率 f_n 为：

$$f_n = \frac{\omega}{2\pi} = \frac{1}{2\pi}\sqrt{\frac{c}{m} - h^2} \approx \frac{1}{2\pi}\sqrt{\frac{c}{m}}$$

式中：$h=\frac{b}{2m}$单位质量的阻力系数；b为阻力系数。

由于h值很小可忽略不计，因此有阻尼和无阻尼的自振频率基本上一致，即$f=f_n$。但旋转叶片的自振频率和静止叶片的自振频率是不一样的，还应考虑到旋转时的动频率f_d，旋转时的动频率为：

$$f_d = \sqrt{f^2 + Bn_s^2}$$

式中 B——动频系数；

n_s——转子的工作频率，$n_s=50Hz$。

要求动频率不能落在工作的倍频区内，因此要计算切割后的叶片的动频率。它应该满足公式：

$$f_d = \sqrt{f^2 + Bn_s^2} \neq Kn_s$$

式中：K——阶次，取值$K \leqslant 6$(整数)。

切割之前，首先对末级每个叶片进行静频测试。

使用CF-250频谱分析测试仪，用铜锤敲击叶片引起振动后再测试振动的静频率。

切割前测试结果：所有叶片的静频率均在$f=105 \sim 107Hz$之间。计算得动频率$f_d=107Hz$。

第一次切割：根据现场叶片的实际情况，对上述10个叶片均切割140mm。测试叶片的静频率结果见表1(没切割的叶片频率不变)。

表1　切割140mm后测试叶片频率　　Hz

叶片号	15	24	29	39	50	65	74	79	89	100
静频率	182.5	181.2	182.5	182.5	182.5	183.7	183.7	183.7	182.5	183.7

上述测值经哈尔滨汽轮机厂计算后确认：$f_d=\sqrt{f^2+Bn_s^2} \neq Kn_s$，其中：动频系数$B=1.8 \sim 2.0$；$n_s=50Hz$，此时动频率$f_d=194 \sim 196Hz$之间，接近于4倍工作频率200Hz。为了越过4倍工作频率200Hz范围，根据计算要求，将静频调整到205～210Hz，切割长度20～25mm范围。

为了保证准确性，先对15#叶片进行切割，每切割一次进行静频率测试一次。

第二次切割15#叶片10mm长，测试静频率193Hz，动频率$f_d=204 \sim 205Hz$。

第三次切割15#叶片10mm长，测试静频率201Hz，动频率$f_d=211 \sim 213Hz$。

第四次切割15#叶片5mm长，测试静频率206Hz，动频率$f_d=216 \sim 218Hz$。

此值已满足上述计算要求。以同样方法分别对其他9个叶片进行切割。

第五次切割其他9个叶片25mm长，打磨光滑后，分别测试频率结果见表2。

表2　全部切割完成后所有叶片的测试频率　　Hz

叶片号	15	24	29	39	50	65	74	79	89	100
静频率	206.2	206.5	206.3	206.4	206.5	206.2	206.5	206.3	206.4	206.5

由于自振频率与叶片的质量有关，因此在保证叶片的自振频率条件下，经小心打磨尽力使频率趋于一定值，以保证质量的平衡。

2　机组开车运行测试结果

上述摘出叶片及部分叶片进行切割处理后，机组开车运行平稳，测试振动值均在允许范围内。机组运行负荷由50MW降到40MW，运行正常未发现异常，直到计划停机后进行全面修复。

切割前后运行振动测试值见表3(切割前后均在正常工作转速3000r/min下测试)。

表3　切割前后运行振动测试全频值　μm

测　点	1H	1V	3H	3V	4H	4V	5H	5V	6H	6V
切割前运行振动值	12	16	5	10	6	11	7	7	8	4
切割后运行振动值	5	13	10	7	10	6	8	11	5	10

3　结论

切割汽轮机转子叶片后汽轮机运行平稳。但这种方法是在生产紧急情况下的应急措施，只能维持生产，不建议长期应用。

4　问题讨论

对于切割汽轮机叶片的作法只是在生产紧急时所采用的一种应急措施，这与理论上的要求有一定的距离，但在运行时除了降低负荷之外，其他一切运行正常，没有引起较大的振动。现就理论上存在的问题进行探讨。

4.1　对于频率分散率的探讨

一般要求频率分散率$2(f_{max}-f_{min})/(f_{max}+f_{min})<8\%$为合格。在此叶轮上有两种长度的叶片，两种叶片上即有两种频率；即$f_d=107Hz$和$f_d=206Hz$。以此计算频率分散率是：2÷(206-107)/(206+107)=63%，此值远大于8%。

4.2　对于频率避开率的探讨

一般要求频率避开率$\Delta f=\left|\frac{Kn_s-f_d}{Kn_s}\right|\times100\%$。对于不同的$K$值下的$\Delta f$的最小裕量规定为表4，而当动频率$f_d=216$时的$\Delta f$计算值见表5，切割后的频率避开率均大于要求的最小裕量值。

表4　Δf的最小裕量

K	2	3	4	5	6
Δf%	12	7	5	4	3

表5　动频率$f_d=216$时的Δf计算值

K	2	3	4	5	6
Δf%($f_d=216$)	116	44	8	13	28

尽管存在上述的问题，但运行仍然平稳，运行中未发生其他故障。

(中国石油辽阳石化分公司生产监测部　陈英杰，闫立伟)

39. 汽轮机和烟机防叶片断裂技术

某公司的一台汽轮机先后5次发生断叶片的事故，特别是最近发生在2005年10月的一次尤为严重。该汽轮机的次末级三根长叶片从叶片中部折断，这三根断下的叶片随后又把次次末级的多个叶片打坏，还严重损坏了隔板和汽封。这次事故仅修复汽轮机就花费了两百多万元，再加上停产造成了巨大的经济损失。某电厂新购买的一台汽轮机运行不到一年，就发生了断叶片的事故。

导致叶片断裂的重要原因之一是叶片在很高的气流激振力作用下，产生疲劳裂纹，裂纹进一步发展导致叶片断裂。本文通过分析激振力产生的原因，研制了控制叶片激振力幅值和频率的减振环，通过改变气流的流场，显著控制叶片激振力幅值和频率，可以大大延长叶片的寿命，已经在多台新、旧汽轮机中得到了应用和验证。

1 防止叶片疲劳与断裂方法的实验研究

一般来说，研究防止叶片疲劳与断裂的方法时，要预测和改进气动力布局，调整结构参数，在工作范围内避免危险共振和颤振，修改叶片结构设计或利用附加结构实现调频，利用错频(非协调)安装来改变整级叶/盘转子结构的动力特性。通过增加级与级之间的空间，改善支板、导流叶片、进气道流线型设计等措施来调整和减小激励源强度。还要研究、分析各种影响因素，如材料的材质、冶金、制造工艺和装配、表面完整性及环境等，最大限度地提高叶片抗疲劳的能力。另外还可以采用振动控制措施，如各种阻尼减振技术，减小和抑制动力响应。

本文采用阻尼减振技术，减小和抑制叶片的动力响应。研制了控制叶片激振力幅值和频率的减振环，通过改变气流的流场，显著控制叶片激振力幅值和频率，实验装置如图1所示。

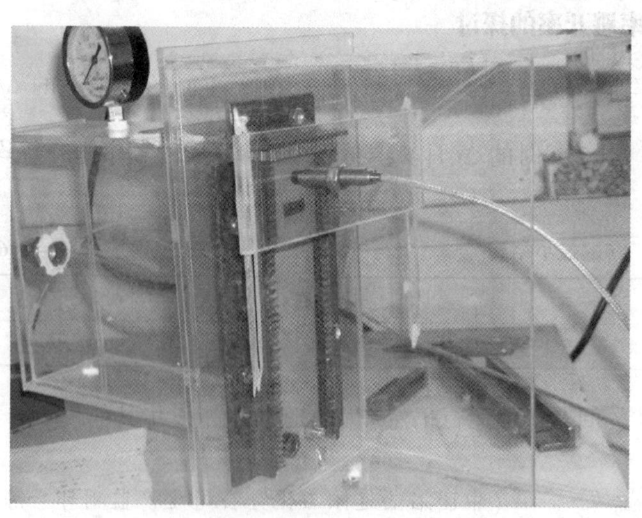

图1 阻尼减振环模拟实验装置

实验装置包括空气泵、叶片、有机玻璃制作的壳体、振动测量装置、阻尼密封件和光滑密封件等。本文实验研究了应用阻尼密封后叶片的振动，并与光滑密封进行了比较。实验表明阻尼密封可以显著减小叶片的振动。

图 2 为光滑密封的叶片顶部间隙是 0.2mm，叶片振动的峰峰值是 1598.63μm，振动的主要频谱成分是低频成分。

图 3 为阻尼密封的叶片顶部间隙是 0.2mm，叶片振动的峰峰值是 349.23μm，振动的主要频谱成分是低频成分。

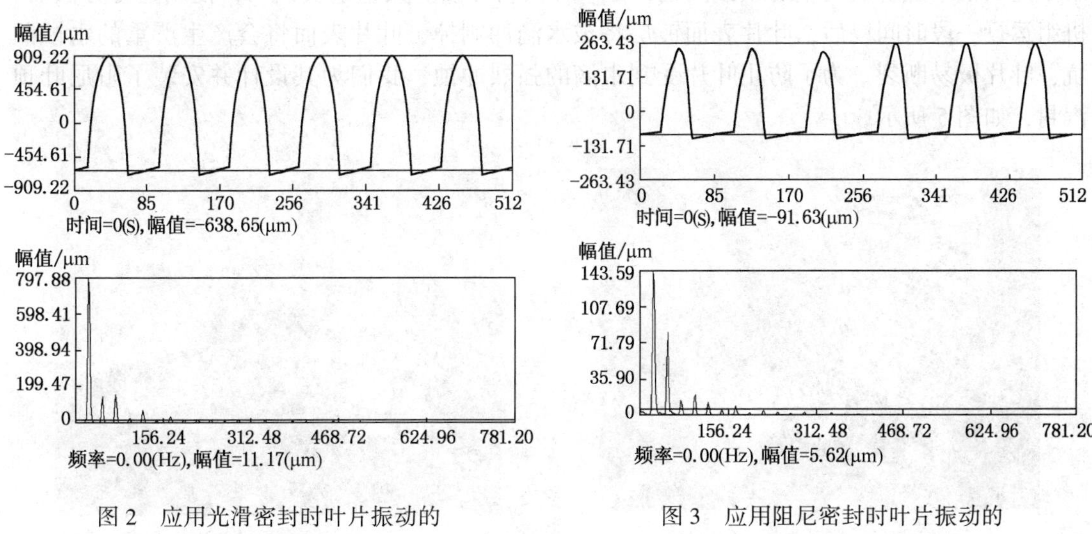

图 2　应用光滑密封时叶片振动的时域波形图和频谱图

图 3　应用阻尼密封时叶片振动的时域波形图和频谱图

实验表明阻尼密封可以显著减小叶片的振动，是减小叶片振动、防止疲劳断裂的有效方法。

阻尼密封的减振原理是：由于叶尖间隙区域存在泄漏涡等非常复杂的流动过程，有效控制其内部流动过程将有助于改善叶轮机的性能，扩大叶轮机的稳定工作范围。在阻尼密封中，阻尼密封表面有许多网格，就像一间间彼此隔绝的小房间一样，气流在不贯通的网格中被强烈地耗散，减低了流速，达到了减少振动和泄漏的目的。

2　阻尼密封的工程应用

1）北京某热电厂 75MW 后置机阻尼叶顶汽封

重庆某电厂 75MW 后置机由于低压缸末级湿度大，叶片受到强烈的水滴冲蚀，曾发生叶片断裂的事故。各级的湿度是：末级 12.4%，次末级 8.5%，次次末级 4.2%。2000 年北京某热电厂要购买相同类型的 75MW 后置机，为了防止叶片受到水滴的强烈冲蚀，我们为其设计并安装了阻尼叶顶汽封。使用阻尼汽封后，用阻尼密封的网孔来吸附水滴，去湿效果好，叶片损伤大幅度下降，提高了机组效率和运行稳定性。自投产以来一直安全稳定地运行。

2）某核电站 650MW 的汽轮机阻尼叶顶汽封

该 650MW 汽轮机在低压缸次次末级和次末级应用了阻尼密封。其直径约为 2.8m，次末级湿度是 10%，次次末级湿度是 6%。

3）某电厂 100MW 汽轮机阻尼叶顶汽封

如图 4，我们在该汽轮机低压缸次次末级和次末级应用了阻尼密封。次次末级叶轮的直径 1865. 4mm，次末级叶轮的直径 2184. 8mm。

4）某 25MW 汽轮机阻尼密封

该机组供汽压力为 10. 2MPa，蒸汽温度为 460~490℃，低于设计值 540℃，低压缸中蒸汽湿度大，对叶片将会产生严重的水蚀，叶片寿命受到威胁，极易发生叶片断裂事故。目前，汽轮机厂对此采取的对策是在叶片表面镀上一层金属。这是目前常规的做法，这种方法不能从根本上解决严重的水蚀问题，是一种被动方法。大量事实说明，使用这种方法后，机组运行一段时间以后，叶片表面镀层将被水滴冲刷掉，叶片表面将会产生严重的水蚀凹坑，叶片极易断裂。为了防止叶片受到水滴的强烈冲蚀，我们为其设计并安装了阻尼叶顶汽封，如图 5 所示。

图 4　某电厂 100MW 汽轮机阻尼叶顶汽封

图 5　某电厂 25MW 汽轮机阻尼叶顶汽封

3　结语

目前已经完成对汽轮机阻尼密封参数的优化研究、实验研究和工程应用，对本产品进行了成果鉴定，获得了国防科学技术委员会科技进步三等奖。在 600MW、300MW、200MW、75MW 以及 50M 等各种新、老汽轮机中应用了阻尼密封。同时还生产了透平压缩机阻尼汽封等。

（北京化工大学诊断与自愈工程研究中心　何立东，张强，刘锦南，车建业）

40. 连续重整汽轮机高速在线清洗

中国石化高桥分公司 80×10^4t/a 连续重整装置循环氢压缩机的驱动汽轮机为杭州汽轮机厂制造的 NG25/20 型背压式汽轮机，机组于 1998 年 5 月调试投用。汽轮机额定功率为 1456kW，额定转速为 8344r/min，一阶临界转速 3313r/min，蒸汽温度 435℃，蒸汽压力 3.5MPa，排汽压力 1.0MPa。自 2007 年 11 月装置扩建开工正常后运行状态比较平稳，至 2009 年 6 月中旬，汽轮机出现了结盐的现象而且发展迅速，已经无法满足装置的正常生产需要。由于连续重整装置担负着高辛烷值汽油和临氢装置氢气平衡的重任而无法停工，汽轮机结盐的问题亟待解决。炼化行业工业汽轮机实行清盐的方法主要以机械清理为主，使用在线清理的案例较少并且都是将转速降至临界转速以下才进行，都不适合本机组的情况。本案例着重介绍汽轮机带负荷、高转速在线清洗。

1　结盐的原因和后果

汽轮机结盐的主要原因是过热蒸汽品质不良，蒸汽中易溶于水的钠的化合物和不溶于水或极难溶于水的化合物超标，当蒸汽在通流部分膨胀做功时，参数变化及汽流方向和流速不断改变，蒸汽携带盐分的能力逐渐减弱，在减压部位或流道变更部位被分离出来，大多在喷嘴、动叶和汽阀等通流部件表面上沉积，形成盐垢。

汽轮机通流部分结垢将使通流面积减小，效率下降，汽轮机振动、轴位移等参数也会发生变化。若维持进气调节阀开度不变，流量将减小，使机组功率下降；若要保持汽轮机转速，就要开大进汽阀，当进汽阀开到最大仍不能提供合适的转速时就影响到了装置的正常生产。结盐初期，相同输出功率的情况下蒸汽量会逐渐增大，汽轮机的轴位移、振动、轴承温度等参数也会逐渐增大；结盐后期，流道逐渐变窄，蒸汽量会逐渐下降，最大输出功率也相应下降而无法满足生产需求，但是汽轮机的轴位移、振动、轴承温度等参数趋于稳定。此外，若主汽阀、调节阀及排汽单向阀的阀杆上结垢引起卡涩，还可能导致汽轮机发生严重事故。本案例的机组是连续重整装置的循环氢压缩机的动力，出力不足直接导致压缩机排气量不足，机组工作点进入到喘振区。由于早期设计理念的不同，本套装置未安装实际的防喘振阀，工作点虽然进入性能曲线的喘振区但是没有实际的自动保护动作，对机组的安全运行造成较大威胁，同时也会对整个炼油事业部的经济效益和氢气平衡造成非常大的影响。

2　高转速在线清洗的原理和技术难度

在线清洗主要是利用钠盐在饱和蒸汽中的溶解度较大的特点，利用减温装置将汽轮机进汽温度降低至合理水平，做功后产生湿蒸汽，冲刷结垢的叶片，将盐垢溶解后带出。在线清洗实在完全或部分偏离正常工况下进行的非正常操作，其核心在于蒸汽温度、汽轮机转速的确定以及清洗时间的确定。

蒸汽在进入汽轮机后，经喷嘴进入第一级(冲动级)做功，约为 30%的做功在第一级完成，做功剧烈，大量湿度过大的蒸汽也会对后面几级叶轮造成损伤，所以为了防止蒸汽湿度过大造成严重冲击，进汽要保持合理的过热度。使用大量湿蒸汽进行在线清洗，对高速运转的汽轮机各级叶片造成较大冲击的同时还会有腐蚀因素需要考虑，因此持续的时间不能过长，清洗效果比较难保证。另外如果一片叶片受损脱落，整个汽轮机转子会受到毁灭性损伤，转速越高后果越严重。国内有过汽轮机进行在线清洗结盐的案例，但几乎全部是在低转速、低负荷下进行，还没有实施高速在线清洗的先例。

3 各项参数的选择

3.1 蒸汽压力和温度的选择

由于本机组要保证生产装置的正常运行，所以要有较大的能量源，因而蒸汽的压力不宜过低，本方案采用了 3.0MPa 的自产蒸汽作为汽源。在汽轮机高速运转的工况下进行清洗，湿蒸汽的比重大，对叶片的冲击力很强，特别是末级叶片的进汽湿度会更大，甚至可能产生大量明水，湿蒸汽的比重过小则达不到清洗效果或清洗时间过长仍然会有较大的风险，因此必须对进入汽轮机的蒸汽温度进行合理控制。杭州汽轮机厂提供的机组汽源要求保证 50℃的过热度，综合考虑选取 20~25℃的过热度为宜。考虑到汽轮机进行在线清洗时的工况与正常运行工况会有较大差别，随着清洗过程的进行蒸汽的压力会有所波动，所以要根据蒸汽压力即时调节蒸汽温度，并且根据排汽饱和程度来判断进汽温度是否合理。表 1 为蒸汽饱和蒸汽压/温度的相关参数。

表 1 饱和蒸汽压力和温度数据表

蒸汽压力/MPa	3.2	3.1	3	2.9	2.8	2.7	1.2	1.1	1	0.9	0.8	0.7
饱和蒸汽温度/℃	239.27	237.52	235.73	233.9	232.02	230.09	191.6	187.95	184.06	179.88	175.35	170.4

3.2 汽轮机转速的选择

与电力行业的汽轮机不同，炼化行业的工业汽轮机功率较小、转速较高，其转子的直径一般较小且叶轮叶片全部是闭式的，承受冲击的能力较强，借鉴 3#加氢 K7002 和本机组在中压蒸汽管网波动时出现过的运行状态，在合理选择转速的情况下实行在线清洗基本可行。工业汽轮机的运行转速在所驱动的离心压缩机的一阶临界转速和二阶临界转速之间，临界转速的影响区约为±1000r/min，本机组进行在线清洗时理论上的最小转速为 4313r/min。但是生产装置还有低流量联锁和氢油比的指标要求，汽轮机的转速必须能够满足此时的循环氢气量的要求，所以本次在线清洗转速初步定为 5500~6500r/min，视装置实际的生产需要进行微调。

4 清洗方案

4.1 调整装置的处理量，降低机组转速

将装置的处理量降低至能够维持生产即可，较低的处理量可以降低系统阻力，降低压缩机的负荷，这样对汽轮机的转速要求相对较低，降量的同时要根据汽轮机性能曲线下调机组转速，目标 5500~6500r/min。

4.2 检查机组联锁，确保出现问题机组自保

投用机组所有联锁，在清洗的过程中如果振动或轴位移发生变化能够及时报警，便于调整操作；如果振动或轴位移异常能够及时实现联锁自保，打开紧急停车按钮盖，操作人员可根据实际情况实施紧急停机。

4.3 准备好事故预案

准备好停工预案和抢修预案，如果清洗过程中出现异常情况导致汽轮机停机，装置按

预案进行紧急停工处理，停机后汽轮机按大修程序进行机械清盐。

4.4 操作人员现场监控

安排操作人员现场监控机组的运行情况，出现异常声音或较大振动可以实施手动紧急停机。

4.5 调整蒸汽温度

使用装置自产蒸汽降温装置实施降温，降温速度每小时25~30℃，临近260℃时降温速度尽量慢，保持进入汽轮机蒸汽温度下降速率的稳定可控，同时要防止温度下降过快会产生胀差、轴向位移、振动和温度等参数的大幅变化。由于使用的是自产蒸汽和减温减压装置调整温度，在温度降低的同时压力也会逐渐降低，所以必须按照蒸汽饱和蒸汽压/温度数据表进行相应调整。另外在清盐过程中，随着效果的逐渐显现，汽轮机的转速会发生变化，蒸汽用量和蒸汽压力也会相应发生变化，要及时调整蒸汽温度和汽轮机转速。

4.6 打开轮室排凝，及时排放冷凝水

随着蒸汽温度的降低，排汽温度会首先接近饱和蒸汽温度，汽轮机轮室内也可能出现凝液，需要打开轮室排凝阀。一方面能够及时排掉轮室内的冷凝水，防止凝液对叶片造成损伤；另一方面可以根据冷凝水产生速度和多少调整蒸汽温度，较少的冷凝水对机组安全有利；第三个作用是可以根据冷凝水的情况评估清洗效果。

4.7 清洗时间的确定

清洗时间可根据汽轮机轮室压力的数值变化即轮室压力恢复到正常值的程度来确定，但如果汽轮机振动、轴位移、温度等参数出现异常应该停止清洗。由于汽轮机的转速较高，大量湿蒸汽对叶片的冲击较大，同时考虑到汽轮机转子已经运行了十年，转子机械性能也可能下降，所以清洗的时间不宜过长。不过较大的蒸汽量能够保证清洗的效果，因而所需的清洗时间不会太长，初步确定清洗的时间为20~30min，最终的时间根据清洗效果进行调整。

4.8 清洗效果的评定

清洗效果比较科学的评定方法是采集排汽中的水分进行分析，其钠盐含量应该有逐渐升高然后降低的过程，降低到正常水平为最佳。但是前文提到汽轮机高速清洗的时间较短，采样分析方法不太适合，需要使用替代的评定方法。可以采用监测类似工况下汽轮机轮室压力的方法进行判断，根据清洗动作发生前后轮室压力数据变化情况评定清洗效果，如果轮室压力显著下降甚至恢复到正常运行时的水平，可以认为清洗完成，观察冷凝水和背压蒸汽中水的情况可以作为辅助评定方法。

清洗结束后调整各项参数至正常运行水平，装置调整至最大处理量，此时汽轮机如果能够满足生产需要并实现升降速的灵活调节且机组的各项参数无异常，说明汽轮机高速在线清洗最终完成并取得成功。

5 汽轮机清洗

经过各个部门的精心准备，于2009年7月21日上午8时开始降低装置处理量，并同步进行蒸汽温度调整，至14：17达到260℃，清洗时间维持24min，随后逐步恢复正常操作。

清洗时装置处理量为60t/h，为额定负荷的63%；汽轮机转速6700r/min，为额定转速的80%；蒸汽温度在252~260℃之间，蒸汽压力下降到2.6MPa，但过热度维持在20℃以上；汽轮机振动、轴位移、温度等参数未见升高；排汽中有明水出现，采集后目测为米黄

色物质(见图1、图2)；汽轮机轮室排凝未见明水；轮式压力明显下降，清洗前后同比下降1.0MPa。

图1

图2

7月22日，装置的处理量达到满负荷，汽轮机能够满足生产需要并能够实现灵活升降速调节，机组各项参数显示正常，汽轮机在线清洗工作完成。从2009年7月21日完成在线清洗，连续重整装置持续处于高负荷状态，K201均能够满足生产要求并平稳运行，截止目前已经连续运行了近8000h，这说明本次在线清洗取得了成功。

6 结论

连续重整装置汽轮机高速在线清洗取得了成功，丰富的机组运行经验、可靠的联锁控制系统和精确的调节控制保证了清洗工作的完成，但是还是要充分考虑这种方法的危险性。机组的运行工况受到生产的制约，在进行清洗时本身的机械性能也存在相当大的不确定性，一旦造成了损伤将是不可逆的，更甚者有将动、静叶片“剃头”的风险。汽轮机结盐的主要原因是蒸汽品质不佳，因而防止汽轮机结盐的根本方法应该是提高专用锅炉或余热锅炉的运行水平，保证蒸汽品质，从源头上进行防治，而不是采用事后清洗的方法。相较于发电行业的汽轮机，炼化行业的工业汽轮机通常转速高、机型较小，对于汽轮机内部状态监控手段有限，加之高速清洗持续的时间不能过长，即使在线清洗的方法完全可靠也缺少快捷、有效的评估方法对其进行最终的效果评定，所以条件允许，汽轮机结盐尽量不在高速状态进行湿蒸汽清洗，但是汽轮机低速在线清洗的方法值得推荐。

（中国石化上海高桥分公司　厉纯金）

41. 在线清洗技术在处理汽轮机叶片结盐方面的应用

气压机301是齐鲁石化炼油厂第二催化裂化装置的重要设备之一，其主要作用是将反应产生出来的催化富气加压后送往稳定吸收，以提高装置的轻质油收率。机301由汽轮机带动，主机型号为2MCL457-37，汽轮机为背压式，由杭州汽轮机厂设计制造，型号为NG32/25/0。压缩机和汽轮机之间用挠性叠片式联轴器连接。

该机组自2008年11月份以来做功效率显著下降，正常工作转速应为9800r/min左右，气压机2009年2月份只能达到8500~9000r/min左右，透平轮室压力也由2.2MPa上升到2.7MPa，严重制约了装置的正常生产。车间主要通过三项措施维持生产平稳：①适当降低处理量；②加强盯表，确保蒸汽系统满足机组需求，蒸汽系统波动时及时联系调度进行调整；③机组转速过低时及时汇报厂调开启机出口放火炬阀，防止机组喘振保护生产平稳。

经厂有关部门结合相关参数的变化情况研究认为，汽轮机叶片结盐是造成汽轮机效率下降的主要原因(见图1)。为节省汽轮机开盖维修耗用的大量时间、避免非计划停工，可通过对汽轮机进行在线清洗来消除汽轮机内部所结盐垢，同时确保机组长周期运转平稳。

图1 2008年5月份机组检修时的叶片结盐情况

1 在线清洗处理技术要求

(1) 为确保机组安全，未经车间主任同意禁止切除机组联锁，汽轮机从正常运行状态转为带负荷清洗，运行工况发生较大变化，操作稍有不当，将直接影响机组的安全运行。因此，在带负荷清洗过程中必须密切监视胀差、轴振动、轴位移和机组各部温度等的变化情况，按轴振动≯60μm，轴位移≯0.45mm进行操作，一旦轴振动和轴位移超标，或者发现轴振动和轴位移迅速上升无法控制，应当立即按动“紧急停机”按钮保护机组安全。

(2) 操作过程严格按照清洗技术方案进行，操作原则为：先切除机组，再降低转速至1500r/min，然后开始进行叶片清洗操作。叶片清洗操作原则为：先降低压力，再降低温度，但是温度必须控制在车间规定的温度以上，以避免损坏叶片。

(3) 制定好降温降压曲线，控制好蒸汽降温速度，防止因过大的降温速度造成气缸和管道法兰等部件产生过大温差应力而造成次生事故。为保证各金属部件温度变化均匀，中压蒸汽降温速度应控制在1℃/min左右，采用测温仪对管线进行定期测温工作。

2 处理过程

(1) 厂相关部室首先制定了详细的技术处理方案、相关操作要求和注意事项，要求车间照此执行。

(2) 车间做好现场各项准备工作：①汽轮机出、入口安装临时采样器，联系化验对蒸汽品质每 4h 分析一次；②技术处理方案、相关操作要求和注意事项发放班组进行学习，并对操作员进行培训讲解。

(3) 4 月 9 日下午 16：00 汇报调度后装置开始降负荷操作；联系化验和动力开始对汽轮机出、入口蒸汽 Na^{+}含量按 1 次/小时的频率进行采样分析。

(4) 19：20 气压机逐步打开出口放火炬阀，关闭出口阀，气压机切除系统。

(5) 19：30 至 20：00 气压机逐步按计划降低转速至 3000r/min 并关小机出口放火炬阀至 30%左右。

(6) 20：30 开始逐步进行中压蒸汽降温降压工作，开始按照预定降温降压计划进行操作，按照(1~2)℃/min 的速度降温，降温过程中密切关注机组振动和轴位移未发生变化。

(7) 在中压蒸汽调整基本到位后，车间逐步开始将汽轮机出口低压蒸汽隔断阀关小，同时全开机出口放空阀，以控制较低的汽轮机出口压力和蒸汽温度。

(8) 23：00 中压蒸汽压力降低至 1.8MPa，温度降低至 230℃，转速保持 3000r/min，各项参数基本调整到位(见图 2)，经分析认为可维持在此种工况下进行汽轮机清洗工作，通过适当调整蒸汽压力变化实现机组交变负荷清洗，同时避免各项参数的大幅度波动，注意观察机组轴振动和轴位移变化。

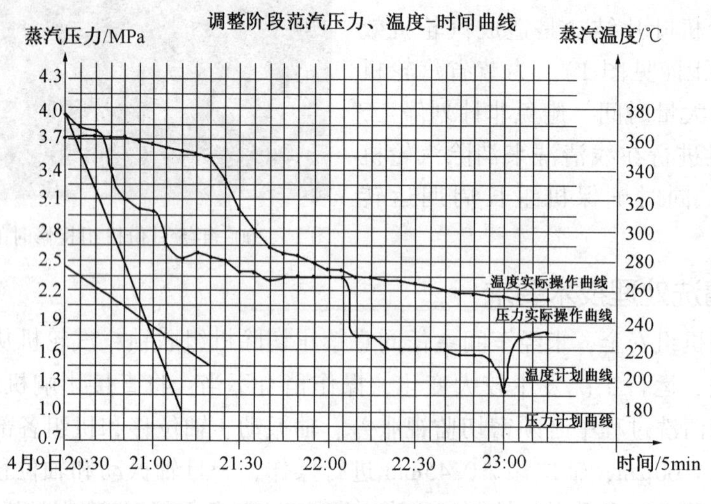

图 2 降温降压曲线

(9) 23：00 至次日 05：00 中压蒸汽压力和温度基本保持平稳，从蒸汽采样分析数据可看出蒸汽中 Na^{+}含量明显升高，表明清洗效果比较明显(见图 3、图 4)。

(10) 4 月 10 日上午 05：00~9：00，中压蒸汽压力波动较大，蒸汽温度基本保持平稳，岗位根据管网波动情况做适当调整，以维持机组入口压力稳定，保证冲洗效果。

(11) 4 月 10 日上午 11：00，车间根据蒸汽 Na^{+}含量分析数据变化趋势决定将化验分析频次由 1 次/小时改为 2 次/小时，以加快对冲洗效果的了解。

(12) 14：20，根据 13：20 和 14：00 两次化验分析数据 Na^{+}含量持续走低作出清洗效果良好的判断，决定停止清洗，恢复生产。

(13) 通过对机组各运行参数对比分析认为，本次机组冲洗情况良好，达到了预期目的。

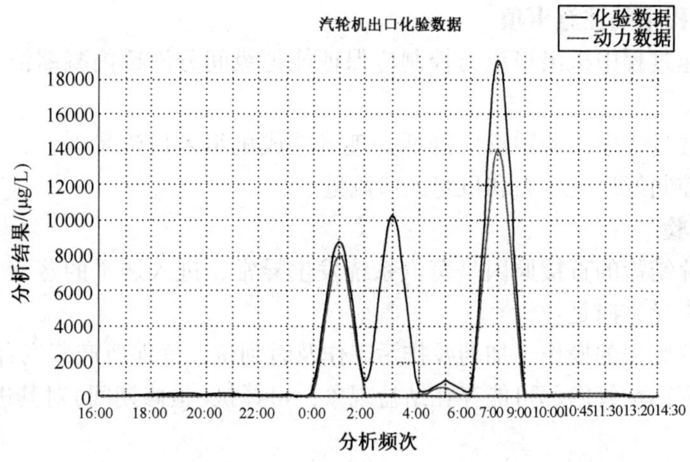

图 3　汽轮机出口 Na^+ 含量分析变化情况

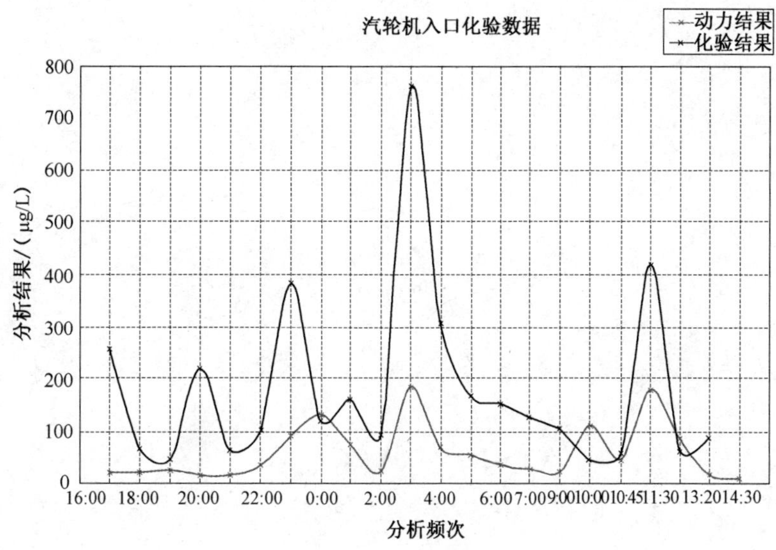

图 4　汽轮机入口 Na^+ 含量分析变化情况

3　总结

3.1　清洗的实际效果

从清洗前后各参数对比来看，本次清洗效果相当明显，通过将近 15h 的过饱和湿蒸汽清洗，汽轮机轮室压力下降 0.5MPa 左右，在同等蒸汽和负荷的条件下，汽轮机转速提高约 1000r/minm，机组运行工况基本恢复至 2008 年 4 月开工时状态，满足了正常生产的需要。机组部分运行参数清洗前后对比情况见表 1。

表 1　机组部分运行参数清洗前后对比情况

	中压汽压力/MPa	低压汽压力/MPa	轮室压力/MPa	转速/(r/min)	调速器阀位/%	入口富气流量/(m^3/h)
处理前	3.716	0.92	2.7	8668	100	17211
处理后	3.639	1.04	2.2	9511	79	18457

3.2 清洗过程中的注意事项

(1) 机组降速过程中机出口压力控制应保证能把级间分液罐内凝缩油压走，以避免凝缩油满罐。

(2) 在线冲洗过程中，若因反应降低处理量造成机组入口流量偏低，为避免喘振，应与反应岗位协调控制好反应压力和机组入口流量。

3.3 所获经验

造成透平叶片结盐的直接原因是蒸汽系统发生异常，进入透平的蒸汽参数不合格，对以后完善操作的指导方向是：

(1) 搞好装置废锅的操作，加药及排污工作及时到位，确保所产蒸汽合格；

(2) 该装置废锅炉管内部可能存在结盐现象，可择机(检修期间)对其进行彻底清洗。

(中国石化齐鲁分公司炼油厂机动部　郑爱国)

42. 发电汽轮机组振动大原因分析及处理

某厂发电汽轮机组是由上海汽轮机厂设计制造的50MW双抽机组，型号为CC50-8.83/4.12/1.47型。机组轴系布置如图1所示，由汽轮机和发电机的两轴、四瓦一联轴器组成。

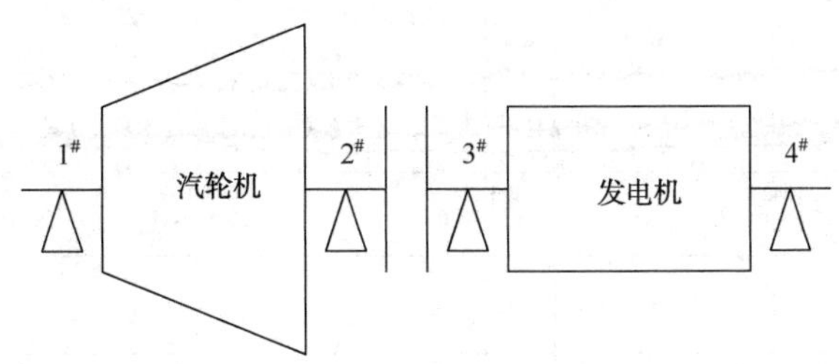

图1　发电汽轮机组轴系结构图

该厂自1991年12月投产，共进行过8次大修，发生过三次断叶片现象，2015年5月因断叶片转入大修，为第八次大修。

1　异常振动及测试

1.1　异常振动现象

2015年4月15日该机组突发甩负荷故障。故障处理后，在随后的带负荷过程中，1#~4#轴承各点轴振和瓦振都有不同程度的增大，突出表现在1#轴承的轴振和瓦振上，导致整个机组的轴系振动都较大，如表1和表2所示。甩负荷及随后带负荷过程中机组振动突发过程如图2所示。

1.2　机组异常振动特征

该机组异常振动发生后，通过测试发现振动具有以下几点特征：

(1) 振动主频率为50Hz，此外，1#瓦和3#瓦振动含有少量二倍频分量；

(2) 甩负荷之前，轴系各点振动较好。甩负荷之后的带负荷过程中，振动逐渐增大，有一定的突发性；

(3) 振动增大后，不能减小，一直维持在高水平上；

(4) 振动变化突出反映在汽轮机前轴承的轴振、瓦振上，例如3000r/min下1#轴振达到275μm，1#瓦振达到68μm；

(5) 连续两次开机测试，振动情况相近。

表1　机组突发振动后实测瓦振值 μm

测点	水平	垂直
1#轴承	45	68
2#轴承	26	51
3#轴承	23	46
4#轴承	32	21

表2　机组突发振动后实测轴振值 μm

测点	X方向	Y方向
1#轴承	275	202
2#轴承	14	58
3#轴承	23	26
4#轴承	4	167 该值中包含较大幅度的虚假分量

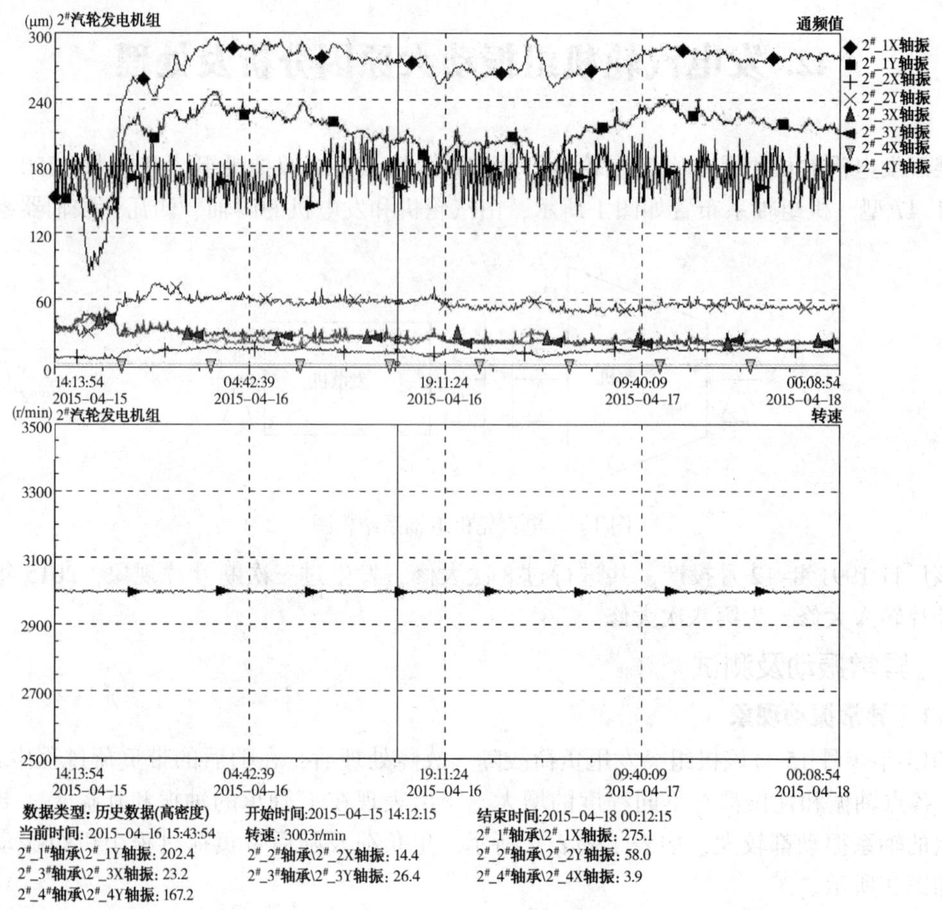

图 2　甩负荷及随后带负荷过程中机组振动突发过程

1.3　故障原因初步分析

根据振动具有突发性、振动主频为 50Hz 分量、突变后振动不再减小、发生在汽轮机上等多方面的特征，可以判断汽轮机转子出现了故障，可能的原因为转子上出现了松动或脱落部件。现根据振动数据对故障可能性进行分析：

1）叶片断裂

叶片断裂后，转子上产生了不平衡力，最容易产生振动突变现象，而且突变后的振动不会减小。该现象与本次振动特征比较相符。

2）中心孔堵头脱落

汽轮机转子中心孔两端有堵头，通过紧力与孔过盈配合，防止润滑油进入中心孔。如果因受热或紧力不足等方面的原因，导致堵头脱落，也会产生一较大的不平衡量，从而激发振动。

由于该汽轮机转子与电机转子采用对轮结构，无过度波形节，因此不可能存在中心孔堵头脱落现象。

3）中心孔进油

转子中心孔内如果进入了油，由于油的厚度在圆周方向上的不均匀，将会使转子表面热交换不均匀，进而产生温差，导致转子热弯曲而引起振动。

该转子中心孔不会脱落，所以转子中心孔也就不可能进油。

根据上述分析，初步判定故障原因为汽轮机断叶片。

如果断裂的叶片不随着汽流方向移动进而损坏其他叶片，可以通过在线动平衡配重的方法对汽轮机断叶片所产生的不平衡量进行补偿。但考虑到汽轮机断叶片位置不确定，有可能对其他叶片产生危害，因此最终决定揭缸检查。

2　揭缸检查及处理

检查叶片发现第15级动叶片有一片叶片断裂，周边叶片叶顶围带均有不同程度的打伤，共计损伤74片该级叶片；此现象与机组振动大原因分析一致，即机组振动大的原因是断叶片造成转子动不平衡。叶片损坏情况如图3所示。

图3　叶片损坏情况

由于机组因振动大突然转入大修，叶片无备件，按原厂图纸要求立即组织加工叶片，加工叶片在保证进度的条件下必须满足质量要求，为此加工单位制定了有针对性的加工工艺，仅用10天完成了由毛坯煅件到成品叶片的全过程，共计更换了全部74片叶片。

机组于2015年7月10日12：59并网，并网后各轴瓦测振见表3。

表3　各轴瓦测振结果

测点位置	垂直/(mm/s)	水平/(mm/s)	轴向/(mm/s)
一瓦	3.12	3.96	2.22
二瓦	3.35	2.62	2.55
三瓦	4.30	2.97	2.35
四瓦	1.46	3.43	0.41

由表3可看出各瓦振动均在标准范围内，自此彻底消除了机组振动故障。

3　失效分析

振动大的原因是转子出现了断叶片，但是断叶片的原因又是什么呢？为此我们对断叶片进行了专业的失效分析。

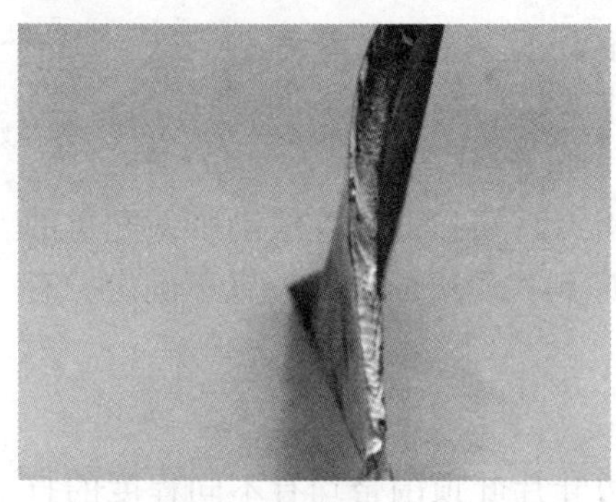
图 4 叶片宏观断口

3.1 宏观断口检查

叶片的断口如图 4 所示。断口面有明显的腐蚀颜色，具有明显的贝纹线。裂纹扩展区占整个断口的 3/4 面积，这是叶片在工作过程中过载、停机、加载、启动等留下的痕迹。叶片断口呈疲劳断裂的典型特征，有一定腐蚀现象。

3.2 叶片材质成分分析

叶片的标成材质为 2Cr13，将断裂的叶片取样进行化学成分分析，结果见表 4。对照 GB/T 1220—2007，材质成分相符。

表 4 叶片基体主要化学成分(质量分数) %

元 素	C	Si	Mn	P	S	Cr
试验结果	0.21	0.31	0.58	0.009	0.009	12.84
GB/T 1220—2007	0.16~0.25	≤1.00	≤1.00	≤0.04	≤0.03	12.00~14.00

3.3 叶片基体硬度测试

取 5 部位进行显微维氏硬度测量，结果见表 5。

表 5 显微维氏硬度测量结果

部 位 \ 硬 度		硬度 HV_{10}	平均硬度 $HV_{0.2}$
叶片	1	232.9	234.5
	2	233.5	
	3	237.0	
	4	234.6	
	5	234.5	

由硬度结果可知，叶片的平均硬度 HV_{10} 在 230~240 之间，叶片硬度较均匀，符合要求。

3.4 显微观察与分析

1）金相观察

取断裂的叶片五个样品在金相显微镜下观察，如图 5 所示。可知，靠近断口处基体的显微金相组织为带马氏体针状特征的回火索氏体，未发现脱碳氧化的现象。

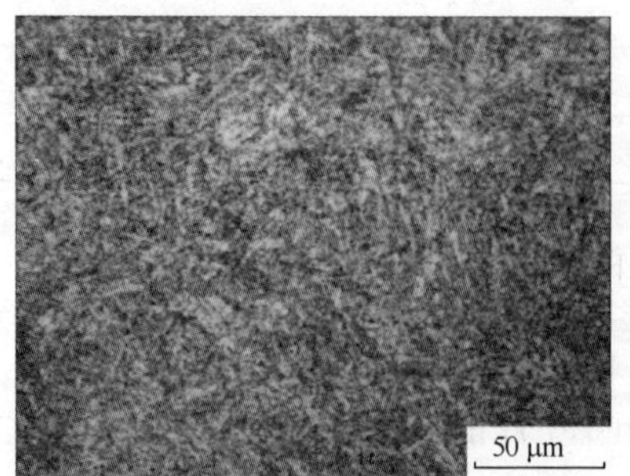

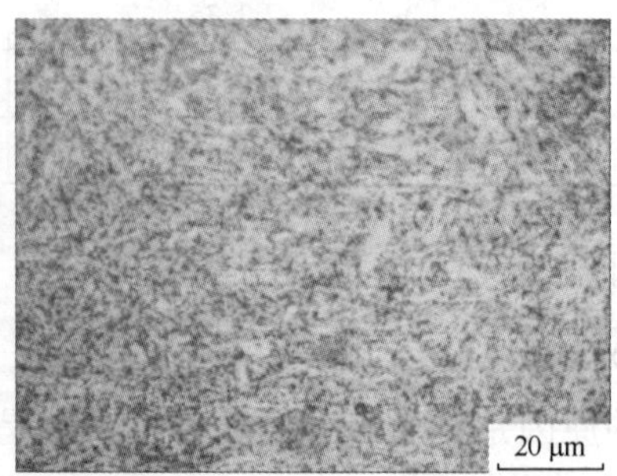

图 5 叶片金相显微照片

2）叶片 XRD 分析

将叶片断口取 4 个平面进行 XRD 表征，得到 XRD 图如图 6 所示。

由 XRD 的结果可知，出峰位置均为 FeCr 钢的出峰位置，这与前期的成分分析结果相一致。

3）断口的 SEM 观察

图 7 为选取叶片断裂断面 5 处进行 SEM 表征得到的 SEM 图片。

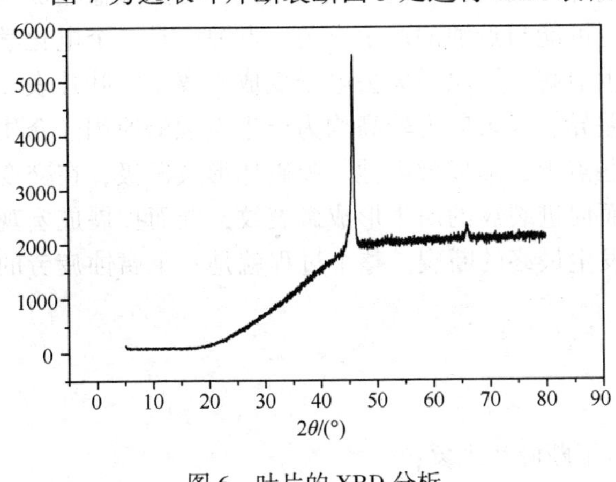

图 6　叶片的 XRD 分析

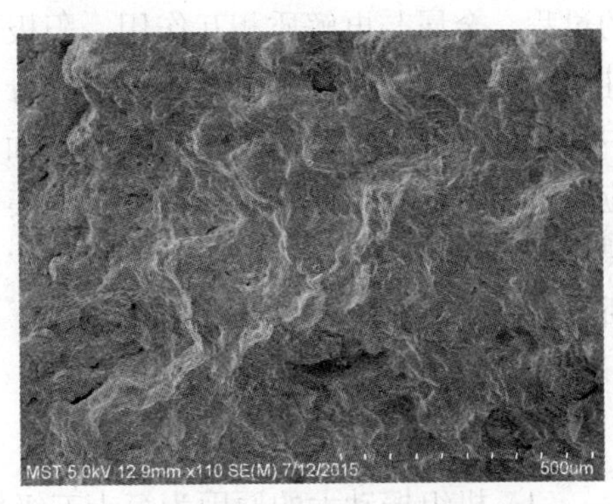

图 7　叶片断裂断面 SEM 图片

由断面及断口的 SEM 分析可知，断口处可见清晰的疲劳辉纹，是疲劳的微观典型特征。微观下断裂处仍可见许多点蚀坑。由于机械应力和腐蚀的联合作用，疲劳辉纹较大，其疲劳裂纹的扩展速率较高。

4）断口的化学成分分析

通过选取的 4 处腐蚀疲劳断口的不同形貌和成分分析，断口上仍有腐蚀产物，除了基体本身含有的元素外，还存在 K、Mg、Si 等元素（见图 8）。这些蒸汽中未除净的成分会为腐蚀提供源，裂纹产生后，又会富集在裂纹面和前端，使裂纹前部在振动应力和腐蚀介质的联合作用下，促进裂纹的快速扩展。即裂纹扩展是机械振动交变应力和电解质腐蚀共同作用的结果，这种裂纹扩展比单纯的机械疲劳要快得多。环境介质蒸汽和盐垢加剧了疲劳裂纹的萌生和扩展。

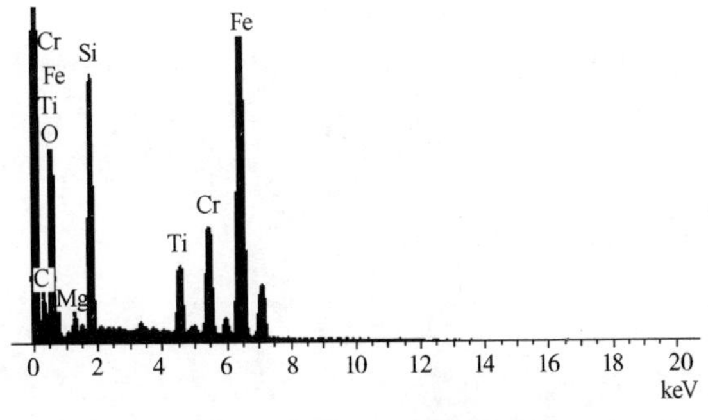

图 8　断裂断口的能谱分析

电站汽轮机叶片，所处的工况条件及环境极为恶劣，主要表现在应力状态、工作温度、环境介质等方面。汽轮机在工作时，叶片承受着静应力及交变应力。静应力主要是转子旋转时作用在叶片上的离心力所引起的拉应力，叶片越长，转子直径及转速越大，其拉应力越大。此外，由于蒸汽流的压力作用还产生弯曲应力和扭力。叶片受激振力的作用会产生强迫振动；当强迫振动的频率与叶片自振频率相同时会引起共振，振幅进一步加大，交变应力急剧增加，会导致叶片发生疲劳断裂。

叶片在水蒸气介质中工作，其中多数时候是在过热蒸汽中工作，过热蒸汽中含有氧，会造成高温氧化腐蚀，生成腐蚀性盐会影响叶片的疲劳程度。湿蒸汽区，可溶性盐垢成为电解液，造成电化学腐蚀。叶片裂纹的萌生可能与点蚀的产生有关。点蚀即是一个电化学的过程。金属与电解质相互作用，阳极发生溶解，铁原子失去电子变成铁离子。叶片表面钝化膜的不均匀或破裂、微区化学成分的差异、残余应力较高均为产生点蚀的原因。介质中含有的活性阴离子被吸附在金属表面某些点上，形成微电池。膜破坏形成阳极，在交变应力作用下，在点蚀坑底部会有应力集中而促进裂纹的萌生形成微裂纹，继而扩展成宏观裂纹，当裂纹扩展到一定的程度时，叶片发生最终的断裂。整个过程就是一个腐蚀疲劳的断裂过程。

4 结论及措施

4.1 结论

（1）机组振动大的原因为第十五级发生了断叶片现象；

（2）叶片材质符合 2Cr13 钢的成分和硬度，锻造组织致密，金相组织合格；

（3）根据宏、微观断口形貌，叶片断裂的原因是腐蚀疲劳断裂。

4.2 措施

（1）更换损坏及受伤叶片；

（2）小修期间落实叶片宏观检查，大修期间落实叶片裂纹的无损探伤及异常检查工作；

（3）严格控制机组不超参数运行，修订运行规程，明确规定进汽参数标准；

（4）定期测振，及时发现机组异常苗头，落实相应特护措施；

（5）提高蒸汽品质，尽量减少水中有害杂质的含量；

（6）落实叶片的定额储备工作。

（中国石化金陵分公司机动处　罗盛华）

第四章 离心泵维护检修案例

43. 离心式输油泵的状态监测及故障诊断

中国石油吉林油田分公司储运销售公司是吉林油田外输的窗口，年外输原油 650 万吨，管辖中心油库 2 座、长输管线 7 条、输油站 8 座、输油泵 40 台。为了更好地了解设备的运行状况，及时发现和处理设备异常，合理制订维修计划，我们在输油泵的状态监测和故障诊断方面进行了一些探索。

1 状态监测和故障诊断的实施情况

1.1 机构及仪器配备情况

我们在公司建立了设备主管部门、基层站队二级监测网络，装备管理部门配备了巡检仪、钳式功率表、轴承检测仪，基层站队配置了测温笔、听诊器、测振仪等便携检测设备，定期检测，以制度的形式推行监测的正常进行。仪器配备情况见表 1。

表 1 仪器配备情况

序号	设备名称	规格型号	数量	主要功能	生产厂家
1	钳式功率表	E04382065	1 台	功率测量	北京西马力
2	轴承检测仪	M01BC101	1 台	轴承检测	北京西马力
3	巡检仪	HY-106	1 台	振动分析	上海华阳
4	测温笔	HY-301S	9 台	接触式测温	上海华阳
5	故障听诊器	M01STE2	9 台	探知噪声	北京西马力
6	测振笔	M01BM213	9 台	振动测试	北京西马力

1.2 机制建立情况

结合每月设备例行检查，技术人员携带检测仪器对在用输油泵进行一次测试，采取振动结合测温的方式，检测点设置在泵及电机的轴承座上；操作人员每次巡检采集并记录振动和温度数据，数据发生异常时及时采取应对措施并上报。

1.3 数据录取及分析

振动测试采用 HY-106 巡检仪，每个检测点取轴向(A)、径向(H)、垂直(V)三个数据，根据实际情况，参数选择速度值、加速度值，现场将数据录入笔记本电脑进行分析；操作人员配备测振笔按巡检要求定时监测振动数值变化；采用在线端面电阻采集温度数据远传到控制室，操作人员随时监视。

1.4 实施效果

自 2006 年至今我们共对 10 台主要外输泵实施了振动监测，采集数据 855 个，生成频谱图及时域波形图 23 幅，结合温度监测发现故障设备 6 台次，并且制订了单台机泵的振动报警极限值，通过检测发现，故障主要集中在轴承故障、对中不良、基础松动几个方面。

2 实例分析

2.1 前乾中站 DYK150-50×9 泵轴弯曲

该站是前大采油厂外输乾安的中间站，由于管线温降大，冬季允许停输时间仅为 2h，所以输油泵的完好显得尤为重要。在监测过程中我们发现，外输泵机组振动值较大，且工频幅度呈增加趋势，为此我们采集数据并进行了频谱分析：

1）测量信息

所属部门：英红输油队；设备名称：输油泵；设备编号：红岗首站 1#；技术参数：流量 150m³/h；功率：280kW；电机转速：1480r/m；采样时间：2007-04-11 13：00：22；测量值：7.0mm/s；特征频率：24.5Hz；检测人员：王永利；测点编号：3V。

2）测点振动数据

测量参数均为速度有效值，单位为 mm/s，加速度峰值单位为 m/s²。

用 HY-301S 测温仪，所测得的各测点温度均为 41～43℃，基本正常。频域图如图 1 所示。幅值谱图如图 2 所示。

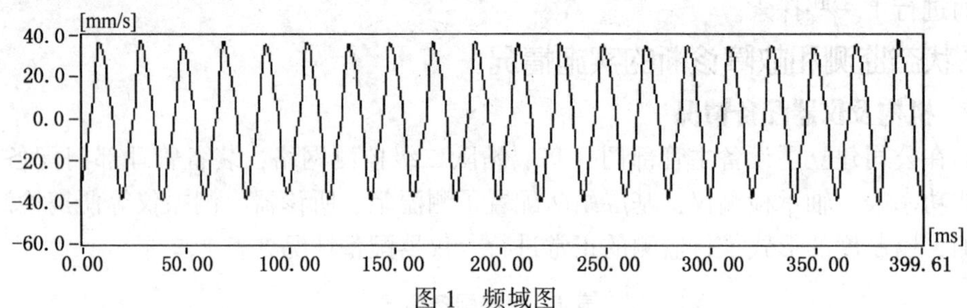

图 1 频域图

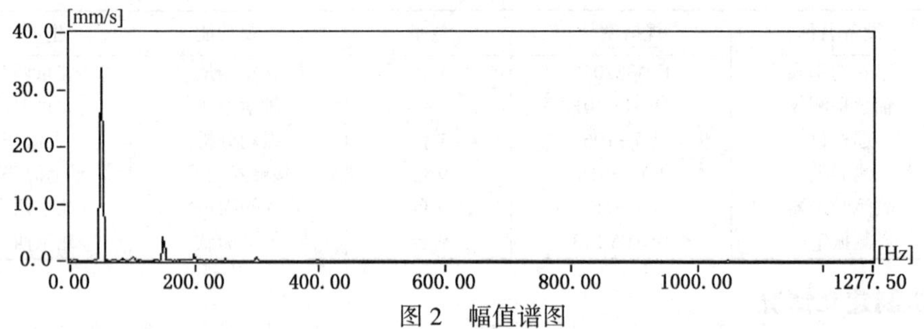

图 2 幅值谱图

经过分析，我们认为振动大的原因可能是不平衡或泵轴弯曲所致，经解体检查，发现泵轴弯曲达 0.3mm（允许最在弯曲值为 0.06mm），在更换泵轴以后，该泵运行平稳，振动值降到报警限值以下。

2.2 新木末站 DY180-58×6 泵松动及滑动轴承磨损

该泵是吉林油田的原油外输泵，在现场运行中一天之内振坏两块压力表，为此我们对几个监测点的数据进行了采集和分析：

1）测量信息

所属部门：新木输油队；设备名称：输油泵；设备编号：42#；技术参数：流量 180m³/h；功率：280kW；电机转速：2950r/m；采样时间：2007-04-11 13：00：22；测量值：8.0mm/s；特征频率：49.2Hz；检测人员：王永利。

2）测点振动数据

测量参数均为速度有效值，单位为 mm/s，加速度峰值单位为 m/s²。

用测温仪，所测得的各测点温度均为42~46℃，基本正常。

(1) 测点编号：1H；测量值：14. 9mm/s。其幅值谱图如图3所示。

(2) 测点编号：1V；测量值：7. 1mm/s。其幅值谱图如图4所示。

(3) 测点编号：2A；测量值：3. 4mm/s。其幅值谱图如图5所示。

(4) 测点编号：2H；测量值：13. 9mm/s。其幅值谱图如图6所示。

(5) 测点编号：2V；测量值：8. 5mm/s。其幅值谱图如图7所示。

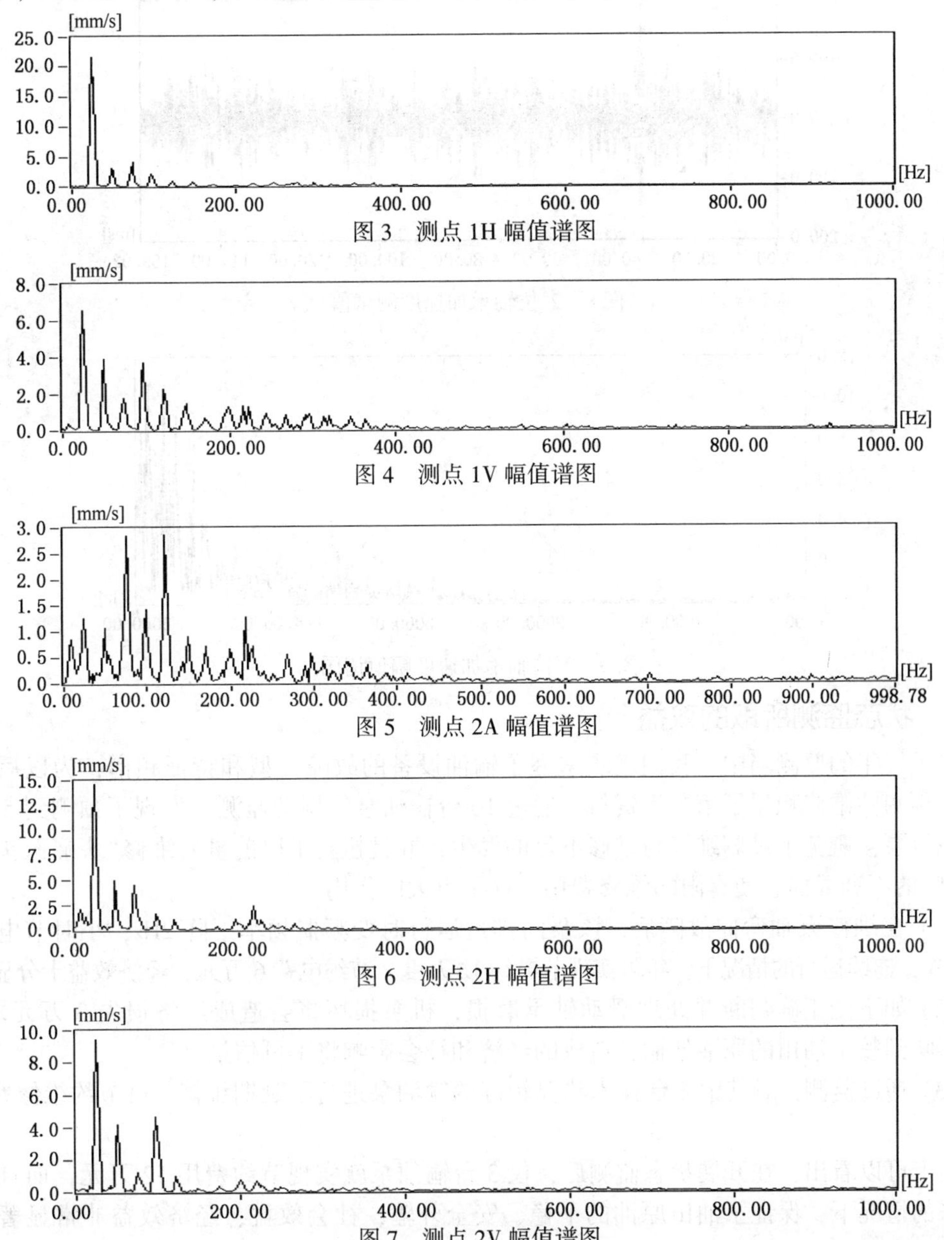

图3　测点1H幅值谱图

图4　测点1V幅值谱图

图5　测点2A幅值谱图

图6　测点2H幅值谱图

图7　测点2V幅值谱图

从频谱图看，我们分析有部件松动或滑动轴承磨损两种原因，且振动值超过允许值。检查结果表明，地脚螺丝松动、联轴器松动、滑动轴承严重磨损均不同程度存在，经维修人员现场紧固、调整及研瓦后，振动值正常。

2.3 江北输油队 DYK155-67×4 泵轴承损坏

图 8 为 2#位轴承加速度测试值，其总值严重超标(此为德国进口轴承)，由频谱图(见图 9)看出，主要振动源频率段为 3000~50000Hz，为轴承故障四个阶段的第二阶段，属于中期故障，轴承轻度损坏期，有可能的原因是轴承严重缺油而导致的磨损，经解体检查轴承游隙严重超标。更换轴承后测试振动加速度值由原来的 124.6m/s^2 下降到 10.9m/s^2，运行正常。

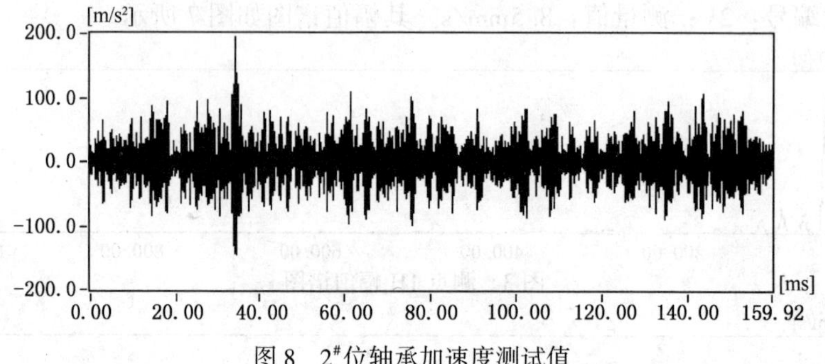

图 8 2#位轴承加速度测试值

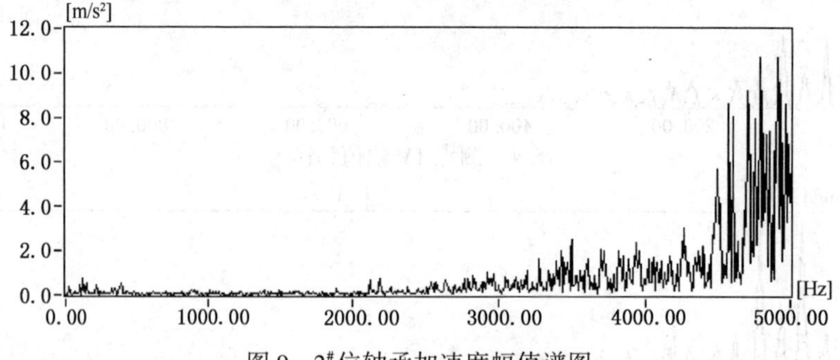

图 9 2#位轴承加速度幅值谱图

3 状态监测所取的效益

在近一年的监测当中，我们逐步掌握了输油设备的故障类型和特征频谱，为以后该类设备的预测性维修积累了第一手资料。通过 10 台输油泵的振动监测，发现了预测到 5 台次的故障机泵，避免了过剩维修与维修不足的发生，并且扭转了以前事后维修“头痛医头、脚痛医脚”的不利局面，使有限的维修费用发挥了更大的作用。

(1) 在维修泵轴弯曲故障后，该泵同排量运行时变频器频率下降 2Hz，小时节电达到 13.63kW，连续运行的情况下，年可实现节电约 12 万度，节约电费 6 万元，经济效益十分显著。

(2) 如不能正确判断并处理滑动轴承磨损，机泵损坏将会造成经济损失 3 万元左右，另外影响到整个油田的原油外输，造成的经济和社会影响将不可估量。

(3) 通过监测，对其中 4 台技术状况较好的输油泵进行了延期维修，可节约维修费用 3 万元。

由上可以看出，在开展状态监测后，仅 3 台输油泵就实现节约费用 12 万元，而且在能源紧张的情况下，保证了油田原油的平稳、安全外输，社会效益、经济效益非常显著，下一步在所有机泵上开展状态监测，效益将更加明显。

(中国石油吉林油田公司储运销售公司 王永利；
中国石油吉林油田公司资产装备中心 张青柏，马力，宋国权)

44. 炼油企业泵振动的故障诊断

在炼油企业中，泵的使用十分普遍，绝大多数泵未能配备在线振动监测仪表，当进行振动监测时，常采用加速度传感器进行测试。加速度传感器虽有频带宽、质量小、动态范围大等优点，但是由于其属高内阻抗传感器，极易受电磁场、摩擦电等干扰。另外，环境的低频扰动信号会被用于监测振动信号的加速度传感器拾取，影响测试结果。因此，进行测试时要力求使干扰最小，同时加速度传感器的安装刚度最大，这样才能为下一步的分析诊断奠定良好的基础。

频谱分析方法在机械故障诊断中应用最为广泛。频谱分析仪是从事状态监测和故障诊断工作人员必备的的基本工具。本文所述泵的故障诊断实例，主要采用振动的时域监测和频域诊断的方法，辅之以冲击脉冲计测试泵滚动轴承运行的情况。

1　泵常见故障诊断分析及案例

1.1　泵转子不平衡

泵转子不平衡的影响因素，包括转子系统的质量偏心及转子部件的缺损。转子质量偏心是由于转子的制造误差、装配误差、材质不均匀等原因造成的，称此为初始不平衡，初始不平衡主要来源于设计、制造和安装等环节；转子部件缺损是指转子在运行中，由于腐蚀、磨损、介质结垢以及转子受疲劳力的作用，使转子的零部件局部损坏、脱落等造成的。

炼油企业中，泵大多输送的为各种油浆和化工原料等介质，特别是当输送油浆的组分较重时，介质很容易在泵转子上结焦或结垢，从而造成转子的不平衡。

例如某焦化装置渣油进料泵，其运行情况的好坏将直接影响焦化装置的生产，并且间接影响其他生产装置的运行。该泵运行一段时间后工艺参数未变，而各测点的振值则呈上升趋势，且现场振感明显，泵前、后测点水平方向的振值明显大于垂直方向和轴向的振值，壳体最高振动值达11.2mm/s，运行状态处于“危险”区；从振动频谱来看，各测点均以转子工频占绝对优势，同时存在很小的高次谐波和泵的通过频率，如图1所示。

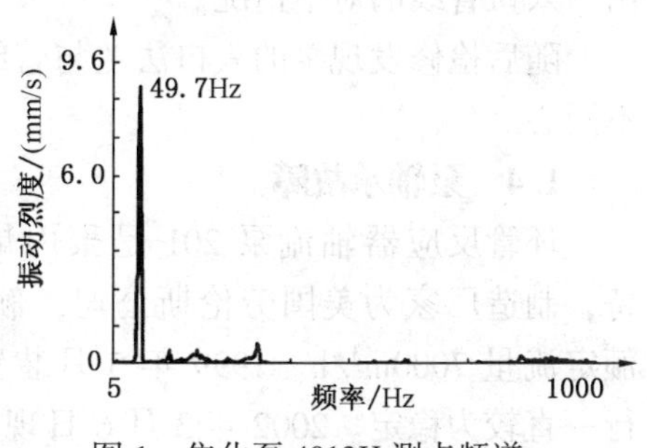

图1　焦化泵4013H测点频谱

由此分析认为，泵产生强振的直接原因是转子的结垢，且因结垢的程度不断加剧，破坏了转子的平衡状态。之后停机检修发现泵的转子和流道严重结垢，与诊断结论相符。

1.2　小流量导致泵强振

以横坐标表示流量，纵坐标表示扬程、效率、轴功率所描绘的曲线，通称为泵的特性曲线。特性曲线主要反映的是泵的操作点和设计点(最高效率点)等问题，但当介质流量变化时，泵的振动也会发生变化，有时甚至会导致强振。

某炼油厂焦化装置热渣油进料泵，其设计流量(标准状态)为180m³/h，运行初期振动正常，后来根据生产需要入口的工作流量从162m³/h降至155m³/h，后又降至113m³/h。此时，各测点振动明显增大，尤其是内侧轴承座水平方向的振动烈度明显增大，最高值达

11.9mm/s，而正常振值应为4.3mm/s左右。因该泵的备用泵曾发生过断轴事故，为避免事故再次发生，必须做好装置停工的准备。

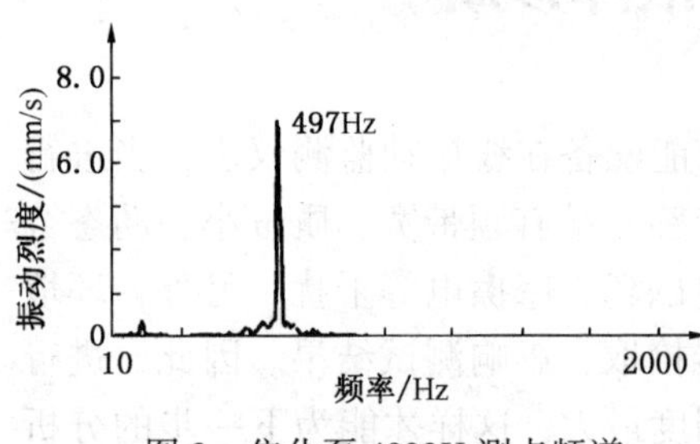

图2 焦化泵4023H测点频谱

为进一步确认其故障原因，对振动信号进行频谱分析。从振动频谱图看，各测点均以泵转子叶片的通过频率(回转频率×叶片数量=49.7×10=497Hz)占绝对优势，工频、二倍频及其他谐波成分幅值很小，如图2所示。因此推论强振的主要原因是介质对转子叶片造成了较大冲击，这是由于入口的工作流量远低于设计流量，使介质的入口冲角与叶片的安装角偏差较大，从而产生冲击。

将该泵入口的工作流量从113m³/h升至180m³/h后，内侧轴承座水平方向的振动烈度值降至5.4mm/s，运行恢复正常，从而有效地避免了一次非计划停工，其直接经济效益为100多万元。

1.3 泵转子与壳体不同心

产品质量合格的泵若产生转子与壳体不同心故障，主要原因在于安装环节。泵在正常运行时壳体受到较大作用力产生变形，导致此故障发生，特别是当泵的出、入口管线与泵安装时存在较大偏差时，变形更为严重。

如某烷基化装置泵410lB，自开机以来振动一直较大，对安全生产造成极大的威胁。振动测试结果表明：该泵的最大振值达40mm/s，水平振动明显大于垂直和轴向振动，且呈周期性波动。对其振动频谱进一步分析，发现各测点的振动(包括管线振动)均以转子工频50Hz为主，且存在较小的低次谐波成分，振值增大主要表现为工频幅值的增大。

经过综合分析认为：泵的振值已严重超标，需检修处理。强振的主要原因是泵的壳体受外力作用及其他因素的影响发生变形，造成转子与壳体不同心所致。建议重点检查泵的出、入口管线的对中情况。

随后检修发现泵的入口法兰与管线在自由状态下错位达150mm，导致转子与壳体严重不同心。

1.4 泵轴承故障

环管反应器轴流泵201是聚丙烯装置的核心设备，制造厂家为美国劳伦斯公司，额定功率500kW，额定流量7000m³/h。1999年5月装置投产以来，运行一直较为稳定。2002年3月6日现场操作人员发现该泵有“嗞嗞”的声响，在图3中测点3振值有所上升且不稳定。4月2日，各测点尤其是轴承箱振动明显上升，测点3垂直方向最大振动值达6.0mm/s左右。运行至4月8日上午，发现该泵的轴承箱和环管处发出较大的噪音，但持续的时间较短。

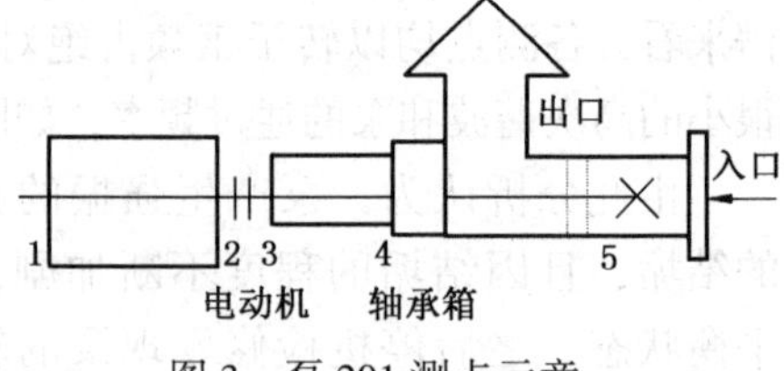

图3 泵201测点示意

表1所示的是连续跟踪测振的情况，由表1可见，测点3的振值显著升高。频谱图上各测点频谱在65.0~125.0Hz区间大都存在一明显噪声带，67.5~75.0Hz区间的谱峰尤为显著。经过计算，67.5~75.0Hz之间的谱峰与轴承等零部件缺陷引起的冲击有关。

分析认为：泵振动值明显上升与轴承的工作状态恶化有关，轴承(测点3和测点5处)

已存在较严重的磨损，需尽快做好停机检修的准备。

装置紧急停工检修。揭盖发现环管内轴承保持架已散架，滚珠出现较为严重的磨损，轴承内圈已磨出沟槽。如处理不及时，将会导致设备抱轴、环管“暴聚”等严重后果。

表1　泵201测点振动裂度变化情况　mm/s

日　期	测点2			测点3			测点4			测点5		
	H	V	A	H	V	A	H	V	A	H	V	A
2002-3-6	0.5	0.4	0.4	1.6	1.5~3.2	0.3	0.7	0.3	0.4	0.4	0.5	0.3
2002-4-2	0.7	0.9	0.6	3.9	4.7~4.9	0.6	1.8	1.0	0.9	0.8	0.8	0.6
2002-4-3				3.9~4.4	4.8~6.0	0.9						
2002-4-8				3.8~4.2	4.6~5.3	0.9	1.0	1.4	0.4	0.8	0.8	0.5

注：H—水平方向；V—垂直方向；A—轴向。

2　总结

随着设备管理工作的不断深入和管理水平的提高，各炼油企业在加强对大型关键机组管理的同时，也开始将泵纳入特护管理的范畴。有的企业开始要求专业的状态监测人员，每季度或半年对所有运行泵进行监测一轮次，将泵运行时的振动烈度、振动频谱、轴承冲击脉冲值、温度、噪声等状态参数或图谱记录在案。一旦泵振动出现异常，即可调用其历史状态数据和图谱进行对比分析，大大降低了故障诊断的难度，为快捷、准确地得出诊断结论奠定了基础。

另外，在对泵进行状态监测与故障诊断的过程中，要求技术人员能准确地从复杂的振动信号中找出故障的本质特征，同时还应对泵的工艺参数和运行参数等进行综合分析。这样才能抓住导致泵强振的主要矛盾，对症下药，准确、快捷地解决问题，真正做到“能开则开，该停则停”，为企业效益最大化奠定了基础。

（岳阳长岭设备研究所有限公司　易超，朱铁光，胡学文）

45. 大型多级离心泵常见故障分析与检修

随着国内高酸气田的不断开发，以及大型多级离心泵在大型脱硫净化装置中的广泛应用，对离心泵的要求不断增加。离心泵作为输送物料的一种转动设备，对连续性较强的净化装置生产尤为重要。因此，需要很多要求输送高温高腐蚀介质及高扬程的离心泵。在泵运转过程中，难免会出现各种各样的故障。因而，如何提高泵运转的可靠性、寿命及效率，以及对发生的故障及时准确地判断处理，是保证生产平稳运行的重要手段。

1 应用概况

2009 年国内建设的第一个百亿方级的高含硫天然气净化厂中国石化普光气田天然气净化厂建成投产。普光气田天然气净化厂联合装置(简称普光净化装置)以普光气田高含硫(硫化氢体积分数为 13%~18%，二氧化碳体积分数为 8%~10%)为原料，生产优质的天然气与工业硫磺。

普光净化厂脱硫系统采用甲基二乙醇胺(MDEA)法脱硫，该法中贫胺液泵 P-101 和半富胺液泵 P-402(各两台，一用一备)均为多级离心泵，带动胺液在脱硫系统中循环。在实际运行过程中，由于原料气中带有的杂质、溶液腐蚀金属产生的残渣等杂质，流经泵时容易造成泵入口过滤器堵塞、机封泄漏、泵不上量、过载、气蚀等问题，为装置的安全平稳运行带来了极大的隐患。与单级离心泵相比，多级离心泵在设计、安装、检修和维护等方面有着不同且更高的技术要求。在使用、检修、维护等细节上的疏忽或考虑不周，会使多级离心泵投用后频繁发生异常磨损、振动、抱轴等故障，成为制约系统高负荷生产的瓶颈。

2 大型多级离心泵结构

大型多级离心泵一般有节段式和双层壳体式(见图 1)。节段式的结构特点是每一级由一个位于扩压器壳体内的叶轮组成，用螺栓将扩压器和连杆连在一起，各级以串联方式由固定杆固定，其优点是耐压高，不易泄漏。但维修时必须拆卸进口管道，拆卸装配难度较大。节段式多级泵吸入室结构大都为圆环形。而每级叶轮的压出室，由于蜗壳制造方便，将液体动能转换为压能的效率较高。多级泵的首级叶轮一般设计为双吸式叶轮，其余各级

(a) 节段式

(b) 双层壳体式

图 1 节段式和的双层壳体式离心泵对比

叶轮设计为单吸式叶轮，对温度较高、流量较大、易于产生汽蚀的介质更应如此。对于压力非常高的泵，采用单层泵壳体难以承受其压力，常采用双层泵壳体，把泵体制作成筒体式。筒体式泵体承受较高压力，筒体内安装水平中开式或节段式的转子。每系列普光净化装置中有一台后贫胺液泵为节段式，其余三台(包括一台贫胺液泵和两台半富胺液泵)均为双层壳体式。

以电驱半富胺液泵 P-402B 为例，泵体为日本荏原公司生产，型号为 8×10×14B-75tgHDB，泵类型为 BB5 型(卧式筒袋型泵)，首级双吸，7 级叶轮，承载压力及抗腐蚀性等级相对较高。HVN 泵是卧式单级复式离心泵，带有一个对分外壳。吸入和排出支管布置在泵的顶部(顶部-顶部)。它适合在工艺区域里的加重压力环境下使用，并符合美国石油组织 API 610 中规定的要求。由于泵的复式结构特点，叶轮不再承受水动力，而只需吸收剩余的轴向力，该轴向力可能是由供流分支里的不利的回流条件引起的。双螺旋结构可防止转子承受较高的径向裁荷。泵壳和转子装配有泵壳耐磨环和叶轮密封环。半富胺液泵技术参数见表 1。

表 1　半富胺液泵技术参数

项　　目	性能参数	项　　目	性能参数
型号	8×10×14B-75tgHDB	出口压力(表)	8.81MPa
制造厂	EBARA	出入口压差	8.64MPa
介质	半富胺液	扬程	843m
操作温度	46℃(正常)	转速	2980r/min
汽化压力	110kPa(A)	效率	79%
相对密度	1.05	额定功率	1168kW
正常流量	321m³/h	正常功率	kW
额定流量	379m³/h	NPSHA(有效汽蚀余量)	6m
入口压力(表)	0.17MPa(额定)		

泵体内部零件连同泵盖、轴封和完整的推力轴承被设计成一个组合单元，在联轴器侧的轴承和密封件被先拆下来时，该单元能迅速方便地拆除。为了取下转子，没有必要从基座上取下泵壳，也没有必要从泵体上拆下吸入和排出支管法兰。防摩擦轴承总成吸收泵转子的轴向和径向力。防摸擦轴承总成是由轴承箱内的滑油润滑(驱动侧的径向深沟球轴承作为可移动轴承，而对面，按 X 方向布置的径向止推滚珠轴承作为固定轴承)。

油环润滑系统保证在轴承箱内的轴承得到充分的润滑。固定液面油杯能确保轴承箱内的滑油的液位正常。泵轴采用双动平衡机构密封方式来密封，这种轴封方法符合 API 方案 53B+M。

3　常见机械故障分析及处理

3.1　泵输不出液体

(1) 注入液体不够：重新注满液体。

(2) 泵或吸入管内存气或漏气：排除空气及消除漏气处，重新灌泵。

(3) 吸入高度超过泵的允许范围：降低吸入高度。

(4) 管路阻力太大：清扫管路或修改。

(5) 泵或管路内有杂物堵塞：检查清理。

（6）吸入大量气体：检查吸入口有否旋涡，淹没深度是否太浅。

3.2 流量不足或扬程太低

（1）吸入阀或管路堵塞：检查，清扫吸入阀及管路。

（2）叶轮堵塞或严重磨损腐蚀：清扫叶轮或更换。

（3）叶轮密封环磨损严重，间隙过大：更换密封环。

（4）泵体或吸入管漏气：检查、消除漏气处。

3.3 运行中功耗大

（1）叶轮与耐磨环、叶轮与壳有摩檫：检查并修理。

（2）轴承损坏：检查修理或更换轴承。

（3）轴弯曲：矫正泵轴。

（4）轴向力平衡装置失败：检查平衡孔、回水管是否堵塞。

（5）联轴器对中不良或轴向间隙太小：检查对中情况和调整轴向间隙。

3.4 轴承过热

（1）轴承缺油或油不净：加油或换油并清洗轴承。

（2）轴承已损伤或损坏：更换轴承。

（3）电机轴与泵轴不在同一中心线上：校正两轴的同轴度。

3.5 泵振动大、有杂音

（1）电机轴与泵轴不在同一中心线上：校正电机轴与泵轴的同轴度。

（2）泵轴弯曲：校直泵轴。

（3）叶轮腐蚀、磨损，转子不平衡：更换叶轮，进行静平衡。

（4）叶轮与泵体摩擦：检查调整，消除摩擦。

（5）基础螺栓松动：紧固基础螺栓。

（6）泵发生汽蚀：调节出口阀，使之在规定的性能范围内运转。

3.6 密封处漏损过大

（1）轴或轴套磨损：修复或更换磨损件。

（2）泵轴弯曲：校直或更换泵轴。

（3）动、静密封环端面腐蚀、磨损或划伤：修复或更换坏的动环或静环。

（4）静环装配歪斜：重装静环。

（5）弹簧压力不足：调整弹簧压缩量或更换弹簧。

4 离心泵重要部件检修

4.1 叶轮的与口环检修

叶轮与其他零件相摩擦，所产生的偏磨损，可采用堆焊的方法来修理。叶轮的层厚减薄，铸铁叶轮的气孔或夹渣以及裂纹，一般是用新的备品配件进行更换或用“补焊法”来进行修复。叶轮进口端和出口端的外圆，其径向跳动量一般不应超过0.05mm。如果超过得不多(在0.1mm以内)，车去0.06~0.1mm，如果超过很多，应该检查泵轴的直线度偏差，矫直泵轴，消除叶轮的径向跳动(见图2)。口环(又称密封环)的磨损一般因安装过程中的穿量不当造成，也可能因叶轮的背帽松动造成口环的磨损(见图3)。若口环磨损严重，则应该更换叶轮；若口环磨损较轻，则可进行修复。

图 2 做过动静平衡校验的叶轮

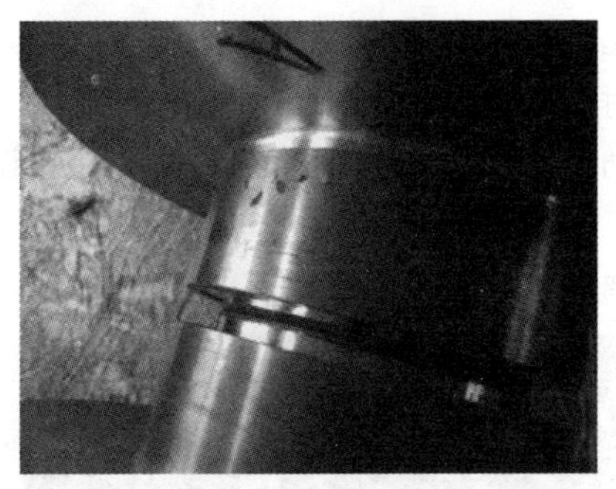
图 3 口环磨损

4.2 泵轴的检修

泵轴是转子的核心零件，其上装有叶轮、轴套，在泵体中高速旋转。泵轴弯曲、轴承座与泵轴的同轴度偏差会造成叶轮、导叶轮、泵壳、密封环及轴套的磨损，使泵体振动加大，轴向推力也增大，平衡盘与平衡座发生摩擦。只要泵轴不产生裂纹和严重的表面磨损或弯曲都可修复使用。轴的弯曲量不能超过 0.06mm，大于该值时应校直，最好用螺旋压力机不加热校直。泵轴的弯曲方向和弯曲量测出来后(见图 4)，可对泵轴进行矫直。磨损深度不太大时(见图 5)，用堆焊法修理。堆焊后在车床上车削到原来的尺寸。磨损深度较大时，可用“镶加零件法”进行修理。磨损很严重或出现裂纹的泵轴，一般不修理，用备品配件进行更换。泵轴上键槽的侧面，如果损坏较轻微，可使用锉刀进行修理。如果歪斜较严重，应该用堆焊的方法来进行修理。除此之外，还可用改换键槽位置的方法进行修理。

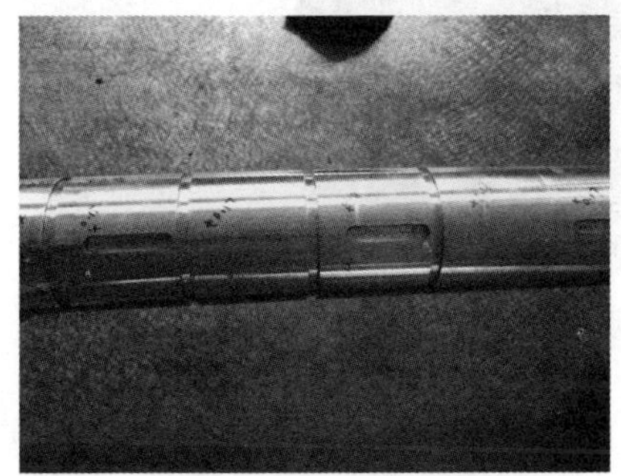
图 4 测量轴的径向跳动

图 5 泵轴磨损

4.3 轴承

径向轴承：检查径向轴承孔径内的磨损痕迹，如需要，用刮刀刮去任何轻微的痕迹。在轴承的内径圆周上有四个对称的油槽，因为内径是机械加工的，原则上不允许用手修刮，如果有较大的磨损和较深的痕迹，应换上新的轴瓦，如图 6 所示。推力轴承：检查在两个扇形块支座上的扇形块的摩擦痕迹，如需要，要用刮刀刮去任何轻微的痕迹，检查推力轴承盘的两面磨损情况，如有痕迹应用机床加工去掉，推力轴承盘的允许跳动值是 0.005mm，表面精加工到粗糙度 0.4μm，如图 7 所示。

4.4 机械密封

机械密封有一对垂直于旋转轴线的端面，该端面在流体压力及补偿机械外弹力的作用下，依赖辅助密封的配合与另一端保持贴合，并相对滑动，从而防止流体泄漏。机械密封渗漏的比例占全部维修泵渗漏的50%以上，机械密封的运行好坏直接影响到泵的正常运行。机械密封渗漏会导致泵转子轴向窜动量大，辅助密封与轴的过盈量增大，动环不能在轴上灵活移动。在装配机械密封时，轴的轴向窜动量应当小于0.1mm，辅助密封与轴的过盈量应适中，在保证径向密封的同时，还要保证动环装配后能在轴上灵活移动(把动环压向弹簧能自由弹回来)，如图8所示。

图6 径向轴承修复

图7 推力轴承修复

图8 机封检查更换部件

5 日常巡检及维护

离心泵的故障产生原因可能是多方面的，若能充分重视日常巡检维护，则能够将离心泵的修理平均间隔时间延长，使泵的可靠性和利用率得到大幅度提高。以普光净化装置半富胺液泵为例，日常巡检及维护至少要做到以下三方面。

5.1 运行泵检查

(1) 泵正常运行过程中，检查泵出口压力、流量、冷却水温度等，不允许超过规定指标。

(2) 检查泵体中有无杂音、振动、泄漏，轴承温度有无突然升高等，发现异常，应查明原因，及时处理。

(3) 检查各相关仪表参数在规定范围之内。

(4) 检查机械密封辅助部分。密封罐、压力报警指示装置，一旦压力低于(0.73)MPa，低压力报警则及时补充隔离液，如果不能维持压力，则需查明原因换泵处理。应确保冷却水通畅，检查温度是否正常。

（5）检查最小流量线阀门开关情况。

（6）检查泵平衡管温度判断管线是否通畅。

5.2　润滑油站检查

（1）通过润滑油管路视镜检查润滑是否通畅。

（2）调整冷却水流量，油冷却器出口管油温度保持在20~40℃。

（3）检查油箱油液位，液位过低需要向油箱内加入合格规定牌号的润滑油。保持润滑的总管油压在0.10~0.15MPa。过滤器压差不大于0.05MPa。进出口压差大于(0.05MPa)，油过滤器就要切换。

（4）油箱定期脱水，检查油质。

（5）检查油箱呼吸口是否通畅。

5.3　停用泵检查

（1）备用泵应处于良好的备用状态，以便及时切换。

（2）备用泵按制度要求进行盘车。

（3）应做好机泵的清洁卫生工作及机泵的定期维护保养工作，使机泵在良好的环境下运行。

6　总结

以上针对多级离心泵在普光净化装置实际使用过程中的常见故障及排修方法仅作一简要总结，并提供了离心泵在日常使用过程中的注意事项，以便能够在使用中及早发现故障隐患并及时进行处理，有效减少非计划停机次数和检修时间，确保多级离心泵的安全、稳定、长周期的运行。

（中国石化普光气田净化厂　贺贤伟，黄小林，徐秦川，陈潮锟，尤佳佳）

46. 多级离心泵振动原因分析及改进措施

多级离心泵振动原因较复杂，单独一次测量往往难于找到导致振动的真正根源，给改进或检修工作带来较大的困难。出现振动故障后，要根据各种现象进行分析，找出可能引起振动的原因，再辅以其他技术手段才能决定最后的改进或检修方案。

以下是某 TDF 型多级高压离心泵参数，流量 $Q=348m^3/h$，扬程 $H=1500m$，转速 $n=2985r/min$。叶轮级数 $i=10$，叶轮外径 $D_2=335mm$，导叶内径 $D_3=343mm$。该泵在出厂试验时发现轴承体振动值超标(API 610 要求值 3mm/s)，因此必须经过改进并试验合格后才能出厂。

1 振动情况描述

泵组装好后进行了第一次试验，对该泵四个流量点的性能做了测试，结果其他性能均满足设计要求，但振动值不合格。主要是泵轴承体(驱动和非驱动端都存在)垂直方向振动值超标。按 API610 规定在泵的优先工作区内轴承体振动值应≤3mm/s，优先工作区外允许工作区内各流量点的允许振动增加量为 30%。表 1 记录了四个流量点的振动数据，其中各流量点垂直方向的振动值均超标(以粗体标示)。

表 1 四个流量点的振动数据

	流 量	驱动端轴承体		非驱动端轴承体	
振动值/mm/s	$140m^3/h$	H(水平)	2.2	H(水平)	2.6
		V(垂直)	**4.0**	V(垂直)	**4.3**
		A(轴向)	1.3	A(轴向)	1.8
	$260m^3/h$	H(水平)	2.1	H(水平)	2.3
		V(垂直)	**3.9**	V(垂直)	**4.1**
		A(轴向)	1.6	A(轴向)	1.7
	$348m^3/h$	H(水平)	1.8	H(水平)	2.0
		V(垂直)	**3.7**	V(垂直)	**3.9**
		A(轴向)	1.5	A(轴向)	1.6
	$410m^3/h$	H(水平)	2.0	H(水平)	2.3
		V(垂直)	**3.5**	V(垂直)	**3.8**
		A(轴向)	1.9	A(轴向)	2.1

注：H-水平方向，V-垂直方向，A-轴向。

2 原因分析及整改措施

根据以上测试结果，公司设计、测试和质量等相关部门人员进行了研究和讨论，并提出了可能引起振动的原因：如中心线不对中、管路振动、基础松动等。但经过检查和试验验证，这些原因都被一一排出。最后怀疑可能是水力冲击引起振动，于是将该泵解体后对叶轮和导叶叶片头部及间距进行修磨；且因扬程偏高，故将叶轮外径切割到 332mm，以保证叶轮和导叶叶片径向间隙至少为叶轮叶片直径的 3%。然后重新组装试验，结果各流量点轴承体振动均达到标准要求，问题得到解决。具体措施如下：

(1) 用砂轮修磨每个叶轮叶片出口边工作面侧，使其圆润光滑以减少水力冲击(见图1)。

(2) 修磨导叶入口处叶片头部，以使其圆润光滑(见图2)。

(3) 修正导叶叶片入口间距，使各叶片的间距尽量相等，以保证液体流动的规律性，减少水力冲击(见图3)。

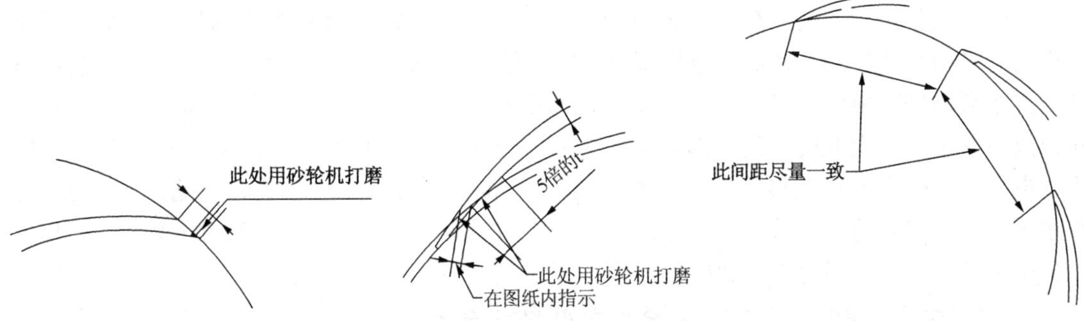

图1　叶轮出口叶片精加工　　图2　导叶入口叶片精加工　　图3　导叶叶片入口间距

3　整改后试验结果(见表2)

表2　整改后的振动数据

	流　量	驱动端轴承体		非驱动端轴承体	
振动值/(mm/s)	140m³/h	H(水平)	2.0	H(水平)	2.5
		V(垂直)	**2.8**	V(垂直)	**2.9**
		A(轴向)	1.3	A(轴向)	1.6
	260m³/h	H(水平)	2.0	H(水平)	2.2
		V(垂直)	**2.7**	V(垂直)	**2.8**
		A(轴向)	1.5	A(轴向)	1.6
	348m³/h	H(水平)	1.7	H(水平)	1.9
		V(垂直)	**2.5**	V(垂直)	**2.6**
		A(轴向)	1.4	A(轴向)	1.5
	410m³/h	H(水平)	2.0	H(水平)	2.2
		V(垂直)	**2.6**	V(垂直)	**2.8**
		A(轴向)	1.9	A(轴向)	2.1

从表2测试结果可以看出，各流量点的振动值(粗体数值)均有所下降，并达到API610标准要求。说明本次振动主要由水力冲击引起。

4　总结

多级离心泵振动超标是经常碰到的问题，其原因较复杂，一般不易找到真正的根源，给生产和检修工作带来较大困难。本文对某TDF型多级高压离心泵的振动实例进行了原因分析、产品改进，并通过多次试验证明了叶轮、导叶叶片形状和分布及叶轮和导叶间的叶片间隙也是影响泵振动的因素之一，对以后该类泵的设计制造和检维修具有一定的指导和借鉴意义。

(嘉利特荏原泵业有限公司　杨顺银)

47. 多级泵电机轴瓦止推面烧损原因分析及对策

广州石化公司自备电厂有五台沈阳水泵厂生产的 DG270-140B 锅炉高压给水泵，泵和电机之间采用弹性胶圈联轴器，电机型号 YK-2000-2/990，在运行中经常出现电机轴瓦辅助止推面磨损烧毁现象。发生烧损的止推瓦面都在向泵侧，而且事故都发生在泵启动的瞬间，故障发生时出现电机轴瓦冒烟现象。为解决这类问题，我们经过反复实践和分析，排除了电机定子磁力中心偏移等一系列可疑原因，最终找到一个被多数人忽略的真正原因，并制定了行之有效的运行措施和技术改造方案，在实际应用中取得了很好的效果。在此加以分析和总结，以供同行参考和指正。

1 DG270-140B 锅炉高压给水主要技术参数

级数：10 级；转速：2985r/min；入口压力：0.8MPa；出口压力：15MPa；流量：320m^3/h；轴功率：1970kW；进口温度：158℃；出口母管温度：220℃；效率：76%；电机型号：YK-2000-2/990；电机功率：2000kW；电压：6000V。

2 原因分析

根据故障发生的规律以及泵的结构特点，我们认为造成电机轴瓦推力面烧损真正原因，是由于泵转子运行时巨大的轴向推力瞬时作用于电机轴瓦推力面上，使得电机推力瓦不堪负荷而烧毁。而轴向力是由弹性胶圈联轴器传递的，这正是人们所忽视的重要原因。下面对此观点进行具体分析推导。

2.1 泵转子在建立平衡的过程中破坏了电机转子的轴向平衡

泵转子轴向力平衡装置如图 1 所示，在泵启动时，由于平衡室尚未建立起压力，平衡盘不起作用，止推盘临时起轴向力平衡作用，当平衡室建立起压力后，止推盘只起到辅助作用，止推盘与辅推面之间的间隙为 1mm，辅推面起到泵停运时限制转子的最大负轴向位移作用，最大位移值为 1mm。当泵在停运后的惰走过程中，转子在平衡室的余压及泵中流体向前的流动惯性作用下，泵转子向高压端窜动，推力盘紧贴辅推瓦而停下，而由于惰走中联轴器传递力矩小，泵和电机两对轮之间通过胶圈摩擦力传递轴向力小，电机转子将基本在运行中的轴向位置停下，这样，每次停泵后，电机转子和泵转子都会在轴向拉开距离约 1mm，而泵再次启动时，由于启动扭矩很大，两半对轮间的摩擦力很大(下面将计算推证)，泵转子在平衡盘向平衡板靠近时向低压端窜动，将推动电机转子向远离泵方向移动。这样经过多次启停重复后，两对轮的距离 s (见图 3)逐渐增大，直到出现启动前电机转子已停靠在轴向极限位置，即电机轴止推盘已贴住电机轴瓦止推面了。而假如在这种情况下启动给水泵，平衡盘及推力盘还未起作用前，泵转子的轴向力将通过联轴器传给电机转子，从而引起电机瓦推力面烧毁。

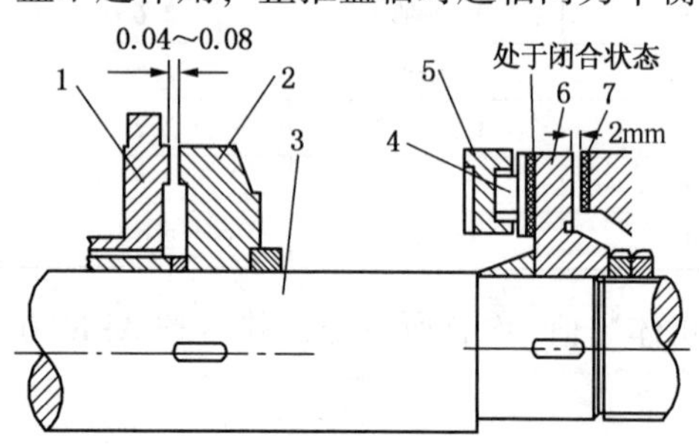

图 1 平衡盘、推力盘结构图
1—平衡板；2—平衡盘；3—泵轴；4—推力瓦块；5—瓦块固定盘；6—止推盘；7—辅推面

2.2　计算验证

2.2.1　泵转子轴向力计算

根据多级离心泵的工作原理可知，泵转子工作时的轴向力主要来自于每级叶轮前后的压差(见图2)，轴向力大小由公式(1-1)可得：

$$\begin{aligned} F &= A_1 \cdot \Delta P_1 + A_2 \cdot \Delta P_2 + \cdots + A_n \cdot P_n \\ &= A_1 \cdot (P_1 - P_0) + A_2 \cdot (P_2 - P_1) + \cdots + A_n \cdot (P_n - P_{n-1}) \end{aligned} \quad (1-1)$$

式中　A_1，A_2，A_3，…，A_n——分别为第1，2，3，…，n级叶轮的口环面积(减去轴的截面积后)；

ΔP——各级叶轮前后压差；

P_0，P_1，P_2，P_3，…，P——分别为泵的入口压力，一级出口压力，2级，3级，…，n级出口压力。

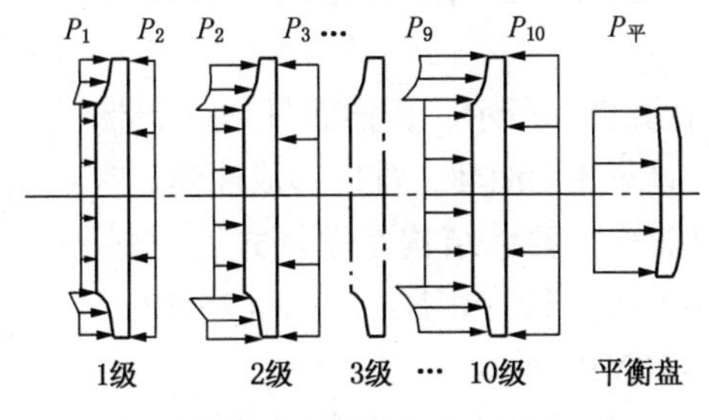

图2　转子轴向力集成

在大多数给水泵中，一级叶轮的口环较大，其余各级叶轮的口环较一级小且相等，即$A_1>A_2=A_3=A_4=\cdots=A_n=A$。

根据式(1-1)可得当泵正常工作时，如果泵的出口压力为P_n，那么，转子由于叶轮前后压差产生的轴向力为：

$$\begin{aligned} F &= A_1 \cdot (P_1 - P_0) + A_2 \cdot (P_2 - P_1) + \cdots + A_n \cdot (P_n - P_{n-1}) \\ &= A_1 \cdot P_1 - A_1 P_0 + A_2 \cdot P_2 - A_2 P_1 + \cdots + A_n \cdot P_n - A_n \cdot P_{n-1} \\ &= A_1 \cdot (P_1 - P_0) + A_2 \cdot (P_n - P_1) \end{aligned} \quad (1-2)$$

对DG270-140B高压给水泵而言，一级口环直径为$\phi 190$，次级口环直径为$\phi 170$，$A_1>A_2$，$P_0=0.8\text{MPa}$，$P_n=15\text{MPa}$，根据式(1-2)得转子轴向力为：

$$\begin{aligned} F &= A_1 \cdot (P_1 - P_0) + A_2 \cdot (P_n - P_1) > A_2 \cdot (P_n - P_0) \\ &= \pi \times (0.085 - 0.04)^2 \times (15 - 0.8) \times 10^6 \\ &= 90290.7(\text{N}) \end{aligned}$$

由此可知泵的轴向力大于9t，此轴向力由平衡盘平衡。

2.2.2　泵联轴器胶圈可传递轴向摩擦力计算

泵联轴器采用弹性胶圈联轴器，结构如图3所示。

弹性胶圈共12组，柱销的分布圆半径为$R=140\text{mm}$，联轴器是通过每组胶圈对联轴器在胶圈孔分布圆切向的压力产生扭矩来传递功率的，假设每组柱销对胶圈孔的切向压力为N，12组胶圈产生的扭矩为M，则

$$M = 12N \cdot R \quad (1-3)$$

联轴器的传动功率：

$$P = 12M \cdot \omega = 12N \cdot R \cdot \omega \quad (1-4)$$

已知泵的轴功率 $P=1970\text{kW}$，则转速为：

$$\omega = 2985\text{r/min} = 2985\times2\pi/60 = 312.43(\text{rad/s})$$

由公式(1-4)求每组胶圈压力为：

$$N=\frac{P}{12\cdot R\cdot\omega}=\frac{1970000}{12\times0.14\times312.43}=3753.22(\text{N})$$

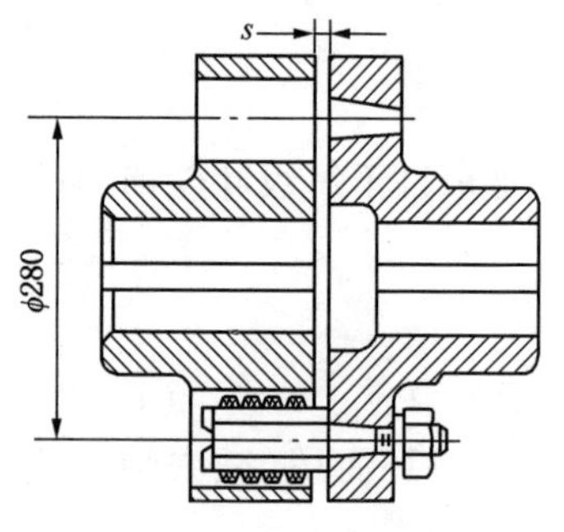

图 3 弹性胶圈联轴器

由于泵运行中联轴器胶圈挤压联轴器胶圈孔，通过摩擦力传递轴向力，根据机械设计手册可知橡胶与铁的摩擦系数 $\mu=0.9$，由此可求联轴器胶圈在泵启动时可传递的总轴向力为：

$$f=12\mu\cdot N=12\times0.9\times3753.22=40534(\text{N})$$

2.2.3 启动时电机轴瓦止推面在轴向力作用下的强度校核

电机轴轴向止推装置简化如图 4 所示，止推面只是一个带宽为 7.5mm 的巴氏合金环，周向并无油契，难以形成油膜。

该轴承类型为推力滑动轴承，轴承结构是单环式，材料是锡锑合金，代号 ZChSnSb11-6，其许用压力 $[p]=25\text{MPa}$，许用速度 $[v]=80\text{m/s}$，$[pv]=20\text{MPa}\cdot\text{m/s}$。

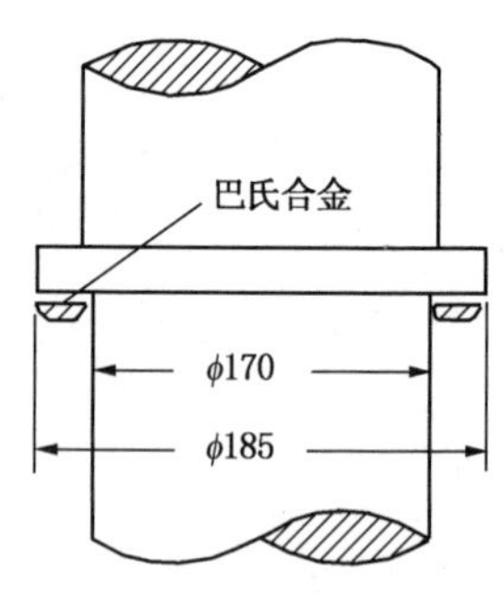

图 4 电机瓦推力轴承等效图

由结构参数：$d_1=185\text{mm}$，$d_2=170\text{mm}$ 和参数 $f=40534\text{N}$，$n=2985\text{r/min}$，据推力轴承校验计算可得：

$$p=10.421\text{MPa}$$

$$v=27.742\text{m/s}$$

$$pv=289.1\text{MPa}\cdot\text{m/s}$$

由校验结果可知：pv 远远超出许用 $[pv]$ 值，即使两轴承座上的止推面同时起作用时，pv 也远远超过许用 $[pv]$ 值。由此可知，当泵转子通过联轴器胶圈将部分轴向力传递给电机转子，并作用在电机推力瓦面上时，电机轴瓦止推面就会快速烧毁。

3 解决办法

（1）由于故障发生的前提条件是该泵经过多次启停后，电机与泵的转子轴向距离增大到极限位置，在该情况下启动机泵。针对这一特点，避免上述故障的最简单办法是在泵每次启动前，人为将泵和电机转子之间的距离恢复到标准位置（$s=5\sim7$）。这样就避免了极限情况的出现，从而避免了上述故障。

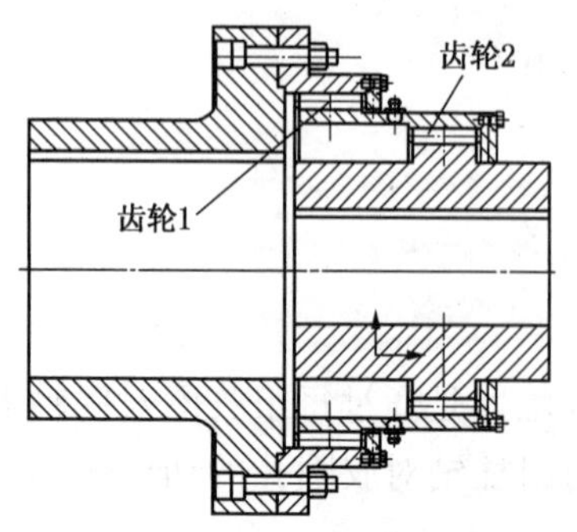

图 5 新型齿式联轴器

（2）解决上述故障的彻底办法是改进联轴器。由于停泵时泵转子在外力作用下往高压端轴向窜动，而电机惰走时受的轴向力较小，只要选用齿式联轴器便足以确保泵和电机转子之间的轴向距离在多次启停后仍符合运行标准。为了便于安装，我们请郑州机床研究所设计制造了以下齿轮联轴器，如图 5 所示，安装时不需对原设备基础做任何改动。

4　应用效果

经过 3 年多测试和使用，办法(1)能满足要求，但较麻烦，额外增加了操作人员的工作量；办法(2)经过 3 年的试用，效果非常理想，准备在其他 4 台泵上推广。

（广州石化建筑安装工程有限公司　温国伟，苏少林）

48. 离心泵联轴器故障诊断方法与实例分析

联轴器是旋转机械中传递动力的关键部件。虽然联轴器结构简单，但在生产实际中因联轴器工作异常引发的故障仍时有发生。联轴器故障如果不能及时得到处理，极可能引起设备严重毁坏导致非计划停工，甚至发生联轴器或部件飞脱导致人身伤害事故，因此联轴器故障的准确诊断对于确保机组安全运行非常关键。

联轴器的结构类型很多，破坏形式也各异。膜片式联轴器的常见破坏形式是膜片破裂，齿式联轴器的常见破坏形式是传动螺栓断裂、护板螺栓松动或断裂等。联轴器的故障一般均能通过机组振动信号特征的变化得到反映，只要准确把握机组振动信号特征的变化，完全可以早期发现联轴器运行中存在的问题。下面通过实例分析探讨联轴器故障诊断的思路和方法。

1 诊断实例分析

1.1 设备概况

某石化企业渣油加氢装置进料泵由电机、增速箱及多级离心泵组成，电机与增速箱、增速箱与泵之间均采用膜片联轴器联接。振动测点示意图如图 1 所示，其中泵的两端支撑瓦配置了轴振动位移传感器(7X、7Y 正常，8X、8Y 已失效)。相关参数见表 1。

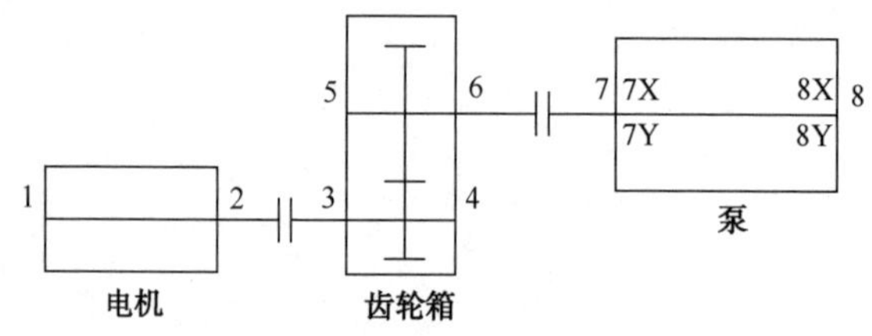

图 1 进料泵振动测点示意图

表 1 设备参数

电机转速：2980r/min	电机功率：2240kW
进料泵转速：4960r/min	额定流量：243m^3/h(230t/h)
介质：渣油(掺少量柴油)	联轴器类型：膜片式

1.2 设备运行情况

该泵 2014 年 5 月投用，6 月泵端轴振动有小幅波动。7 月泵的振动从 29μm 上升到最高 97μm，出现大幅波动，之后逐渐回落，至 8 月中旬下降至 50μm 上下。经振动分析诊断泵端振动波动主要原因是：介质(渣油)中的固态物质在叶轮和流道中沉积结垢，破坏了转子动平衡，并且伴随有轻微的动静摩擦，摩擦可能在间隙相对较小的口环部位。

8 月 22 日泵振动突然上升，泵端 7X 振动由 43μm 上升到 85μm，7Y 振动由 58μm 降至 50μm，如图 2 所示。为分析振动异常大幅波动的原因，我们对该泵做了振动测试和分析。

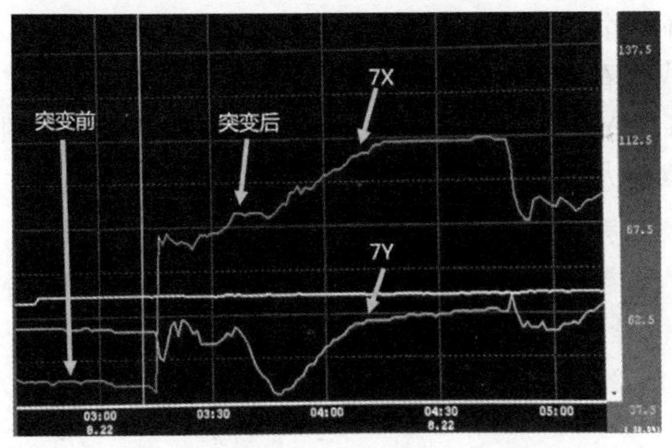

图 2　8 月 22 日轴振动变化趋势图

1.3　振动测试情况

7~8 月该泵轴承座振动烈度、仪表指示轴振动变化情况见表 2、表 3。

表 2　轴承座振动烈度（H 为水平方向，V 为垂直方向，A 为轴向）　mm/s

日期	1H	1V	1A	2H	2V	2A	3H	3V	3A	4H	4V	4A
2014.7.27	1.3	1.1	0.8	1.3	1.4	1.1	1.0	0.6	1.7	0.9	0.7	0.7
2014.7.29	0.9	1.0	1.1	1.0	1.4	1.1	0.9	0.5	1.0	0.7	0.4	0.5
2014.8.22	1.1	1.0	0.7	1.5	1.3	1.0	1.5	1.8	2.0	2.3	1.1	3.9
日期	5H	5V	5A	6H	6V	6A	7H	7V	7A	8H	8V	8A
2014.7.27	0.7	0.9	0.8	0.7	0.8	0.7	3.8	1.3	1.1	3.2	4.1	2.4
2014.7.29	0.7	0.6	0.7	0.7	0.5	0.6	2.7	1.3	1.2	2.0	3.0	1.8
2014.8.22	1.5	1.1	2.4	2.1	1.9	2.6	3.5	1.7	1.9	2.8	3.2	3.1

表 3　仪表指示轴振动

时间	轴振动值/μm		时间	轴振动值/μm	
	7X	7Y		7X	7Y
2014.7.22	29	24	2014.8.21	58	43
2014.7.29	84	63	2014.8.22	124	82

1.4　振动特征及故障原因分析

8 月 22 日之前泵轴振动出现过较大幅度的振动上升，通过分析诊断为介质结垢引起的转子不平衡和轻微动静摩擦波动，在未做检修和调整工艺的情况下振动自行回落，基本印证了诊断结论的正确性。

对于 8 月 22 日这次振动突变，与之前的振动变化特点不同，经仔细分析，它具有如下一些振动特征：

（1）轴向振动增长大于径向。其中 8A 振值增长明显。

（2）除泵的轴振动大幅跳变以外，齿轮箱轴承座振动也明显上升。4H、4A、5A、6H、6V、6A 都上升十分显著；而此前由于泵转子不平衡泵轴振动大幅变化时，齿轮箱轴承座振动不高且趋势较平稳；从方向性看，齿轮箱轴向增长十分明显。

（3）泵轴振动异常开始于一次较大幅度的跳跃式突变，之后是缓慢逐渐变化；7X 和 7Y

增大或减小的步调并不完全一致，有时变化方向相反，如图 2 所示。

（4）从振动频率成分看，7X、7Y 旋转频率 83Hz 幅值突出，其二倍频具有一定幅值；与 7 月 29 日相比，7X、7Y 通频值的增长主要由旋转频率及其二倍频的幅值增长引起，其中二倍频幅值增长幅度更大，如图 3、图 4 所示。

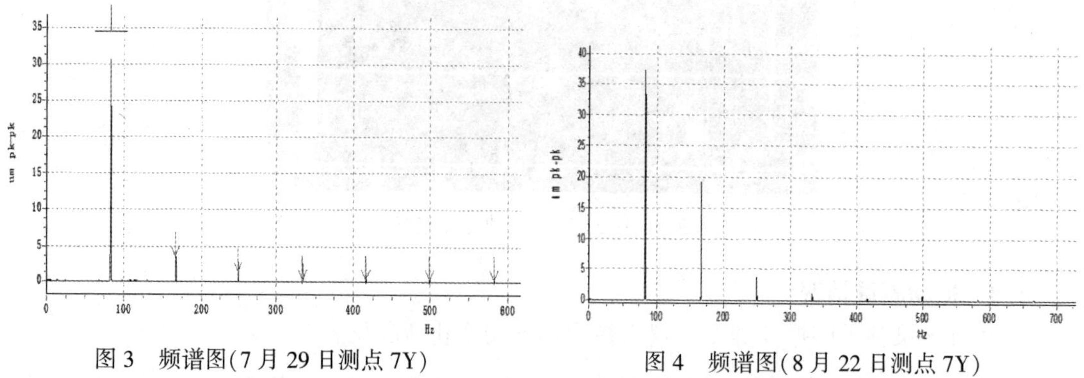

图 3　频谱图(7 月 29 日测点 7Y)　　图 4　频谱图(8 月 22 日测点 7Y)

（5）齿轮箱各测点振动频谱中高速轴旋转频率 83Hz 和其倍频幅值较突出，低速轴旋转频率 50Hz 幅值不突出。其中 3H、5H 频率成分中 83Hz 幅值很小，二倍频幅值较大；3A、5A 频率成分中 83Hz 的一倍、二倍、三倍幅值依次递减。参见图 5、图 6。

（6）7Y 时域波形有明显的波峰波谷不对称，波谷有削顶，如图 7 所示。

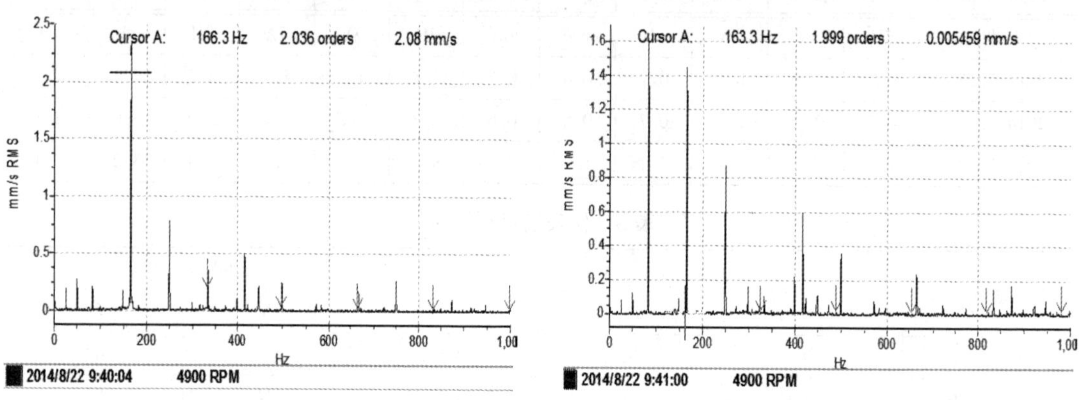

图 5　频谱图(8 月 22 日测点 5H)　　图 6　频谱图(8 月 22 日测点 5A)

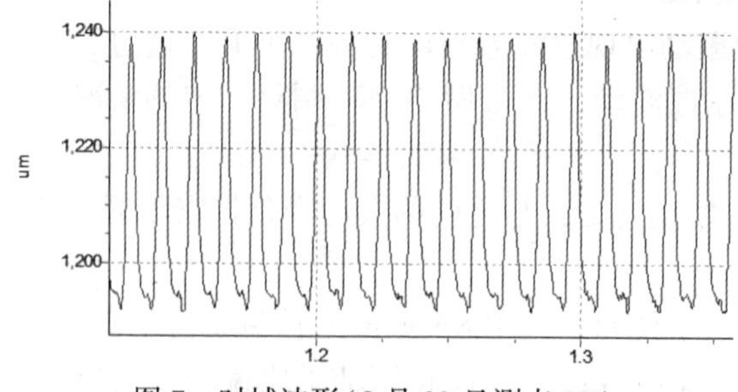

图 7　时域波形(8 月 22 日测点 7Y)

根据以上振动特征，可以进一步分析：

（1）振动增大与轴系受到额外的附加力有关，这种力对齿轮箱和泵均造成了明显的影响。

（2）齿轮箱和泵的频谱特征上表现出较突出的二倍频，齿轮箱和泵之间可能存在不对中力；轴向振动高，振动方向性特征上也与角度不对中相符。

（3）假设泵发生转子动平衡变化、动静碰摩，会造成齿轮箱振动轻微变化，但不会有如此明显的振动变化；泵端的频率特征也不符合这些故障类型。同理，也可以排除齿轮箱突发性啮合不良、轴瓦松动等故障。

（4）电机、齿轮箱以及泵安装在同一钢底座上，一般情形下运行中轴对中情况不太可能发生大的改变，振动也不应该发生突变。那么这种突发不对中力从何而来？只有一种可能：联轴器突然损坏，发生卡涩、憋劲，在传递扭矩的同时给输入端和输出端带来附加力。

（5）泵振动表现出了轻微的动静摩擦特征，不是振动增大的主要原因。

1.5　诊断结论与检修处理

诊断结论：泵与齿轮箱之间的联轴器工作异常；不宜继续运行，建议检查联轴器，并重新找正。

检修情况：由于生产所需，该泵发生故障后坚持运行了几个小时，检查发现联轴器大量膜片破裂，膜片有明显的锈迹，如图 8 所示。泵与齿轮对中明显超标，其中热态时泵比齿轮高 0.49mm，且左右偏差 0.81mm；冷态时泵比齿轮低 0.56mm，且左右偏差 0.44mm。

图 8　联轴器膜片碎片

分析认为，联轴器损坏的原因有两方面：一是对中不良；二是联轴器膜片锈蚀。

更换联轴器，重新找正至热态下符合标准。运行后泵增速箱振动良好，各测点均不高于 1.0mm/s。

2　结论

上述实例是一个较典型的联轴器故障案例，我们在其他联轴器故障案例中也发现了许多共性，可以归纳如下：

（1）发生联轴器故障时，联轴器输入轴和输出轴振动都会有明显的变化。这一点明显区别于输入轴或输出轴某一侧设备发生动平衡、摩擦、松动等故障。

（2）联轴器故障在频谱特征、振动方向性等特征上与不对中故障类似，这是因为联轴器发生故障时，由于卡涩、憋劲给输入轴和输出轴带来额外的附加力。

（3）联轴器故障的成因，往往与对中状况不佳的条件下长期运行导致联轴器疲劳破坏有关。因此，确保良好的对中，是预防联轴器故障的关键。

（岳阳长岭设备研究所有限公司　胡学文，朱铁光，廖慕中，杨会坤）

49. 水泵叶轮切削在节能技术改造中的应用

乙烯生产水管网设计压力为1.0MPa，设计使用压力为≥0.4MPa。净水场生产水加压水泵选型为KQSN600-N9/766型卧式双吸离心泵，水泵扬程为60m，流量为2708m³/h，全厂用生产水量约为冬季1700m³/h，夏季2300m³/h，所以加压水泵一直处于低于额定扬程的状态下运行。由于泵的实际流量偏小，即泵所做有用功较少，而大部分轴功率转化成热能传给泵内液体，引起壳体发热；在长期小流量运行下，水泵不合理连续运转，轴弯曲绕度过大，轴承环很快磨损；此种情况下水泵还可能会出现流量及泵出口压力有规则周期性变化的现象，类似于压缩机的喘振，对水泵本体有较大伤害。同时所耗电量未达到实际作用，造成电能很大浪费。为更好地实现节能减排，保证水泵长周期运行，有必要对生产水加压水泵实施节能改造。

1 技术方法与原理

通常情况下，一台水泵定型生产后，想对其全性能范围效率进行较大幅度提升非常困难，水泵的节能改造，主要是通过改变水泵的运行工况点，将水泵运行工况点由低效区移至高效区内，从而提高实际运行效率，达到节能与保护设备本体的目的。

根据水泵运行原理，水泵稳定的工况点是水泵特性曲线与管路特性曲线的交点，水泵特性与管路特性共同决定着水泵运行的最佳工况点，乙烯厂内生产水用户用水量在同一季节基本稳定，对水压要求为管网末端压力≥0.4MPa。在此条件下，管路特性基本不变，只可通过改变水泵特性来实现效率的提高。

改变水泵特性曲线可以通过两种方法：变频(变速)运行、叶轮切削。由于驱动电机为高压(6000V)定频电机，所以乙烯供水装置只能通过对水泵叶轮进行切削来改变水泵特性曲线。

根据叶轮切削定律，在一定范围内切削叶轮外径，可以改变水泵性能。公式如下：

$$Q_1/Q_2=D_1/D_2$$

$$H_1/H_2=(D_1/D_2)^2$$

$$N_1/N_2=(D_1/D_2)^3$$

式中：D_1为叶轮切割前直径；D_2为叶轮切割前直径；Q_1为叶轮切割前水泵流量；Q_2为叶轮切割后水泵流量；H_1为叶轮切割前水泵扬程；H_2为叶轮切割后水泵扬程；N_1为叶轮切割前水泵轴功率；N_2为叶轮切割后水泵轴功率。

水泵叶轮原直径为705mm，为满足实际生产需求，切割叶轮后水泵必须满足扬程≥45m、流量≥2350m³/h，按此条件根据叶轮切割定律求得水泵叶轮直径应切割80mm。

2 水泵叶轮切削前后的对比分析

水泵叶轮切削前后的参数对比见表1。

表1 水泵叶轮切削前后参数的对比

技术参数	叶轮切削前	叶轮切削后	技术参数	叶轮切削前	叶轮切削后
叶轮直径	705mm	625mm	实际运行时的管网压力	0.61MPa	0.43MPa
实际运行时的流量	2467.80m³/h	2432.80m³/h	轴承箱径向振动值	3.8mm/s²	1.7mm/s²
实际行时的泵出口压力	0.64MPa	0.45MPa	实际运行时的电流	54A	45A

由表 1 可见，叶轮切削后，实际流量和扬程均满足管网要求，同时水泵轴承箱径向振动值也得到降低，按照电流运算，预计每年节约电费约为 29 万元。

3　结论

由于水场设计时不能充分预见生产后的工况，所以水泵选型较保守，设计流量和设计扬程均有不同程度的富裕，导致在实际运行中，水泵长时间偏离高效区运行，造成电能的大量浪费。在对水场进行节能改造中，水泵作为大功率设备应该列为重点改造对象，而叶轮切削技术又是最有效、最简单可行的办法，通过合理的运算，对水泵叶轮进行切削，可大幅降低能耗，是企业项目优化、节能减排的重要手段。

（中韩乙烯（武汉）公用工程分部　张文浩）

50. 采取有效措施提高热油泵的完好使用率

克拉玛依石化公司某润滑油高压加氢装置于2007年8月投产，以加工稠油为主，以丙烷脱沥青油为原料，配以各种加工方案。装置常减压系统侧线抽出为轻、重质润滑油组分油品，其抽出温度高，油品黏度大，给热油泵的正常运行带来不利影响。通过调查各种影响因素，采取有效措施，降低外界对油泵的负面作用，可有效改善油泵的运行工况，提高其完好使用率，达到降低成本、保障装置平稳运行的目的。

1 工艺介绍及热油泵的运行环境

(1) 克石化润滑油高压加氢装置是属于高温、高压、临氢工艺过程的装置。通过采用高压催化加氢对润滑油料进行加氢裂化、异构脱蜡和加氢补充精制，通过选择催化剂、工艺条件、原料可生产出优质光亮油。

(2) 从常减压塔分馏出的各产品均采用离心泵输送。而其主要产品轻、中、重质润滑油在减压塔抽出时的温度都比较高，油品黏度较大，给热油离心泵的运行造成一定的负面影响。表1为部分典型热油泵的运行环境统计。

表1 部分热油泵的运行环境情况

介 质	介质黏度(100℃)/(mm^2/s)	介质温度/℃	介质密度/(g/cm^3)	操作压力/MPa	输送量/(t/h)
常压塔底油	19	290	0.9	0.9	30
轻质润滑油	3	220	0.85	1.15	3
中质润滑油	10	280	0.86	0.8	10
重质润滑油	32	315	0.88	0.65	19

从表1中可以看出，装置油泵运行的条件较为苛刻，在此情况下，机泵很难达到设计运行要求。

装置在用离心泵主要是由大连华能耐酸泵厂和沈阳格瑞德泵业有限公司生产的，配以集装式单波纹管机械密封。共计28台低压离心泵，其中热油离心泵16台。部分离心泵因操作介质温度高、性质变化大等原因，发生故障造成不能正常使用或者备用的情况较多，维修率偏高。多次的设备维修对装置的正常安全生产造成了一定的影响，并且耗费大量资金，同时容易造成装置停工。

2 热油泵的故障情况调查

装置自2007年9月建成开工运行以来，热油泵维修率较高，主要集中在密封泄漏、轴承磨损等方面，更换设备配件的同时也造成了维修成本的增加。自投产至2008年12月底以来，共计维修离心泵73次，平均每月维修4.9次之多，意味着每6天左右就有一台热油泵进行维修；维修以来共计产生费用14.226万元，平均每月花费0.95万元。针对这一现状，对维修情况作了详细调查，见表2和表3。

表 2 2007 年 10 月~2008 年 12 月热油泵维修情况表

序号	时间	故障台数	维修费用/元
1	2007 年 10 月	5	2495.23
2	2007 年 11 月	6	19935
3	2007 年 12 月	8	6869
4	2008 年 1 月	7	14823.07
5	2008 年 2 月	4	6849.31
6	2008 年 3 月	8	11800.03
7	2008 年 4 月	5	22303.4
8	2008 年 5 月	3	7979.48
9	2008 年 6 月	2	7305.83
10	2008 年 7 月	3	1136.75
11	2008 年 8 月	7	16984.61
12	2008 年 9 月	6	14193.15
13	2008 年 10 月	3	2705.13
14	2008 年 11 月	1	685.1
15	2008 年 12 月	4	6196.23
	合计	73	142261.32

表 3 热油泵维修类型统计表

维修类型	机械密封泄漏	轴承磨损	封油量不畅	电机故障	其他维修
次数	35	10	5	9	14
合计	73 次				

3 主要故障分析

3.1 机械密封泄漏

上述可看出，机械密封泄漏导致的故障率占 48%，近半数问题在此。通过对维修拆除的机械密封检查发现导致泄漏的原因在于：波纹管内侧波谷部位的积炭和结焦严重，减压抽出润滑油在高温情况下产生的结焦积炭，缓慢凝固在波纹管的缝隙内，波纹管变形能力减小甚至于丧失变形能力，使得波纹管会在高温作用下发生失弹。同时动、静环 O 形密封圈失效，老化变硬。

3.2 轴承磨损

热油泵轴承箱内润滑油油脂变硬、炭化、润滑性变差使得轴承润滑不良、温度升高最终导致轴承磨损。热油泵由于输送介质温度高，轴承箱传热导致其温度升高，从而加速了润滑油的变质失效。

3.3 封油量不畅

热油泵原带封油冷却器，其油相管径偏细，同时冷却负荷偏小，高温介质油没有充分换热降温，在管线内流通存在结焦堵塞管线，同时换热温度偏高达到 180℃，对密封处起不到杂质冲洗和降温作用，这从另一方面也促进了机械密封泄漏。

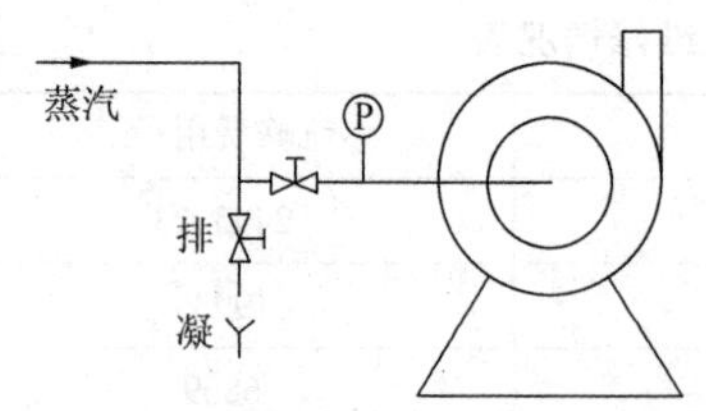

图1 机械密封急冷蒸汽投用示意图

4 采取措施

4.1 投用机械密封急冷蒸汽

对所有高温泵设置机械密封急冷蒸汽系统，如图1所示。

投用蒸汽后，在蒸汽管线喷嘴前进行低位排凝，脱除明水后的蒸汽对机械密封外壁进行喷扫，有效降低了波纹管、动静环密封面的温度，既防止了轴套结垢，提高了密封的追随性，又对杂质进行了吹扫。之后的事实也表明其有效降低了机械密封泄漏的故障发生。投用机械密封急冷蒸汽前、后的机械密封温度对比见表4。

表4 机械密封温度测定值对比表

名称	介质	机械密封温度(蒸汽投用前)	机械密封温度(蒸汽投用后)
常底油泵	常压塔底油	161	112
轻润泵	轻质润滑油	150	105
中润泵	中质润滑油	186	155
重润泵	重质润滑油	177	128

4.2 改造封油冷却器

利用装置停工期间，对原有封油冷却器进行了拆除，更换为大负荷冷却器(见表5)，从而降低了冷却后封油的温度。

表5 封油冷却器规格对比表

型号	HR04	HR64	型号	HR04	HR64
换热面积/m^2	0.4	0.6	使用温度/℃	250	250
管程压力/MPa	6.3	6.3	L/mm	420	611
壳程压力/MPa	1	1	H/mm	300	527

4.3 消除润滑油的变质失效

利用班组当班期间检查热油泵的润滑情况，一旦出现轴承箱温度偏高、异响或者润滑油颜色异常时，及时对润滑油放空检查，此方法比较被动，不能主动检查出因润滑不良导致的潜在隐患，只有出现明显异常后，才能引起关注及检查，被动采取相应措施，从而丧失了处理问题的第一时机。

为了主动控制风险的产生，车间制订了定期检查、置换轴承箱内润滑油的规定，要求每月定期对在用、备用热油泵查看并置换轴承箱内润滑油，同时对油品颜色、是否含水等情况作好记录，以提早发现异常，总结规律，消除因润滑油变质润滑不良导致的轴承维修。

4.4 其他措施

(1) 建立完善的巡回检查制度，及早发现设备问题，杜绝设备的带病运行；

(2) 针对所有动设备，尤其是热油泵，加强设备的日常维护保养；

(3) 加强培训，提高操作人员和巡检人员的日常维护保养技能；

(4) 加大考核力度，提高操作人员、巡检人员日常维护的责任心。

5　实施效果及经济效益

5.1　实施效果

针对调查出的原因，实施相应措施后，热油泵的维修情况有了明显的改善，大大降低了维修次数，提高了完好使用率。实施措施后，2009 年全年热油泵的维修及对比情况见表 6 及图 2、图 3。

表 6　2009 年热油泵维修情况表

序号	时间	故障台数	维修费用/元
1	2009 年 1 月	5	13989.77
2	2009 年 2 月	3	7929.92
3	2009 年 3 月	3	3989.74
4	2009 年 4 月	5	11989.7
5	2009 年 5 月	2	3182.12
6	2009 年 6 月	2	7546.25
7	2009 年 7 月	2	3081.27
8	2009 年 8 月	3	5478.2
9	2009 年 9 月	3	10762.4
10	2009 年 10 月	1	3398.29
11	2009 年 11 月	2	3398
12	2009 年 12 月	2	4123.1
	合计	33	78868.76

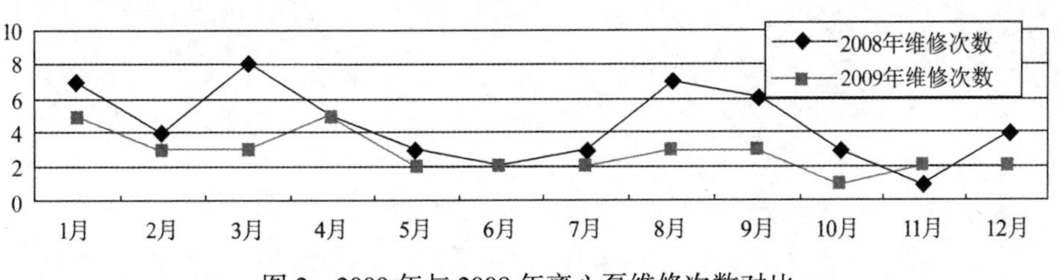

图 2　2009 年与 2008 年离心泵维修次数对比

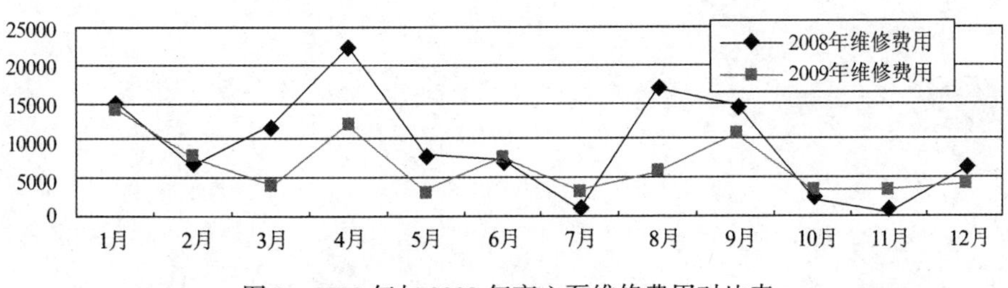

图 3　2009 年与 2008 年离心泵维修费用对比表

5.2　经济效益

(1) 采取有效措施后，2009 年全年维修次数 33 次，与 2008 年及 2007 后两个月共 73 次相比，减少了 40 次，维修率降低了 54.8%。

(2) 本次措施实施后，2009 年全年维修费用 78868.76 元，与之前 142261.32 元相比，减少了 63392. 56 元，维修费降低了 44. 6%。

(3) 单月相比，2009 年平均每月维修离心泵 2. 7 次，维修费用 6572. 4 元，与 2008 年平均每月维修费用 9484. 1 元相比，节约了维修费用 2911. 7 多元。

5. 3 社会效益

(1) 通过调查发现故障原因所在，采取有效改进措施，降低了热油泵的维修率，降低了设备维修费用，同时提高了设备完好使用率，为装置安全高效生产提供了保证。

(2) 提高了装置设备管理人员及设备操作人员自身的技能水平。

6 结论

通过以上措施，最终有效降低了设备维修率，攻克了机泵在运行过程中维修率过高的难题，提高了热油泵的运行周期。投用密封蒸汽后，出现了新的问题有待解决：密封蒸汽外溢容易携带烟气从而污染环境。为此我们将以此次改进为契机，在接下来的时间里对新的课题开展活动，进行分析、讨论，同时不断学习相关的先进技术知识，提高设备维护、使用和管理水平，从而为设备的平稳运行和装置的正常生产奠定坚实的基础。

（中国石油克拉玛依石化公司　刘益，张景伟，董跃辉）

51. 高温油泵的改造及运行管理

近几年石油炼化企业连续发生高温油泵泄漏导致的火灾事故，给炼化企业安全运行及生产任务的完成带来了严重影响。火灾事故导致设备损坏、非计划停工以及重大经济损失，同时也给员工的生命安全带来威胁，造成极大的负面社会效应。面对安全生产的严峻形势，各大炼厂纷纷加强高温油泵管理工作。

中国海洋总公司建立了具有海洋石油特色的健康安全环保文化，提出了“设备安全是企业生产安全和可持续发展基础”的理念。炼化装置日益严重的安全形势引起了下属炼化板块中海石油中捷石化有限公司的高度重视，针对高温油泵运行的种种问题，积极推行并强化管理。下面就高温油泵的改造及管理作一简述，以供探讨。

1 高温油泵事故原因

高温油泵是指输送介质温度大于或等于自燃点的离心油泵，该泵输送介质泄漏到大气中遇氧自燃或引燃而着火。常减压装置的初底泵、常底泵、减底泵；催化裂化装置的油浆泵；加氢裂化装置的分馏塔底泵等都是典型的高温油泵。统计显示其主要故障一是密封泄漏，二是振动过大，而振动也是导致密封泄漏的主要诱因之一。

针对高温油泵着火、闪爆事故，众多炼厂进行事故分析认为大部分着火事故是由于机械密封、密封辅助系统及阀门的泄漏而引发的，而导致泄漏的原因大致分为以下几种：

(1) 运行偏离设计工况，操作不规范：系统的工艺波动、高温油泵长时间低于允许最小额定流量运行造成机泵抽空与振动(见图1)；密封冲洗系统不通畅、急冷水质差造成结垢等引发密封材质疲劳等，均导致高温泵机械密封损坏而产生非正常泄漏。

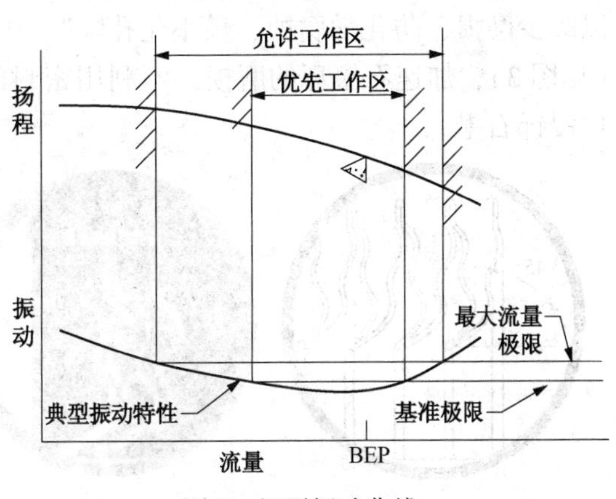

图1 机泵振动曲线

(2) 设备老化、备件质量差、检修水平低：目前很多机泵超期服役严重老化，同时因维修质量出现各密封点配合及对中超差、动不平衡等现象。加之机泵配套的密封、轴承等备件厂家众多，执行制造标准不同，质量参差不齐等导致泄漏事故屡屡发生。

(3) 巡检、运行分析不到位：运行现场设备管理基本采用人工巡检制度，而操作维护人员责任心不强，巡检质量和深度不够导致不能及时发现早期事故隐患，同时对其运行状态进行参数量化分析简单，从而故障预警滞后也是重要原因之一。

(4) 机械密封的设计、执行标准低：机械密封以及冲洗系统的选型、选材标准低，原材料选材以次充好把关不严，造成抗波动能力与运行寿命达不到规范要求。

2 高温油泵原状况简介

中捷石化运行的高温油泵大多不是API 610标准泵，并且均为单端面平衡型机械密封，冲洗方案为 PLAN11(21)+PLAN62，急冷水质较差，经常出现密封压盖结垢堵死现象，无法进行实时监控，造成在实际运行中故障率高，一旦发生泄漏极易引发恶性事故。在进行多次技术比对后，确定高温油泵机械密封按 API 682—2004 改造 C 型串级或双端面金属波纹管机械密封，同时尽量选用布置方式 3(3CW-FB)。冲洗方案定为 PLAN32+53A，Plan53A 方案系统需提供的氮气压力源由增压泵作为管网辅助设备解决。

3 高温油泵改造技术方案

3.1 密封布置型式及材质选用

按照 API 682—2004 中表 6“推荐高温油泵安全密封布置”选择方式 3。

标准中规定当输送介质的温度大于 176℃时应选 C 型密封(静止型波纹管)，但对于布置方式 3 密封如采用 C 型密封结构需要较大的轴向空间，而中捷石化原国产泵制造未严格执行 API 610 标准或不是 API 610 标准泵，无法满足密封腔空间需求。鉴于标准设计要求中 6.1.1.3 条“如果有特殊要求，C 型密封也可以应用旋转补偿元件”，高温油泵改造密封形式采用旋转波纹管密封，经过技术比对，选用丹东克隆的 C65/C50 系列产品。按 6.1.6.6 条规定 C 型密封金属波纹管材料选用 INCONEL718。

波纹管的波形技术是波纹管密封的核心技术，不同的波形会导致内孔焊接承载的力不同，影响密封的耐压能力和使用寿命。密封行业普遍认为 45 度波形是目前最好的波形，有限元分析结果也证明了这一点(见图 2 有限元分析图谱，红色承压最高值，从右往左依次递减)。

按照 API 682—2004 中 6.1.6.2.2 条要求，“石墨环应为加工处理的高级防起泡石墨环，以减少磨损、防化学腐蚀、最小化孔隙”。国产的浸锑石墨在型式试验中会出现泡疤和气孔(见图 3)，加速石墨环的磨损，不利用密封的长周期运行，因此高温离心泵改造密封选进口浸锑石墨。

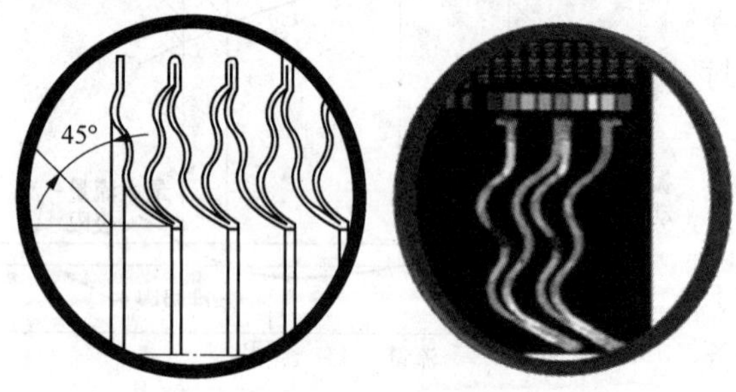

图 2 有限元分析图谱

图 3 浸锑石墨型式试验

按 6.1.6.2.3 条要求“对于系列 2、系列 3 密封，其中一个密封环应为反应烧结碳化硅(RBSiC)。如果规定，也可以采用常压烧结碳化硅(SSSiC)”。碳化硅和石墨的配对具有摩擦系数小、导热性好、PV 值高等特点，但 SIC 耐冲击性差易碎。当机泵抽空或外冲洗中断，SIC 环受力的冲击和热冲击碎裂后，将造成大量的介质外泄，因此选用硬质合金 WC 进行配对。

3.2 冲洗方案

按照 API 标准要求超过 176℃要按照高温密封配置冲洗和冷却措施，主要是保证密封长期稳定工作和需要的使用寿命。配置机械密封辅助系统的目的是带走高温泵传递到密封腔和密封自身的摩擦热及搅拌热，使密封工作在合适的温度范围内。对于高温泵密封，温升的热量主要来自泵腔介质的传导热。PLAN32+53A 辅助系统带走热量降低密封腔工作温度有两种途径，一是 PLAN 32 外冲洗，通过外注常温的封液来阻止泵腔的温度传递，二是通过 PLAN 53A 系统的阻封液和自然散热来进一步带走剩余的热量，保证密封系统的工作温度。原冲洗方案为 PLAN11(21)+PLAN62，即自冲洗加循环水急冷外排，由于公司地处水资源缺乏区，加之循环冷却水质较差，冲洗方案改为 PLAN32+53A(见图 4)，冲洗白油冷却水改为循环除盐水以改善冷却效果。

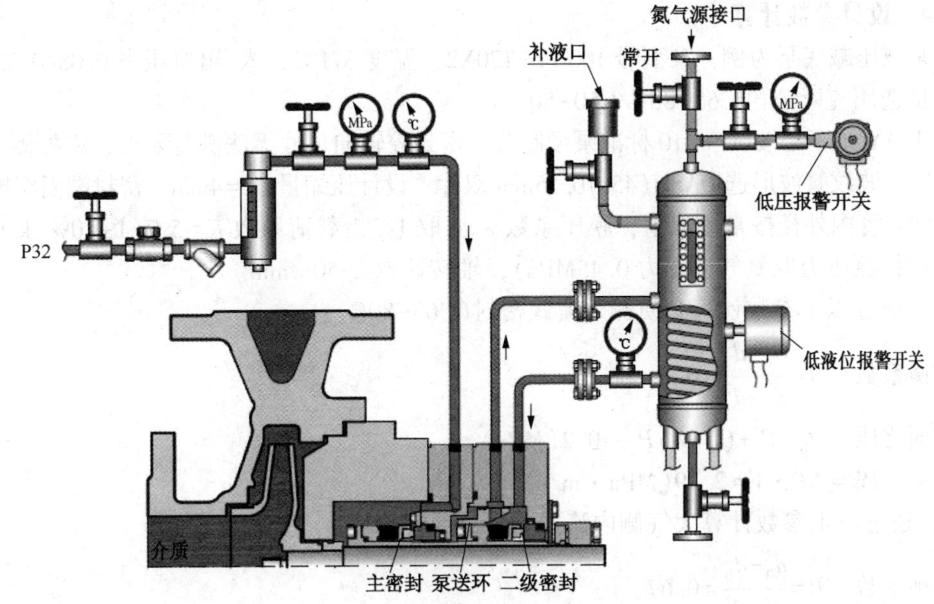

图 4 PLAN32+53A 冲洗方案

PLAN32：来自外部的清洁的冲洗液注入密封腔中，经过密封腔流入到泵输送的介质并与其混合。PLAN32 改善了密封的工作环境。其选用柴油为冲洗液，温度小于 80℃，流量不低于 API 682 要求的 8L/min 的要求。

PLAN53A：有压的外部容器为双端面大气侧密封提供阻封液，为常温的白油，阻封液的循环动力由密封处泵送环提供，阻封液的压力来自氮气管线，由于装置氮气管网压力只有 0.6MPa 无法满足要求，为满足高于密封腔介质压力 0.1~0.2MPa，在综合氮气增压各种方案后，选用动力风源驱动氮气增压泵方案。通过对驱动气源压力的调整，便能得到相应增压后的氮气压力。为保证泵能持续稳定的工作，增压泵全部采用铝合金及不锈钢制造，驱动气体选用清洁的净化风气源，驱动气体过滤器精度达到颗粒≤5μm。

3.3 密封工作原理

密封正常工作时介质侧密封为主密封，承受 PLAN32 冲洗液和 PLAN53A 储液罐内阻封液之间的压差，对泵输送介质实现密封功能。外侧密封为保护密封，承受储液罐内阻封液的压力，阻封液对主密封实施降温及对泵输送的高温油进行封堵。当主密封突然失效(如波纹管断裂、炸环、脱环等)且来不及停泵时，外侧密封可以在较长时间内担当主密封继续工作，以给予装置足够的时间切换设备，保证工艺介质不会大量泄漏到大气中而出现火灾等安全事故，实现了泵输送介质向大气侧零排放。当主密封工作异常如压力、液位波动时，由于系统的压力和液位开关连接 DCS，可在控制室内远程观测到，密封的运行状态得到有效监控。

高温油泵的安全密封方案为炼油装置中的单台现役高温油泵提供了安全的解决方案，该方案解决了密封失效保护、密封运行状态远程监控及密封工作异常状态下的预警，密封失效的判定不再简单依靠现场巡检人员的目测观察，而是由 DCS 系统远程自动监控，密封的安全性得到提升。由于密封设计及制造标准均采用 API682-2004 标准，提高了密封的可靠性。

3.4 设计参数计算

以常减压减底泵为例：泵型号 100AY-120X2，温度 371℃，入/出口压力 0.08/0.35MPa，密封规格选用克隆公司 C65-80G/C50-80。

由于 AY 泵不是按 API 610 标准泵型制造，密封腔轴向尺寸无法满足要求，将外侧按 C50 形式配置。波纹管波形选 DASH(45°)0.15mm 双片；设计压缩量 $\Delta l=4$mm。密封端面摩擦副内外径、波波管内外径按常规取值，膜压系数 λ 油取 1/3，载荷系数 $K=5.7(1\pm10\%)$ kgf/mm，大气侧密封腔压力取氮气源压力 0.45MPa)，轴转速取 2950r/min。

(1) 通过以上参数计算介质侧外流式密封(C65-80G)：

平衡系数 $B=\dfrac{d_b^2-d_1^2}{d_2^2-d_1^2}=0.3$

端面比压 $P_b=P_t+(B-\lambda)P_1\approx0.2(\text{MPa})$

端面 $PV=\Delta P\cdot V=2.79(\text{MPa}\cdot\text{m/s})$

(2)通过以上参数计算大气侧内流式密封(C50-80)：

平衡系数 $B=\dfrac{d_2^2-d_b^2}{d_2^2-d_1^2}=0.67$

端面比压 $P_b=P_t+(B-\lambda)P_1\approx0.36(\text{MPa})$

端面 $PV=\Delta P\cdot V=6.35(\text{MPa}\cdot\text{m/s})$

计算结果见表 1。

表 1

设计输入	输　出	计算值介质侧	计算值大气侧	允许使用范围	结　论
泵型号制造厂	平衡系数 B	0.3	0.67	正压 0.6~0.8MPa，反压 1-(0.6~0.8)MPa	符合规范
介质种类	端面比压 P_b	0.2	0.36	外流式(泵：0.15~0.4MPa) 内流式泵：(0.3~0.6MPa)	符合规范
压力	PV 值	2.79	6.35	WC-石墨：<7~15MPa m/s	符合规范
密封几何尺寸	泄漏量	现场测定	现场测定	API 682 规定：5.6g/h	实际符合规范 5g/h
材料	使用寿命	现场测定	现场测定	300℃导热油 100h 验证实验	实际达到要求

4 高温油泵改造后出现问题及应对措施

(1) 高温油泵改造在运行初期，密封的正常泄漏量相对于普通工况来说会略微高些，随着端面的磨合，泄漏量会逐渐减少，根据标准规定密封泄漏量(国标 JB/T 1472—1994 水的泄漏量)折算，泄漏范围在 0~20mL/h 内都算是正常泄漏量。对于白油内漏量较大的情况，建议适当降低系统外接的氮气源压力，可以每天减小0.05~0.1MPa后观察白油泄漏量，以达到上述要求值内为准，但是需要保证氮气源压力应略高于密封腔介质压力。如果调整泄漏量仍超标准则更换密封。

(2) 高温油泵正常使用中会出现密封压盖温度偏高现象。高温泵密封系统的热量来源主要是泵腔内的热传导，PLAN 32外冲洗是阻止泵腔热量传递的最主要手段，PLAN 53A的主要用途是带走密封自身产生的热量，顺便也带走因32方案没有带走的部分热量，如果32方案工作性能不良，则会有大量的热量传递密封上，加剧53A的负担。

PLAN32外冲洗需要在启泵前暖泵时就加入，并且需要有足够的压力和流量，否则可能因为封油降温量不足而造成自身温度升高产生封油汽化，反而影响密封使用，所以建议现场需要检查各个密封的外冲洗压力和流量，保证畅通。外冲洗压力一般要求比密封腔实际压力高0.2MPa左右，外冲洗的温度应小于100°，流量应大于8L/min。

PLAN53A的20L压力罐的冷却管路换热面积是0.4m^2，根据实际测试，在温差不超过10℃的情况下，冷却能力超过10kW。但要保证压力罐冷却水畅通，避免一些管路出现抢量而造成阻封液温度过高导致影响密封。

基于各使用单位实际应用综合评价给出的数据，压力罐循环管路温度、压盖出口温度不宜超过80℃，入口温度不宜超过60℃，也是考虑在这个温度范围内有较佳的冷却效果和尽少产生冷却水结垢，该数据可能因为各地实际情况不同而有区别。可以允许一些机泵的循环液的温度是超过给定值，只要能保证密封长周期运行就可以。

(3) 改造机封在运行过程中出现外甩介质现象，一般为轴端台阶密封问题。由于受密封腔体的限制，大部分静密封垫采用铝制材质，铝制金属轴封主要靠金属的挤压变形来保证密封效果，但要求接触面不能有划伤、不平等缺陷，安装前要把密封面砂光处理，对现场的安装和使用条件要求较苛刻的，可以考虑聚四氟乙烯或夹钢带柔性石墨。

串联机封对装配质量要求高，装配时一定要认真仔细，尤其是石墨辅助密封环的安装，稍不小心就会造成折裂、破损导致密封失效。

(4) 单密封改为双密封，压盖的厚度发生变化，原泵盖配的连接密封压盖用的双头螺栓长度无法满足双密封压盖厚度要求。因改造需要更换的双头螺栓应明确制造及检验标准以及材质等技术要求。

通过采用以上高温油泵改造技术方案，改造后装置的安全性隐患彻底根除。装置机泵故障率大大降低，完好率提升至99.9%，平均连续运转时间从4300h上升到6200h，部分机泵连续运转时间达到11000h以上。

机泵原PLAN62方案取消，根除了循环冷却水外排，每年节约大量水资源，同时减少污水排放量，做到了清洁生产。此次改造后，公司高温油泵无论从硬件配置到软件管理都上了一个新台阶，实现了安全平稳运转目标。

5　其他注意事项

(1) 加强对巡检质量的管理。

巡检是将事故遏制于萌芽中的最后一道防线，据统计99.5%以上事故均可在巡检中提前发现并预警。操作人员、维修保运人员、设备管理人员要严格按照规定保质保量进行巡检，严禁敷衍了事。操作人员巡检要配备对讲机，维修保运人员、设备管理人员配备测温仪、测振仪定期对油泵的振动、温度以及轴承的运行状况进行分析，对出现的异常情况要及时采取应对措施。

对测量轴承座振动和温度参数录入数据库，根据运行数据趋势判断机泵运行状态，对出现的振动、温度超标等异常现象及时采取应对措施。

(2) 加强对机泵维修管理。

严格按照 SHS 01003—2004 设备完好标准对热油泵进行预测、评判。对热油泵的检修维护，严格按《动设备检修作业指导书》维修程序进行，将相关环节内容记录完善备案存放。高温油泵封油设施上的过滤器、冷却水线及时清洗疏通。

对于机械密封和轴承两种最容易发生故障的备件，按机泵重要程度精密等级划分，保证轴承、机械密封的外购质量，杜绝其他杂乱厂家进入。

(3) 加强工艺操作管理。

对于现场操作，要求工艺严格遵守工艺纪律按照工艺卡片认真操作，平稳调节，避免热油泵发生汽蚀和抽空现象。对长期低流量运行的泵，尽量避免用泵出口阀进行节流，可采取副线回流、安装变频、切削叶轮等措施进行调整，避免因长期低流量运行造成机泵轴向力过大和液相汽化对机封造成损伤。

切换机泵严格按照规定步骤进行操作，预热速度不得超过 50℃/h，每半小时盘车 180°，防止泵轴及其他部件在短时间内因温升过大发生热涨不均匀导致密封损伤从而发生泄漏。

装置人员在对备用高温油泵盘车时，根据实际情况，可将泵进出口关闭后再进行盘车，盘车完毕后再缓慢开启进口，避免机封突然爆喷泄漏。

(4) 加强对操作、维护人员专业知识宣贯培训。

定期联系机泵、机械密封、轴承等制造厂家进行制造、安装、维护等专业知识培训。拓宽管理人员和维护员工的视野，提高员工的专业素质。搜集热油泵着火案例及本单位热油泵事故，编制培训教材下发宣贯。通过触目惊心的案例分析，使员工的责任心进一步加强，平常操作维护密切联系沟通，发现异常及时分析解决，保证生产装置安全平稳运行。

(5) 提高硬件防范措施。

对装置高温泵区附近的电气、仪表电缆槽架重新梳理，避免在高温泵区上方穿行，电缆槽盒采取防火措施。装置设备框架防火涂层严格按 2. 5h 防火标准完善。

考虑对直径较大的高温油泵出入口阀门增加电动闸阀，做到在事故状况下能迅速切断物料。同时对热油泵区安装电视监控系统。

(6) 完善高温油泵泄漏着火应急预案，明确火灾发生时的操作步骤，并定期进行演练，提高在紧急状况下的应急操作能力。

6 结论

设备管理工作是企业管理的重要组成，设备安全是企业连续平稳运行、提高效益的基础。对于高危机泵管理必须做到严抓细管，提高设备设计制造及运行完好标准；完善设备检维修规程，加强设备计划性保养及日常维检修，有效提升设备管理制度化、规范化和流程化水平，保障设备完好率和运行可靠性以促进企业安全生产。

（中海石油中捷石化有限公司　李金马）

52. 石脑油长输泵轴承损坏原因分析及改进措施

镇海炼化公司储运部送上海赛科乙烯石脑油原料泵自 2005 年 2 月 24 日正式投入生产运行，2005 年镇海炼化向赛科供油 90×10^4t/a，2006 年开始镇海炼化向赛科供油 108×10^4t/a，即每月的供油量需达到 9×10^4t/月。给油泵、长输泵均一开一备运行，每台长输泵的实际输送量为 140~145t/h，即 205~210m^3/h，少量超设计输送量 200m^3/h，输送能力与供油量刚好卡边(见表 1)。当向赛科供油计划达到 9×10^4t/月时，单台泵要连续不断输送才能满足输送量要求，但实际生产过程中，受产量阶段不均衡、质量波动、重新调合等因素影响，实际做不到连续不断地输送，这样将影响石脑油输送计划的完成，2008 年因国际油价的不断攀升，国内成品油采用限价措施，但供上海赛科乙烯石脑油按国际油价同步结算，公司批准更新了其中的 1 台主输泵 B722，以期供赛科石脑油量提升至 120×10^4t/a。

1　故障初分析

石脑油长输泵为双支承多级离心泵，采用高压机械密封，其性能参数见表 1。

表 1　新旧长输泵性能参数设计值

工艺编号	工艺名称	机泵型号	介质	扬程/m	流量/(m^3/h)	功率/kW	额定电流/A
B722(更新)	赛科石脑油长输泵	KDY245-108.3×6	石脑油	650	245	500	58.0
B721	赛科石脑油长输泵	KKDY200-90×6	石脑油	500	200	355	41.3
B315	赛科石脑油给油泵	DSJH8×10×15L	石脑油	190	320	250	28.0

苛刻的工艺条件决定了石脑油长输泵的特殊性，该泵不仅泵体大，泵壳厚，而且轴系设计也比较特殊。石脑油长输泵 B722 采用固定-游动支撑，末侧定位端采用 1 只 QJ315 角接触球轴承，游动两端采用二只 ϕ90 滑动轴承，起游动支撑作用并组成一个整体发挥支撑作用，泵的制造精度和安装精度均能保证均匀的载荷分布。

此泵 2009 年 1 月安装完，1 月 22 日试泵，轴承振动值在 3.2mm/s，温度 37℃(仪表探头显示值)，由于轴承箱后端装有冷却风扇，所以现场测得轴承箱外壳温度不能真实反映轴承温度。2 月 25 日起投用，期间间歇运行至 4 月 16 日发现定位端轴承温度瞬间从 40℃上升到 75℃并冒烟，立即停泵检修，累计运行时间 235h(不到 10 天)，检修发现后端定位轴承 QJ315 内外圈已出现明显剥落，滚珠磨损也较明显，在清洗后更换轴承，运行 15min 左右轴承温度再次上升至 70℃，解体检查泵前后轴瓦，并更换定位轴承，检查泵中心位置等，组装后运行不到 30min 后端轴承温度就又上升到 70℃左右，后联系制造厂派专门负责质量的总工程师与我们一起检查处理轴承超温的问题，至 4 月 30 日未解决，制造厂决定将泵拉回厂家解体大修，期间更换了轴，同时缩小了中间密封环的间隙，到 7 月 9 日检修完拉回现场安装，7 月 22 试泵，振动和温度与 1 月 22 日试泵时相差不大。泵运行至 11 月 5 日，后端轴承温度高报警。11 月 9 日，厂家来人，初步分析原因是泵中间密封环磨损，导致轴向力增大所致，需要解体大修。针对新更新的石脑油长输泵 B722 轴承投用初期频繁烧损这一难题，我们在排除了泵抽空、气蚀和润滑不良等因素的影响后，最后把问题集中在泵的轴向力设计上。

通过对 B722 石脑油长输泵进行解体检查，发现轴承几次损坏的情况基本一致。末端受力 QJ315 角接触球轴承损坏严重，其中铜保持架熔化粘连，轴承内圈滚动体压痕明显，但轴承内圈与轴肩无摩擦痕迹。游动端滑动轴承内圈与轴肩摩擦痕迹明显，内圈磨损严重。泵轴末端摩损严重报废。上述种种迹象表明，石脑油长输泵在损坏前，一度受到非常大的轴向力，该轴向力作用在单只 QJ315 角接触球轴承上，方向指向泵末端。当单只 QJ315 角接触球轴承不足以承受这样大的轴向力时，该轴承首先损坏，转子随后向泵末端方向窜动，设计工况下完全不承受轴向载荷的 2 只滑动轴承也承受较大的轴向力，导致该 2 只滑动轴承不久后也损坏。因此，在高扬程大流程的工况下，单只 QJ315 角接触球轴承的承载能力直接决定了该泵运行的稳定性，非常有必要对该轴承的轴向力进行分析、验证，对轴向力进行核算，想办法消除泵运行过程中过高的轴向力，保证泵的安全平稳运行。

2 石脑油长输泵轴向力的分析

一般认为多级离心泵中的轴向力由下列几方面原因产生：

（1）由于叶轮前后盖板外表面压力分布不对称产生的力，以及受压面积不同产生的压力。

（2）由于液体流经叶轮后流动方向变化产生的动反力。

（3）扭曲叶片工作面与背面压力不同产生的力。

（4）由于叶轮流道内前后盖板在同一半径处的压力不同产生的力。

虽然以上有多种产生轴向力的原因，但一般计算时只考虑前两种原因产生的轴向力。原因是离心式叶轮轴向力的产生主要是由叶轮盖板外侧两腔内液体引起。但是还有其他很多因素对叶轮轴向力的形成也有影响，有些属于加工制造、装配等因素，有些属于使用后密封环磨损，间隙增大引起的。

在传统计算方法中，以上几种假设原因与实际情况不完全相符，甚至有些差别很大。实际上叶轮因铸造关系，每级叶轮产生的扬程都不尽相同，叶轮前盖板外腔内液体将向内流经密封环，回到叶轮进口；叶轮后盖板外腔液体有向外流动，也有向内流动，也就是末级叶轮向内流动，其余叶轮有向外流动的趋势。因此，每级叶轮通过的液体不尽相同；另外，叶轮出口若与导叶或流道不对中，将引起叶轮出口在前后盖板处压力值不同，叶轮密封环间隙和级间间隙变化也会引起叶轮盖板上压力分布变化。

石脑油长输泵 B722（KDY245-108.3×6）的几何参数如表 2 所示。

表 2 石脑油长输泵几何参数

Q_d：设计流量	$245m^3/h$	d_h：叶轮后轴颈或级间套处直径	120m
Q_n：正常工况下的流量	$260m^3/h$	ρ：液体密度	$680kg/m^3$
H：单级扬程	100m	V_{mo}：叶轮入口处液体的绝对速度	5m/s
D_1：叶轮密封环处直径	170m	n：转速	2985r/min

经过对轴向力的分析和计算可得：

叶轮前后两侧压差引起的轴向力：$F_1=6071N$

液体作用于叶轮入口的动反力：$F_2=25N$

则单级叶轮总的轴向力：$F=F_1-F_2=6071-25=6046N$

3 石脑油长输泵轴向力的平衡

多级离心泵由于轴向力值相当大，单独依靠推力轴承不能保证泵运转的稳定性和可靠性。

3.1 对称布置叶轮

在多级泵中由于每个叶轮都有轴向力存在，所以导致轴向力很大，为此可采用叶轮的对称排列进行平衡，从而消除整个叶轮组的轴向力。本石脑油长输泵(KDY245-108.3×6)对称布置叶轮的方式如图1所示。

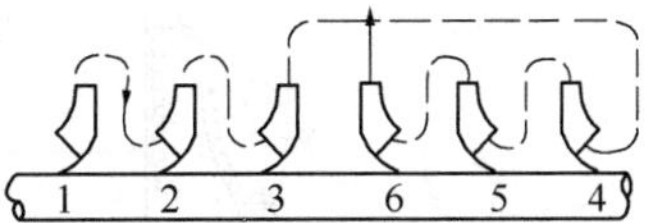

图1 石脑油长输泵B722(KDY245-108.3×6)叶轮布置方案

3.2 增加叶轮平衡孔

在叶轮轮盘上对着吸入口处，开几个平衡孔，使轮盘前后空间连通，同时在轮盘后侧与泵壳间增设密封环，其直径与轮盖侧密封环相等。这样，就使叶轮吸入口处轮盘前后两侧的液体压力基本平衡。这种措施结构简单，但增加了内部泄漏，而且内部泄漏的液流穿过平衡孔返回叶轮入口处，会扰乱进入叶轮的主液流，增加水力损失，使泵效率略有降低。因送上海赛科乙烯石脑油采用二台离心泵打接力的方式运行，给油泵运行的出口扬程达195m，弥补了增加叶轮平衡孔而导致的水力损失与泵效率降低。

4 石脑油长输泵改进措施

结合以上对石脑油长输泵轴向力的计算与分析，我们采取了以下措施减少对单只QJ315角接触球轴承的轴向作用力。

4.1 口环改造

如图2所示将3、6级叶轮后口环加工至Φ119.78，适当加大3、6级叶轮背部口环尺寸，在3级叶轮背部加装一个与吸入口出相同尺寸的口环，由于泵体口坏和泵壳轴向间隙较大，在口环卡槽处加垫片，以增加口环的定位效果。

4.2 叶轮改造增加平衡孔

如图2所示，在口环以上叶轮两侧的压力是对称的没有轴向力，在口环以下的压力就不对称了，这是产生轴向力的基本原因。

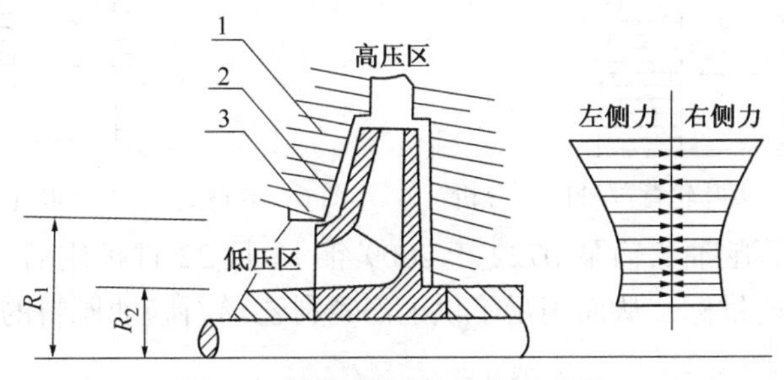

图2 叶轮两侧压力分布示意图

1—叶；2—叶轮；3—口环

根据图2石脑油长输泵(KDY245-108.3×6)的叶轮布置方案，我们知道此泵6级叶轮中的1级与4级、2级与5级、3级与6级的轴向力完全抵消，但由于3级、6级叶轮的布置位置(见图3)，6级口环处的压力最高达500m水柱，经解体发现，6级口环处磨损最严重，形成向泵后端强大的轴向力，我们可在3级叶轮上开合适的平衡孔来消除泵运行过程中产生的轴向力。

经过分析和计算，在3级叶轮上打6个ϕ10mm的平衡孔(见图4)，可抵减掉3级、6

级叶轮综合后产生的轴向力。

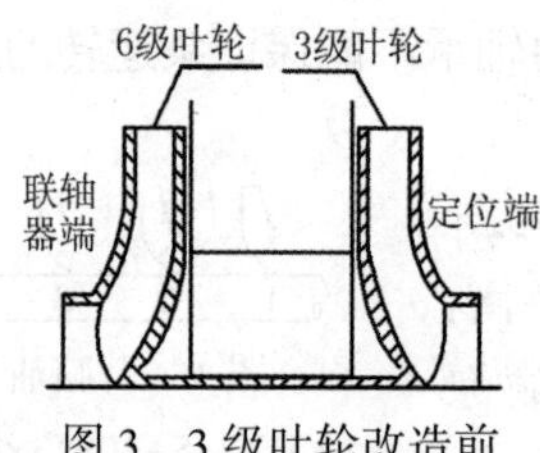

图3 3级叶轮改造前

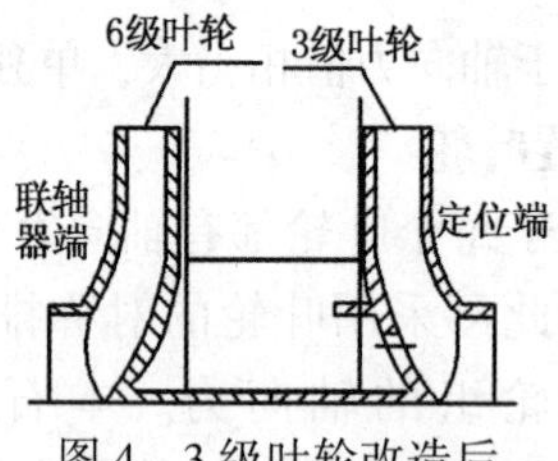

图4 3级叶轮改造后

4.3 轴承箱改造

对后轴承箱上盖加装抱箍增强后端轴承箱的刚度，在后端定位轴承处增加润滑油兜和引油设施，改善末端受力 QJ315 角接触球轴承的润滑情况。

4.4 运行工况优化

提高送赛科长输泵 722 出口压力联锁值，使泵在不卡量且在最佳工况点下运行，减少了泵的振动，改善了泵的运行。

5 改造前后石脑油长输泵的轴向力对比

由图 5 可以看出泵在实际运行中轴向力是指向定位端的，且轴向力的大小随着泵中间密封环间隙的磨损而增大，可知泵在运行过程中轴向力是不断加大的，从泵的实际运行情况看，当中间密封环间隙较小时，泵可平稳运行，但随着泵的运行，中间密封环的间隙不断增大，轴向力也不断增加，期间定位轴承 QJ315 所受的轴向力是个变量。

图 6 是 3 级叶轮改造后，泵运行中轴向力的情况，从分布来看，泵运行中轴向力是指向联轴器端的，3 级叶轮背部增加口环后，口环直径以内的部分，由于打了 6 个 $\phi10$ 的平衡孔，其面积大约为中间密封环间隙与新增口环间隙面积之和的 3 倍，压力与 3 级叶轮入口压力相近，所以整个转子运行中的轴向力是基本恒定的。

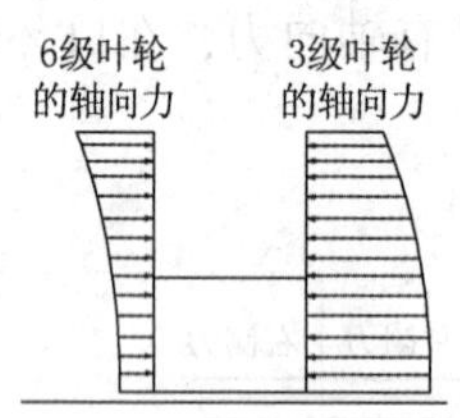

图5 改造前3、6级叶轮背部轴向力分析

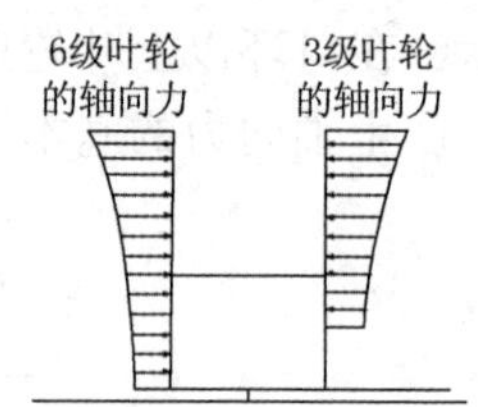

图6 改造后3、6级叶轮背部轴向力分析

经过上述改造，石脑油长输泵 B722 于 2009 年 11 月 22 日投用后至今未再发生轴承烧损的故障，达到了预期目标，从而满足了供上海赛科乙烯石脑油原料的需要。

6 总结

由于石脑油长输泵运行工况特殊，本泵虽然叶轮结构形式相同，而且呈对称布置，理论上泵运行中的轴向力几乎为零，但实际运行当中由于叶轮级间存在泄漏，所以不能单靠缩小叶轮口环来确保泵的平稳运行，要从泵的结构上保证泵运行中轴向力的方向及大小。工程技术人员在泵的检修中不要过度迷信泵制造厂，必须结合现场的实际情况来思考并妥善地处理问题。

（中国石化镇海炼化分公司 许泽虎）

53. 进口离心泵双列调心轴承失效原因分析

辽阳石化炼油厂有一台从意大利进口的型号为 3HED16DS-A 的离心式双支撑热油泵，其输送介质为减压减黏渣油。在一次装置大修后，油泵里口轴承发生抱轴，导致该设备轴弯曲，轴承损害，造成装置停车。

1　事故原因分析

1.1　失效轴承宏观检查

里口支撑轴承抱轴，轴承滚子球表面剥离，调心滚子轴承内圈、外圈滚道一侧的整圈出现剥离现象。

1.2　外口定位轴承检查

由于该设备为进口设备，相关资料不多，因此，我们借用国内相关资料、书籍以及国内轴承厂家的相关指导，加以分析。

根据轴承损坏的宏观检查，初步判断此抱轴现象是由于轴向力过大造成的。

对外口定位轴承是否松动或损坏进行检查，结果一切正常。

1.3　里口轴承配合的计算

此轴承型号为 2310，轴承内径为 $\phi50$，外径为 $\phi110$。仅承受径向载荷的滚动轴承与轴配合为 H7/k6，滚动轴承外圈与轴承箱内壁的配合为 Js7/h6。

1.3.1　ϕ50H7/k6 的极限间隙和过盈及公差带图

轴 k6 的基本偏差为下偏差为 ei，其数值可从表 1 查出：

$$ei=+2\mu m$$

轴 k6 的上偏差为 es=ei+IT6，IT6 从表 2 中查得：

$$IT6=+16\mu m$$

因此：$es=ei+IT6=2+16=18\mu m$

基准孔 H7 的下偏差：$EI=0$

H7 的上偏差为 ES=EI+IT7，IT7 从表 2 中查得：$IT7=+25\mu m$；$ES=0+25=25\mu m$

表 1　基本偏差与公差等级　μm

基本偏差		下偏差(ei)															
		k		m	n	p	r	s	t	u	v	x	y	z	za	zb	zc
基本尺寸/mm		公差等级															
大于	至	4 至 7	3≤7		所有等级												
10	14	+1	0	+7	+12	+18	+23	+28	—	+33	—	+40	—	+50	+64	+90	+130
14	18										+39	+45	—	+60	+77	+108	+150
18	24	+2	0	+8	+15	+22	+28	+35	—	+41	+47	+54	+63	+73	+98	+136	+188
24	30								+41	+48	+55	+64	+75	+88	+118	+1160	+218
30	40	+2	0	+9	+17	+26	+34	+43	+48	+60	+68	+80	+94	+112	+148	+200	+274
40	50								+54	+70	+81	+97	+114	+136	+180	+242	+325

表 2 标准公差数值

基本尺寸/mm	公差等级																		
	μm														mm				
	IT01	IT0	IT1	IT2	IT3	IT4	IT5	IT6	IT7	IT8	IT9	IT10	IT11	IT12	IT13	IT14	IT15	IT16	IT17	IT18
>10~18	0.5	0.8	1.2	2	3	5	8	11	18	27	43	70	110	180	270	0.43	0.70	1.10	1.8	2.7
>18~30	0.5	1	1.5	2.5	4	6	9	13	21	33	52	84	130	210	330	0.52	0.84	1.30	2.1	3.3
>30~50	0.6	1	1.5	2.5	4	7	11	16	25	39	62	100	160	250	390	0.62	1.00	1.60	2.5	3.9
>50~80	0.8	1.2	2	3	5	8	13	19	30	46	74	120	190	300	460	0.74	1.20	1.90	3.0	4.6
>80~120	1	1.6	2.5	4	6	10	15	22	35	54	87	140	220	350	510	0.87	1.40	2.20	3.5	5.4

由此得：$\phi50H7=\phi500+0.025$

$\phi50k6=\phi50+0.002+0.018$

最大间隙：$X_{max}=ES-ei=25-2=23\mu m=0.023mm$

最大过盈：$Y_{max}=EI-es=0-18=-18\mu m=-0.018mm$

公差带图如图 1 所示。

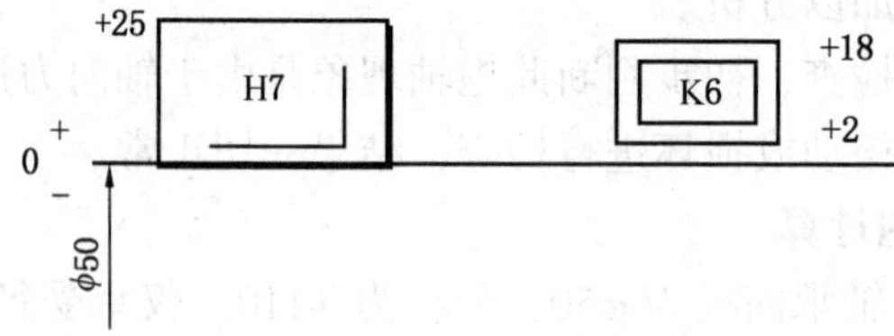

图 1

1.3.2 ϕ110JS7/h6 的极限间隙和过盈及公差带图

轴 h6 的上偏差 es=0

IT6 从表 2 中查得：IT6=+22μm

因此：ei=es−IT6=0−22=−22μm

基准孔 JS7 的偏差=±IT−1/2

IT7 从表 2 中查得：IT7=+35μm

则：JS7 的偏差=±35−1/2=±34/2=±17μm

由此得：$\phi110JS=\phi110-0.017+0.017$

$\phi110h6=\phi110-0.0220$

最大间隙：$X_{max}=ES-ei=17-(-22)=39\mu m=0.039mm$

最大过盈：$Y_{max}=EI-es=-17-0=-17\mu m=-0.017mm$

公差带图如图 2 所示。

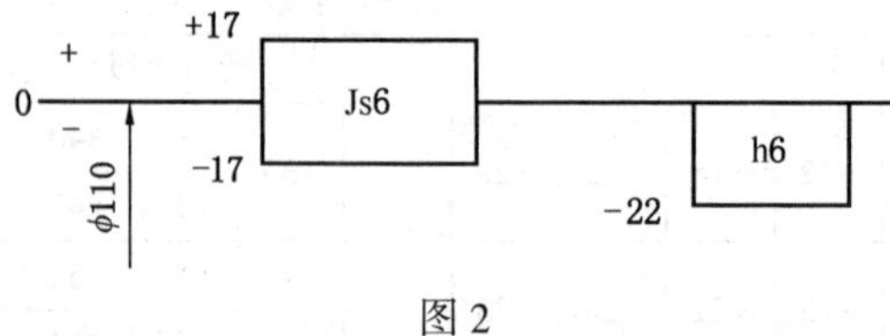

图 2

1.4 实测轴承的配合数据

检测轴、轴承及轴承箱发现：轴承外圈与轴承箱之间配合过盈量达到 0.10mm，而标准值为 0.017mm，超出范围 0.083mm。

1.5 分析原因

由于检修工人检修时发现轴承外圈与轴承箱内孔配合松动，未经计算，根据经验就直接在轴承箱内孔打麻点，导致轴承外圈与轴承箱内孔配合过盈量过大，使轴承游隙过小。此泵轴承属固定端与非固定端轴承配置，外口轴承承担径向支撑，同时在两个方向对轴进行轴向定位，轴的里口非固定端轴承仅提供径向支撑，它必须允许轴向位移，以便在轴长度因热膨胀而有变化的情况下，轴承不会施加应力。此轴承属于双列调心球轴承，轴向位移是在轴承外圈与其位于轴承座孔内的支撑面之间。运行中，由于轴的热膨胀作用和过盈量过大，导致轴承一侧承受轴向力过大，造成轴承损坏，发生抱轴事故。

2 改进方法

对轴承箱修整轴承箱内孔，并改用较大游隙的 C3 组轴承。

3 改进效果

改进后，此泵运行良好，达到预期效果。

（中国石油辽阳石化分公司　喻纯钢）

54. 保证辐射进料泵长周期稳定运行的有效措施

辐射进料泵(见图1)是为石化炼厂焦化装置设计的，使用在高温、高压场合，用于向加热炉进料，输送高温渣油，一般为卧式双壳体多级离心泵，壳体多为径向剖分，吸入管和吐出管均垂直向上布置于筒体上，可在不移动管路情况下抽出内壳体进行维修，壳体尽量采用中心线水平支撑以减少因温度引起的径向偏差。

辐射进料泵作为焦化装置的关键设备，其长期安全稳定运行至关重要，一旦因故障停车，会对车间生产作业产生重大影响，从而造成经济损失。

1 运输及储存

运输及储存是设备到用户处后需要首先解决的问题，如果运输或储存不当，可能会产生管路损坏、零件腐蚀、泵内部零件过量挠度等问题，从而影响泵的正常使用。

1.1 泵组的起吊

泵起吊时应注意泵底座上提供的起吊吊耳位置及标识，看是否允许整机起吊；当用吊车或绳索起吊时，应注意躲避机组的管线及密封系统等，以防损坏。多数泵组的起吊如图2所示。

图1 辐射进料泵

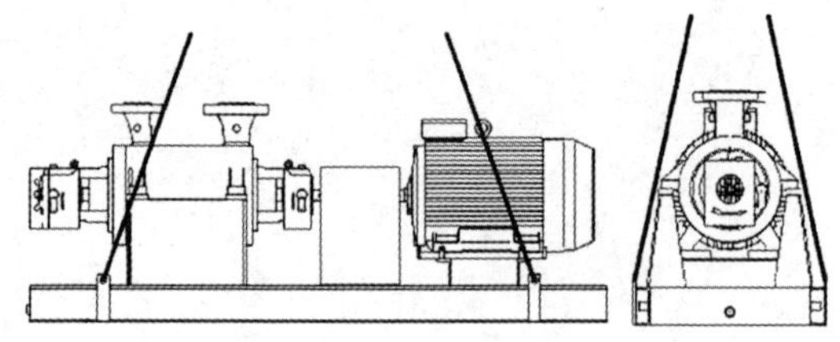

图2 多数泵组的起吊方式

1.2 储存

多数情况下，设备到现场后并不能立即安装，则需要储存在一个干燥的库房内，并限制任何高频或低频的振动。泵应用塑料布完好包装，以防止灰尘侵入。

1.3 长期储存

如需长期储存设备，泵和管路应采取适当的保护办法使其不被腐蚀，并定期对转子进行旋转，大体上半个月一次，每次旋转90°。同时，如果设备超过1年储存期后再运行时，尽量通知设备制造厂工程服务人员到现场对设备状态进行检查，以防止在长时间的储存过程中转子挠度等发生变化，从而影响泵的正常运行。

2 泵机组安装

机组的安装对于泵机组的长期稳定运行来说至关重要，如果不能按照正确的方式和尺寸进行安装，轻则导致泵机组运行时产生大的噪声和振动，重则导致机组无法正常运行，或者运行时导致零部件损坏。泵机组安装过程比较重要的环节有场地情况的检查、底座灌浆以及联轴器调正对中等。

2.1 安装开始前的场地情况

在泵的吐出端应留有足够的空间，以便于检查和维修，并能从筒体中抽出泵芯(此数据一般由制造厂提出)。泵的基础须经现场管理部门检查，以便地基的尺寸与制造厂提供基础图相符。在地脚螺栓孔的旁边应放置垫铁，垫铁应平坦无缝地铺设在混凝土基础上，并尽可能地放置水平。

若机组采用的是共同底座，底座放到垫铁上后，须用水平仪找平。在找平的过程中，每个地脚螺栓孔旁边的垫铁都应和底座及基础靠实，以防止底座变形。在底座找平过程中，泵、电机等已经紧固在底座上，粗略检查泵、电动机等在底座上的位置，能够保证底座灌浆后，能够完全调正位置。

2.2 底座的灌浆

先对地脚螺栓槽灌浆，待混凝土凝固后，拧紧地脚螺栓。在拧紧地脚螺栓后，应再次确定整个底座的水平状况(如果不水平，可以再次调平)，当地脚螺栓紧固后，对整个底座进行灌浆。为了减少机组的振动和噪音，必须进行充分和彻底地灌浆。当混凝土凝固后，应用特殊的不收缩的快干的物质(可用环氧树脂混合物)来填充任何空隙和洞眼，并且这种混合物可以和底座的钢板粘合(顶丝孔空)。

2.3 联轴器端面间隙及对中调整

电机和泵的扭矩传递依靠弹性膜片联轴器的对中调整，这是一项非常严格的工作，如果不按规定的标准执行，泵就不能正常运行。联轴器对中找正示意图如图3所示。

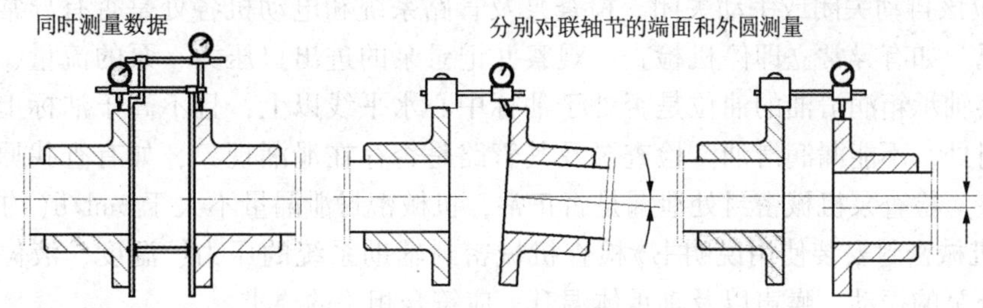

图3 联轴器对中找正示意图

对中应在没有联接泵和电机管路前进行。取下联轴器的加长节，按制造厂提供的数据调整泵联轴器和电机联轴器端面的距离。按图3所示，把千分表安装在电机或泵端联轴器上，在联轴器最大外圆上的径向跳动≤0.08mm，其端面跳动≤0.05mm。在检查时应检查互成90°的四个点，并且要把千分表把合在另一个轴端重复上面的步骤。为了达到上面的标准，需要合理调整泵和电机的位置以及在泵和电机底脚下加入适当厚度的垫片。初对中后，紧固泵和电机底脚的螺栓。当泵和电机的全部管路连接后，并且对转动的方向也做了检查，就可以进行最后对中，这个过程和初对中相同，而且要在安装记录单上记录检查数值(注意：最终检查必须是全部把合螺栓紧固进行)。

3 试车、操作及停车

正确的操作方式是泵长期稳定运行的基础。正确的操作方式不仅能够保障泵的稳定运行，还能够及时发现问题，防止问题的进一步加深，避免由泵机组故障而导致重大事故。

3.1 开车前的准备工作

断开联轴器，接通电源，点车(开车立即停止)，观察电动机输出轴的旋转方向是否同泵要求转向一致，否则进行调整。检查泵轴承箱中润滑油的情况，有油但发现油变质或变色等，要进行更换。手盘泵转子，应转动灵活并无卡涉现象，如果出现旋转较紧或不均匀等现象，要找出原因并整改。安装上联轴器，检查泵轴和驱动机轴的同心度，要满足标准要求，然后安装固定好联轴器防护罩。对泵进行均匀预热，打开泵的预热线，没有预热线则稍开泵的出口阀，使少量介质从泵出口倒流回泵入口，泵的预热不能太急，以免泵内部由于膨胀速度不同产生咬合，预热速率推荐为 50~60℃/h，预热过程为使泵内部温度上升均匀和膨胀速度均匀，每 10min 需手动盘车一次半圈，泵体外表面温度同预热管路外表面温差小于 40℃时，才允许泵启动。虽然泵输送高温介质，但系统初运转时，泵送介质温度低于 120℃时，可以不预热。泵的预热方式也可以采取其他方式，如泵入口流入、其他管路排出等，最终达到预热的目的即可。泵预热后，检查泵上所有螺栓和螺柱等是否有松动现象，有则需紧固。再次检查泵轴和电机轴同心度，进行热校核，不符合要求需进行调整。检查泵中所有管路是否畅通，否则需要清理和调整。

3.2 泵启动运行

如果有最小流量线，则需完全打开最小流量线阀门。接通电源，待压力升起后缓慢打开泵的吐出口阀门，同时监视泵的吐出管路压力。泵的吐出压力应该缓慢下降，如出现急剧下降，应立即慢开阀门或稍关阀门，压力不稳或下降太快，应立即停机检查。若打开阀门，泵的吐出压力下降缓慢平稳，则将泵的吐出口阀门缓慢地完全打开，同时观察压力是否稳定。如果压力波动太大则进行检查和调整，直至稳定为止；此时泵的最小流量线阀门(如果有)应该自动关闭或手动关闭。检查泵及管路系统和电动机各处是否有异常声响和其他异常情况。如有异常立即停机检查。观察并记录泵的进出口压力、泵的流量、电机电流值等。观察轴承箱润滑油的油位是否处于油标中心水平线以上，且不高于油标上限。观察轴承箱轴封处，不能漏润滑油。检查泵及其管路是否存在泄漏现象，如有查找原因，立即修理和调整。检查泵机械密封处泄漏是否正常，机械密封泄漏量不大于 3ml/h(约每分钟 10 滴)。按《机械密封安装使用说明书》检查机械密封辅助系统的压力、温度、液位等都是否正常。检查泵的振动、噪声以及轴承体温升，应符合相关的要求。

3.3 泵的停车

逐渐关闭泵出口阀门到最小流量。如果有最小流量线，打开或确认最小流量线阀门处于打开状态，则泵出口阀关死。切断电源，停机。停机后迅速关死泵出口阀门或最小流量线阀门(如果有)。同时注意泵转子是否为平稳、缓慢停止，并且具有 30s 以上的惰转时间。如果泵转子急剧停止转动，说明泵或电机动静摩擦副之间可能出现了咬合故障，需进行检查和维修。因辐射进料泵输送高温介质，故只有当泵壳体温度冷却到 80℃以下时，才能关闭冷却水和机械密封的冲洗系统阀门。如果泵停车后处于备用状态，则需要进行暖泵，冷却水和机械密封的冲洗系统正常开启。根据工艺需要确定泵停机时是否需要排净泵内介质。

4 日常维护

若要泵机组长期稳定运行，泵的日常维护也是不可或缺的。在日常维护的过程中，不仅能对泵进行检查，消除隐患，还能在日常维护过程中不断学习，积累经验，通过泵的某些异常反应而确定其出问题的部位，提供维修效率，从而节约时间，促进泵的安全运行。

4.1 维护计划

应根据安装使用说明书的要求编制维护方案与计划，包括如下内容：

(1) 如果需要的话，任何附属设备的安装都应得到监控，以确保正常工作；
(2) 检查垫片和密封处的泄漏，且应检查轴封是否正常工作；
(3) 检查润滑油位是否正常；
(4) 检查泵操作点在允许工作区范围内；
(5) 检查振动、噪声和轴承处表面温度，确保安全运行。

4.2　日常检查

日常检查应每日或每周进行，做如下的检查项目，并及时对任何偏差进行纠正：
(1) 检查操作状态，确保噪声、振动和轴承温度正常；
(2) 检查是否有非正常的介质或润滑油的泄漏，检查密封辅助冲洗系统是否正常工作；
(3) 检查轴封泄漏量是否处于标准允许范围之内；
(4) 检查润滑油位及润滑油状态；
(5) 检查其他附属设备如冷却器、加热器等是否正常工作。

4.3　周期性检查

周期性检查应每六个月进行一次，做如下的检查项目，并及时对任何偏差进行纠正：
(1) 检查基础螺栓是否牢固，有无腐蚀现象；
(2) 计算泵操作时间以确定是否需更换润滑油；
(3) 检查联轴器的对中情况，更换破损的零部件。

4.4　备品备件

为了保证泵组稳定运行，需对易磨损件做备品备件处理，以防在正常磨损的情况下零件失效。备件应储存在清洁、干燥、无振动的区域，并建议每隔 6 个月就对其金属表面进行检查并涂一层防锈剂。

5　总结

作为焦化装置的关键设备，辐射进料泵的安全稳定运行能够提高产量，节约时间和资金。通过正确的安装、操作以及日常维护，可以有效地延长辐射进料泵的运行时间和提高稳定性，从而为保证装置的连续运行夯实基础。

（沈阳格瑞德泵业有限公司技术部　杨培生）

55. 精确诊断离心泵机组轴系对中不良故障

在石油化工这一现代化大型流程工业中，泵是应用十分普遍而重要的设备。此类转动设备在运行一段时间后，会不同程度地发生转子不平衡、不对中、松动等故障，造成设备运行状态劣化，振动加剧，直至设备发生故障。而转子轴系不对中故障是转子系统常见的故障之一。本文以一台离心泵为例论述了机组轴系对中不良诊断方法，从而为精确诊断该类故障提出具体的解决方法，及时指导现场维修。

1 转子不对中的类型

转子不对中包括轴承不对中和轴系不对中两种情况。轴颈在轴承中偏斜称为轴承不对中。机组各转子之间用联轴器连接时，如不处在同一直线上，就称为轴系不对中。轴系不对中一般可以分为平行不对中、角度不对中和组合不对中，如图 1 所示。

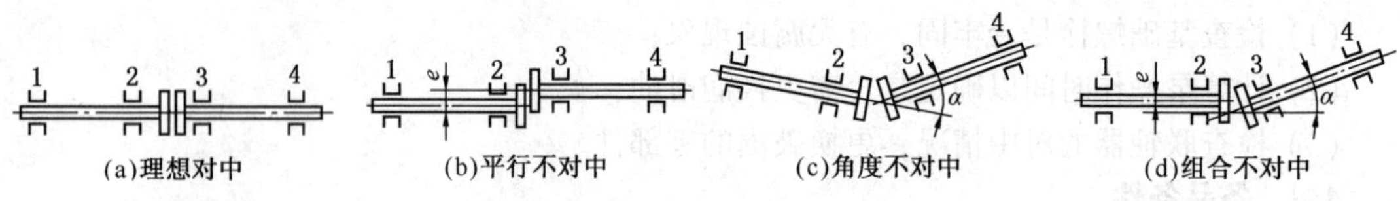

图 1 不对中类型

2 转子不对中的故障机理

大型高速旋转机械常用齿式联轴器，中、小设备多用固定式刚性联轴器，对于不同类型联轴器及不同类型的不对中情况，振动特征不尽相同，在此分别加以说明。

2.1 齿式联轴器连接不对中的振动机理

齿式联轴器由两个具有外齿环的半联轴器和具有内齿环的中间齿套组成。两个半联轴器分别与主动轴和被动轴连接。这种联轴器具有一定的对中调节能力，因此常在大型旋转设备上采用。在对中状态良好的情况下，内、外齿套之间只有传递转矩的周向力。当轴系对中超差时，齿式联轴器内外齿面的接触情况发生变化，从而使中间齿套发生相对倾斜，在传递运动和转矩时，将会产生附加的径向力和轴向力，引发相应的振动，这就是不对中故障振动的原因。

2.2 刚性联轴器连接转子不对中的故障机理

用刚性联轴器连接的转子不对中时，转子往往是既有轴线平行位移，又有轴角度位移的综合状态，转子所受的力既有径向交变力，又有轴向交变力。弯曲变形的转子由于转轴内阻现象以及转轴表面与旋转体内表面之间的摩擦而产生的相对滑动，使转子产生自激旋转振动，而且当主动转子按一定转速旋转时，从动转子的转速会产生周期性变动，每转动一周变动两次，因而其振动频率为转子转动频率的 2 倍。转子所受的轴向交受力的振动特征频率为转子的转动频率。

2.3 轴承不对中的故障机理

轴承不对中实际上反映的是轴承坐标高和左右位置的偏差。由于结构上的原因，轴承在水平方向和垂直方向上具有不同的刚度和阻尼，不对中的存在加大了这种差别。虽然油膜既有弹性又有阻尼，能够在一定程度上弥补不对中的影响，但不对中过大时，会使轴承的工作条件改变，在转子上产生附加的力和力矩，甚至使转子失稳或产生碰磨。

轴承不对中同时又使轴颈中心和平衡位置发生变化，使轴系的载荷重新分配，负荷大的轴承油膜呈现非线性，在一定条件下出现高次谐波振动；负荷较轻的轴承易引起油膜涡动进而导致油膜振荡。支承负荷的变化还会使轴系的临界转速和振型发生改变。

3　转子不对中的故障特征

(1) 故障的特征频率为基频率的2倍，当为角度不对中时轴向还有工频振动；

(2) 联轴器同一侧相互垂直的两个方向，2倍频的相位差是基频的2倍；联轴器两侧同一方向的相位在平行位移不对中时为0°，在角位移不对中时为180°，综合位移不对中时为0°~180°；

(3) 轴向振动以1倍频分量幅值较大，幅值和相位稳定；

(4) 径向和轴向均有所反映，角度不对中时轴向大于径向，平行不对中主要表现在径向；

(5) 靠近联轴器处振动最大；

(6) 波形以稳定的周期波形为主，每转出现1个、2个或3个峰，没有大的加速度冲击现象，如果轴向振动和径向振动一样大或者比径向还大，则说明情况非常严重；

(7) 对于齿式联轴器在2倍频下，还可能出现3、4、5等倍频分量；

(8) 对于目前使用较多的膜片联轴器可出现N倍频(N为螺栓的个数)；

(9) 轴承不对中时径向振动较大，可能出现高次谐波，振动不稳定；

(10) 振动对负荷变化敏感，当负荷改变时，由联轴器传递的扭矩立即发生改变，如果联轴器不对中，则转子的振动状态也立即发生变化。由于温度分布的变化，轴承座的热膨胀不均匀而引起轴承不对中，使转子的振动也要发生变化。但由于热传导的惯性，振动的变化在时间上要比负荷的改变滞后一段时间。

4　转子不对中的诊断方法

转子不对中的诊断依据如表1和表2所示。

表1　转子不对中故障的振动特征

序号	特征参数	故　障　特　征		
		平行不对中	角度不对中	综合不对中
1	时域波形	1×与2×叠加波形	1×与2×叠加波形	1×与2×叠加波形
2	特征频率	2×频明显较高	2×频明显较高	2×频明显较高
3	常伴频率	1×频，高次谐波	1×频，高次谐波	1×频，高次谐波
4	振动稳定性	稳　定	稳　定	稳　定
5	振动方向	径向为主	径向轴向均较大	径向轴向均较大
6	相位特征	较稳定	较稳定	较稳定
7	轴心轨迹	双环椭圆	双环椭圆	双环椭圆
8	进动方向	正进动	正进动	正进动
9	矢量区域	不　变	不　变	不　变

表 2　转子不对中故障振动敏感参数

序号	敏感参数	随敏感参数变化情况
1	振动随转速变化	明　显
2	振动随油温变化	有影响
3	振动随介质温度变化	有影响
4	振动随压力变化	不　变
5	振动随流量变化	不　变
6	振动随负荷变化	明　显
7	其他识别方法	联轴器两侧轴承振动较大；振动受环境温度影响

5　转子不对中的故障原因及治理措施

转子不对中故障的原因及治理措施如表 3 所示。

表 3　转子不对中故障的原因及治理措施

序号	故障原因分类	故　障　原　因	治 理 措 施
1	设计原因	对工作状态下热膨胀量计算不准	核对设计给出的冷态对中数据 按要求检查调整轴承对中 检查热态膨胀是否受限 检查保温是否完好 检查调整基础沉降
		对介质压力真空度变化对机壳的影响计算不准	
		给出的冷态对中数据不准	
2	制造原因	材料不均造成热膨胀不均匀	
3	安装维修	冷态对中数据不符合要求	
		检修失误造成热膨胀受阻	
		机壳保温不良，热膨胀不均匀	
4	操作运行	超负荷运行	
		介质温度偏离设计值	
5	状态恶化	机组基础或基座沉降不均匀	
		基础滑板锈蚀，热胀受阻	
		机壳变形	

6　转子不对中的故障诊断实例

辽阳石化分公司一离心泵由一台交流电动机驱动。电动机的功率为 230kW，额定转速 3000r/min，该泵为单级泵，6 个叶片，功率为 200kW，采用刚性联轴器连接。机组结构简图如图 2 所示。

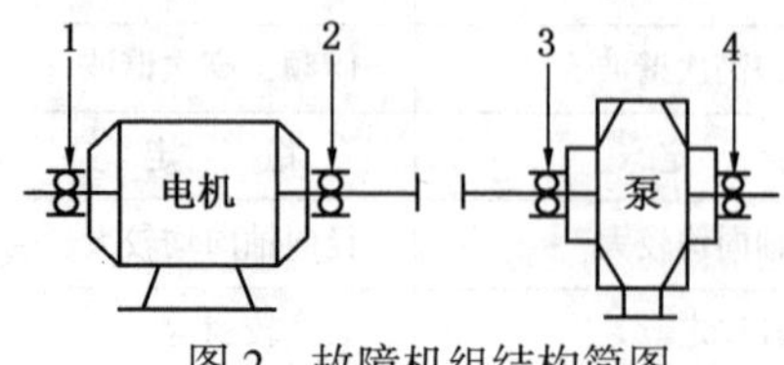

图 2　故障机组结构简图

该机组于 2002 年 6 月停车检修，再次开车后发现各测点振动幅值较停车检修前均有所增大，且电机负荷端、泵负荷端振动尤为明显。

停车检修前机组各测点的全频值如表 4 所示。

再次开车后机组各测点的全频值如表 5 所示。

为了找到振动增大的原因，我们对该机组进行了跟踪测试，停车检修前和再次开车后泵负荷端(测点 3)频谱图和轴心轨迹图如图 3～图 8 所示。

表 4 停车检修前各轴承全频振值 mm/s

位置	1H	1V	2H	2V	2A	3H	3V	3A	4H	4V
振值	3.2	2.9	3.1	2.6	1.9	4.0	3.5	1.8	3.5	2.9

注：H—水平；V—垂直；A—轴向。

表 5 再次开车后各轴承全频振值 mm/s

位置	1H	1V	2H	2V	2A	3H	3V	3A	4H	4V
振值	5.4	5.9	6.9	8.2	3.9	7.9	10.2	4.2	6.2	6.3

注：H—水平；V—垂直；A—轴向。

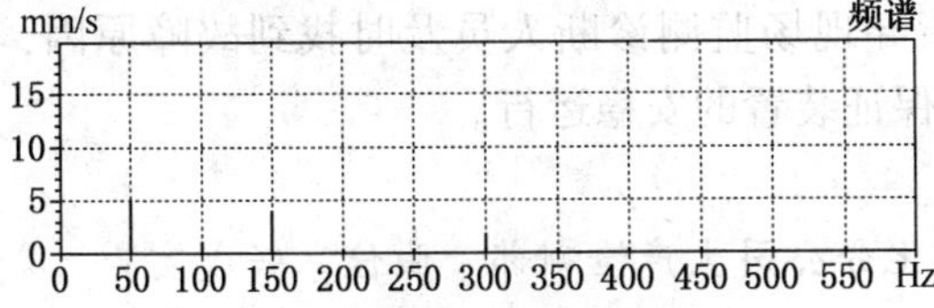

图 3 停车检修前泵负荷端(测点 3)水平方向频谱图

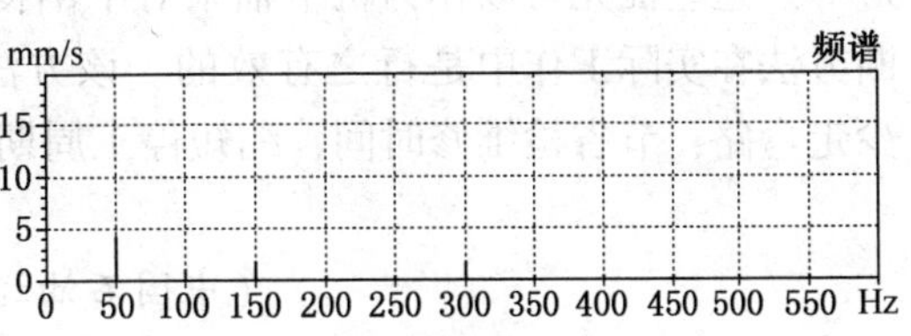

图 4 停车检修前泵负荷端(测点 3)垂直方向频谱图

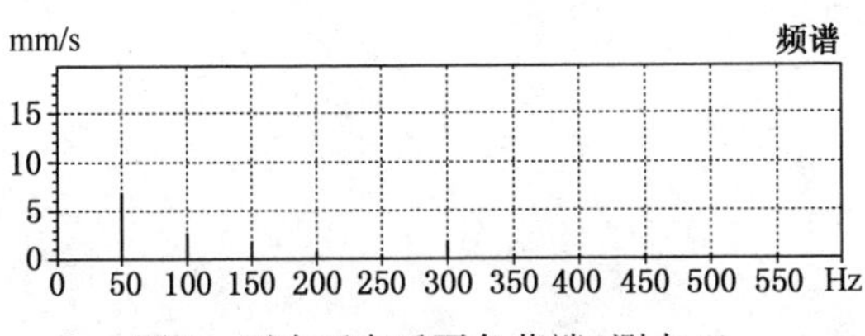

图 5 再次开车后泵负荷端(测点 3)水平方向频谱图

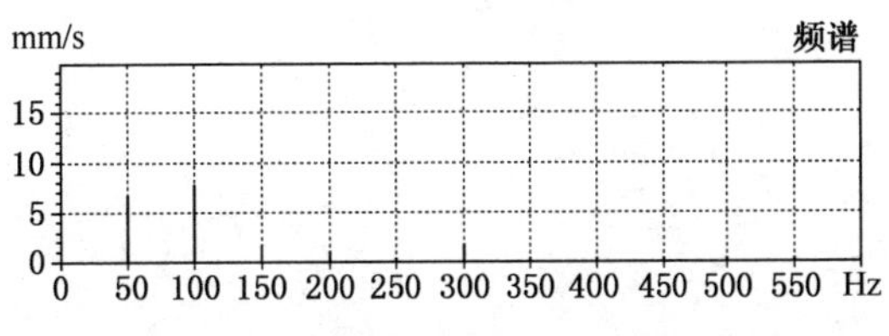

图 6 再次开车后泵负荷端(测点 3)垂直方向频谱图

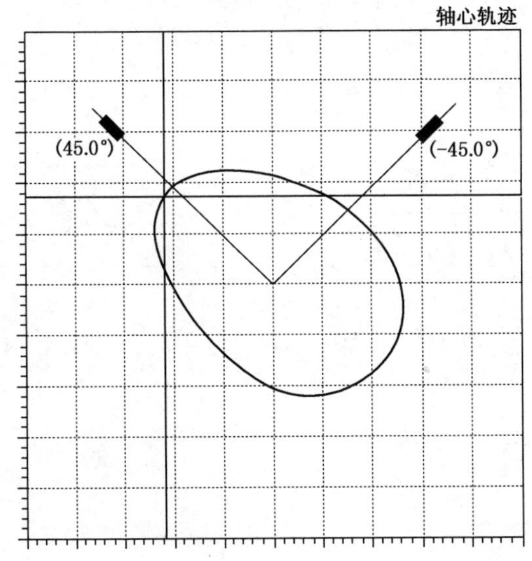

图 7 停车检修前泵负荷端(测点 3)轴心轨迹图

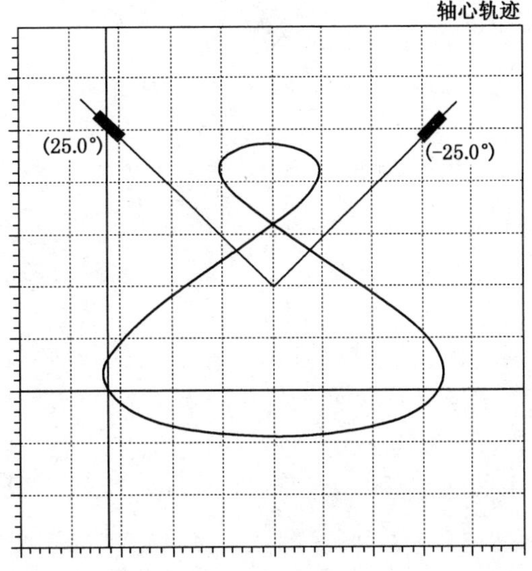

图 8 再次开车后泵负荷端(测点 3)轴心轨迹图

从机组停车检修前和再次开车后测得的各测点全频值来看，机组各测点振值均有所增大，再次开车后电机负荷端(测点 2)、泵负荷端(测点 3)水平、垂直方向振动较大，且垂直方向振动大于水平方向；从机组停车检修前和再次开车后测得的频谱图看，机组再次开车后泵负荷端(测点3)垂直方向振动以2倍频占主导并伴有工频成分，水平方向以工频占主导并伴有2倍频成分；从机组停车检修前和再次开车后测得的轴心轨迹图来看，机组再次开车后泵负荷端(测点3)轴心轨迹由停车检修前的椭圆形变成了外“8”字形。根据以上分析，可以判断造成机组振动故障的主要原因是：机组轴系对中不良。

7 结论

通过以上对机组轴系对中不良故障机理及诊断实例的分析，可确定不对中故障的某些征兆，如振动以1倍频占主导并伴有2倍频成分、径向振动明显增大、轴心轨迹呈双椭圆形等。这些征兆可以作为机组轴系对中不良故障的规则指导。以上实例也充分证明了该诊断方法在实际工作中是行之有效的。该方法能指导现场监测诊断人员及时找到故障原因，少走弯路，节省检维修时间，缩短停工周期，以保证装置的安稳运行。

（中国石油辽阳石化分公司生产检测部　曲佳，兴成宏）

56. 脱甲烷塔回流泵运行不良的原因分析及处理

GA-301AN/BN 泵为乙烯装置脱甲烷塔回流泵，一开一备。该泵为立式单级低温屏蔽泵，由日本日机装提供，于 2001 年装置停车改造期间安装，用作脱甲烷塔 DA-301AN 的回流泵。该泵运行状态的好坏对乙烯装置分离系统的操作稳定和乙烯产品的收率起到极为关键的作用。脱甲烷塔回流泵在装置工艺系统的作用如图 1 所示。

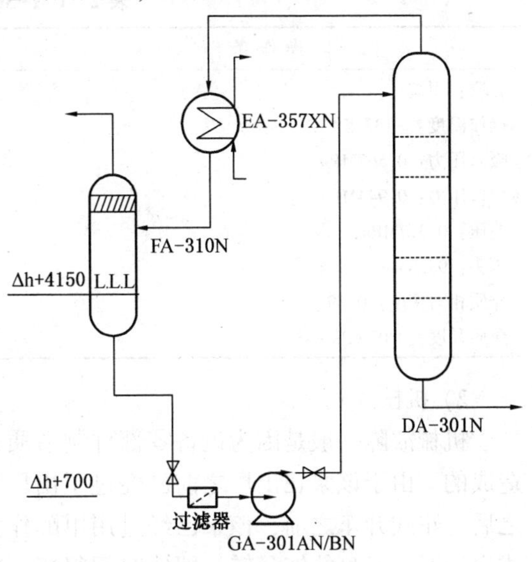

图 1 脱甲烷塔回流泵在工艺上的作用

在装置改造后的开车过程中，GA-301 在初次投用的过程中即出现启动困难，出口无流量，出口压力难以维持，振动和噪音异常，很难连续运转等异常现象，无法满足工艺操作要求，严重影响整个乙烯装置的运行。

1 故障现象及原因分析

1.1 故障现象

GA-301 泵的启动和运行情况表现为以下两方面的状况：①无法启动，泵一旦启动即表现为出口无流量，出口压力在入口压力值附近波动，泵产生异常噪声和振动。用听针检查发现泵内部有碰磨声。电机的定子温度连续升高，必须立即停泵。②泵能启动，但维持正常运行很短时间后，随着运行时间的延长，吸入罐FA-301N液位的下降，很快出现上述的故障现象。

泵在开车过程中的启动和运行的有关参数的记录如表 1 所示。

表 1 GA-301 启动和运行参数记录

时间	TI301A1	FIC315	LIC2303	TI2322
2001. 11. 12	电机定子温度/℃	回流量/(T/h)	FA-310N 液位/%	物料温度/℃
20：12	-91.95	4.45	99.99	-113.71
20：14	-91.55	4.28	99.99	-113.50
20：16	-91.05	4.22	99.99	-112.99
20：18	-90.41	3.91	98.84	-114.01
20：20	-89.27	3.10	95.36	-115.03
20：22	-88.12	2.28	91.87	-115.78
20：24	-86.55	1.44	88.67	-116.47
20：26	-84.81	0.59	85.52	-166.73
20：28	-82.85	0.00	83.39	-116.03
20：30	-80.10	0.00	83.30	-115.33

1.2 故障原因初步判断

从故障现象来看，可能的故障原因为如下几个方面。

1）选型问题

从该泵的操作条件来看，操作温度很低，介质为黏度低、润滑性能较差的甲烷，选用屏蔽泵似乎不太合适。但是制造厂家NIKKISO同样规格型号的屏蔽泵已经有在其他乙烯装置上同样用途的使用业绩，连续运行五年未出现任何故障。因此，可排除选型不当的问题。其有关的技术参数见表2。

表2　GA-301泵的技术参数

操作条件	泵性能参数
介质：甲烷	泵转速：2850r/min
操作温度：-133.5℃	$NPSH_r$：1.7m
吸入压力：0.567MPa	额定流量：15.9m³/h
出口压力：0.944MPa	扬程：98.6m
差压：0.377MPa	量小连续流量：3.9m³/h
压头：98.6m	泵效率：25.5%
介质相对密度：0.39	额定功率：6.5kW
介质黏度：0.07mPa·s	

2）机械故障

机械故障一般是因为设备零部件制造质量、装配质量、不良运输及安装不良等原因所造成的。由于该泵在出厂之前已经过了出厂质量检查和试运转试验合格；在现场安装完毕之后、正式开车之前，该泵已经过用甲醇作为介质的机械试车，未发现机械故障；开车正式启动时，一旦能够运转，即使时间很短，也可以运行一段时间。综合上述三方面的情况基本可排除机械故障。

3）操作不当

由于屏蔽泵自身的结构特点，其内部各轴承的润滑和摩擦热的带走是靠泵送介质来完成的。又由于GA-301泵处理的介质为甲烷，液态甲烷的黏度很小，润滑性能较差，吸收热量时极易汽化；该泵的入口温度为-133.5℃的低温，很容易从外界吸收热量。根据这些具体情况，为了保证GA-301泵能安全稳定地运转，其自身的结构和系统设计与普通的屏蔽泵相比有其特殊性。

鉴于GA-301泵的上述特点，车间在操作该泵时，严格执照制造商提供的操作手册中的程序进行，可排除操作原因。

4）吸入罐的容量过小

如果吸入罐的容量过小，随着泵运行时间的延长，液位下降得过快，有可能使泵的吸入压头不够，造成泵的运行不良。下面对FA-310N罐的容量和几何尺寸进行核算，主要核算吸入罐的直径和罐中液体的停留时间。

首先核算吸入罐的实际直径尺寸能否满足要求：

极限气速：$$u_f = k\sqrt{\frac{\rho_L - \rho_G}{\rho_G}} = 0.198\times\sqrt{\frac{383.9-9.92}{9.92}} = 1.216\text{m/s}$$

式中　u_f——极限气速；

k——吸入罐中捕沫网的气速因子，$k=0.198$m/s；

ρ_L——吸入罐中液相介质的密度，$\rho_L=383.9$kg/m³；

ρ_G——吸入罐中气相介质的密度，$\rho_G=9.92\text{kg/m}^3$。

操作气速：$u_g=0.5u_f=0.5\times1.216=0.608\text{m/s}$

吸入罐的理论计算直径（内径）D_t：

$$D_t=\sqrt{\frac{4Q}{\pi u_g}}=\sqrt{\frac{4\times3205/3600}{\pi\times0.608}}=1.36\text{m}$$

吸入罐的实际内径 $D_r=1.4\text{m}$。因 $D_r>D_t$，所以满足要求。

下面核算 FA-310N 罐的停留时间：

停留时间 $t=\dfrac{V}{Q'}=\dfrac{S\times\Delta H}{Q'}=\dfrac{\pi Dr^2\times\Delta H}{4\times Q'}$

式中 V——吸入罐液体的停留容积，$V=S\times\Delta H$；

S——吸入罐的横截面积，$S=\dfrac{1}{4}\pi Dr^2$；

ΔH——吸入罐高液位和低液位之差，$\Delta H=H_{LL}-L_{LL}=0.85\text{m}$；

Q'——GA-301 泵的最大净送出量，$Q'=12.9\text{m}^3/\text{h}$。

则 $t=\dfrac{\pi\times1.4^2\times0.85}{4\times12.9}=0.1043\text{h}=6.1\text{min}>5\text{min}$

由于吸入罐的停留时间大于 5min，因此可认为满足要求。

从上述吸入罐的直径和液体停留时间的核算来看，FA-310N 罐的容量和尺寸的大小不会影响 GA-301 泵的正常运行。

5）泵的实际性能未达到设计要求

制造商 NIKKISO 在泵出厂时，分别于 2001 年 2 月 26 日和 2001 年 3 月 2 日对 GA-301AN 和 GA-301BN 进行了性能试验，性能试验所得的性能曲线如图 2 所示。

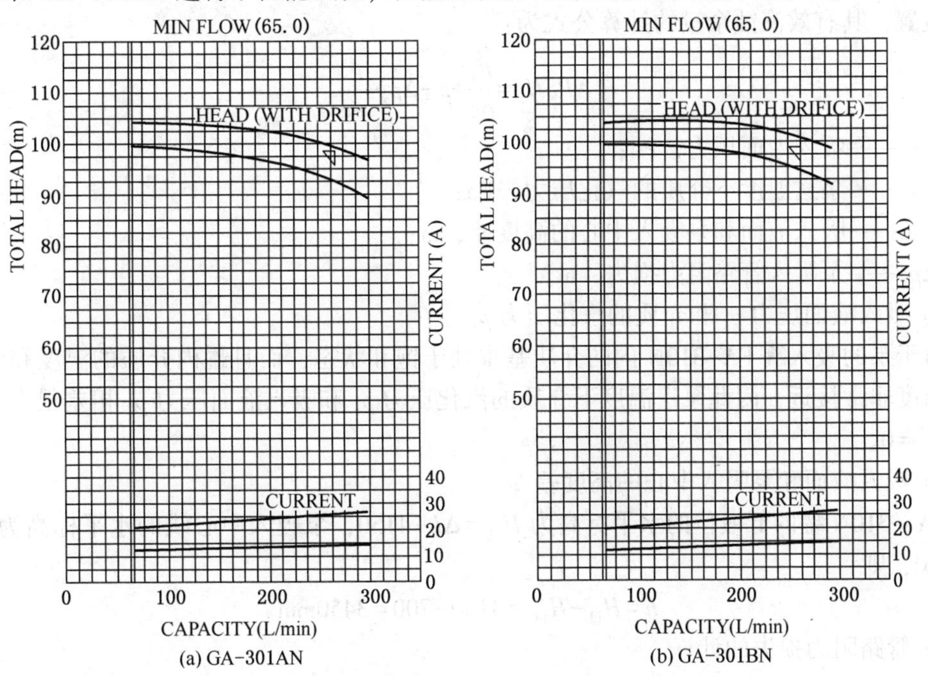

(a) GA-301AN (b) GA-301BN

图 2 GA-301 泵性能曲线

从泵的出厂性能试验结果可以看出，其性能满足设计要求。

6）泵运行时的汽蚀余量不够

离心泵发生汽蚀的基本条件是泵内液流的最低压力小于该温度下液体的饱和蒸气压，液流中产生空泡。当泵内发生大量空泡时，因流道堵塞，使液流的连续性破坏，泵的流量、扬程和效率均会显著下降，出现断裂工况。同时由于液体质点的相互冲击，产生噪声和机器的振动。一旦产生汽蚀现象，将会严重影响泵的正常运行。

为避免离心泵发生汽蚀现象，保证其安全运行，汽蚀余量应满足下述要求：

$$NPSH_a - NPSH_r > 0.6\text{m}$$

$NPSH_a$ 称为泵的有效汽蚀余量，其大小仅与泵的操作条件和管路系统有关，而与泵本身的结构尺寸无关，故又称为装置汽蚀余量。$NPSH_a$ 由管路系统的设计进行考虑和核算。

$NPSH_r$ 称为泵的必需汽蚀余量，只与泵本身的结构有关，而与管路系统、操作条件等参数无关，一般通过性能试验测试而得。根据GA-301泵的出厂性能试验报告查得：

$$NPSH_r = 1.7\text{m}$$

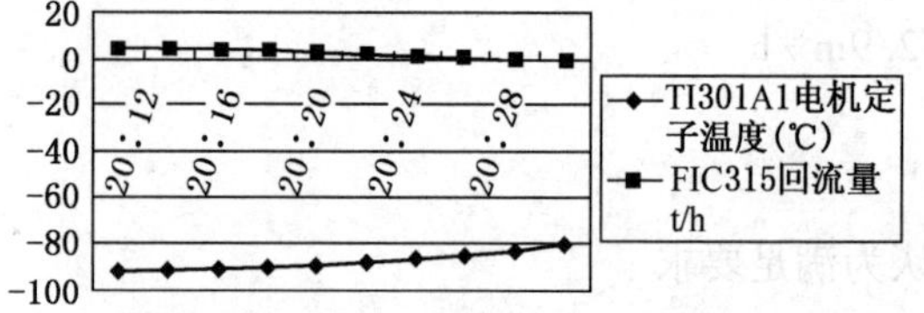

图 3 GA-301 泵初次开车时启动及运行趋势

从 GA-301 泵启动及运行的趋势来看，随着时间的延长，泵的排出流量下降直至为零，电机的定子温度持续升高，泵出现噪声和振动，在一定的程度上表现为汽蚀现象。GA-301 泵初次开车时启动及运行趋势如图 3 所示。

为了验证 $NPSH_a - NPSH_r > 0.6\text{m}$ 是否成立，需要知道 $NPSH_a$ 的值。

1.3 $NPSH_a$ 的计算

由于 GA-301AN/BN 吸入罐 FA-310N 的液位高于泵的吸入口中心线，因此泵系统属于倒灌装置，其有效汽蚀余量的计算公式为：

$$NPSH_a = \frac{p_s}{\rho g} + h - \Delta p_z - \frac{p_v}{\rho g}$$

式中 p_s——吸入液面压力，Pa；

p_v——泵送温度下介质的汽化压力，Pa；

h——吸入液面和泵吸入中心的高度差，m；

Δp_z——泵吸入管路阻力损失，m。

1）吸入液面压力 p_s 和介质的汽化压力 p_v

由于泵的吸入罐 FA-310N 内的介质基本处于饱和状态，而且罐内介质的温度和泵送介质的温度非常接近，因此泵送温度下介质的汽化压力 p_v 和吸入液面压力 p_s 相差很小，可认为$p_s - p_v = 0$。

2）吸入液面和泵吸入中心的高度差 h

FA—310N 罐的低液位的水平标高为 $H_{LL} = \Delta L + 4150$，泵吸入中心线的水平标高为 $H_{BC} = \Delta L + 700$，则

$$h = H_{LL} - H_{BC} = 4150 - 700 = 3450\text{mm}$$

3）管路阻力损失的计算

从 FA-301N 至 GA-301 泵的总管路阻力 Δp_z 损失包括如下几个方面：直管段阻力损失、

管件(弯头/大小头/阀门/三通/突缩管)阻力损失和过滤器阻力损失。则

$$\Delta p_z = \Delta p_p + \Delta p_{gj} + \Delta p_l$$

由于层流和紊流的管路阻力损失的计算方法不同，因此计算阻力降之前，要先判断流型。流型确定需通过计算液体的雷诺数来进行：

$$Re = \frac{du\rho}{\mu}$$

式中　Re——雷诺数；

d——管道内径，80mm；

u——流体平均流速；

μ——流体动力黏度，$\mu = 0.07\text{MPa}\cdot\text{s}$；

ρ——流体密度，$\rho = 390\text{kg/m}^3$。

$$u = \frac{4Q}{\pi d^2} = (4\times15.9/3600)/(\pi\times0.08^2) = 0.88\text{m/s}$$

式中　Q——流体的体积流量，$Q = 15.9\text{m}^3/\text{h}$。

则

$$Re = \frac{0.08\times0.88\times390}{0.07\times10^{-3}} = 3.922\times10^5$$

因为，$Re = 3.922\times10^5 > 2300$，所以管道内的流体状态为紊流。

紊流管线单位管长的阻力降计算公式为：

$$\Delta P_p = \frac{\lambda\rho u^2}{2d}$$

式中　λ——流阻摩擦系数。

从上式可以看出，计算紊流管线的阻力降首先必须知道流阻摩擦系数。

由于光滑管和粗糙管的流阻摩擦系数计算方法不同，因此要想计算摩擦系数，必须先判断是光滑管还是粗糙管。

采用相对粗糙判断法，光滑管的判据为：

$$Re < 26.98\left(\frac{d}{\varepsilon}\right)^{\frac{8}{7}}$$

式中　ε——工业管道绝对粗糙度，查阅有关文献，取 $\varepsilon = 0.01\text{mm}$。

上式左侧 $Re = 3.922\times10^5$，上式右侧 $26.98\left(\frac{d}{\varepsilon}\right)^{\frac{8}{7}} = 26.98\times\left(\frac{80}{0.01}\right)^{\frac{8}{7}} = 7.79\times10^5$

故光滑管判据 $Re < 26.98\left(\frac{d}{\varepsilon}\right)^{\frac{8}{7}}$ 成立，可按照光滑管计算从 FA-310N 罐至 GA-301 泵之间管线的摩擦系数。

根据流体力学普朗特原理推导的湍流光滑区摩擦系数对数公式：

$$\frac{1}{\sqrt{\lambda}} = 2.03\lg(Re\sqrt{\lambda}) - 0.91$$

由迭代法解得：　$\lambda = 0.0139$

故单位管长的流体阻力降为：

$$\Delta p_{\mathrm{p}}=\frac{\lambda\rho u^{2}}{2d}=\frac{0.0139\times390\times0.88^{2}}{2\times0.08}=26.24\mathrm{Pa/m}$$

从 FA-310N 罐至 GA-301 泵之间管线包括 31m 的直管线，6 个 90°的弯头，2 个三通，1 个大小头，1 台法兰连接的楔式闸阀，1 个过滤器。管线总阻力降为上述各部件的阻力降之和。下面分别来确定各部件的阻力降。

直管段阻力降的确定：

$$\Delta p_{\mathrm{p}}=\Delta p_{\mathrm{p}}\times L_{\mathrm{p}}=26.24\times31=813.44\mathrm{Pa}$$

式中 L_{p}——直管段的长度，$L_{\mathrm{p}}=31\mathrm{m}$。

管件阻力降的确定：采用当量长度法来计算各管件的局部阻力降。

90°弯头共六 6 个，其阻力降当量长度为：

$$L_{\mathrm{ew}}=6\times14d_{\mathrm{N}}=84d_{\mathrm{N}}$$

式中 d_{N}——管线的公称直径，$d_{\mathrm{N}}=0.08\mathrm{m}$。

大小头的规格为 3″×2″，其阻力降可忽略不计。

3″闸阀的阻力降当量长度为：$L_{\mathrm{ef}}=7d_{\mathrm{N}}$

两个三通的阻力降当量长度为：

$$L_{\mathrm{et}}=65d_{\mathrm{N}}\times2=130d_{\mathrm{N}}$$

突缩管的阻力降当量长度：$L_{\mathrm{es}}=72d_{\mathrm{N}}$

故所有管件总的阻力降当量长度为：

$$L_{\mathrm{ez}}=L_{\mathrm{ew}}+L_{\mathrm{ef}}+L_{\mathrm{et}}+L_{\mathrm{es}}=293d_{\mathrm{N}}=23.44\mathrm{m}$$

管件总的阻力降为：

$$\Delta P_{\mathrm{gj}}=\Delta p_{\mathrm{p}}\times L_{\mathrm{ez}}=26.24\times23.44=615.07\mathrm{Pa}$$

过滤器的阻力降的确定：

目前通用石油化工流程离心泵的入口过滤器的设计选型和制造已趋于标准化，查阅设计单位出具的工程详细设计文件过滤器的技术规格书，得知 GA-301 泵的入口过滤器的阻力降为：

$$\Delta P_{1}=3400\mathrm{Pa}$$

则 GA-301 泵入口管线总的阻力降为：

$$\Delta P_{\mathrm{z}}=\Delta P_{\mathrm{p}}+\Delta P_{\mathrm{gj}}+\Delta P_{1}=813.44+615.07+3400=4828.51\mathrm{Pa}$$

将上述总阻力降换算成液柱为：

$$\Delta p_{\mathrm{z}}=\frac{\Delta P_{\mathrm{z}}}{\rho g}=\frac{4828.51}{390\times9.8}=1.263\mathrm{m}$$

根据上述计算结果，得出：

$$NPSH_{\mathrm{a}}=\frac{p_{\mathrm{s}}}{\rho g}+h-\Delta p_{\mathrm{z}}-\frac{p_{\mathrm{v}}}{\rho g}=3.450-1.263=2.187\mathrm{m}$$

1.4 故障原因的确定

根据前面计算的结果可知：

$$NPSH_{\mathrm{a}}-NPSH_{\mathrm{r}}=2.187-1.7=0.487\mathrm{m}<0.6\mathrm{m}$$

即 $NPSH_{\mathrm{a}}-NPSH_{\mathrm{r}}>0.6\mathrm{m}$ 不能成立，泵系统的气蚀余量不能满足 GA-301 泵的正常运行。

从上述的计算过程可以看出，影响 $NPSH_{\mathrm{a}}$ 的因素主要是管线系统的阻力降 ΔP_{z}。ΔP_{z}

由三部分组成：直管段的阻力降、管件的阻力降和过滤器的阻力降，分别为 813.44Pa、615.07Pa 和 3400Pa，分别占全部阻力降 4824.51Pa 的 16.8%、12.8%和 70.4%，其中过滤器的阻力降是最为主要的影响因素。

通过对过滤器的检查发现，过滤器的形式较为特殊，十分罕见，GA-301 泵设计选用过滤器的型式如图 4 所示。

目前化工流程泵的入口过滤器的设计制造已经十分成熟，接近标准化，通常选用如下形式，如图 5 所示。

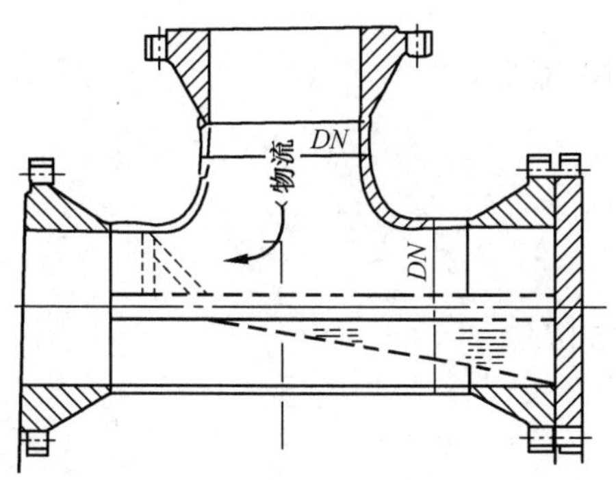

图 4　GA-301 泵设计选用过滤器的型式

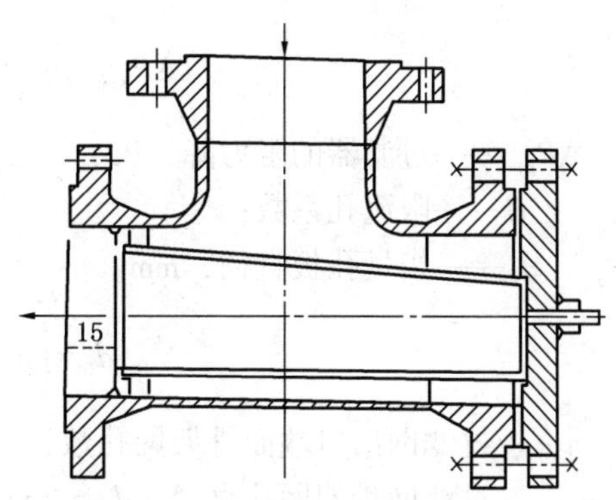

图 5　化工流程泵的入口过滤器通常选用的标准形式

上述形式的过滤器的阻力降一般都控制在 1500Pa 以下，而此次设计选型的过滤器其阻力降达到 3400Pa，由此看来 GA-301 泵的入口过滤器在设计选型时存在一定的问题，未能考虑在过滤器的选型时尽量减少阻力降，以避免对泵的汽蚀余量产生影响。

为进一步分析原因，将 GA-301 两台泵的入口过滤器内滤网部件拆出检查，发现过滤网制造十分粗糙。骨架网的网眼直径为 ϕ4mm，孔间距为 9mm，计算其有效开孔率为 17.8%，低于通常标准形式的开孔率 58%，GA-301 泵与标准型式泵的过滤网开孔情况如图 6 所示。

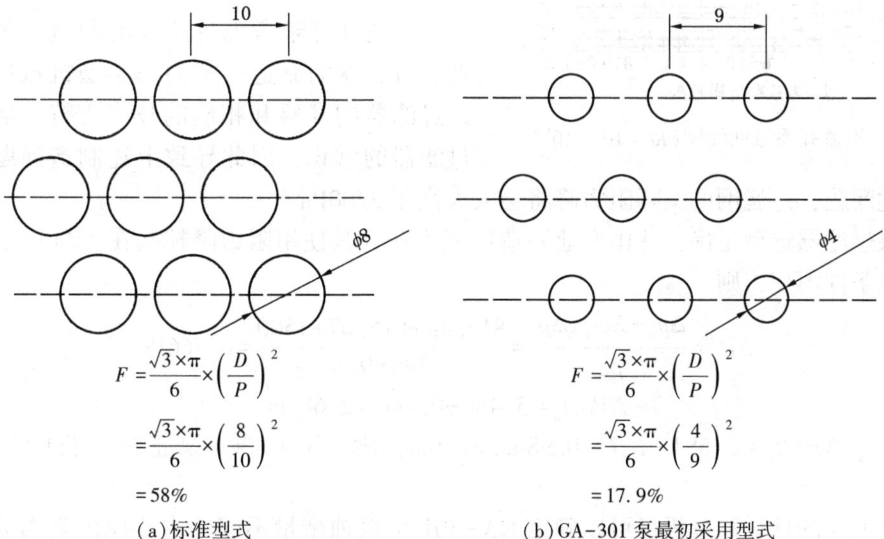

$$F=\frac{\sqrt{3}\times\pi}{6}\times\left(\frac{D}{P}\right)^2=\frac{\sqrt{3}\times\pi}{6}\times\left(\frac{8}{10}\right)^2=58\%$$

(a)标准型式

$$F=\frac{\sqrt{3}\times\pi}{6}\times\left(\frac{D}{P}\right)^2=\frac{\sqrt{3}\times\pi}{6}\times\left(\frac{4}{9}\right)^2=17.9\%$$

(b)GA-301 泵最初采用型式

图 6　过滤器骨架网孔的排布及开孔率的比较

而且网眼加工精度很差，毛刺和翻边未能去除，部分网眼因焊接拉筋而被堵塞，进一步增加过滤器的阻力降。考虑过滤器实际开孔率仅有 17.9%，下面对 GA-301 泵原选用的过滤器的实际阻力降进行计算。

由液体限流计算公式：

$$Q=3.997\times10^{-3}Cd_0^2\sqrt{\frac{\Delta P_{\mathrm{Km}}}{\rho}}$$

得出：

$$\Delta P_{\mathrm{Km}}=\rho\left(\frac{Q}{3.997\times10^{-3}Cd_0^2}\right)^2$$

式中 ΔP_{Km}——过滤器的阻力降，Pa；

C——限流孔系数；

d_0——当量孔板直径，mm。

$$d_0=\left(n\frac{d_{\mathrm{k}}^2}{d_{\mathrm{N}}^2}+0.5\right)d_{\mathrm{N}}$$

式中 n——过滤网出口端面骨架网孔数，$n=27$；

d_{k}——过滤网骨架网孔直径，$d_{\mathrm{k}}=4\mathrm{mm}$。

则 $$d_0=\left(27\times\frac{4^2}{80^2}+0.5\right)\times80=45.4\mathrm{mm}$$

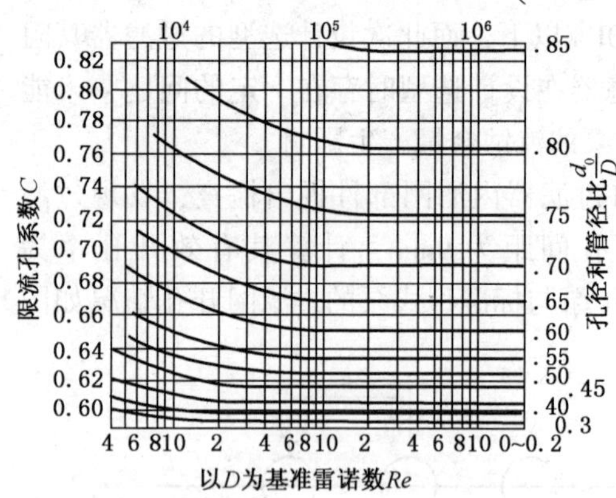

图 7 限流孔系数曲线图（$Re=10^4\sim10^6$）

由$\frac{d_0}{d_{\mathrm{N}}}=0.57$和雷诺数 $Re=3.922\times10^5$ 查限流孔系数曲线图（见图 7）。

查得限流孔系数 $C=0.64$，则

$$\Delta P_{\mathrm{Km}}=390\times\left(\frac{15.9}{3.997\times10^{-3}\times0.64\times45.4^2}\right)^2$$

$$=3547\mathrm{Pa}>3400\mathrm{Pa}$$

上述计算未考虑过滤器的制造质量。经了解，过滤器的制造厂家为一小型机械厂，无制造过滤器的经验和相应的技术支持，缺乏制造过滤器的常识，因此导致上述制造问题。由于存在上述问题，过滤网的实际阻力降将会大大高于 3400Pa。

如果过滤器选型正确，并由专业制造厂家生产，其使用阻力降控制在 1500Pa，管线系统的其他条件不变，则

$$\Delta P_{\mathrm{Z}}=\frac{\Delta p_{\mathrm{p}}+\Delta p_{\mathrm{gj}}+\Delta p_{\mathrm{l}}}{\rho g}=\frac{813.44+615.07+1500}{390\times9.8}=0.766\mathrm{Pa}$$

$$NPSH_{\mathrm{a}}=3.450-0.766=2.684\mathrm{m}$$

$NPSH_{\mathrm{a}}-NPSH_{\mathrm{r}}=2.684-1.7=0.984\mathrm{m}>0.6\mathrm{m}$，满足 GA-301 泵正常运行的汽蚀余量要求。

通过上述的计算和分析，可以确定 GA-301 泵汽蚀余量不够的主要原因是因为入口过滤网的选型不当，使过滤网的阻力降过大造成，而制造不专业、质量粗糙又进一步增大了

过滤器的阻力降。

2 处理措施和效果

为了尽力减小 GA-301 泵入口过滤器的阻力降，通过与专业设计制造过滤器的厂家联系，按过滤器的阻力降为 $\Delta p_1=1000\text{Pa}$ 重新进行设计。重新设计制造的过滤器如图 8 所示。

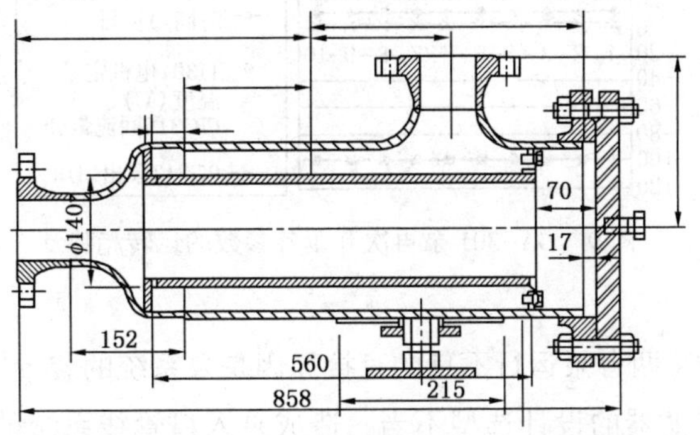

图 8 重新设计的 GA-301 泵入口过滤器简图

在再次开车前用新过滤器更换了原有的过滤器。开车后 GA-301AN/BN 两台泵有关运转参数的记录见表 3。

表 3 GA-301 泵再次开车运行主要参数记录

时间	TI301	FIC315	LIC2303	PG317
月．日	电机定子温度/℃	回流量/(t/h)	FA-310N 液位/%	泵出口压力/MPa
11.18	-100	4.25	99.99	1.15
11.19	-101	4.28	99.99	1.13
11.20	-101	4.22	99.99	1.16
11.21	-100	4.19	98.84	1.14
11.22	-101	4.23	95.36	1.15
11.23	-101	4.18	100	1.15
11.24	-100	4.18	100	1.16
11.25	-100	4.20	98.70	1.15
11.26	-101	4.17	95.68	1.15
11.27	-101	4.24	99.00	1.16

从运行趋势(见图 9)可以看出，过滤器更换后 GA-301AN/BN 两台泵各参数十分稳定，运转正常，未出现初次开车时的故障状况。使问题得以彻底解决，满足了装置工艺和生产要求，也证实了初次开车时 GA-301 泵的故障是由于泵系统的汽蚀余量不够而造成。GA-301 泵在初次开车时出现的两种故障现象也得到了合理的解释：由于初次开车期间，GA-301 泵所在的工艺系统还未稳定下来，特别是 FA-310N 罐的液位不是十分稳定。当 FA-310N 罐的液位足够高时，可补偿和改善因入口过滤器阻力降过大而造成的泵汽蚀余量不够的问题，此时泵能启动并维持短时间的运转，随着运转时间的延长，吸入罐液位的下降，汽蚀余量不够的问题开始出现，导致泵出品流量下降，出现噪声和振动。因气蚀现象出现，介质中含有气泡，轴承不能得到良好的介质润滑，产生的热量增多，而含有汽相的介质冷却效果

变差，泵体的温度将会很快升高，表现为定子升高。泵体温度的升高反过来又将恶化泵自身的运行状况，最终导致泵无法运行。当工艺系统的状态不能补偿因泵入口过滤器阻力降过大而造成的泵气蚀余量不够的问题时，泵一旦启动，立即就会出现汽蚀现象，加之低温屏蔽泵的运行特殊要求，泵无法继续运转。

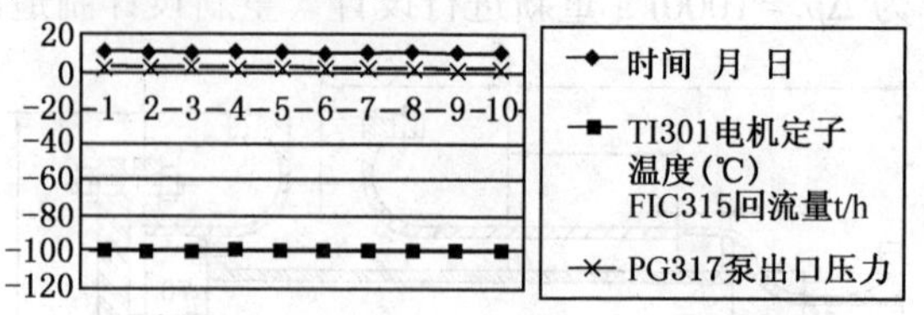

图 9 GA-301 泵再次开车各参数的运转趋势

3 结论

(1) GA-301AN/BN 两台泵运行不良的直接原因是泵系统的装置气蚀余量 $NPSH_a$ 不够。

(2) 由于泵入口过滤器的设计选型不当，造成泵入口管线系统的阻力降过大，从而导致 GA-301 泵气蚀余量 $NPSH_a$ 不够，这是影响泵运行的根本原因。

(3) 由于过滤器制造厂家没有相关的经验和技术支持，缺乏制造过滤器的常识，使得过滤器的制造质量粗糙，不能达到要求，又加剧了问题的严重性。

(4) 通过过滤器专业生产厂家的重新设计制造，将过滤器的阻力降控制在 1000Pa 以下，保证 GA-301AN/BN 泵运行的汽蚀余量要求，从而解决了泵运行不良的问题。

(中国石化北京燕山分公司　李清河)

57. PTA 装置立式离心机常见故障分析

立式离心机是天津分公司 PTA 装置的重要转动设备，有 P6100、P6000 和 P4000 三种型号，由日本巴工业株式会社生产制造。该设备自投产以来，经常出现各种故障，造成检修频繁，直接影响生产正常运行。

1　立式离心机技术参数及工作原理

1.1　立式离心机的技术参数

立式离心机的技术参数见表 1。

表 1　技术参数

项　目	P6000	P6100	P4000
处理物料	TA、醋酸	PTA、水	残渣、醋酸、水
操作压力/MPa	常压	0.41	常压
操作温度/℃	113.6	151.0	40.0
处理能力(干料)/(t/h)	16	16	0.188
固相湿含量(ω)/%	19.7	19.7	38.2
滤液固含量(ω)/%	0.3	0.3	1.6
转鼓尺寸/mm	ϕ635×1651	ϕ635×1651	ϕ355×761
转鼓转速/(r/min)	2100	2100	3800
螺旋转速/(r/min)	2053	2053	3645
主要材质	317L	304L	316L

1.2　立式离心机结构及工作原理

1）结构组件

立式离心机的结构组件主要包括上、下壳体、机架、转子和驱动马达，如图 1 所示。上部壳体与转子部件相连，由上部溢流堰板(高度可调节)控制滤液采出量大小；下部壳体包括进料管和底部缓冲套，同时连通滤饼下料的收集器。离心机转子由主轴、差速器、螺旋推进器和扭矩臂组成。

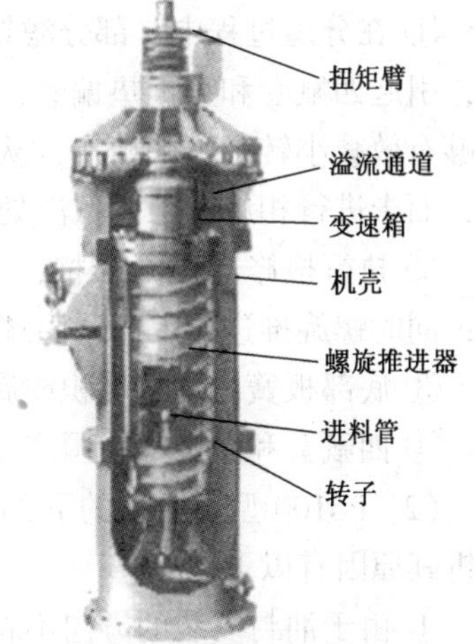

图 1　立式离心机结构组件

2）工作原理

物料从离心机下部壳体的进料管进入料仓室，经离心分离后，液相和固相在离心力作用下分层，固相滤饼靠外分布，由转子内的螺旋推进器送至下锥体的底部经出口排出，再靠重力进入壳体排料口，然后进入下面的再打浆罐；液相则由中部的滤液螺旋，送到上部通道排出至母液回收罐。随着装置负荷的提高，在使用双螺旋推进器较好的情况下，又尝试了三螺旋推进器，使分离量提高了四分之一。

2 立式离心机运转中常出现的问题

2.1 下部组件磨损

(1) P6000 和 P4000 型离心机下部组件主要包括：短套(HOB)四氟套、底部止推垫等部件。磨损主要表现为：四氟套和底部止推垫磨损，严重时四氟套和止推垫磨穿后，造成短套与进料缓冲套及支架碰撞，发生转子与外冲洗管摩擦等故障。

(2) P6100 型离心机下部组件包括：短套(HOB)、油封组件 2 套、弹簧组件、球轴承、滚针轴承和轴承套等部件。该型号离心机下部损坏表现为：下部组件内油脂干涸、轴瓦超温、轴套磨损，从而引发机体振动值增大，甚至超出了仪表测振的范围。

2.2 扭矩杆故障

1) 扭矩杆振动大

扭矩杆主要是反映离心机内部转子的受力情况，螺旋推进器反作用于变速箱齿轮，经中心齿轮和扭矩杆底部花键传递给扭矩控制仪表，一旦转子内部受力过大，扭矩将增加，扭矩杆会通过扭矩臂与仪表控制系统连通，实现信号传递和故障预警处理。P6000 型离心机多次出现扭矩杆因振动过大而松脱的故障。

2) 扭矩杆与中心齿轮卡死

P4000 型离心机曾出现 2 次扭矩杆与中心齿轮卡死而最终折断的故障。

图 2 P6000 型离心机转子底部腐蚀情况

2.3 P6000 型离心机转子底部腐蚀

在 TA 单元离心机出料口，发现机体有点蚀现象，点蚀的密度大，一般深度在 0.5mm 以内，每点大约 $1cm^2$，多达 80 点，无规律排布，大小不一，但不深，外筒底部因而变得比较粗糙，其腐蚀情况见图 2。

3 离心机故障分析

3.1 下部组件磨损原因分析

(1) P6000 和 P4000 型离心机下部四氟套和止推垫，采用聚四氟乙烯渗碳纤维材料，属易损部件，使用最长时间仅为 2~3 个月。其原因主要有以下几点：

① 在分离过程中，部分滤饼在转子出料口逐渐堆积，排料不畅，造成转子偏转不平衡，引起四氟套和止推垫偏磨，机体此时振动增大。如果此时及时停止进料碱洗积存物料，能够有效减小转子不平衡量，从而保护下部组件。一旦由于工艺原因或没有及时发现振动大，而未进行相应的工艺碱洗处理，带病运转将加剧转子不平衡，而加快下部组件磨损。

② 执行检修规程不严格，部件间隙值不正确，造成转子下窜量大，使止推垫磨损加大；同时螺旋推进器上部紧固螺栓力不匀，造成螺旋推进器摆动超差，也导致振动值偏高。

③ 底部板簧内物料堆积或腐蚀造成板簧失效，未起到补偿作用。

④ 四氟套和止推垫在国产化的初期备件不合格。

(2) P6100 型离心机的下部轴承组件，使用寿命应为 1~2 年，但实际最长仅为半年，分析其原因有以下几点：

① 由于油封安装的方向不符合要求，同时油封本身也存在质量问题，造成下部组件油脂干涸，而发生轴承干研损坏(最短运行时间只有 20 天)。

② 由于新轴承为非标轴承，采用一种特殊防锈脂，新轴承更换时，未彻底洗去防锈油，润滑脂又不溶于防锈油，轴承转动时油脂进不去，不能形成油膜，因而，润滑脂未起作用。另外也存在着新轴承涂抹高温润滑脂不均匀、不充分的现象。

③ 板簧内积料起不了调节的作用。

④ 油封为三个，其中两个“背靠背”，一个“面对面”。安装时不到位，造成变形，达不到密封的作用，致使滤液与润滑脂相通，滤液将润滑脂冲掉，导致轴承快速损坏。

3.2　扭矩杆故障分析

（1）转子内物料堆积，造成推力加大，引起扭矩增加是很正常的，但有时因机体振动大造成底部进料管紧固螺栓松动，进而进料管与螺旋推进器发生碰撞，使扭矩杆振动松脱发生故障。

（2）扭矩杆花键与花键套咬死发生故障，二次咬死故障均出现在 P4000 型离心机上，故障除了与物料粘稠造成离心机过载有关，还与 P4000 型离心机现场基础状况有关。由于 P4000 型离心机所在框架上的另一动设备(旋转过滤机)振动大，而引起 P4000 型离心机共振。另外，由于离心机下部堵料堆积，造成螺旋推进器过载，在离心机底部排出时，受离心力作用，在甩到筒壁过程中由于筒壁内处于 105℃高温下，被滞留的滤饼将蒸发出部分水和醋酸，使滤饼中 Br^-浓度不断提高，局部区域浓度达到正常值的 2 倍以上，气相 Br^-对 316L 不锈钢形成点蚀，这也是扭矩杆花键断裂的另一原因。

3.3　P6000 离心机转子底部腐蚀原因分析

TA 单元离心机输送的物料中，含有大量强氧化性浓醋酸，并且含有对奥氏体不锈钢具有腐蚀作用的 Br^-，正常 Br^-含量可达到300μg/g。TA 单元离心机转子材质为 317L，317L 不锈钢是一种具有较强钝化能力的金属，在无活性阴离子存在的时候，其钝化膜的溶解及补偿处于平衡状态，因此在一般酸性介质中具有良好的耐腐蚀性。Br^-属于高活性阴离子，在强氧化性醋酸作用下，在金属表面极易产生活化点，与金属离子结合生成可溶性溴化物，从而生成孔蚀核，被破坏的钝化膜得不到修补，孔蚀不断扩大。

4　减少离心机故障的对策

（1）超负荷运转极易造成转子下部物料堆积，引起机体下部组件损坏，因此采用在线三台离心机全部运行，备用一台的方案，大大降低运行单台离心机时的负荷，从而减少故障发生。

（2）原规定机体振动值为 150~250μm 时，需停机碱洗，现改为只要大于 100μm，必须采取工艺处理，如有必要还应延长碱洗时间，以解决转子内部积料问题；同时对于氧化系统平稳操作，控制参数在规定的范围以内，防止因大起大落，导致晶粒太小无法分离的现象出现。

（3）规范检修程序，强化检修人员的培训，严格按检修规程维修。

（4）备件国产化应严格谨慎，确保备件质量合格。

（5）有效控制 Br^-浓度和防止下料堵塞是解决 TA 离心机转子底部腐蚀的有效方法。

（中国石化天津分公司　钱广华，李居海）

58. 丙烯腈装置撤热水泵 P-102A 振动原因分析与处理

中国石油大庆石化分公司化工二厂丙烯腈装置采用 BPChemical 公司专利，于 1987 年 7 月建成投产。主要原料包括丙烯、氨、空气及硫酸；主要产品为丙烯腈，副产品为粗乙腈、氢氰酸及稀硫铵等。由于丙烯、氨和空气是在硫化床反应器中经催化剂作用生成丙烯腈、粗乙腈、氢氰酸及稀硫铵的反应是放热反应，所以，必须将热量撤出。反应器中有多组垂直的“U”形蒸汽盘管，撤热水通过这些盘管，将反应热传给撤热水，产生 4.36MPa 的蒸汽。其工艺流程如图 1 所示，其中撤热水泵 P-102 共有三台（P-102A、P-102B、P-102S），两台运行、一台备用。2004 年 4 月 9 日，撤热水泵 P-102A 突然发生强烈振动，2004 年 9 月 24 日根本解决了振动。

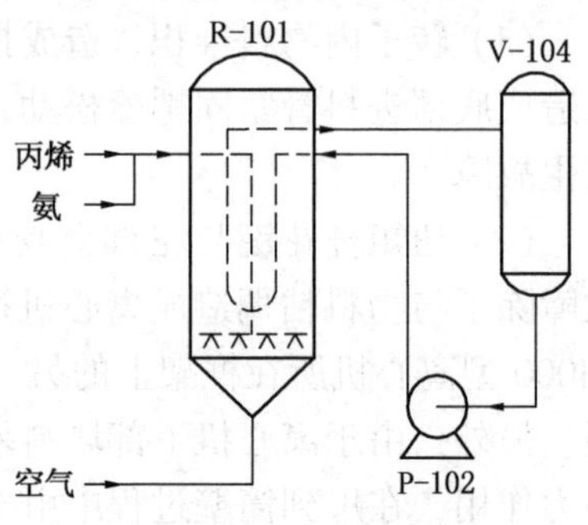

图 1　撤热水工艺流程示意图

1　撤热水泵 P-102 概况

1.1　P-102 结构、参数

撤热水泵 P-102 为单级悬臂离心泵，是 1986 年 5 月日本荏原生产的，1988 年 7 月安装投用。其工艺参数见表 1。

表 1　P-102 主要工艺参数

转　数	1470r/min	轴功率	47kW
介　质	水	流　量	m^3/h
入口压力	4.2MPa	入口压力	4.7MPa
入口温度	256℃	入口温度	256℃

1.2　撤热水泵 P-102A 振动

2004 年 4 月 9 日，撤热水泵 P-102A 突然发生强烈振动，前（2 点）水平振动最大，振值达 14.17mm/s（标准：良好≤3.0mm/s<满意≤5.0mm/s<不满意≤8.0mm/s<不合格）。

2004 年 4 月 12 日，撤热水泵 P-102A 检修，轴头弯曲 0.18mm，更换新轴，前（2 点）水平振动略有下降，振值为 11.14mm/s。

2004 年 4 月 15 日，撤热水泵 P-102A 检修，转子不平衡，做动平衡（G6.3 级）叶轮去重 12g，前（2 点）水平振动明显下降，振值为 6.69mm/s。

2004 年 9 月 24 日，撤热水泵 P-102A 检修，叶轮入口 3 片叶片变形、更换新叶轮，前（2 点）水平振动下降较大，振值为 1.5mm/s。

2　振动特征

利用监测仪器采集振动数据，确定振动特征。基本数据见表 2。

测点如图 2 所示。

表 2　P-102A 基本数据

转　数	1470r/min	轴功率	47kW
前轴承型号	6311	后轴承型号	7312
叶轮形式	闭式	叶轮片数	5

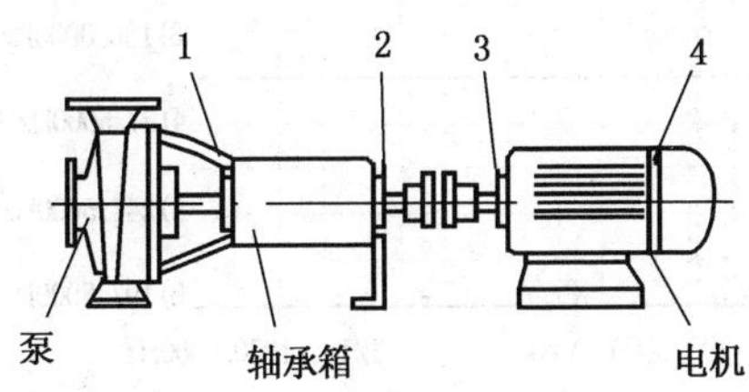

图 2　P-102A 测点示意图

2.1　2004.04.09 频谱特征

设备名称：撤热水泵；

设备编号：P102A；

测点名称：2 点水平；

采样时间：2004 年 04 月 09 日　14：30：23；

数据类型：速度；

频谱图：如图 3 所示。

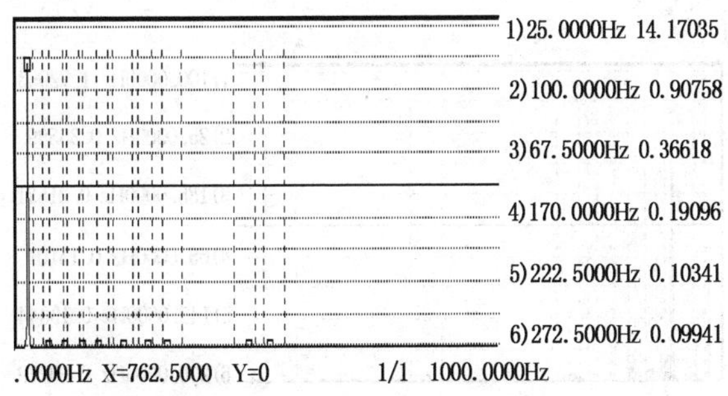

图 3

诊断结论：频谱分析工频(25Hz)占主要成分，存在不平衡故障。

2.2　2004.04.12 频谱特征

频谱图：如图 4 所示。

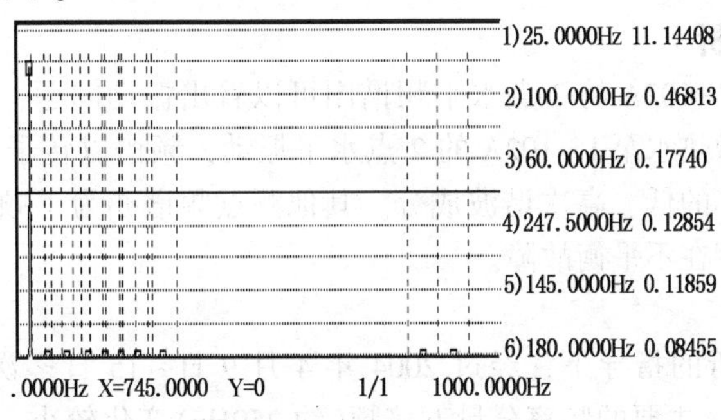

图 4

诊断结论：频谱分析工频(25Hz)占主要成分，存在不平衡故障。

2.3 2004.04.15 频谱特征

频谱图：如图5所示。

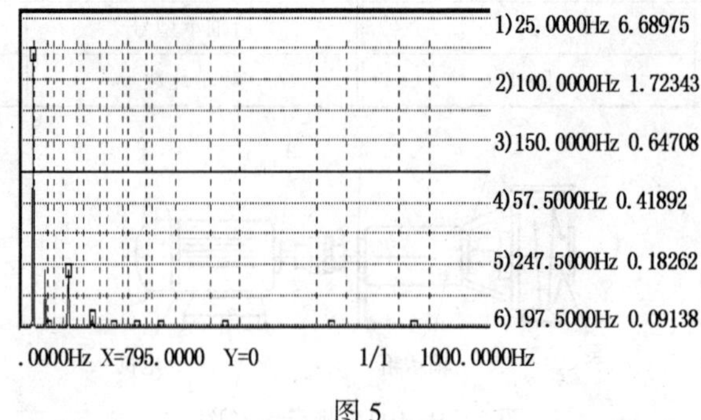

图5

诊断结论：频谱分析工频(25Hz)占主要成分，存在不平衡故障。

2.4 2004.09.24 频谱特征

设备名称：丙烯腈；

设备编号：P102A；

测点名称：2点水平；

采样时间：2004年09月24日 15：58：55；

数据类型：速度；

频谱图：如图6所示。

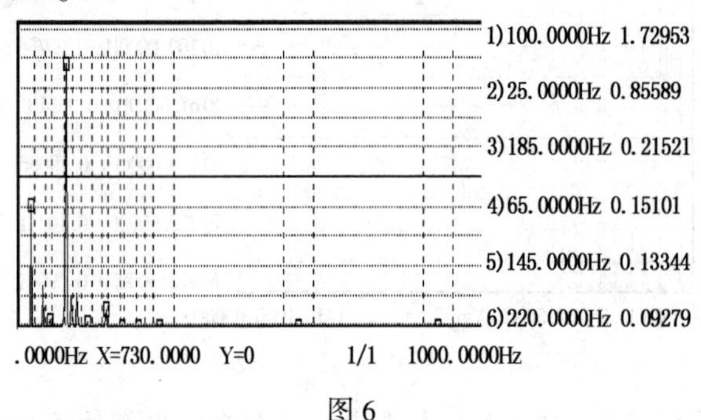

图6

诊断结论：该设备振值较小，运行处于良好状态。

3 原因分析

3.1 频谱趋势分析

从以上撤热水泵P-102A的2点水平频谱图可以看出振动问题，经几次检修呈下降趋势，最终得以解决。撤热水泵P-102A的2点水平振动，频谱以转子工频(25Hz)成分占绝对优势，同时存在较小的低、高次谐波成分。其他测点频谱亦为工频及高次谐波成分，说明了振动特征为转子存在不平衡故障。

3.2 主要原因

在状态监测与分析的指导下，经过2004年4月9日~15日多次检修，撤热水泵P-102A的2点水平振动，主要的频率分量五倍频(约250Hz)变化较小，表明了振动特征为叶轮故障。在前面提到更换泵轴、转子做动平衡及叶轮入口3片叶片变形，前两项做了处理；并且每次检修时，同轴度均在标准之内(径向和轴向≤0.50mm)。只有叶轮入口3片叶片变形的问题没有解决，进一步从流体力学分析。大家知道，液体质点在叶轮内的运动特点，当液体在泵内作旋转运动时，在叶片间任意位置上的力矩为：

$$M = Q\rho vr$$

式中　M——力矩，N·m；

Q——介质流量，m^3/s；

ρ——介质密度，kg/m^3；

v——介质质点通过叶轮某固定点处的绝对速度，m/s；

r——介质质点通过叶轮某固定点处的半径，m。

由上式可知：叶轮入口3片叶片变形，导致液体在叶轮各个流道的介质流量 Q 分布不均，使叶轮各个流道上某固定半径 r 处的介质力矩 M 不均，即造成叶轮在工作时产生不平衡；同时，流量较小的流道内，液体可能达不到不发生汽蚀的能量，亦产生振动。

4　最终处理

2004年9月24日，撤热水泵P-102A检修，更换新叶轮，前(2点)水平振动明显变化，振值由6.69mm/s下降至1.7mm/s，达到良好标准。

5　结论

5.1　提高故障诊断的准确性

提高故障诊断的准确性，首先要及时采集数据；第二要正确分析；第三要有效融合各个信息。既要用故障监测手段，又要结合实际。

5.2　提高设备管理水平

事实证明，随着科学技术的迅猛发展，石油化工行业设备管理水平逐步提高。它表现在管理者能够利用有效的工具，结合生产实际发现、解决设备问题。

（中国石油大庆石化分公司化工二厂　武彦江，孟祥义，孟昭月）

59. 中开式高压锅炉给水离心泵的检修对策

中开式高压锅炉给水离心泵是世界泵业泵族中最极端的泵，用在关键装置的最关键位置上，之所以用在最极端、最关键的位置上，是因为它用在输送高温、高压介质过程中可常年连续运行不易出故障，使用价值极高；又因为它是泵族中的大型精密设备，其制造和机械加工难度非常大，因此，目前世界上只有美国和日本等少数发达国家才能自主制造。

上海石化乙二醇装置 G-920 热水循环泵就选用了这种中开式高压锅炉给水泵，是确保反应器正常反应的重要机泵。该泵投用后的前几年运行均十分平稳，但经过几年运转故障逐渐频繁，主要表现为振动增大，解体检修发现叶轮口环磨损，检修后运行不久又出现故障，且周期呈逐步缩短趋势，直至 2005 年 8 月发生严重故障，导致叶轮内外口环多处“咬死”，壳体口环定位槽磨损严重，多次检修后试车皆因振动持续上升至超标而停车，反复检修多次，历时半年有余，一直无法恢复使用。最后，我们将该泵送至丹东长隆机械厂，对该泵故障及多次检修失败的原因进行了分析，制订了详细的检修方案，终于一举检修成功。其中有许多经验和教训值得总结。

1 G-920 泵的基本情况及故障情况

1.1 G-920 泵的基本情况

G-920 泵为双支撑、水平中开、双蜗壳、十级叶轮离心泵，由美国 GOULDS PUMPS 公司制造(系列号为 E229C755/E229C756)，型号为 3600，规格为 3×6-1010ST。其工艺技术参数：给水压力为 0.6MPa(进口)；温度为 165℃；流量为 84～100m^3/h；扬程为 644m；转速为 2950r/min；功率为 275kW。其结构特点为：轴细长为 2.5m，叶轮为单吸闭式，泵外形狭长，上下壳体水平中分，内为双蜗壳，中间带支承节流衬套，两端各 5 级叶轮，背靠背安装，泵进出口管位于泵下壳体两侧，介质从泵自由端一侧进口管通过蜗壳进入叶轮，逐级(5 级)加压后，再通过蜗壳进入另一端，逐级加压至泵中间另一侧出口，这样，运行时两端压力方向相反，轴向力可相互抵消，因而转子无平衡盘，两端支撑，轴承箱由定位销定位，安装在泵的下壳体两端，一端(自由端)带推力轴承(见图 1)。壳体材质为双相不锈钢(ASTMA743CA－6NM)，泵轴、叶轮、各种口环等内件材质为不锈钢。

图 1 G-920 泵外形图

1.2 多次故障情况原因分析

运转中多次出现振动增大超标，造成泵内外口环磨损严重，总间隙最大处达 1.5mm；各档外口环定位槽也有不同程度的磨损，最严重处径向和轴向都有磨损，定位槽径向椭圆，外口环与定位槽的接触紧力从－0.03mm 到 0.32mm，紧力不均，无法正确定位。造成上述故障的原因综合分析有两方面：

(1) 由于介质对壳体的长期冲刷腐蚀和气蚀，泵上下壳体内表面、内部流道、安装壳体口环的环槽、节流衬套的环槽处均出现不同程度的冲刷腐蚀，壳体与壳体口环、壳体与节流衬环处的间隙增大，流道内壁减薄截面增大、流道缩短，从而使泵体内部级间泄漏加剧，水力参数发生改变，水力平衡遭到破坏，造成泵振动增大而故障失效。

(2) 由于电机启动使壳环与叶轮口环瞬间转动，导致转子的瞬间弯曲产生磨擦伤痕，或由于振动使壳环与叶轮口环产生摩擦，因摩擦的伤痕积累或摩擦发热导致壳环与叶轮口环抱死，使壳环随转子转动，致使泵壳体定位槽磨损，如不及时停机会产生破坏壳体的危险性，甚至报废壳体。

1.3 多次检修失败原因分析

由于以上原因，造成该泵在运行中振动逐渐增大而失效，又由于该类型泵制造精度要求极高，其检修质量精度控制点多、要求也极高，而我们在多次检修过程中对此把握程度不够，考虑不够全面，因此检修后运行不久又出现同类故障，特别是最后一次严重故障共进行了四次检修，前后换了三家检修单位，每次检修后试车时就出现转子惰转不良或抱轴或振动增大而失败，正在我们对该泵检修失去信心时，我们得到信息：丹东长隆机械厂对该类型泵有研究，已国产化研制成功，并在扬子石化成功应用。于是我们联系该厂，该厂与我们对多次故障检修失败的原因进行分析交流。经分析，我们认为该泵几经故障检修后存在三大问题：

(1) 泵腔体多处内孔不圆，椭圆度超标。多次故障检查后发现，叶轮外口环定位槽磨损严重，原因为泵振动后造成叶轮口环间隙变化而碰磨发热，使内外口环“咬死”随轴一起转动，引起泵振动增大，致使泵壳体定位槽磨损，最后导致泵剧烈振动而损坏。

(2) 泵轴中心线偏心，泵腔体多处内孔与中心线不同心。最后一次故障带病运行了三个多小时，致使泵壳体口环定位槽磨损严重，而我公司加工设备有限，无法对定位槽内孔作镗削处理，于是送国内某水泵厂，而该厂在对定位槽内孔上镗床加工时，由于内孔小，长度长，镗孔刀排刚度不够，便分两次加工，先加工一端内孔，然后出镗调头再加工另一端，由此可能引起其同心度失准，内孔中心线偏心。

(3) 各档叶轮外口环安装紧力大小不均，各档外口环与定位槽之间存在不同程度的内漏现象。由于叶轮外口环定位槽磨损严重，而国内某厂无法同时加工上下壳体口环定位槽，仅对下壳体定位槽做了处理，而上壳体定位槽未做处理，因此上下定位槽宽度不一，无法对齐，故外口环上半部分取消定位凸台，造成运行中内漏严重而压力损失。后恢复上半部分定位凸台，为便于安装只好缩小定位凸台宽度，而泵腔体各档内孔尺寸不一，存在误差，故各档叶轮外口环安装紧力存在差异，造成运行中部分外口环轴向抖动而内漏。

因此，造成该泵多次故障检修失败的主要原因为：各档叶轮外口环径向和轴向安装紧力大小不均，造成各档外口环与定位槽之间存在不同程度的内漏，而泵轴中心线偏心，泵腔体多处内孔与中心线不同心，造成内外口环安装间隙不一而产生压力不平衡，由此引起泵壳体内水力平衡遭到破坏，运行时外口环易产生径向跳动和轴向抖动，进而引起泵振动增大；壳体外口环处设计 ϕ3mm 定位销强度不够，位置和结构不合理，引发定位销在高温状态下松动、弯曲，不能牢固地把壳环定位在壳体上，发生位置变异并与转子叶轮前后口环产生摩擦抱死，使之随转子转动，致使泵壳体定位槽磨损，最后导致泵剧烈振动而损坏。

2 检修对策及加工检修工艺

通过以上分析和研究，了解和掌握了该类型泵的制造技术难度和质量精密度控制要求，对于检修该类型泵的技术难度和质量控制要求也有了全面理解和深刻把握。因此，对于G-920泵进行精确检修以恢复正常使用，要全面、综合考虑各种因素。其关键在于：

（1）控制各档叶轮外口环与壳体定位槽之间的轴向和径向安装紧力要趋于一致，并保证要有一定的适当紧力；

（2）控制各档叶轮内、外口环的间隙要趋于一致，使其各级叶轮之间（微量）泄漏保持一致；

（3）控制中间节流衬套外圆的安装紧力和内圆与轴套之间的间隙，使其几无泄漏；

（4）严格控制转子的径向跳动，并使其中心线与壳体各档内圆的中心线及外口环中心线趋于一致，保证叶轮口环间隙在圆周方向均匀一致。

只有这样，才能保证运行中各级叶轮的水力平衡以及中间节流衬套两端的压力平衡不易破坏，使泵运行趋于正常。

因此，该泵在检修中必须采取如下对策：

（1）重新加工泵壳体各档内圆，使各内圆和定位槽宽尺寸趋于一致，并保证使各档内圆的中心处于同一中心线上。因此，加工时必须制作专用刀排，使各内圆和定位槽一次镗削加工成形。

（2）重新定位轴承箱，使轴中心线与泵各内圆中心线重合。

（3）检查轴的挠度及叶轮径向和轴向跳动，如有问题，须重新加工轴和叶轮。

（4）按新的尺寸重新加工叶轮内外口环，使叶轮口环间隙趋于一致。

根据以上对策，长隆厂将泵壳体作为毛配件，重新设计泵壳内圆各档尺寸及各档叶轮口环尺寸，再根据新的尺寸，制作专用镗床刀排对壳体进行一次加工成形，一次性地完成其轴承箱端面尺寸、机械密封尺寸、壳环密封尺寸、中间隔离密封尺寸的加工；根据重新设计的壳体尺寸，重新设计和加工转子与壳体的安装尺寸；对新加工的叶轮内、外口环进行表面硬化处理和低温定型处理，外圆误差 0.015mm，确保壳环和叶轮口环的间隙均匀；重新设计定位壳环尺寸，原壳环定位销 ϕ3mm 改变为 ϕ6mm，材质为 35CrMo 特制高强定位销，重新设计固定在下壳体上，热装定位销过盈 0.10mm，由原机壳环的销钉变为壳环上的凹型槽压在下壳体的凸型定位销上，保证运行时不抖动和松动。

3 结论

综上所述，对于这类双支撑、水平中开、双蜗壳、十级叶轮离心泵的检修，必须使泵内部各档叶轮内外口环之间、外口环与定位槽之间的安装间隙和紧力保持一致，尤其要严格控制外口环与定位槽之间的轴向和径向紧力要保持适当，不可过紧或过松，过紧——上下壳体安装合体后易引起壳体口环变形，运转时易碰磨导致抱轴损坏；过松——运行时易引起壳体口环跳动和抖动而发生共振导致泵振动增大。因此，对于该泵壳体口环定位内圆和槽宽以及内外口环的加工精度要求很高；另外，对于该泵转子定位，以及转子挠度和径向跳动的精度要求很高，检修时必须认真对待，仔细检查，制订好详细的检修工艺进行检修。

丹东长隆机械总厂多年来一直从事国产化设备的测绘制造工作，并在泵壳铸造及叶轮加工方面积累了一定经验，对于这类双支撑、水平中开、双蜗壳、多级叶轮离心泵，通过查阅大量国外资料以及经过多年研究，已经掌握了该类泵的设计制造原理和技术，其研制的产品已在扬子石化得到成功应用，填补了国内制造该类泵的空白，实现了该类型离心泵制造的真正国产化，拥有了自主制造中开式、多级离心泵的技术，具备了进一步开发研制该类离心泵系列化生产的能力，能够为社会提供水平剖分式离心泵国产化系列产品。同时，由于国内市场存在大量该形式的进口在用离心泵，因此，也可为该类型泵提供备品备件及检修的国产化服务。

（上海石化股份公司设备动力部　俞文兵）

60. 润滑油加氢高压进料泵运行维护优化方案

中国石化上海高桥分公司炼油事业部是中国石化集团公司所属的大型燃料——润滑油型炼油基地，为了提高润滑油基础油产品质量，新建一套30万t/a润滑油加氢装置，引进美国雪佛龙公司最新异构脱蜡专利技术、工艺包和催化剂，由中国石化工程建设公司承担设计，中国石化第十建设公司施工安装，通过加氢裂化、异构脱蜡/加氢后精制及常减压分馏，来生产API Ⅱ类和API Ⅲ类高档润滑油基础油。设计以大庆原油和卡宾达原油的VGO3#、VGO4#和DAO为原料，以切换进料的方式进入装置。该装置共有四台双壳体筒式、多级离心式高压进料泵，加氢裂化反应进料泵P-102A/B、异构脱蜡反应进料泵P-201A/B，型号为4BTBF-14ST，均为全套(除驱动电机为南阳防爆集团有限公司制造的YAKK异步电动机)引进新日本造械公司(SNM)产品。

1 高压进料泵基本参数

高压进料泵是高温、高压、高速转动机械设备，是低压进料到高压反应的动力源，在装置中起到至关重要的作用。其基本参数见表1。

表1 加氢裂化、异构脱蜡反应进料泵基本参数

流量/(m^3/h)	70.7+2.3(71.6+2.3)	介质名称	HCR/IDW进料
扬程/m	2357.2(2399)	介质密度/(kg/m^3)	731(769)
效率/%	57	介质黏度/cP	0.78(3.16)
轴功率/kW	600+11(650+11)	操作温度/℃	247(288)
最大轴功率/kW	700(750)	进口压力/MPa	0.42(0.26)
气蚀余量/m	11.5	出口压力/MPaG	17.64(18.35)
最小连续稳定流量/(m^3/h)	22	密封型式	Flowserve机械密封
泵转速/(r/min)	5524(5520)	进出口直径/mm	100/100
叶轮直径/mm	221(223)	叶轮材质	SCS2
密封液名称	泵送介质	急冷液名称	低压蒸汽
冷却/加热部位	填料腔+密封腔	轴承润滑方式	强制循环润滑

2 出现的问题及解决采取的措施

润滑油加氢装置2004年11月23日开工一次成功，正常运行一个月以后由于仪表和氢源问题于12月25日被迫停工紧急处理。本文主要针对润滑油加氢装置开工一个月以来高压进料泵出现和潜在的问题，解决出现的问题采取的措施，提出潜在的问题优化的方案。并简述高压进料泵运行维护及注意事项。

2.1 进料泵本体管线拌热保温

本装置进料为减三线VGO、减四线VGO和轻脱沥青油，装置开工期间正好是当地最冷的时候，进料泵本体管线(密封冲洗、平衡管线、泵体排污)出现死点，容易轻度凝住，备泵暖泵密封冲洗、平衡管线冻掉，不流动，可能导致开泵瞬间密封损坏和泵轴窜动，泵体排污管线在开泵灌泵排气和停泵修理排污时使用，经常出现使用时无法排污，管线冻掉，需要用蒸汽加热，浪费人力物力，延长开停泵时间。制造厂家没有考虑到此类问题，对泵送原料和现场气候没有充分认识，没有要求进行拌热保温，而且设计院也没对安装单位提出此类要求，制造厂家和设计院、安装单位没有友好沟通。因此增加密封冲洗、平衡管线、泵体排污紫铜管拌热保温，并规定在开泵前和停泵后投用一段时间即可，确保高压进料泵正常开停和运行。

2.2 进料泵最小流量控制阀

进料泵为高速多级离心泵，为了防止泵体低流量喘振，设置最小流量减压控制阀控制流量满足正常运行，然而操作该阀出现动作不灵敏、开关延时，甚至卡位，沿阀杆泄漏，减压阀及连接前后管线振动和声音异常，无法实现自动，导致该泵操作波动很大，无法正常调节生产进料量，给生产操作造成很大难度，而且装置内高低压减压控制阀都存在同样的问题。该阀引进德国 KAMMER 厂家制造，国内代理商来现场无法处理，维持到国外技术人员来现场处理，制造厂家认为根据设计提供数据计算，不可能出现此类情况，后决定先临时在气缸内增加弹簧，保证阀正常开关，维持生产运行，但如此处理后阀位仍然不能保证现场指示与 DCS 输出一致。最后与制造厂家协商更换控制阀气缸膜头，制造厂家现场亲自指导安装，更换后调试合格，但目前还不能正常生产使用，该控制阀是否可以满足高压进料泵正常运行还得等正常生产后确认。

2.3 进料泵润滑油压控制阀

高压进料泵润滑油系统采用两个自立式控制阀控制润滑油压力，油泵出口控制阀向油箱卸压，控制泵出口压力，同时也是控制后面润滑油总管上控制阀的阀前压力，润滑油总管控制阀控制总管去各润滑点的压力，这样达到精确控制润滑点压力，满足润滑机械高速运转要求。但是高压进料泵运转以来，油泵出口控制阀基本不动作，油泵出口安全阀起跳过，而且还出现过润滑油系统管线共振现象，润滑油过滤器压差显示为零，润滑油总管油压控制阀负荷过大，润滑点压力达不到要求，以为油泵出口控制阀设置值有问题，联系仪表调高压力，满足润滑点压力，后停泵处理时发现润滑油过滤器压差高低压测量引线与仪表接反，这才是前面润滑油系统出现的一切问题根源，联系厂家确认后调整好，发现润滑油过滤器压差都已经超过了报警值，需要清洗更换过滤器，重新运行润滑油系统，一切正常。虽然该设备进口，但也出现了如此低级的问题，幸好发现及时，否则后果很难预料。

2.4 进料泵安装施工配管

由于设计单位与制造厂家在交接点没有协调好，安装单位没有对进口设备的要求完全理解，特别对其安装施工图纸透彻认识，P102A/B 出口返回线弹簧支撑与基础错位，P102A/B 暖泵线布置不利于操作，P102A/B 泵本体灌浆未达到要求，密封急冷蒸汽管线施工单位不知道怎么配管，最后进行现场排凝。四台高压泵机械密封堵头缺数量 8 只，高压泵底座接地线不规范，高压泵基础排污地沟整改。

2.5 进料泵仪表问题

装置高压进料泵采用 FSC 控制系统对其运行监视、检测、诊断，紧急情况安全联锁停泵，为了更有效分析高压进料泵运行情况，增加报警、联锁测点的历史趋势。HCR 进料泵 P102A/B和 IDW 进料泵 P201A/B 经过试运，为避免入口过滤器堵塞，造成进料泵抽空，经厂家与车间协商要求泵入口过滤器后增加压力变送器，变送器引压点利用原现场压力表引压点，变送器量程 0~1.0MPa，共 4 只。压力测点信号引至装置 FSC 各进料泵画面，数值显示并设置报警，HCR 进料泵 P102A/B 进口压力小于 0.36MPa 设置报警和 IDW 进料泵 P201A/B 进口压力小于 0.23MPa 设置报警。另外由于装置建设周期长，现场经常雨水天气，仪表本身问题等导致仪表检测线缆及检测元件大量损坏，P201A KEY 转速探头延伸电缆坏一根，P201B 振动变送器坏一只，P201B 轴位移坏一根，P102A VT1102XA 探头坏一支，P102A VT1101YA 探头延伸电缆坏一根，P102B VT1102YA 探头延伸电缆坏一根，P102B 油压力表坏一只，要求制造厂家提供相应新件，并根据损坏情况尽快做备品备件，四台高压泵轴位移探头安装壳太短，导致测量线磨损，要求相应改进，增加垫片。

2.6 进料泵机械密封泄漏

润滑油加氢异构脱蜡反应进料泵 P201A 投入正常运行以来，最小流量减压角阀由于不能 DCS 控制，一直处于现场手动控制状态，正常运行 P201B 最小流量减压角阀修好，计动科要求切换泵调试，车间按照正常切换步骤操作。P201A 出口关闭，最小流量减压角阀开度 70%，泵入口流量 25t/h(大于泵要求最小流量 22t/h)，正常停运，非驱动端机械密封大漏，驱动端机械密封不久也泄漏，判断机械密封损坏，要求修理，请示车间领导，由于之前该泵进口阀出现关不了现象，因此停运 P201B，润滑油加氢装置改循环停工 8 小时，更换泵进口阀，启动 P201B 正常运行，装置正常开工。

经对泵 P201A 解体检查发现：机械密封限位板无法插入轴套定位槽内，前、后轴套均外移 3~4mm；拆下机械密封发现泵轴前、后均有 3 条 3~4mm 划痕，此处正是机械密封轴套径向紧固螺钉固定位置。拆开机械密封，发现密封面倾斜严重，摩擦副(石墨)磨损严重，均匀磨去 2~3mm，波纹管变形，部分波距明显偏小，机械密封压缩量接近于零，检查泵自冲洗管线未见管线堵塞(见图 1)。

图 1 异构脱蜡反应进料泵 P201A 密封泄漏

分析造成该泵机械密封故障的原因为：泵在运行时，介质压力对轴套有向外侧推的作用力，原制造厂机械密封轴套径向紧固螺钉只有 3 个，紧固螺钉紧力不够造成轴套向外侧移动，机械密封压缩量增大，摩擦副端面比压增大，加剧摩擦副(石墨)磨损，引起机械密封波纹管变形失效、密封泄漏。由于本装置共 4 台该型号高压泵，备用密封就 2 套，钳工按设备科要求安装国产机械密封，国产密封相对进口密封轴套定位锁环螺丝增加 3 个，增大密封轴套锁紧力。

3　潜在的问题及提出优化的方案

根据高压进料泵运行以来运行操作维护情况，以及其他相关装置同类高压进料泵的设计、制造、安装、操作理念，提出以下相关的优化方案。

3.1　增加分馏系统循环低压暖泵线，方便开停工、机泵检修暖泵

目前装置只设计了高压暖泵线，流程从高压进料泵出口引介质经过减压孔板对备用泵进行暖泵，这里涉及高低压交接处，增加了操作难度，而且开工时无法按要求进行暖泵，设计正常开工使用减三线作为进料油，分馏系统柴油升温至200℃循环，根据制造厂家提供暖泵预热要求，控制进料温度80℃，必须通过空冷对开工柴油降至要求温度，运行进料泵，根据预热速度缓慢升温至正常反应进料温度，然后才可以进原料正常生产，这样泵体可能没有充分预热，而且通过最小流量全量返回，非设计介质工况工作，容易损坏进料泵，还减缓了开工进度。如果增加分馏系统循环低压暖泵线，从分馏塔底空冷前后引冷热两路控制暖泵温度和预热速度，这样既满足进料泵自身开机准备要求，又可以使反应和分馏同步进行缩短开工时间。

3.2　增加高压泵入口柴油冲洗线，方便开停工、机泵检修置换

装置设计大庆原油和卡宾达原油的VGO3#、VGO4#和DAO为原料，以切换进料的方式进入装置。进料含蜡油、黏度高、易凝滞，开工期间出现密封损坏修理时，密封腔全是凝滞软蜡，很难处理，给维修带来很大的困难。增加入口柴油冲洗线，开停工、机泵检修时，可以切断进料泵进出口阀，把泵体切出系统，使用柴油冲洗置换进料泵。增加入口柴油冲洗线，这样可以泵体尽快冷却，给维修带来方便，缩短机泵的检维修时间。

3.3　增加泵体放空至污油罐管线，方便灌泵放空和机泵检修置换

高压进料泵制造厂家为了充分灌泵，达到多级无气连续液体，由于进料泵制造厂家与北京设计院交接未协调好，施工单位配管泵体现场放空，导致灌泵放空和置换时蜡油全部排放至地沟，出现过地沟堵塞，现场卫生很差，还存在安全隐患，浪费大量人力物力。增加泵体放空至污油罐管线，可以完全改善生产现场环境，保证设备安全水平，提高机泵检修质量，减少资源损失，达到无泄漏污染目标(见图2)。

3.4　增加电机轴承强制润滑管线，方便电机轴承加油、油位看清楚

高压进料泵国产南阳防爆电机，由于与进料泵厂家和北京设计院配合协调不到位，进料泵厂家润滑油系统提供了往返电机的接口盲板，但没有资料可查询润滑油系统的流量是否能满足要求，然而电机厂家的轴承润滑油位很小的视镜，停止状态就基本看不清楚，运行情况下根本无法识别轴承内是否有润滑油。增加电机轴承强制润滑管线，需要设计院、进料泵厂家、电机厂家一起协调解决，涉及可行性，也就是现有润滑油系统是否满足要求，但为了提高电机设备的轴承润滑情况，车间能更好地使用维护关键设备，减少不必要的意外情况，增加电机轴承强制润滑管线很有必要。

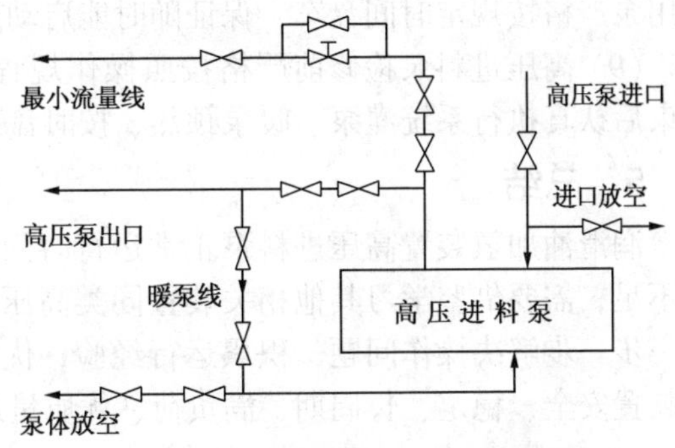

图2　高压进料泵系统流程示意图

4 高压进料泵维护操作及注意事项

4.1 高压进料泵的灌泵操作说明以及注意事项

(1) 慢开进料泵入口大阀引油进行灌泵，以免引起多级泵内部冲击窜动，之后缓慢打开最小流量调节阀排气返回进料罐。

(2) 打开泵体底部放空阀和最小流量低点放空阀，对进料泵系统进行放空，直至排放介质为连续流体，系统气体赶尽。

(3) 关闭系统放空阀，进料泵系统暖泵结束后，再次灌泵确认泵体无气体，平衡管和密封冲洗线畅通。

4.2 高压进料泵的暖泵预热操作说明以及注意事项

(1) 暖泵过程中高压预热阀的开度切忌过大，保持泵体平衡管压力应与泵入口压力相近，防止压力过高。预热阀开始暖泵时开两扣，随着暖泵温度上升适当调整开度。

(2) 严格控制泵体预热升温速度小于2℃/min，预热时间不少于 5~8h，预热时泵体各部温差不大于 30℃，泵体与流体温差不大于 40℃。

(3) 暖泵原则：开始暖泵时，先全开低压流程，后打通高压流程；停止暖泵时，先切断高压流程，后关闭低压流程。严禁造成憋压损坏高压泵。

(4) 预热期间不准盘车，预热结束泵体各部温度稳定后，方可盘车，这也是多级泵与一般高温泵的暖泵差异，预热结束后盘车应当轻滑。

(5) 泵预热结束投用前，必须确认泵盘车应当轻滑，方可按正常开泵步骤开泵，否则应继续暖泵。严禁不盘车或盘不动车的情况下启动泵。

4.3 高压进料泵的正常运行操作维护以及注意事项

(1) 高压进料泵是高温、高压、高速转动机械设备，必须严格按规程操作注意安全。

(2) 检查高压进料泵出口压力，最小流量在规定范围，电机电流不大于额定值 90%。

(3) 润滑油系统严格控制质量、压力、温度及冷却效果，高速齿轮箱温度正常。

(4) 高压进料泵严禁超温、超压、超负荷、抽空状态运转，严格控制正常操作指标。

(5) 开停高压进料泵前先通过最小流量线建立连续稳定循环，严禁低流量泵体窜动。

(6) 高压进料泵切换注意各泵压力稳定，流量平稳，保证进料，避免生产工艺波动。

(7) 运行泵检查电机、泵体、齿轮箱等转动部件振动情况，泵体机械密封泄漏情况，高压进料泵平衡管线、密封冲洗管线、密封急冷蒸汽正常。

(8) 备用泵检查暖泵预热状态、温度正常，润滑油系统、冷却水系统、密封急冷正常，备用泵严格按规定时间盘车，保证随时能启动运行。

(9) 高压进料泵检修前严格按照操作规程做好高压拉电、系统隔离、泵体放空工作，结束后认真执行系统灌泵、暖泵预热、按时盘车规定。

5 总结

润滑油加氢装置高压进料泵正常运行时间不长，运行问题出现得不多，维护经验积累的不足，需要借鉴学习其他相关装置同类高压进料泵运行操作维护经验，在以后正常运行中一步一步解决操作问题，积累运行经验，优化高压进料泵运行操作维护，保证润滑油加氢装置安全、稳定、长周期、满负荷、优质量运行。

（中国石化上海高桥分公司炼油事业部　杨朝松）

第五章　风机维护检修案例

61. 硫磺装置主风机叶片断裂原因分析

某硫磺回收装置主风机主要为四台焚烧炉供风，为离心式风机，入口采用非固定角导叶，机组一开一备，电机驱动，经齿轮箱增速，主要参数如表1所示。2012年7月14日齿轮箱4个振动测点的振动值突然出现不同程度的上升，但润滑油油温没有变化，振动变化最大的测点VZ13512B由正常的15μm上升至约82μm。初步怀疑仪表探头故障，经检查后未发现问题，于是切换至备机运行。停机打开后检查发现，风机动叶片有1片断裂(共16片)，其他叶片无明显打击痕迹。静叶片(共19片)有1片入口打击出1个弧形缺口，另有1片有可见打击点，其他叶片无明显打击痕迹。入口导叶(9片)未见明显打击痕迹。叶片断裂情况如图1、图2所示。断裂动叶片发生局部断裂。

表1　离心风机参数

风机型号	GM55L-21	电机功率	900kW
入口流量	44452kg/h	出口风压	155.6kPa
设计转速	9885r/min	入口风压	100kPa

图1　叶片断裂情况

图2　失效叶片宏观照片

由图1、图2可见，该失效叶片有如下几个特点：

(1) 叶片厚度较薄；

(2) 叶片厚度不均匀，左侧(进气口端)较厚，而右侧(出口端)较薄，最厚处厚度约为7.5mm，最薄处厚度则约为3mm；

(3) 断裂起源于进气端附近叶片的非工作面上，断裂面横断叶片发展。

1　运行工况简析

该机组在故障前由于工艺条件变化，导致气量在30000kg/h上下频繁波动(额定气量

44452kg/h)，如图3所示，可见风机长期处于小流量工况运行。同时入口压力波动也较为频繁，大约在30~40kPa范围内波动(额定入口压力约100kPa)，如图4所示。

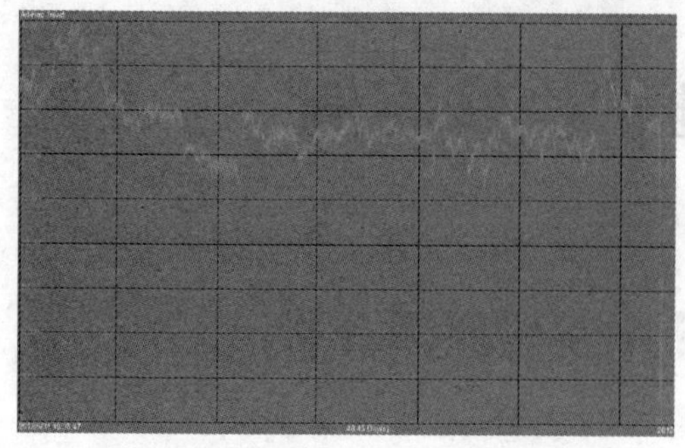
图3 风机气量波动图

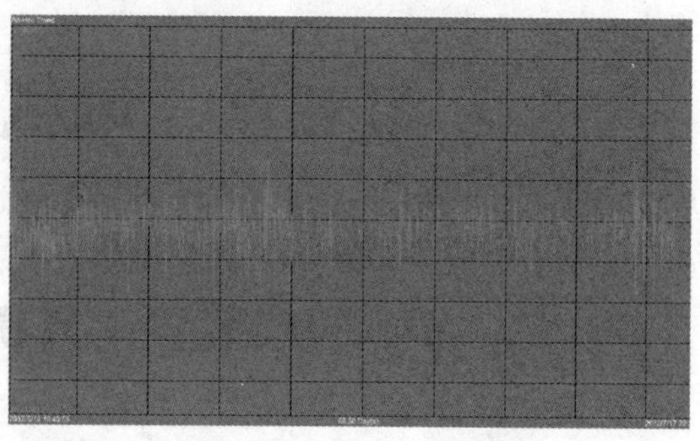
图4 风机入口压力波动图

当风机转速一定时，随着流量的减少，气体在叶片非工作面上的分离点前移，旋涡区增大。这一分离旋涡区通常位于导叶尾迹和叶轮前缘。导叶尾流分离涡团导致叶轮的进口极不稳定，动静相干效应引起叶轮进口流动状况发生较大的变化，因此对叶轮内部的流动产生了很大影响，这即是疲劳发生的潜在影响因素。本案例叶轮断裂部位也较为接近该位置。

2 检测结果

2.1 宏观检测

从图5和图6可见，裂纹源处未见明显裂纹辉纹，但开裂面中部呈现明显裂纹辉纹。从图5还可见，裂纹源处色彩明显暗于其余部分，这是因为断裂面经过清洗处理，因此该特征表明裂纹源区域的氧化污染程度比其余区域严重。

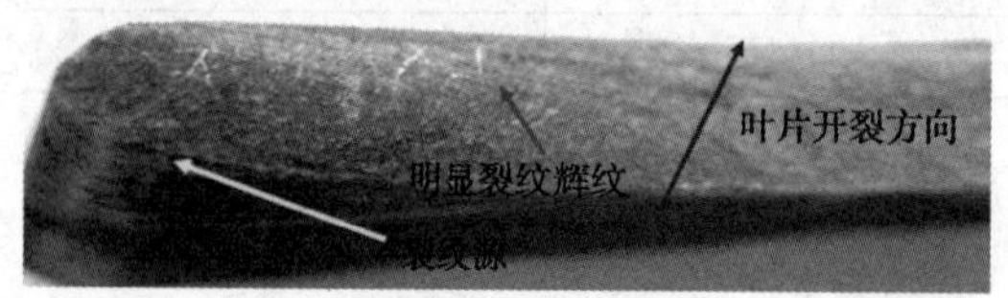

图5 疲劳裂纹源起源于叶片外表面，为单裂纹源

图6 开裂面中部呈现持续开裂特征

图7 叶片非工作面表面状况

叶片表面的情况见图7和图8，从叶片表面情况来看，叶片非工作面表面积存较多的外来物质，并且积存物下隐约可见砂磨痕迹。这表明，因为该表面是非工作面，所以不受气流冲击，故而环境中的很多物质积存到其表面上；该叶片表面进行过局部整修处理。

叶片工作面表面光滑，只有加工成型时的机械加工痕迹。这表明，工作面未进行过修整处理。

2.2 断面电镜扫描

为了进一步细致地研究裂纹源以及断裂面，用扫描电镜对断裂叶片的断口进行了仔细研究。裂纹源显微形貌如图9、图10所示。由图10可见，裂纹源位于工作面表面处。

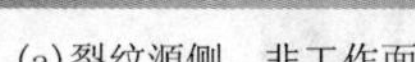
(a)裂纹源侧，非工作面

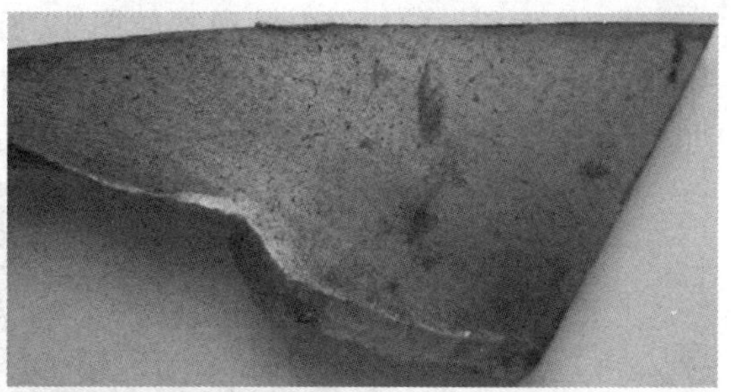
(b)叶片另一侧，工作面

图 8　叶片工作面表面无外来物质积存

图 9　裂纹源显微形貌二次电子像

图 10　裂纹源显微形貌背散射像

对该处进行能谱分析的结果表明，该处为氧化铁夹渣，见图 11 和表 2。

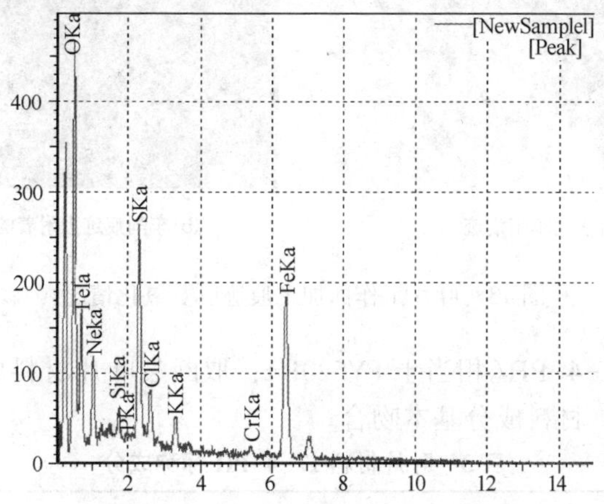

图 11　夹渣的元素能谱成分分析结果

表 2　夹渣化学成分

成　分	O	Fe	Na	Si	S	Cl	K	Cr
质量分数/%	41.963	35.115	4.806	0.866	10.802	2.623	1.905	1.478
原子数百分比/%	65.672	15.743	5.234	–	8.437	1.853	1.22	0.712

对工作面所做的扫描电镜观察如图 12 所示。由图 12 可见，工作面上自裂纹源起，有一系列冶金缺陷存在。显然，从其很具规律性的线性排列来看，此处应当是在冶金凝固成型时所留下的缺陷。其中最大缺陷尺寸约为 100μm。

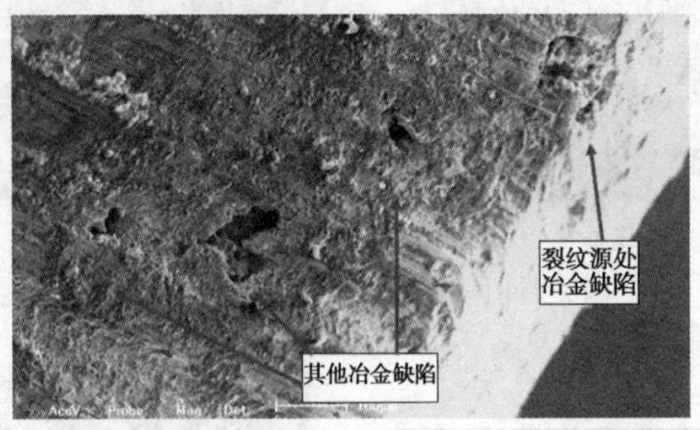

图 12　非工作面裂纹源及附近有一系列冶金缺陷

图 13 示出了工作面裂纹源处表面加工情况。从图 13 可明显看出，叶片表面经过机械车削加工。在使用过程中，叶片表面积存了很多氧化物。这些氧化物质应该不是叶片自身氧化的结果，而是环境中的氧化物在气体压力的作用下，粘附在叶片表面的结果。

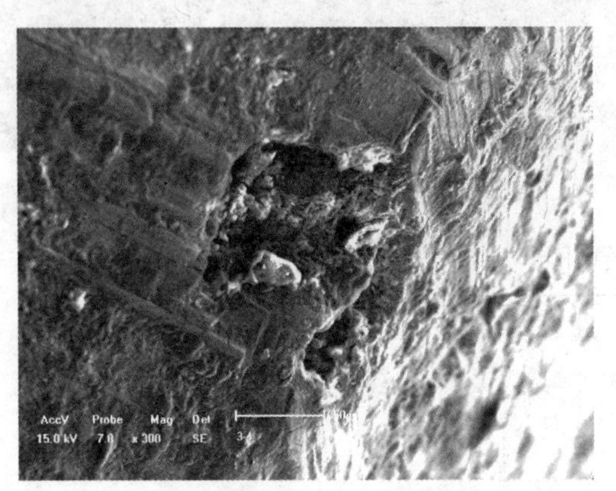

(a)裂纹源处叶片表面车削痕迹

(b)车削痕迹上附着的氧化产物（黑色）分布

图 13　叶片工作面加工痕迹以及氧化情况

叶片材料牌号为 17-4-PH(相当于 FV520B)，取断裂叶片材料成分与标称成分对比见表 3 和表 4。对照可知，材料成分基本吻合。

表 3　叶片材料 17-4-PH 标称成分

C	Mn	Si	S	P	Cr	Ni	Mo	Cu	Nb
0.05	0.65	0.60	0.005	0.03	13.27	5.12	1.33	1.33	0.32

表 4　断裂叶片主要成分

成　分	Cr	Ni	Mo
质量分数/%	13.847	5.352	2.833
原子数百分比/%	14.932	5.112	1.656

因为叶片较小，因此无法制取力学性能样品，仅能测试布氏硬度，结果为316HB。布氏硬度略高的原因可能是由于钼含量略高所致。

叶片断面的金相组织如图14所示，金相组织正常，为时效板条马氏体。

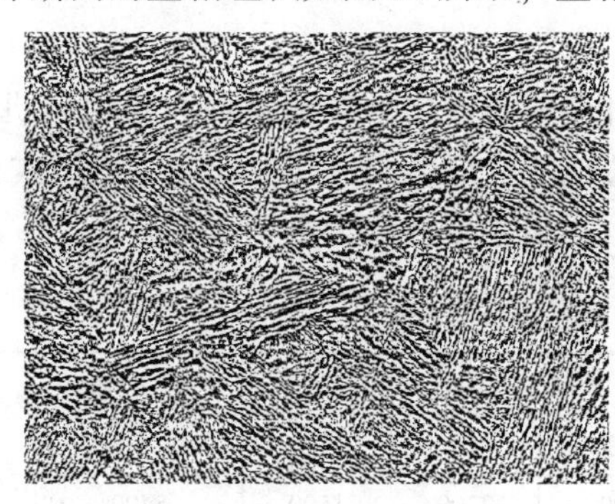

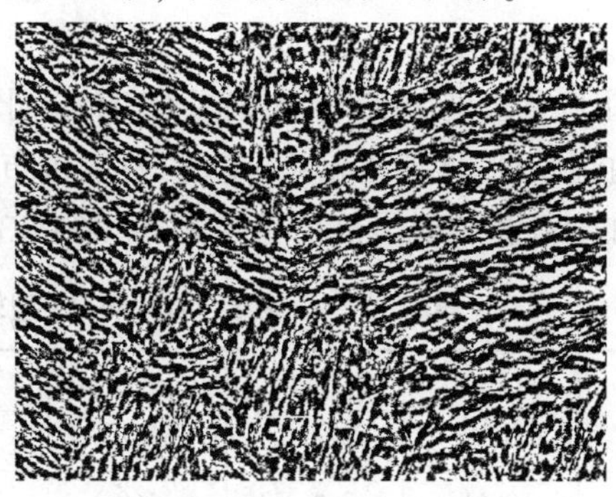

图14 叶片金相组织

3 综合分析

从以上观察分析结果来看，叶片失效形式为疲劳断裂。裂纹源为叶片非工作表面的进风口棱角处所存在的铁的氧化物夹渣。在叶轮旋转时，叶片的非工作面实际上也承受着较大的交变应力。由于叶轮前面尚有非固定角导叶，因此，叶片进风口处的交变应力有时可能会处于比较大的状态，这将导致叶片进风口处的非工作面也处于交变应力较大的状态。当存在夹渣缺陷时，较大的交变应力将导致缺陷处容易发生疲劳开裂。本失效叶片的进风口处非工作面因为存在这类冶金缺陷——氧化物夹渣而在较大的交变应力的作用下发生疲劳开裂。

4 结论及建议

叶片断裂为疲劳断裂。裂纹源位于叶片进气口端的非工作面上。导致开裂的断裂源为冶金缺陷。在交变应力作用下，冶金缺陷处萌生裂纹并扩展，最终导致叶片发生疲劳断裂。

叶片制造时应严格控制冶金缺陷，防止产生内在缺陷影响机组长周期平稳运行。同时，不建议机组长时间处于小流量工况，应促使工艺条件调节，尽可能小地偏离额定工况。

（中国石化镇海炼化分公司炼油二部　周伟）

62. AG 型轴流风机叶片断裂原因及对策

石家庄炼化公司 1987 年从德国 GHH 公司引进一套催化烟气能量回收机组，机组按烟气轮机-轴流风机-增速齿轮箱-电动/发电机布置成三机组形式，其中轴流风机型式为 GHH 公司生产的 AG 型轴流风机，型号为 AG060/13，风机主要性能参数见表 1。

表 1 AG060/13 型轴流风机性能参数

入口压力/MPa(绝)	出口压力/MPa(绝)	入口温度/℃	出口温度/℃	流量/(Nm^3/min)			工作转速/(r/min)	功率/kW
				正常	最大	最小		
0.098	0.34	-3.4~32	160	2000	2300	1500	5400	6250

该轴流风机主体结构为：等径轴上布置 13 级动叶片+末级离心叶轮的两端支撑转子结构，动叶片为扭曲叶片；壳体与静叶承缸采用水平中分结构，13 级静叶片前 5 级为可调叶片，其余级为固定叶片，静叶片为直叶片。

该风机具有风量大、效率高、调节灵活、运行平稳等优点。自 1987 年 10 月投运至 1999 年 4 月累计运行 10 余万小时，1999 年 4 月 20 日，第一次发生首级动叶片断裂事故，其后全部的动叶片更换为随机备用叶片，于 1999 年 8 月 17 日开机投入生产运行，至 2004 年 1 月 31 日第二次发生首级动叶片断裂事故，期间风机累计运行约 36000 小时，两次叶片断裂事故发生时的前后工况见表 2。

表 2 叶片断裂前后风机运行参数

运行参数	第一次断裂前	第一次断裂后	第二次断裂前	第二次断裂后
流量/(Nm^3/min)	1930	1870	2002	1902
出口压力/MPa(表)	0.22	0.22	0.22	0.22
可调静叶开度/%	41	41	45	45
出口放空阀开度/%	0	0	2	2
轴位移示值/mm	0.04	0.04	0.04	0.04
入口端轴振动/μm	15	68	15	130
出口端轴振动/μm	18	68	18	130
主副止推瓦温度/℃	56/50	56/50	56/50	56/50
南北径向瓦温度/℃	72/81	72/81	75/84	75/84
润滑油压力/MPa(表)	0.4	0.4	0.43	0.43

由表 2 可以看出，叶片断裂前后有 3 个参数(流量、入口与出口轴振动幅值)发生明显变化，流量瞬间分次减少 60Nm^3/min 和 100Nm^3/min，轴振动幅值瞬间分次上升了约 40μm 和 110μm，其他参数均未变化。

1　对断裂叶片的检查与分析

1.1　宏观检查

两次发生断裂的叶片均为首级动叶片，第一次断裂叶片在位于叶片根部之上的约 1/3 叶高部位，断口为不规则的斜形横向断口(出气边低，进气边高)，第二次断裂叶片在位于叶片根部之上的约 10~15mm 部位，断口仍为斜形横向断口。两次断裂的叶片其叶背面出气边附近区域和叶片进气边附近宽度约 6~7mm 区域黏附着薄厚不一的一层黑色细粉状沉积物，叶片的叶背积物层厚约 1mm，积物层较软，附着力相对较低，叶片进气边积物层致密、较硬、较薄，与叶片的附着力较强，这些附着物可用丙酮溶剂清除。

断裂叶片清洗后，发现叶片的叶背面分布有尺寸不大于 0.5mm 的若干凹坑，以进气边附近区域居多；叶盆面上也分布有大小不一的凹坑，较叶背面多，靠近出气边附近的区域其凹坑分布范围较宽，进气边附近的区域其凹坑分布范围较窄，沿叶片高度方向呈现上疏下密的分布规律，靠近叶根附近的区域凹坑尺寸较大，其当量直径为 1~2mm，深为 1~1.5mm，而且这些凹坑沿叶身横向有所拉长，根据凹坑的形状及分布范围，说明这些凹坑的形成与气流对叶片的冲刷有关，第二次断裂叶片叶身上的凹坑较第一次断裂叶片相对少些。

由第一次和第二次断裂叶片的断口宏观像(见图 1、图 2)，可以看出两叶片的进气边侧和出气边侧基本上都为横向断裂，即这两部分断裂面与叶片纵向近似垂直，但它们并不处于同一平面，在叶片断口中部，上述两部分断裂面是通过一倾斜面连接起来的，因而断口呈台阶状。断口已发生氧化，但不同部位的断口氧化颜色并不相同，而且不同部位的断口粗糙程度也有差别。根据断口氧化色及粗糙程度，整个断口从出气边到进气边大致可分为四部分，在第一次断裂叶片图中分别用 A、B、C、D 标出。其中 A 部分呈灰色，断口平坦；B 部分呈褐色，断口较 A 粗糙，该部分包括斜坡口；C 部分呈灰色，有的区域较粗糙，有的区域较平坦；D 部分呈黑灰色，有的区域较粗糙(黑箭头所示)，有的区域较平坦，但为斜坡口(白箭头所示)。这种斜断口属于切变断口，说明 D 部分为瞬时过载断裂部分。断口形貌说明叶片断裂是由出气边向进气边扩展。

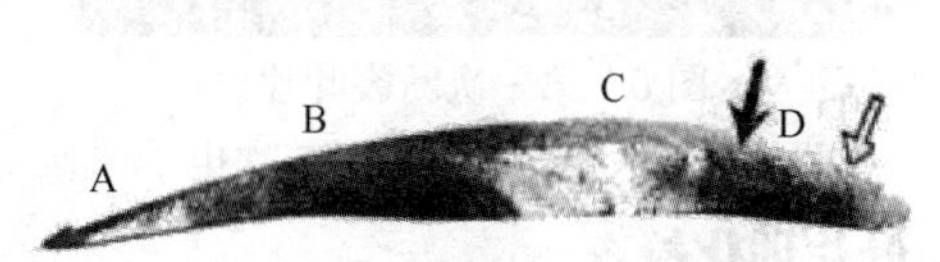

图 1　第一次断裂叶片宏观像

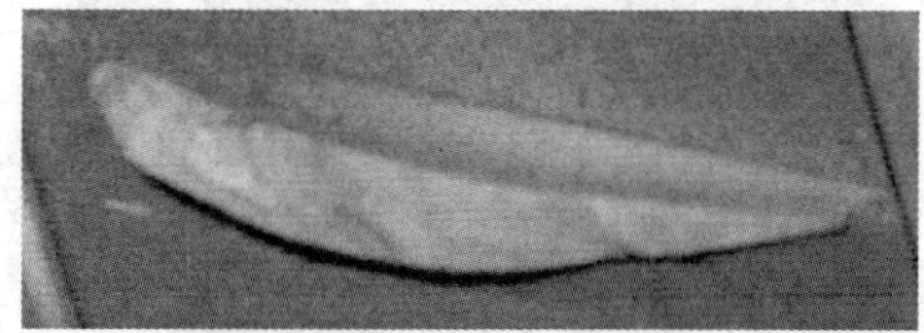

图 2　第二次断裂叶片宏观像

1.2　叶片附着物检查

用扫描电镜中的 X 射线能谱仪分析叶片表面、凹坑内物质和黑色沉积物的化学成分，分析结果显示叶片主要含铁和铬，应为铬钢。凹坑内除了含有叶片成分外，还富含氧、碳、硅、硫等元素，说明凹坑是由二氧化硫腐蚀形成的腐蚀坑。进气边较致密的黑色沉积物主要含碳、氧、硫、硅，说明黑色沉积物主要是积碳，并混有叶片腐蚀产物和灰尘。

1.3　断口检查

图 3 为第一次断裂叶片 A 部分低放大倍率下的断口二次电子像，可以看到在疲劳裂纹萌生的出气边的紧邻断口处，有较多的腐蚀凹坑。叶片出气边的断裂正是从密集的腐蚀坑

处开始的，这些密集的腐蚀坑会形成严重的应力集中导致疲劳裂纹的过早萌生。

图4为第一次断裂叶片A部分断口二次电子像，图上隐约可见的贝壳状弧线，是典型的材料疲劳特征，这说明该部分断口的形成，是由于叶片承受较多次的交变应力，材料发生疲劳所致，不可能是在一次起停车过程中形成的。图5为第一次断裂叶片B部分断口二次电子像，图上贝壳状弧线明显，这表明疲劳裂纹扩展速率有明显变化，这与叶片受力状态有明显变化有关，即轴流风机的工作状态曾发生明显变化，例如开停车时操作流量的变化。图6为第一次断裂叶片C部分断口二次电子像，图上显示断口较粗糙，裂纹扩展速率较快，为疲劳裂纹扩展后期，这与叶片承受过低频高应力状态相符合。图7为第一次断裂叶片D部分断口二次电子像，断口最粗糙，可见明显刃窝，为瞬断区，系叶片有效截面缩小到临界值后，过载断裂所致。

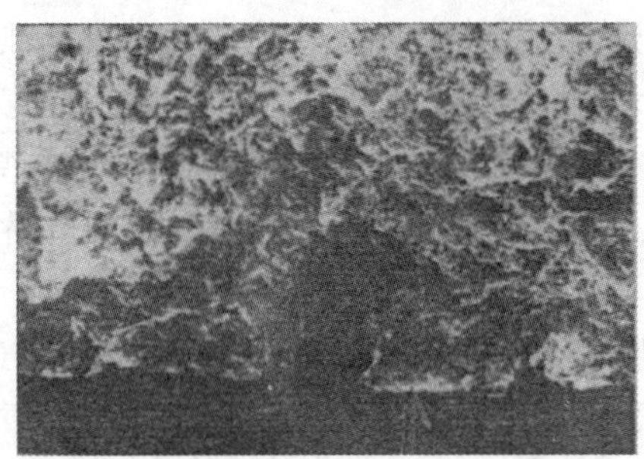

图3　第一次断裂叶片
A部分低放大倍率下断口的二次电子像

图4　第一次断裂叶片
A部分低放大倍率下断口的二次电子像

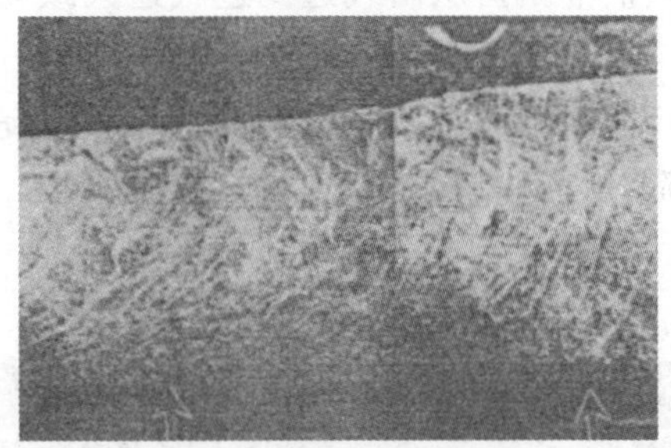

图5　第一次断裂叶片
B部分低放大倍率下断口的二次电子像

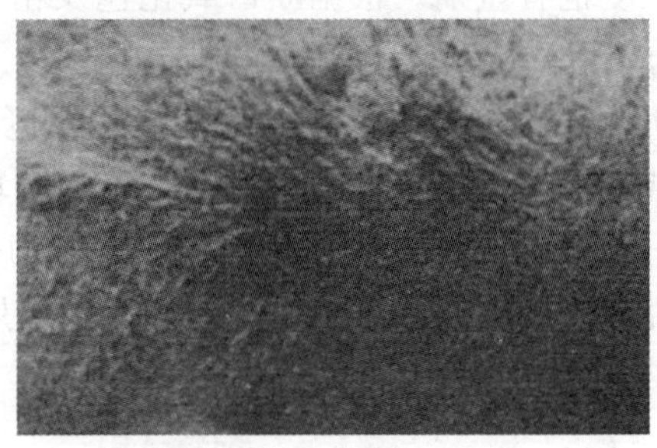

图6　第一次断裂叶片
C部分低放大倍率下断口的二次电子像

图7　第一次断裂叶片
D部分低放大倍率下断口的二次电子像

1.4　叶片理化检查

1.4.1　化学成分

两次断裂的动叶片均为德国GHH公司产品，材料牌号为X20CrMo13，用光谱分析仪测定其化学成分见表3，成分显示叶片材料为铁基不锈钢，与X20CrMo13牌号对应的成分一致。

1.4.2　金相组织

图8所示为断口处试样磨片的金相组织，为正常的回火马氏体，说明叶片组织正常，图9所示为断口腐蚀坑周围的金相组织，未发现明显的组织异

常或冶金缺陷，说明腐蚀坑的形成与材料的金相组织以及冶金缺陷无关。

表 3　断裂叶片化学成分(质量分数)　%

C	S	Si	Cr	Mn	Fe
0.20	0.03	0.5	13.5	0.6	85.4

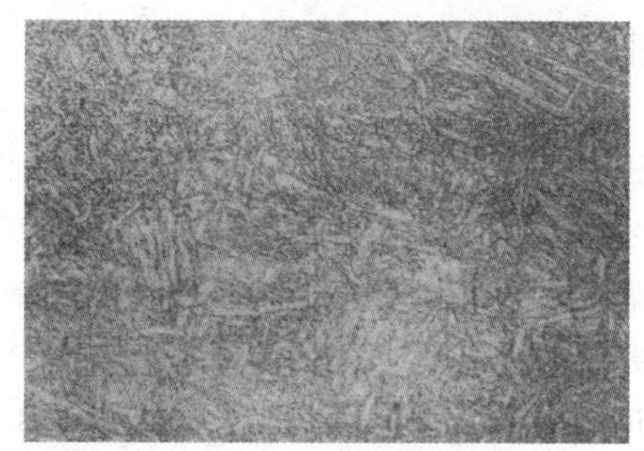

图 8　金相组织-回火马氏体(400×)

图 9　断口腐蚀坑周围的金相组织(100×)

1.4.3　硬度测试

对断裂叶片和未断的每一级动叶片进行硬度测试，硬度值为 27~28HRC，均属正常。

2　叶片断裂原因分析

2.1　运行工况

通常轴流风机有 3 个运行区，既稳定工作区、旋转失速区和喘振区。旋转失速和喘振是风机的两种不稳定工况，风机若出现旋转失速、喘振工况时，机器部件会遭受严重危害，甚至发生部件损坏事故导致停机。

2.1.1　旋转失速工况

轴流风机在低于其转子额定转速下运转和低于其最小工作流量下运转时，容易发生气流旋转失速工况。当发生旋转失速时，气流和叶片部分分开，气流不稳定，叶片上就会受到周期性变化的气动力作用，这种交变的气动力必然会引起叶片材料的疲劳，当交变气动力的激振频率与叶片固有频率接近或成整倍数关系时，就会使叶片产生共振，这时叶片所受应力就会几倍甚至几十倍增加，最终导致叶片疲劳断裂。低转速、低流量诱发的旋转失速发生于首级动叶片上，并且首级动叶其承受的交变气动力最大。

轴流风机启机总要经历零转速-工作转速的过程，这一过程必经旋转失速区，迅速通过该区可大大降低风机受伤害的程度。AG 型轴流风机启机形式和启机过程与其他类型的轴流风机有所不同，其他类型的轴流风机启机时的可调静叶角度预先调至 18°~21°，然后启机，启机过程中静叶角度不变，其瞬时就越过旋转失速区，进入稳定工作区。AG 型轴流风机启机时的可调静叶角度为 0°，机器转速正常后 3s 内自动将可调静叶由 0°开至最小工作角度(21°~22°)，尽管经过旋转失速区时间小于 1min，但远高于其他类型的轴流风机，也就是说，每次启动，AG 型轴流风机都要经历一次短时的旋转失速工况，分析操作记录表明第一次动叶断裂之前的运行周期中，风机累积开停车次数达 38 次，第二次动叶断裂之前的运行周期中，风机累积开停车次数达 19 次。核查风机发生第二次动叶断裂之前运行周期的操作记录，表明末期风机曾较长时间处于低于最小流量(Q_{min} = 1500Nm^3/min)工况运行。

2.1.2 喘振工况

轴流风机发生喘振工况时，气流不能保持正常的流动状态(由进口向出口流动)，甚至发生瞬间倒流，其流量、压力、温度会发生大幅度的低频周期性的波动，并伴随有怒吼似喘振声，导致整台机组强烈振动。喘振工况下叶片在气流中来回摆动，气动力对叶片根部产生交变应力的幅值很高，这种低频高应力会使叶片受到严重损伤，应力幅值超过叶片材料的强度极限，叶片就会瞬间断裂。

AG型轴流风机设置有完善的防喘振控制系统，其防喘振控制系统设置的安全操作线、防喘振线较风机经实测后而设定的喘振线留有10%~15%的裕量，当风机操作点达到安全线时，反喘振控制系统控制出口放空阀适量开启，操作点达到防喘振线时，反喘振控制系统就快速打开出口放空阀，可有效避免风机进入喘振工况。1987年10月~1999年3月，该风机已累计运行约10万小时，其间风机在实际生产运行中极少发生喘振工况，1999年3月10日，因风机出口放空阀故障需处理，风机切换过程中发生一次较为严重的喘振，之后仅运行了40天，于4月20日风机第一次发生首级动叶断裂事故。1999年8月~2004年1月，风机累计运行约36000小时，于2004年1月31日，第二次发生首级动叶断裂事故，在此之前的1月2日受再生器压力波动影响曾诱发风机临近喘振工况(出口放空阀反复启闭)。虽然两次叶片断裂均未立即发生在喘振和临近喘振工况的过程中，但叶片经此已经严重劣化是客观存在的，其断口分析佐证了这一论点。

2.2 叶片的受力分析

轴流风机在正常工作时，作用在叶片上的力主要有两种，一是由于风机高速旋转时叶片自身质量产生的离心力；二是气流通过叶片产生的气流作用力。离心力在叶片中不仅产生拉应力，而且在离心力作用下不通过计算截面的形心时，由于偏心拉伸还会产生弯曲应力。离心力和气动力也可能在叶片中产生扭转应力，叶片受热不均匀还会引起热应力，一般情况下，扭转应力和热应力的数值都较小，往往忽略不计，因此叶片所受力主要包括离心拉应力、离心弯曲应力和气流弯曲应力。风机在正常操作范围内的工况变化，叶片受力大小随之在一较小范围内相应变化，在此范围内叶片的疲劳寿命为10^7；风机在不稳定区(旋转失速区、喘振区)运转时，则叶片不仅受力大小发生明显变化，其受力方向亦发生周期性变化，此时，叶片的寿命受到严重的影响而降低。

AG型轴流风机的首级动叶片叶形具有叶身相对较高，玄长沿叶片高度增量相对较大，叶身的高宽比较大等特点。采用三维有限元方法(见图10)对叶片作应力分布分析，并采用ANCYS软件对首级动叶片进行静态应力与动态应力分布与核算，最大应力区域位于叶片根部以及之上10~15mm背弧处，其最大的径向应力为276.5MPa，最大的等效应力为299.5MPa。最大的位移变形分量为1.024mm(沿周向，见图11)。

叶片根部截面的气流弯矩为23.196N·m，根部截面的最小抗弯截面模量927.89mm^3，最大气流弯应力为24.998MPa。该叶片材料的许用应力为：250MPa<[σ]<350MPa，局部许用应力为：180MPa<[σ]<200MPa，因此该叶片的强度储备裕量比较小。

2.3 叶片腐蚀环境分析

对凹坑处的残余物分析可知，残余物主要成分是氧、碳、硅、硫等元素，由此可知SO_2

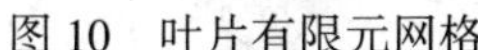

图 10 叶片有限元网格

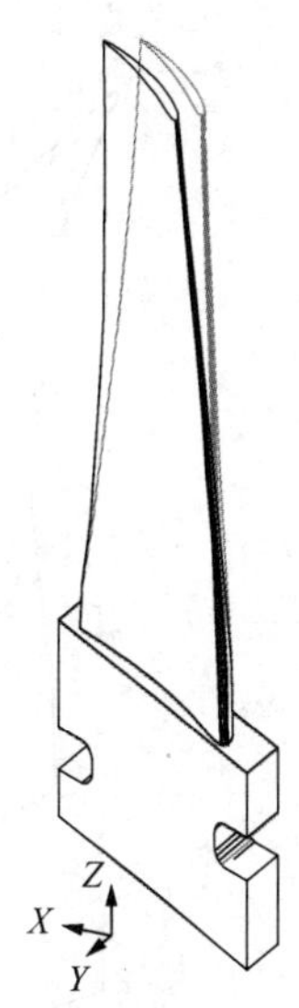

图 11 叶片位移变形图

是凹坑形成的主要成因，由于风机附近新改装了燃煤锅炉，其大气环境中的 SO_2 含量多达 0.023~0.15mg/Nm^3，加之坏境温度(低温露点)效应的影响，就形成了叶片的腐蚀源，腐蚀介质与其他杂质黏附在叶片的表面产生点蚀，随着时间的延长点蚀坑由表及里由小变大，这些点蚀坑的边缘也就形成了严重的应力集中，在周期性的交变载荷作用下，应力集中的凹坑边缘率先萌发疲劳微观裂纹，继而扩展成宏观疲劳裂纹。

2.4 叶片振动特性分析

凹坑边缘萌发的疲劳微观裂纹多数是由叶片的振动疲劳所造成的。为了评价叶片的抗振性能，需要对叶片的振动特性进行分析，振动分析所使用的有限元网格如图 10 所示。

叶片的固定形式为叶根具有弹性，振动不下传(即约束叶根表面整个周向自由度)；计算分析叶片的前 4 阶静频和动频，计算结果见表 4。

表 4 叶片各阶频率计算结果 Hz

工作状态	约束状态	振型阶次			
		1	2	3	4
0r/min	b	233.5	833.3	1047.1	1599.8
5406r/min	b	301.6	887.1	1077.3	1625.8

叶片的各阶振型如图 12~图 15 所示。

对该叶片振动特性的评价可从图 16 的叶片频率-转速图(即 Campbell 图)进行分析。从表 4 和图 16 可看出：此时叶片的第二阶频率(887.1Hz)和第三阶频率(1077.3Hz)分别落入第十阶激振频率(901Hz)和第十二阶激振频率(1081.2Hz)的共振范围，存在着诱发较大共振动应力的可能。

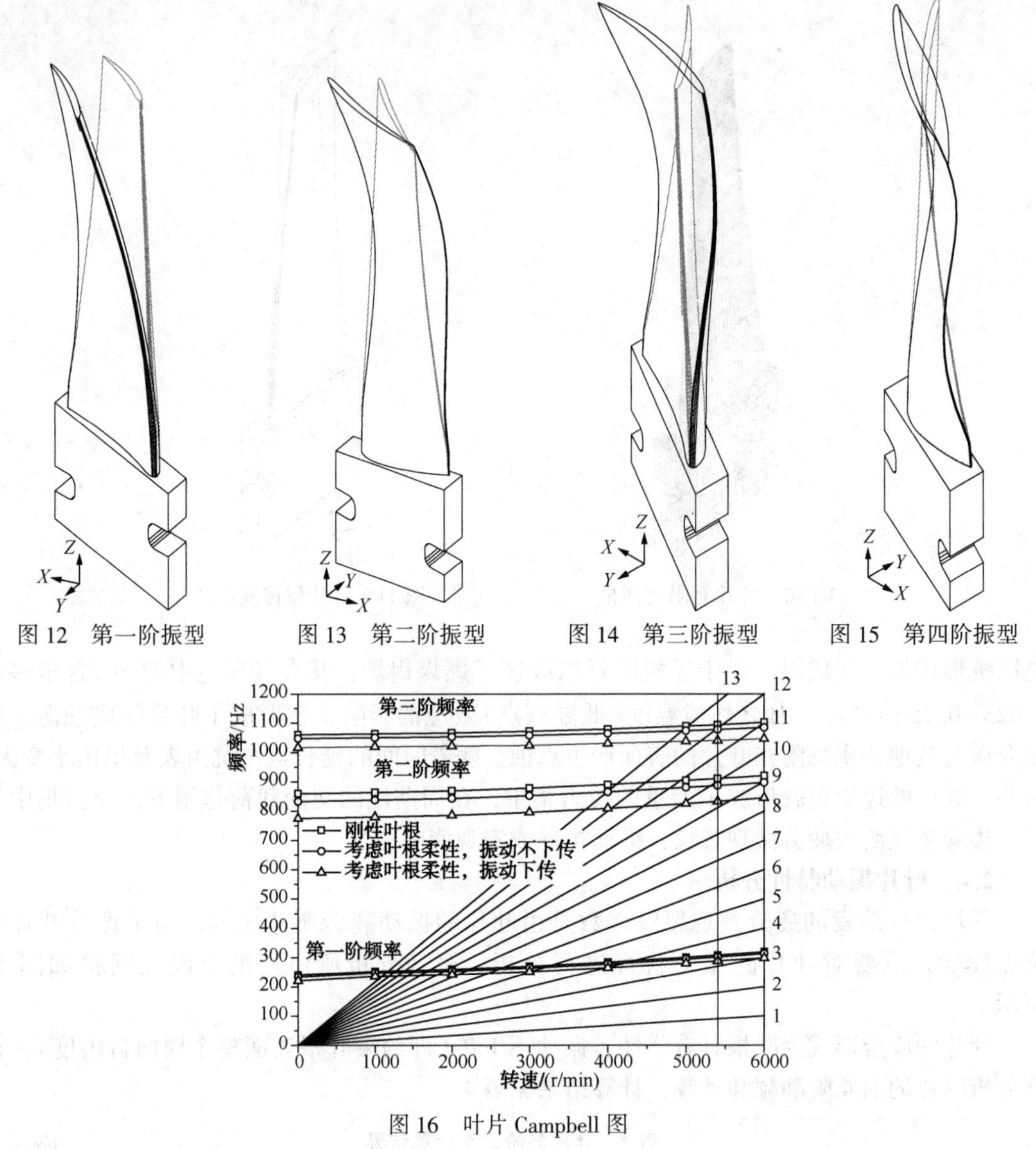

图 12　第一阶振型　　图 13　第二阶振型　　图 14　第三阶振型　　图 15　第四阶振型

图 16　叶片 Campbell 图

3　结论

综上所述，一级动叶片断裂的主要原因是：

（1）叶片的叶型存在设计缺陷，其材料的强度储备裕度不足，叶片抗不稳定工况能力较弱。

（2）叶片的根部及出气边有较大应力集中，受到大气中 SO_2 腐蚀形成的凹坑加剧了叶片的根部及出气边的应力集中程度，在交变气流力和振动力的作用下，导致叶片在应力集中的凹坑边缘处萌生疲劳裂纹。

（3）风机设计的启机状态，必定经过旋转失速区，每一次启机过程，叶片就经历一次交变气动力的作用，而出现疲劳积累。

（4）实际操作中，风机曾有过旋转失速以及喘振工况，最终导致动叶片因低周高应力疲劳断裂。

4 对策

(1) 一级动叶根部采用等比例加厚的方法，由根部向上加厚到高 1/3 处，加厚由 1.5mm 到原型线厚度，圆弧过渡，提高叶片的静态强度储备裕度和抗疲劳强度以及抗磨蚀能力；适量增大出气缘半径降低应力集中程度。

(2) 前两级动叶片的材料由 X20CrMo13 更换为 SUS630(即 17-4PH)，增加叶片的强度储备裕度(屈服强度由原 33%提高到 87%)。

(3) 提高一级动叶片的固有频率，由原来的 220~230Hz 提高到 250Hz 以上。

(4) 采用性能更好的涂料(MDS-PRAD 涂料)，对一级动叶片进行防腐蚀、耐冲蚀的涂层保护，提高叶片耐腐蚀能力。

(5) 改变 AV 型轴流风机启机时可调静叶状态，将可调静叶开度由原来的 0°，预置为 18°~21°，并在启机过程中维持静叶开度不变。

5 几点建议

(1) 重视风机入口过滤器的操作和维护，过滤器的压差要保持在规定的范围内，一旦超标要及时更换滤筒，保证过滤精度和效率达到 99.97%。

(2) 操作上应避免低流量和频繁变工况运行，严格按规程进行操作，流量调节要缓慢、平稳。

(3) 加强机组非计划停车管理与检修管理，减少非计划停车次数和检修次数，延长机组运行周期。

(4) 在条件许可的情况下，对机组的性能曲线和防喘振系统定期进行校对、测试，确保机组安保系统可靠。

(5) 风机一旦出现喘振工况，应及时安排停机，解体检查 1~2 级动叶片状态，避免事故停机。

(中海油能源发展股份有限公司惠州石化分公司　王福利)

63. 轴流风机静叶角度无法调节原因分析及在线更换伺服阀方法

催化三机是FREP催化裂化的关键机组，由烟机、主风机、齿轮箱、主电机组成，是催化裂化装置的节能设备和关键机组，一旦停工将影响装置的稳定运行和造成当天上百万的经济损失。因此，在保障安全的条件下，三机组的平稳连续运行就显得意义重大。

主风机为轴流式风机，由陕西鼓风机厂生产，型号为AV56-13，正常风量(标准状态)为2400m^3/min，轴功率9305kW。AV型轴流压缩机主要由机壳、叶片承缸、调节缸、转子、密封套、进口圈、扩压器、轴承、轴承箱、伺服马达及转子顶升油泵组成，由陕鼓集团采用引进的瑞士苏尔寿公司技术设计、制造，具有流量调节范围宽和效率高等特点。轴流风机采用全静叶可调系统，利用液压系统调节轴流风机静叶角度从而达到调节风量的目的。静叶可调系统的控制采用PLC自动控制，输出4~20mA的电信号对0~100%的界面信号实现控制。该系统集机械、仪表、计算机自动控制为一体，通过计算机及仪表获取状态参数和随机诊断信息，主要包括动力元件、执行元件及控制元件等。轴流机静叶系统控制原理如图1所示。

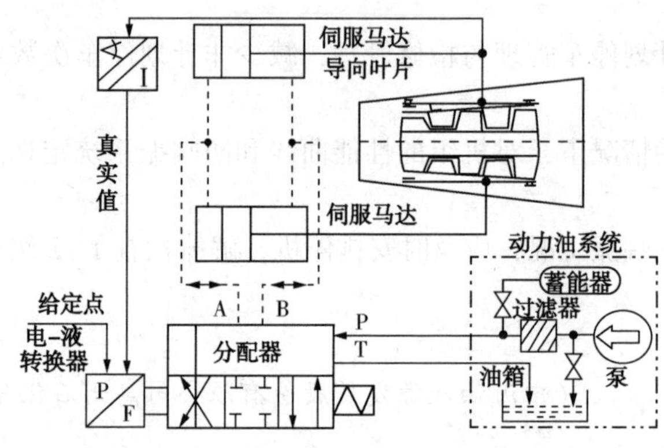

图1 轴流机静叶系统控制原理图

1 静叶调节系统

静叶调节系统是典型的电液伺服位置控制系统。由调节器、一个电液伺服阀、两个液压伺服马达、一个位置传感器、一组曲柄机构以及轴流机的所有静叶组成了一个闭环调节系统，动力源来自动力油站，如图2所示。两个伺服马达分别装在轴流机两侧，与轴流机调节缸连接，实现机械同步，调节缸直线移动带动曲柄使静叶转动，从而实现静叶角度调节的功能。伺服阀与电磁阀均装在左伺服马达缸体上，以提高系统的响应速度。由轴流压缩机的自动调节系统发出的指令信号，在调节器中与伺服马达的实际位置信号相比较，成为误差信号放大后，进入伺服阀，伺服阀按一定的比例将电信号转变成液压油流量，液压油则推动伺服马达运动，由位置传感器发出的反馈信号不断增大，直至与指令信号相等时，伺服马达停止运动，即停止在指定位置上。本系统中的曲柄机构的作用是将伺服马达的直线运动，转变为静叶的旋转运动。电磁阀的作用是，当伺服回路出故障时，或者整个系统要快速动作时，通过电磁阀直接向伺服马达供油，以保证静叶关闭。机械和仪表关系可见图 2 的逻辑关系。

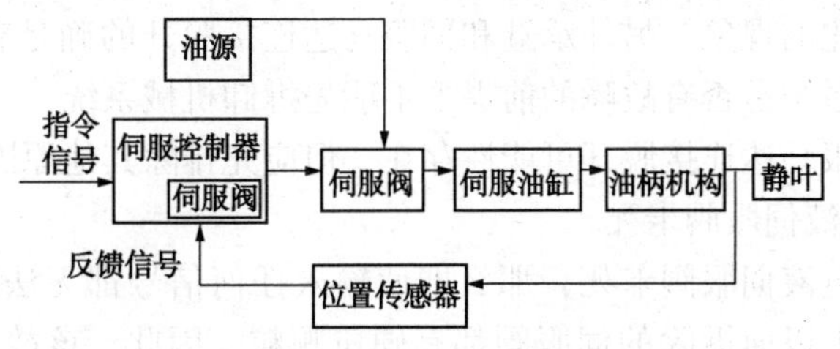

图 2　轴流机静叶系统调节机构

2　故障描述及原因分析

2.1　故障描述

福建联合石油化工有限公司催化单元催化三机组自 2011 年 4 月份大修以来运行较为平稳，因此，在 2013 年全公司装置停工时没有打开轴流机进行检查检修。只是更换过伺服马达。到了 2013 年 8 月份，轴流机在静叶角度为 74.4°时已经连续运行了 2~3 个月。催化装置因负荷调整的需要，必须下调静叶角度。但是在静叶角度调整过程中发现，当手动输入值向下调整 3°时，反馈角度仍然显示为 74.4°，同时风量也没有任何改变。尝试把角度向上调整 1°时，静叶角度没有发生变化，仍然为 74.4°，于此同时风量也没有任何改变。后来静叶角度从 70°到 75°角度范围内多次输入角度值，也没有任何反应。

2.2　原因分析

对于静叶角度无法调节的故障，根据其组成大体上可以分为两个方面：机械故障引起、仪表故障引起。机械故障包括液压系统故障和机械传动系统故障。因此，根本原因有以下三种可能：① 仪表加机械故障：静叶反馈系统故障；② 机械故障：伺服油缸故障、油泵故障、静叶承钢系统故障；③ 仪表故障：电液伺服阀卡死。

1）仪表加机械故障：静叶反馈系统故障

静叶反馈系统由静叶反馈板、静叶反馈杆和角位移变送器三个元件组成，我们分别针对各个元件故障进行分析。

首先，仪表检查了角位移变送器，发现主 PLC 经过数模转换输出到端子排的接线点信号，正常。从端子排输出的信号到位移定位器的信号，正常。位移定位器到电液伺服阀的信号，正确。从而排除角位移变送器故障。

接着检查静叶反馈板没有变形和磨损，静叶反馈杆无裂纹、断裂、脱落，且反馈版和反馈杆之间连接完好。从而排除静叶反馈板、静叶反馈杆故障。

因此，该故障原因排除。

2）机械故障：油泵故障、伺服油缸故障、静叶承钢系统故障

油泵故障检查：从液压泵出口压力表，各引压点指示均正常且数值基本一致，都在 12.11MPa，偏差不到 0.01MPa。泵出入口也无异常振动和异响。切换备用泵后，电气专业核实了检查电机母线电压无欠压、联轴器也正常。因此可以排除油源故障。

伺服油缸故障：伺服马达油缸的活塞如果破损或活塞密封破损造成左右两腔连通使压力油直接进入回油管线，则活塞无动作，静叶也无动作。但是这两个伺服马达的油缸在 2013 年 4 月才更换过。此故障原因可以排除。

静叶承缸系统故障：静叶承缸持环脱落、石墨轴承断裂、承缸和私服马达连接脱开都会造成静业角度无法调节。但是如果持环脱落和石墨轴承断裂，那么静叶角度就会失控，不会存在风量没有变化的现象。另外承缸和伺服马达连接脱开的确是有可能无法调节角度，同时在没有查明其他系统是否有故障的前提下不能先拆卸机械系统。

因此，承缸和伺服马达连接脱开可能性存在，但应先排除其他原因后再开盖检查。

3）仪表故障：电液伺服阀卡死

仪表故障：如果电液伺服阀卡死，那么即使输入任何信号都无法达到调节的作用，因此该可能性最大，加上以前拆除的伺服阀都有硬质颗粒。因此，该故障是最大可能。加上通过在线更换就可以马上验证，也可避免停工，所以该原因最好验证。

3　在线更换伺服阀方法

如果停下来彻底检查会影响装置的平稳运行和节能效率。因此在不影响生产的前提下决定在线更换伺服阀。先采取在线对油缸进行固定，停动力油泵，进行检测和更换电液伺服阀，但同样存在高风险，毕竟油缸的动力油压在12MPa以上，新的伺服阀更换后可能出现角度大幅波动及更换后仍无法调节以及可能的设备损失事件。因此，从机械和仪表都要考虑全面。在线更换伺服阀具体处理如下：

制作伺服马达的夹具，用以限制风机静叶角度的变化，具体测量好伺服马达所夹位置的尺寸，加工刚环，如图3所示，在刚环背部开浅槽，用于弹簧勾住固定，刚环径向均分两部分切开。

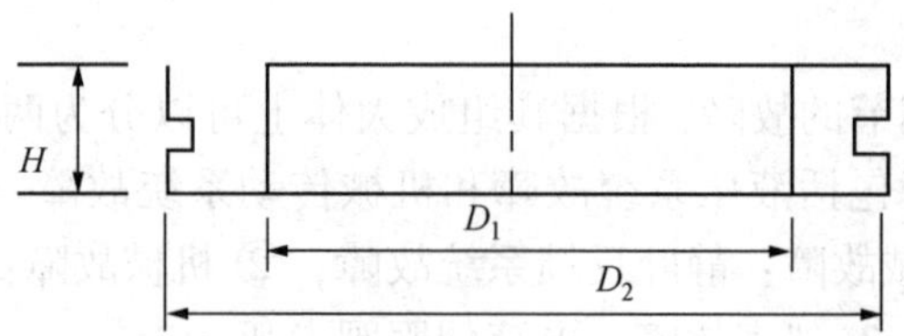

图3　刚环加工图

在安装夹具前，先将机组停机指令人为地禁止，电液伺服阀的回讯给出一个与机组现在静叶角度一致的电流信号。在安装夹具过程中需关注动力油波动状况，不能强力加塞进去，刚环安装固定后，存在间隙时，用切口的橡胶皮进行调整。

静叶调节系统的夹具安装好以后，停动力油系统、泄压。中控在此期间关注静叶变化情况，将仪表输出机伺服阀断开，查看管线上动力油的质量，用滤油机过滤一遍，运行时间2h，后更换滤芯和电液伺服阀。

其中，仪表在动力油停掉后，进行更换伺服阀作业，其步骤为：

（1）静叶伺服阀停电；

（2）拆掉旧的伺服阀，安装新阀(期间如有滴油等请用抹布接住，不要污染环境)；

（3）禁动静叶回讯等除伺服阀外的其他仪表部件；

（4）更换完伺服阀后即可进行投用，无须调校。

仪表检查安装完毕之后，启动联锁和动力油系统。拆卸固定环等夹具，观察静叶角度状况，稳定后对角度进行调节。

同时，解体拆下来的伺服阀发现有硬质颗粒存在，证实更换伺服阀判断正确。

更换伺服阀后静叶角度每0.5°都可以调节动作，从而避免了停工检修的风险。在线更换伺服阀证实是可行和成功的。

4　关于静叶调节系统维保的建议

在线更换伺服阀后，机组运行一年多来，静叶角度无法调节问题没有再发生。针对该次在线更换伺服阀及发现的问题，建议在静叶调节系统的维护需做到：

(1) 内操应定期对静叶角度做小范围的调节，可调节上下0.5°。尤其是静叶角度长期处于大角度运行范围内。同时油泵的运行声音、渗漏、油位下降、温度变化、压力变化等现象，在液压系统进行调节时尤为重要。外操在巡检时须关注油泵运行状况。

(2) 每次检修时，必须检查动力油箱的清洁度，必要时进行动力油系统的化学清洗，并安装手动换向阀进行过滤。应定期化验分析油质。

(3) 注意判断仪表信号的真实性，分析系统报警和各种数据变化和变化趋势，正确判断是信号故障还是仪表仪器故障。每次检修更换伺服阀并拆除旧的伺服阀检查滤芯的清洁度，作为下次检修和后续运行的依据。

5　总结

催化轴流机的静叶可调系统应用技术已经很成熟。静叶可调系统故障包含机械故障、仪表故障、机械仪表同时故障等多方面的原因。遇到故障时需要熟悉调节系统的工作原理和逻辑关系，可逐项分析产生故障的原因。逐项排除原因，最终确定根本原因，再根据该根本原因找到解决的办法。

本案例通过介绍催化装置的轴流机的静叶调节系统，描述故障现象，详细分析和排除静叶调节不动作的各种原因，确定其根本原因为伺服阀卡涩。并通过详细描述在线伺服阀的步骤和制安卡具，最终在安全可靠的条件下实现了在线更换伺服阀的可能。

因此，在线更换伺服阀在有液压调节系统的机组和阀门故障中可推广使用。

（福建联合石油化工有限公司　庄伟彬）

64. 轴流风机“喘振”故障原因分析及对策

上海石化自备电厂烟气脱硫装置增压轴流风机，在投用一年左右发现当风机负荷提高至85%以上时，风机运行出现啸叫声，并伴有强烈振动，风机无法高负荷运行，装置只能降量处理。其故障现象和特征与离心风机的“喘振”非常相似，当离心风机发生“喘振”时，工艺操作只要开大进口阀或打开回流阀，使进口流量增大就能消除故障，而该风机只能减少进口流量，工艺处理措施与离心风机完全相反。因此，有必要对该轴流风机的“喘振”故障进行原因分析，并提出针对性整改措施，彻底消除故障，提高风机负荷，使装置满负荷稳定运行。

1 设备基本情况

该设备为动叶可调式轴流风机，系上海鼓风机厂有限公司制造，2007 年 10 月投入运行，用于将锅炉引风机输出的烟气，增压后输送至脱硫装置，采用石灰石-石膏湿法脱硫工艺，在吸收塔脱硫、除雾后，经 GGH(旋转式换热器)加热后排入大气。该风机的技术性能参数见表 1。

表 1 风机技术性能参数表

型号	输送介质	进口压力/Pa	进口温度/℃	风机压升/Pa	电机功率/kW	主轴转速/(r/min)
RAF30-15-1	烟气	-200	135	4100~1412	2100	990

2 “喘振”现象及发生经过

2009 年 4 月 16 日 21:20，风机出现异常轰鸣声，持续一段时间后声音变轻。至 17 日 0:10，风机异常轰鸣声再次增大，并持续或高或低。此时，风机动叶开度 96%，电流从 225A 下降到 201A，进口原烟气压力 150Pa。4:39，风机进口原烟气压力突然急剧下降到-510Pa，风机动叶调节由自动变手动调节至 66.3%，风机趋于稳定，后投自动调节至开度 73%。事后检查仪表，确认风机声音异常系“喘振”报警。

4 月 18 日 9:00，风机烟气旁路挡板开，核对增压风机动叶开度 DCS 与就地指示一致，增压风机动叶关至零后逐步开出，12:00，炉子加负荷，风机动叶开度 80%时，进口原烟气压力突升至 410Pa，随即将风机动叶开至 95%，风机又出现喘振报警，风机被迫关小动叶降负荷运行至喘振消失。

之后以上故障现象不断反复出现：在锅炉升负荷时，风机动叶开度增大，风机入口正压不降反升，超过 500Pa，同时风机发生喘振，装置被迫降负荷运行，在风机“喘振”消失后，尽量维持较高负荷运行；但在锅炉负荷不变并维持一段时间后，风机入口正压忽然升高，超过 500Pa，同时出现“喘振”报警，风机自动控制转为手动控制。此故障现象造成风机无法高负荷运行，制约了锅炉负荷的提高。

3 原因分析

3.1 轴流风机“喘振”机理

根据轴流风机的结构特点、工作原理我们知道，轴流风机性能曲线(P-Q 曲线)是一条

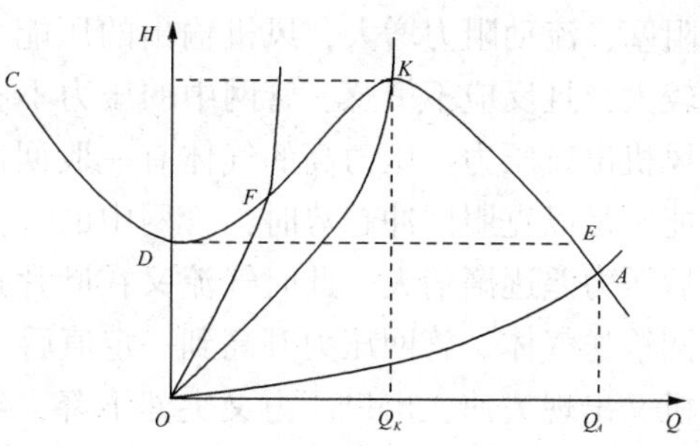

图1　风机特性曲线与管路特性曲线示意图

马鞍形驼峰状曲线，如图1所示，其驼峰最高点K是一临界点，临界点的右边是稳定工作区，左边是不稳定工作区。风机在管路系统中工作时的性能既要满足风机固有性能特性，又要满足管路特性(如图1曲线OA、OK、OF)需要，两条曲线的交点A、K、F即为风机的工作点，其所对应的风机性能参数为风机运行工况，如果工作点在临界点右边，则风机处于稳定运行工况，如果在左边，则处于不稳定运行工况，风机会发生旋转失速和“喘振”。

轴流风机的性能曲线与转速、叶片形状和安装角有关，其出现马鞍形状的原因是气流冲角改变所致，产生机理阐述如下：

(1) 轴流风机的叶轮采用高效的扭曲机翼型叶片，当气流沿叶片进口端流入时，气流就沿叶片两端分成上下两股，正常工况时，冲角α很小或为零，气流则绕过机翼型叶片而保持流线平稳状态，如图2(a)所示。当气流与叶片进口形成正冲角时，即$\alpha>0$，且此正冲角超过某一临界值时，叶片背面的流动工况则开始恶化，边界层受到破坏，在叶片背面尾端出现涡流区，即所谓“失速”现象，如图2(b)所示。冲角α大于临界值越多，失速现象就越严重，流体的流动阻力也越大，严重时会阻塞流道，同时风机的风压也会随之迅速降低。

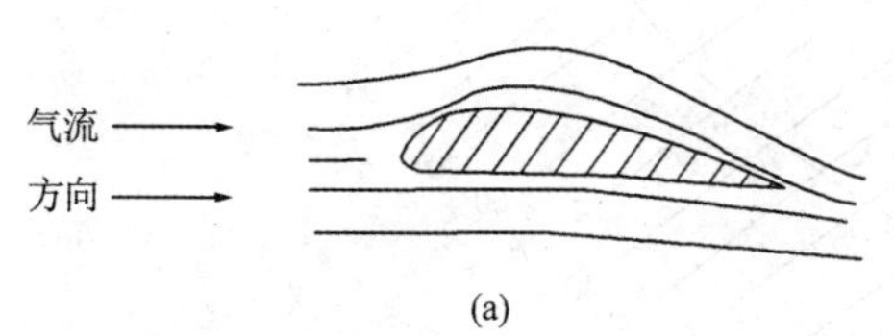

(a)

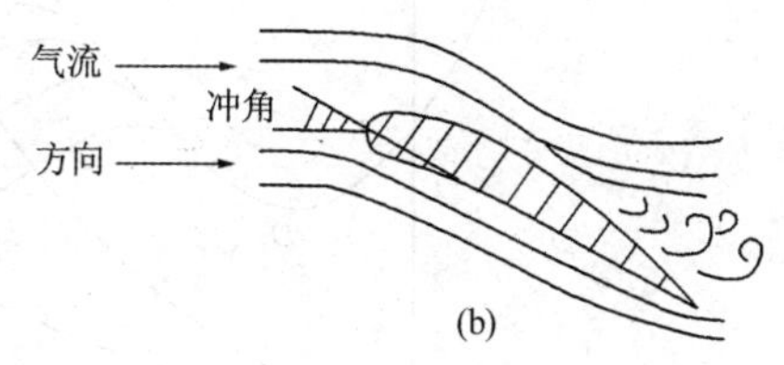

(b)

图2　冲角与失速示意图

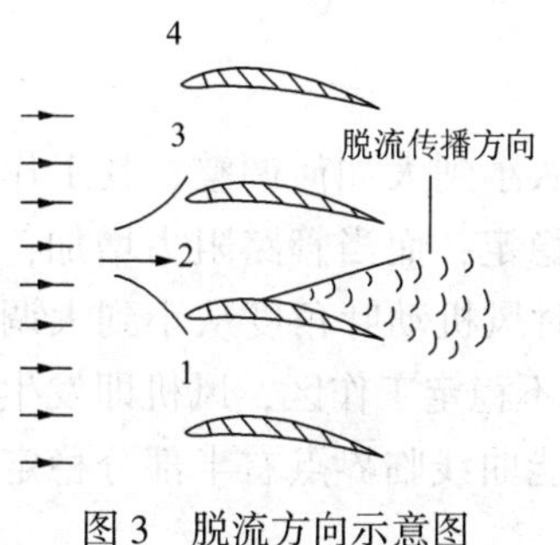

图3　脱流方向示意图

(2) 由于风机叶片和安装存在误差，其形状和安装角不完全相同，在各个叶片进口的冲角就不可能完全相同，当运行工况变化使气流方向发生偏离时，如果某一叶片的气流冲角先达到临界值，就首先在该叶片上发生失速。如图3所示，假设叶片流道2首先发生失速而气流阻塞，使通过的流量减少，在该叶道前形成低速停滞区，于是气流分流进入前后两侧通道1和3，从而改变了原来的气流方向，使流入叶道1的气流冲角减小促使阻流情况改善甚至消失，而流入叶道3的冲角增大，引起叶道阻塞，并向相邻叶道传递，使失速所造成的阻塞区沿着叶轮旋转相反的方向推进，产生“旋转失速”现象。风机进入到不稳定工况区运行，叶轮内将产生一个或数个旋转失速区，叶片每经过一个失速区就会受到一个激振力的作用，使叶片产生共振。

(3) 当风机管网压力增大使流量和流速减少，或风机动叶开度增大，都会使进入风机叶轮流道的气流冲角α增大，当冲角α超过临界值时，风机产生“旋转失速”现象，叶片流道阻塞，流动阻力增大，风机输出的压能大为降低，出口压力明显下降。此时，若管网容量较大，且反应不敏感，管网中的压力不会同时立即下降而维持较高值，使管网中压力大于风机出口压力。压力高的气体有一股回冲趋势，使风机中气体流动恶化，当气流前进的动能不足以克服回冲趋势时，管网中的气流反过来向风机倒流。这种倒流使叶轮流道间的前后压力差逐渐消失。此时气流又在叶片推动下作正向流动，风机又恢复了正常工作，向管网输送气体。管网压力升高到一定值后，风机的正常排气又受到阻碍，流量又大大减小，风机又出现失速，出口压力又突然下降，继而又出现倒流。如此循环往复，即出现整个风机管网系统的周期性振荡现象，形成风机“喘振”。

3.2 该机发生“喘振”故障的原因

本文脱硫风机系动叶可调式轴流风机，其 $P-Q$ 性能曲线是一组带有驼峰状的曲线，如图 4 所示。风机动叶的每一角度下都有一条与之对应性能曲线，每一条曲线都有一个最高风压点，即临界点。不同动叶角度下曲线临界点左半段部分重合，右半段则为动叶角度与曲线相对应。风机在某一管路特性下工作，在不同的动叶调节角度形成一系列工作点。

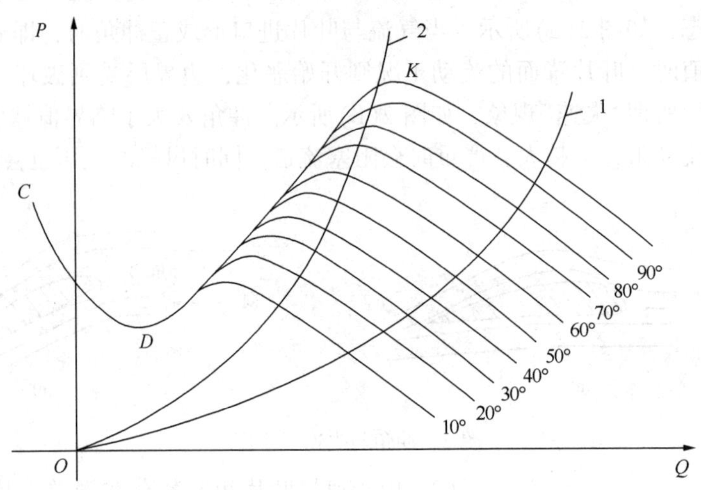

图 4 动叶可调风机性能曲线示意图

当风机在管路特性曲线 1 的状态下工作，不管动叶角度从小到大如何调整，其工作点都落在风机性能曲线临界点右半部分稳定工作区，风机运行稳定；而当管路阻力增加，管路特性曲线变陡，风机在管路性能曲线 2 的状态下工作，此时风机动叶角度从小到大调整到 90°以上时，其工作点就落在风机性能曲线临界点左半部分不稳定工作区，风机即发生失速和“喘振”。而动叶角度向下调整，其工作点都落在风机性能曲线临界点右半部分稳定工作区，风机稳定运行。

综上所述，该风机发生“喘振”故障的原因为：由于风机输送的烟气，经吸收塔脱硫后湿度增加并带有钙性杂质，再经 GGH 加热水分蒸发后，钙性杂质就残留在 GGH 滤网、叶片及管路中，使风机后系统管路阻力增加，改变原有管路特性曲线使曲线变陡，这样就使风机工作点落入非稳定工作区而使风机发生“喘振”故障。这也就是风机投用初期运行及调整负荷均正常，而运行一段时间后出现负荷提高困难，发生“喘振”故障的原因。调阅风机发生喘振时 GGH 的阻力值，发现当时 GGH 双侧阻力已经接近 1900Pa。

4 对策措施

4.1 工艺操作

如果风机在运行过程中，需要提高负荷而开大叶轮动叶角度，当调节到一定开度时发生“喘振”故障，应立即关小风机动叶角度，降低 $P-Q$ 曲线，使风机工作点落在稳定工作区，使调节后的风机处于稳定工况区工作，直至“喘振”故障消失，防止“喘振”扩大引发重大设备事故而损坏风机。

4.2 系统处理

如果风机经常发生“喘振”故障，单靠工艺调节无法根本解决问题，此时应对风机出口的管网系统进行处理，如定期或 GGH 的单侧阻力在 700Pa 以上时，就对吸收塔除雾器、GGH 滤网等管路系统进行一次高压水冲洗，直到单侧阻力降至 500Pa 以下。后电厂对风机管网系统进行了清洗处理，效果良好，与本文分析结果相符。如果锅炉低负荷运行，或在脱硫排放满足环保要求的前提下，可考虑停掉一台循环泵，减少吸收塔喷淋流量，以降低吸收塔阻力。

5 结论

从以上分析可知，风机发生“喘振”故障是由风机的固有特性存在不稳定工作区，以及与管路特性有关的工作点位置所决定，风机之所以存在不稳定工作区，与风机叶轮的叶形、流道情况及其制造和安装精度有关。因此在使用过程中往往难以避免，关键是要搞清楚故障发生机理，在工艺操作方面做好预防措施和方案，使故障得到及时正确处理，防止故障扩大损坏机组，同时还要分析系统原因，并采取针对性措施，使风机工作点始终处于稳定工作区，以求从根本上解决问题，使风机远离“喘振”工况，确保风机满负荷、稳定运行。

（中国石化上海石化股份有限公司设备动力部 俞文兵）

65. 丙烯循环气风机振动原因分析

现代化生产对设备维修的要求越来越高，装置长周期连续性运行的特点要求设备维修必须做到时间短、质量高，实现这一点，对设备故障的准确判断至关重要。对设备进行状态监测，在修理前准确判断故障的原因，才能准、快、好地完成维修，真正做到对症下药，满足连续生产的要求。为加强设备管理，保证装置的长周期运行，大连石化公司逐步开展转动设备状态监测工作，逐渐由计划维修向预知状态维修转变。目前我厂主要进行离线监测，虽然监测的时间还不算长，积累的数据还不够重分，但也发现了不少问题，为检维修提供了有价值的参考依据，及时对设备进行有针对性的维修。以下是其中的一个诊断实例。

1 设备参数及故障情况

大连石化公司 5×10^4t/a 聚丙烯装置丙烯循环气风机是装置内的一台关键机组，无备台。型号为 90TC，离心式风机；日本进口；介质为丙烯、氮气及少量聚丙烯粉末；流量 3300m^3/h；电机额定转速 2985r/m；电机功率 110kW；电机型号FEK-F0；电机自由端轴承型号 NU312C3M2；联轴节端轴承型号 NU312UMCCC40E。巡检中发现电机前后端均出现振动值增大情况，现场轴承温度略有升高，因此对其进行跟踪监测。

2 跟踪监测与分析

2.1 监测分析仪

采用美国 ENTEK DP1500 双通道带加速度传感器的便携式测振仪对其进行振动测量。

2.2 测量方法

分别取电机自由端水平方向(1H)、垂直方向(1V)，轴向(1A)；联轴节端水平方向(2H)、垂直方向(2V)、轴向(2A)来进行测量，测量参数为振动速度有效值(mm/s)。

2.3 监测数据及结果分析

巡检中采用 ENTEK DP1500 数据采集器测量分析的频谱图如图 1、图 2 所示。

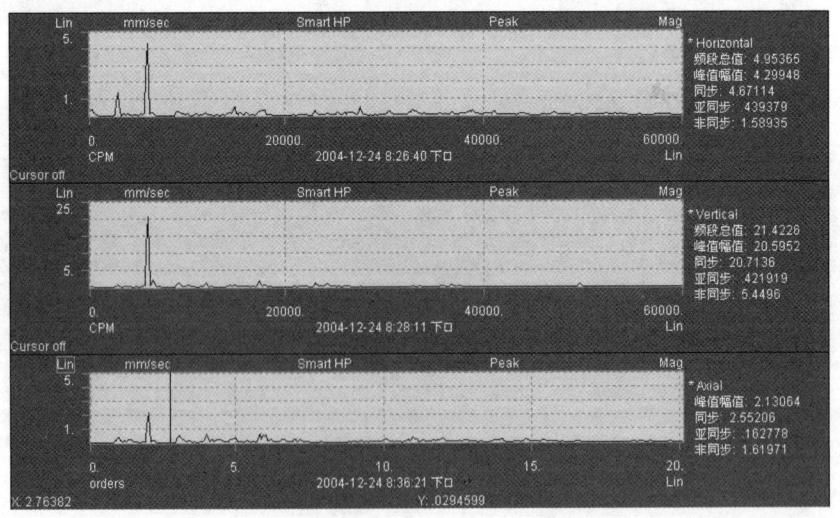

图 1 风机 1HVA 振动速度频谱图

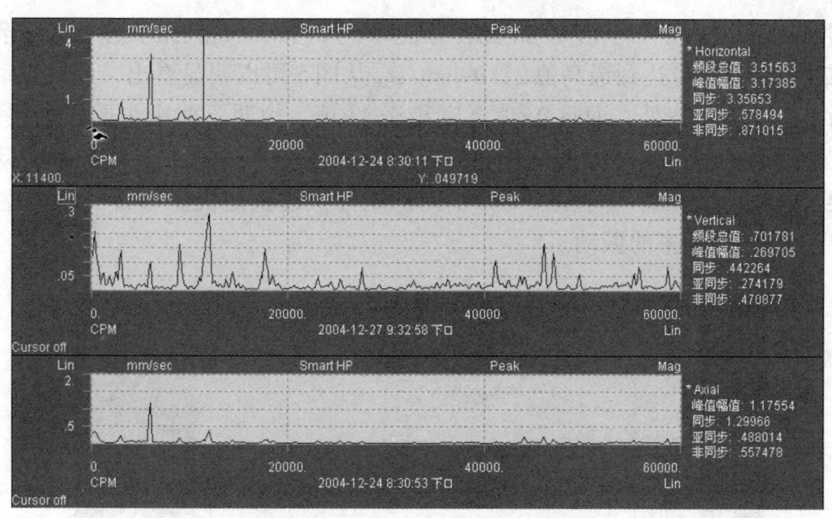

图 2　风机 2HVA 振动速度频谱图

从图 1 中可以看出，水平方向的主要振动值体现在 1×与 2×上，但振动总值不大，轴向振动总值不大，主要由 2×组成，振动总值与峰值明显增大体现在垂直方向的 1×与 2×上，频段总值达到了 15.14mm/s，峰值幅值达到了 14.563mm/s，绝对振动值已经超过了 ISO 10816规定运行的安全标准。但是图 2 中反映的振动值就很不明显，2H 处在 1×与 2×上振动总值均较小，而 2V 上的频谱图较为散乱，但总值很小，不能作为判断依据，因而根据 1V 频谱图初步判断为有平行不对中或电气故障的可能。从理论上讲，对不对中的最大反作用不是作用在最靠近联轴器的轴承上，而是作用在机器的自由端或外侧端。这些情况下，从联轴器引入的力可能足够强大，可以稳定临近联轴器的这个系统并抑制这一段的故障症兆，因而出现在自由端的垂直方向的高振动值会有平行不对中的可能。

因为生产无法马上停车检修，因而对其进行密切监测，监测的历次数据对比如图 3 所

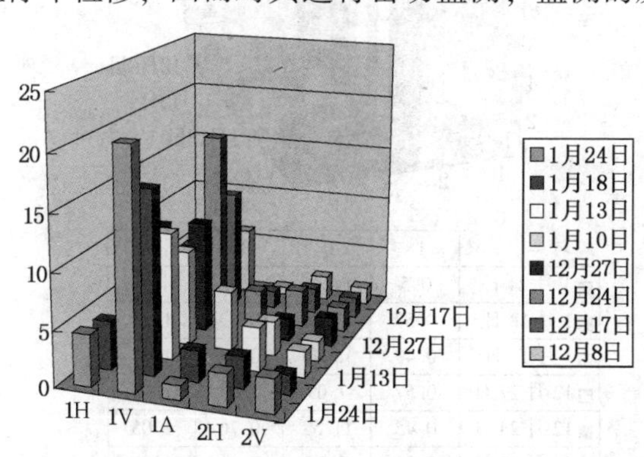

	1H	1V	1A	2H	2V
1 月 24 日	4.639517	21.09553	1.286695	2.885346	3.033913
1 月 18 日	4.379261	16.4129	2.839097	2.85389	1.78624
1 月 13 日	2.274752	11.43625		3.997524	2.383694
1 月 10 日	6.302782	8.590102	5.357238	3.133458	1.852915
12 月 27 日	9.486106	10.0479		1.963005	2.552456
12 月 24 日	4.545797	17.22067	2.849908	3.352762	2.227341
12 月 17 日	5.261707	10.74056	1.552356	2.266335	1.87056
12 月 8 日	6.303884	6.057227	0.692528	2.229494	1.601604

图 3　历次监测的数据对比(图中振动值单位为 mm/s)

示。从数据对比可以明显看出1V点振动值明显高于其他点，而且振动总量有逐渐升高的趋势，到1月24日(见图4)达到最高值21.09mm/s。从图5可以明显看出，造成振动总值增大的主要点为1V测点的2×处，而且2×值远远高于1×值，说明不对中主要作用在径向方向，机器及其支承或联轴器的不对称的刚性会引起这个转速频率的二次谐波频率波动。即在支承座、框架、基础或联轴器本身存在十分不同的刚性，这就是机器每转一转产生“前后”运动，因而导致2×转速频率的振动。

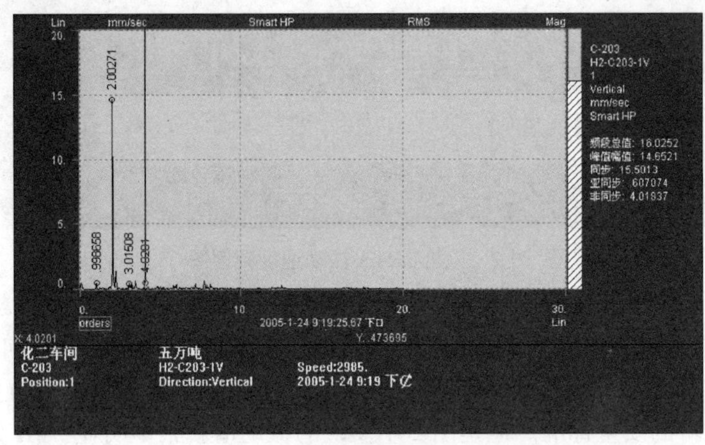

图4　1月24日1V测点振动频谱图

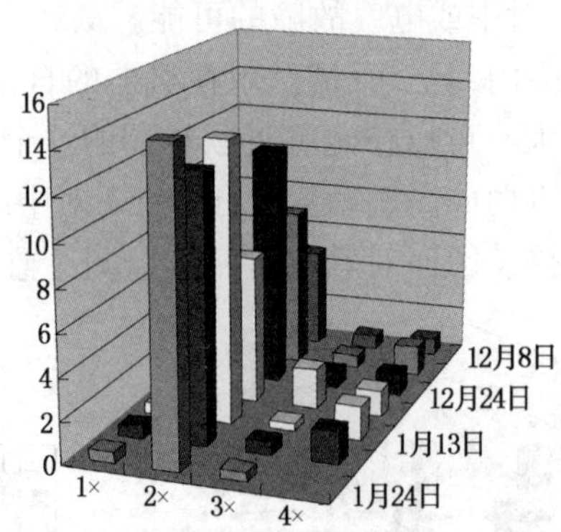

	1×	2×	3×	4×
■1月24日	0.5	14.65	0.45	
■1月18日	0.57	12.69	0.63	1.56
□1月13日	0.49	13.45	0.39	1.64
■12月27日	0.57	7.09	1.94	1.29
■12月24日	0.45	11.52	0.76	1.05
■12月17日	0.81	7.74	0.61	1.42
■12月8日	0.69	4.87	0.65	0.87

图5　1V测点各倍频振动幅值对比(图中振动值单位为mm/s)

3　分析与处理

根据上述判断结果，利用生产安排短暂停车机会进行检修与处理，首先对间隙进行测量，发现径向间隙较大，然后对电机本身进行检查，轴承与动平衡状况均较好，然后重新进行找正。图6为找正前后的间隙数值对比(图中数值单位为mm)。

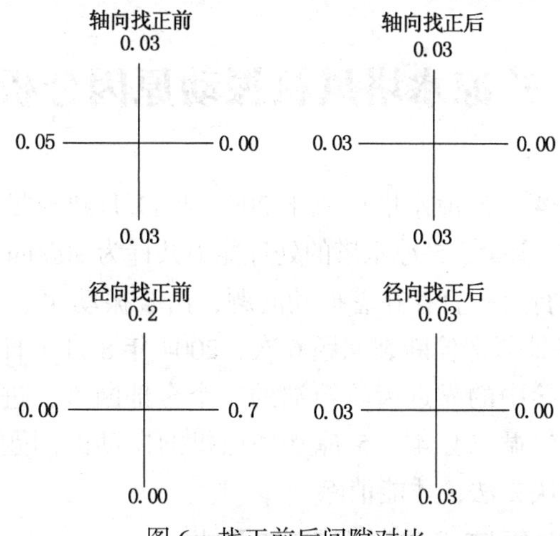

图 6 找正前后间隙对比

找正后进行试车运转后，振动值均降到允许范围内。图 7 为 1V 点找正后的频谱图，从图中明显看出 2×处振动峰值降到了 4.39mm/s，符合 ISO 10816 规定运行的安全标准，避免了继续运转造成更大的设备故障而引起整个装置的停车，造成重大的经济损失。后期观察设备运转状况较好。

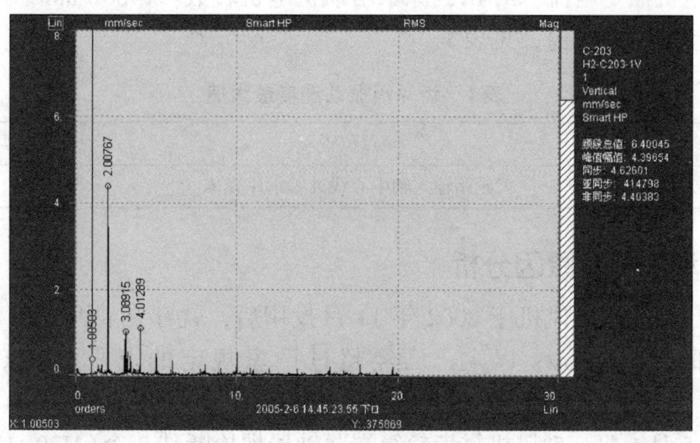

图 7 1V 点找正后的振动频谱图

4 结论

通过对丙烯循环气风机的振动分析与诊断，真正体现了预知状态维修在实际生产中的应用与价值，为今后更好的搞好预知状态维修提供了理论与实际相结合的诊断实例，同时也为装置的安稳长满优运行提供了有力的保障。

（中国石油大连石化分公司 刘慧春）

66. 二循4#、5#凉水塔风机振动原因分析及解决方法

供排水车间二循二套4#、5#凉水塔风机于2002年11月建成投用，是$350×10^4$t/a催化裂化装置配套项目。二循二套4#、5#凉水塔的处理能力共计为9000m^3/h(单塔为4500m^3/h)，此凉水塔的两台风机自运行后一直存在着振动问题，由于振动4#、5#风机在2003年1月至2005年7月先后出现了联轴器螺栓断裂问题6次，2004年8月1日5#风机在运行中因振动原因使联轴器上的8个螺栓中的靠近齿轮箱端的4个全部断裂，进而造成风机联轴器、传动轴、电机等损坏。针对二循二套4#、5#凉水塔风机的振动的问题，重要的是要查找其振动的根源后，对其制定解决方法，才能消除。

1 凉水塔风机的主要技术参数及安装要求

凉水塔风机型号：L92D-10；凉水塔风机功率：160kW。

凉水塔风机风量：4500m^3/h；凉水塔风机直径：9144mm。

凉水塔风机电机型号：Y315L_2-4W；凉水塔风机电机功率：200kW。

凉水塔风机电机额定电流：374A；凉水塔风机电机转数：1480r/min。

齿轮箱的振动速度最大值，见表1。

表1 齿轮箱振动速度最大值

风机型号	测点位置	最大振动速度≤mm/s
L92D-10	齿轮箱输入轴中心线处轴承座壳体	7.10

2 风机振动情况及原因分析

二循二套4#、5#凉水塔风机于2002年11月投用后，就存在着两台风机振动问题，其风机振动速度都在10.5mm/s以上，已经超过厂家规定的上限(厂家最大振动速度≤7.10mm/s)。由于振动先后使两台风机多次出现故障：

(1) 2003年5月6日，5#风机靠齿轮箱端联轴器螺栓断裂3个(M20×120，单头丝，螺栓材质为2Cr13不锈耐酸钢，见图1)，更换3个新螺栓(M20×120单头丝，螺栓材质为1Gr18Ni9Ti)。

图1 凉水塔风机联轴器螺栓断裂的照片

(2) 2004年3月18日，4#风机靠电机端联轴器螺栓断裂1个(M20×120，单头丝，螺栓材质为2Cr13不锈耐酸钢)，更换1个新螺栓(M20×120单头丝，螺栓材质为1Gr18Ni9Ti)。

(3) 2004年4月23日，5#风机靠齿轮箱端联轴器螺栓断裂1个(M20×120，单头丝，螺栓材质为2Cr13不锈耐酸钢)，更换1个新螺栓(M20×120单头丝，螺栓材质为1Gr18Ni9Ti)。

(4) 2004年8月1日，4#风机靠齿轮箱端联轴器螺栓断裂1个(M20×120，单头丝，螺栓材质为2Cr13不锈耐酸钢)，更换1个新螺栓(M20×120单头丝，螺栓材质为1Gr18Ni9Ti)。

(5) 2004年8月1日，4#风机靠齿轮箱端联轴器螺栓断裂1个(M20×120，单头丝，螺栓材质为2Cr13不锈耐酸钢)，更换1个新螺栓(M20×120，单头丝，螺栓材质为1Gr18Ni9Ti)。

(6) 2004年8月1日，5#风机靠齿轮箱端联轴器螺栓断裂4个(M20×120单头丝，螺栓材质为2Cr13不锈耐酸钢)。联轴器更换同时更换螺栓。

凉水塔风机振动原因主要有以下几方面：

(1) 风机的传动轴弯曲，不平衡；

(2) 风机叶轮轴孔与轴配合锥度不符；

(3) 风机齿轮箱与电机中心不重合；

(4) 风机叶片没有按号装配，叶片失去平衡；

(5) 风机的机组基础刚性度不够；

(6) 风机各部位的紧固件松动。

风机在正常运行中如有以上其中的一个问题存在，就会造成风机的振动，经过对二循二套4#、5#凉水塔风机的振动问题，进行逐项检查及监测，逐项消除。最终我们认为两台风机的振动源主要来风机的传动轴弯曲和不平衡。2004年8月1日运行中的5#风机因振动，使质量较差的联轴器螺栓断裂，同时造成此风机的多处部件的损坏，如图2~图4所示。

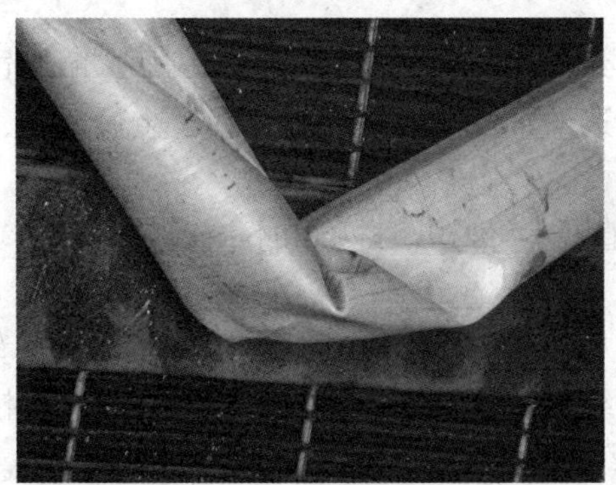

图2 5#凉水塔风机传动轴损坏

图3 5#风机齿轮箱端联轴器损坏

造成4#、5#风机传动轴弯曲和不平衡主要原因有：

(1) L92D风机转动轴设计长度为4.5m，直径为$\phi 219$，重量为98kg。传动轴的材质为

1Cr18Ni9Ti，由于此风机的传动轴长、直径大又较重，因此易出现弯曲等问题。

（2）生产厂家在加工中没有按照技术标准进行加工找传动轴的弯曲度，同时厂家没有按技术要求对传动轴进行动平衡测试及检测后的处理工作等。

（3）风机的传动轴在长途运输过程中造成弯曲。

（4）风机在安装过程中造成传动轴弯曲等。

图4　卸下来的4#凉水塔风机传动轴

3　凉水塔风机振动的解决方法

经过同生产厂家（上海化工机械二厂）研究 L92D 风机传动轴现存在的多种问题，根据现实风机情况，采取更换风机传动轴的材质、缩小传动轴直径、减轻传动轴重量等方法，来解决风机因传动轴弯曲或不平衡引起的振动问题。

采用华杰尔（HRR）复合材料传动轴。华杰尔复合材料传动轴是薄壁金属传动轴的升级换代的产品，是为提高冷却塔风机性能专门研究制造的新产品，该传动轴的材料结构和性能等级完全按照冷却塔学会（CTI）的技术标准和技术规范。适用于把动力传到潮湿、腐蚀的环境，浮动的传动轴适用于连接相互远距离分离的部件。华杰尔（HRR）传动轴代表最先进复合材料的应用，体现了最先进的复合材料工艺。该传动轴系统的特点是：

（1）允许较大的不同心度误差：华杰尔（HRR）的挠性元件是用高强度碳纤维/环氧树酯制成，每端可容许1°误差，对传动轴或连接设备的轴承没有损害。

（2）没有微振磨损侵蚀：由于使用特制的规格化的碳纤维挠性元件，并设计成在额定扭矩下理论上是无限寿命和非常耐腐蚀的。

（3）单跨度长轴无中间轴承：可以调节、消除周期性振动，并使轴承复位。当取消中间轴承并使用复合材料传动轴时，华杰尔（HRR）复合材料传动轴将跨越金属传动轴的两倍距离。

（4）重量轻：小于金属材料的四分之一，减少设备的载荷和振动，延长使用寿命，并进一步降低维修成本。

（5）优良的防腐性：华杰尔（HRR）传动轴系统是用先进的复合材料制成的，耐腐蚀是自然属性。其不锈钢衬套和金属零件，是标准构造的部件。因合理地选择了金属配件，故能抵抗多种介质严重的环境腐蚀。

（6）复合传动轴直径减小：原 L92D 传动轴直径为 $\phi219$，材质为不锈钢。复合传动轴直径为 $\phi118$，采用高强度碳纤维/环氧树酯制成。

华杰尔（HRR）传动轴及联轴器系统的标准结构，由一个复合材料连接传动管、有专利的复合材料柔性元件、不锈钢衬套和不锈钢部件组成。所有传动轴及联轴器都经过严格动平衡检测，满足 ANSI/AGMA9000C90（R96）第 9 级的要求。

4　风机更换复合传动轴的效果

（1）2004 年 8 月 16 日 5#风机更换复合材料（用高强度碳纤维/环氧树酯制成）传动轴后，运行中对该风机的振动情况进行监测，如图 5 和表 2 所示。

图 5 5#风机更换复合传动轴后

表 2 5#风机更换传动轴前后的振动值的测试情况

未更换新轴前此风机在运行中所测振动值	更换新轴后此风机在运行中所测振动值
12.30mm/s	1.10mm/s

(2) 2005 年 7 月 8 日，4#风机将原不锈钢传动轴拆更换复合材料(用高强度碳纤维/环氧树脂制成)传动轴后，运行中对该风机的振动情况进行监测效果非常理想，见表 3。

表 3 4#风机更换传动轴前后的振动值的测试情况

未更换新轴前此风机在运行中所测振动值	更换新轴后此风机在运行中所测振动值
13.50mm/s	1.20mm/s

(3) 采用的测试设备为 VM-63 测振仪。

(4) 风机的传动轴及两端联轴器未更换前的重量为 98kg，更换复合材料传动轴及两端联轴器后的重量为 22kg。减少了传动轴与其连接设备的载荷和振动，延长了设备的使用寿命。

(5) 更换风机传动轴前后风机运行电流的对比，见表 4。

表 4 4#、5#风机更换传动轴前后运行电流对比

工艺编号	更换传动轴前风机运行电流	更换传动轴后风机运行电流
4#凉水塔风机	180A	178A
5#凉水塔风机	205A	200A

(6) 4#、5#凉水塔风机经过近半年以上的运行情况看，两台风机通过更换复合传动轴后，风机最大振动速度始终都小于 1.50mm/s，因而未出现风机振动的问题。风机运行平稳，确保装置生产所需。

5 结论

综上所述，对二循 4#、5#凉水塔风机振动原因的分析，查找出凉水塔风机的振动问题是传动轴弯曲、不平衡等原因造成的振动，采取了更换复合材料的风机传动轴并做不平衡检测后安装运行。经过半年以上的运行两台风机的振动问题已经彻底消除。因此提高了风机安全运行的可靠度，减少了设备维修频率，保证了生产装置的正常生产运行。

(中国石油大连石化分公司 冯善伟)

第六章　其他机类维护检修案例

67. 液力透平振动原因实例分析

旋转机械的振动是一种常见的故障，一般的情况下比较好分析解决。转动机械振动的原因主要有转子不平衡、转子与定子同轴度偏差过大引起摩擦、设备连接对中差、油膜涡动、临界转速的共振等。但有时也会有特殊情况，从振动的一些数据上很难判断出是什么原因引起的振动，虽然针对性地采取了措施，但仍然不能解决问题。

下面针对一个具体的案例来多角度地分析相关振动的问题，希望能给类似的设备振动分析开阔一条思路。

某加氢裂化装置一台液力能量回收透平，基本参数为：额定流量 220m^3/h，入口压力15MPa、出口压力 2MPa，额定功率约 540kW，额定转速 5600r/min。该透平为五级双壳体两端支撑结构，通过超越离合器与泵相连；日常运行入口压力大约 10MPa。转子材质：叶轮高压铸钢，轴 40CrMo。

该透平原装从日本进口，投入运行后一直运行良好，间断运行 18 年后由于效率降低进行大修，经解体发现叶轮、内壳体冲蚀严重，更换了国产芯包(包括内壳体及转子，芯包为根据进口配件测绘制作)。但自这次大修更换国产芯包后一直运行状况不好，主要是振动偏高，现象是低速(大约小于 3600r/min)时运行平稳，高速时振动增大，经过反复几次的修理，一直没有成功。

1　整个处理过程的总结与分析

针对该设备在运行中振动的实际情况，对引起振动的常规原因主要进行了以下几方面的分析和处理检验。

1) 关于转子的晃动精度和平衡问题

旋转机械 1/3 以上的振动基本上都是由转子的不平衡引起的，振动频率表现为工频。造成不平衡的具体原因有很多，针对该透平转子的情况我们主要从轴材料、叶轮配合紧力、转子动态平衡等方面进行了改进和实验。

首先考虑腐蚀问题，初次更改材料为轴 3Cr13、叶轮 1Cr13Ni3，装配过程中全面检查转子与内、外壳体的同轴度，装配后试运，结果运行中振动大。当时怀疑可能轴刚度不够、轴与叶轮配合太松，决定更改材料为轴 42CrMo、叶轮 1Cr13Ni3，并加大叶轮与轴的配合紧力，并且对转子进行了高速动平衡，装配后试运结果表明振动依然很大。通过进一步检查，确认轴没有问题。是否存在装配质量问题呢？转子组装后容易产生弯曲的主要原因是组装件如平衡鼓、并帽、叶轮等端面与内孔的垂直度精度不够，或装配时端面洁净度不够，导致并紧后使转子发生弯曲，影响到装配质量。因此我们严把转子装配质量关，在转子裸装时反复多次进行校验，确保转子的晃动度符合标准，芯包装配后对裸露部分再次进行检查，彻底排除装配方面的影响。

通过材料更换、紧力加大、精心装配测量、高速动平衡等，完全可以消除转子在运行状态下的晃动、叶轮松动及动平衡问题，从而排除了其对运行中振动的影响。

2）设备连接对中精度的问题

对中不好引起的振动频率应该有明显的 2 倍频分量，这一点很容易辨别，该台透平转子没有这个情况，可以排除。

3）关于油膜涡动引起的振动问题

由于该透平采用的是普通的圆筒型滑动轴承，属于动压轴承，可能会存在油膜涡动引起的振动问题。油膜涡动是油膜力产生的一种涡动，它引起振动的频率一般情况接近半频，它与轴承间隙、进油压力、油黏度等有关。因此我们对轴承间隙进行了调整，调到要求的最小值，同时对油压、油温进行了多种调试，但一直未能有效地解决转子高速运行时的振动问题，由此可以判定转子高速段运行振动并非油膜涡动引起。

4）关于整体装配质量问题

由于自第一次修理后一直存在振动问题，我们对以后的转子整体装配进行了严格的控制，从转子的组装、校验，转子轴向位置确定，内壳体轴向间隙控制，瓦间隙、紧力的确认，对中的复核等步骤进行多层次严格把关，确保了转子整体的装配质量，但还是没有解决转子高速运行时的振动问题。

从机械方面已无法找到解决高速振动的办法，为了进一步查找振动的原因，我们试图从流体动力学的角度来进行分析。我们都知道在离心压缩机中有一种喘振现象，当压缩机入口流量偏低的时候，由于气流的不稳定导致的喘振会引起机组的振动；在液力透平、离心泵中也有一种类似的现象叫流体旋转脱离，当叶轮的流道在一定转速与流体不匹配时就容易产生流体旋转脱离，引起机组振动，我们分析这台液力透平有可能存在这个问题。

2 采用振动频谱的分析

为证实这个怀疑，我们对几次试车中升速的过程进行了振动频谱采集，通过多次采集的数据分析，发现了一个值得注意的问题，那就是大约 3300r/min 以下运行非常平稳，振动较小，一般情况小于 28μm，转速再上升则明显出现大约 0. 65 倍频的振动，甚至振幅值超过工频，随转速的上升越来越明显，达 5000r/min 时振幅总值近 100μm，而且振动的频率也随转速的上升而上升，但一直为工频的 0. 65 倍左右。当转速下降时振动情况又逐渐减轻，当转速下降到大约 3300r/min 后 0. 65 倍频的振动消失，转速再上升则又会出现。

图 1 为升速过程中 2900r/min 时的振动频谱，振动很小，只有不到 16μm，而且振动频率为 48. 49Hz，属于工频振动。当转速升高产生振动再降回低速时，振动频谱也是如此。

图 2 为升速过程中达到较高转速 5400r/min 时的振动频谱，振动很大，达到 90 多 μm，其中工频(频率 90. 27Hz)振动约为 58μm，而 60. 17Hz 频率(约 0. 65 倍频)的振动达到约 76μm，超过了工频振动，高速时的振动频谱情况基本都是这样。

根据振动理论学频谱分析法，振动原因可以这样基本划分：如果工频振动成分突出，一般是转子不平衡所致；2 倍频振动为平行不对中以及转轴存在横向裂纹所致；1/2 倍分频振动过大，主要是油膜涡动失稳引起；0. 5~0. 8 倍频振动是流体旋转脱离引起等。

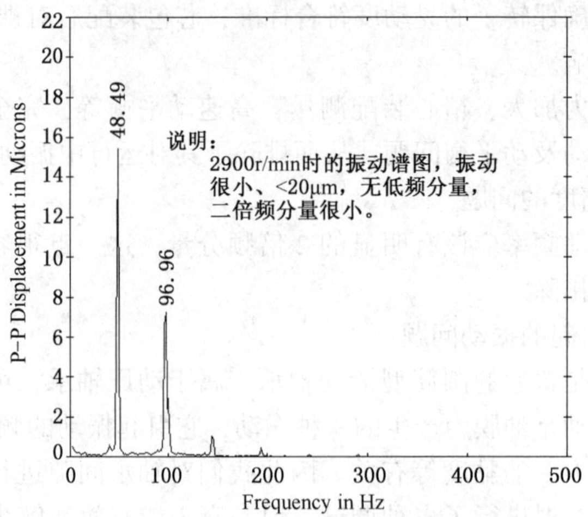

图1 2900r/min时的振动频谱图

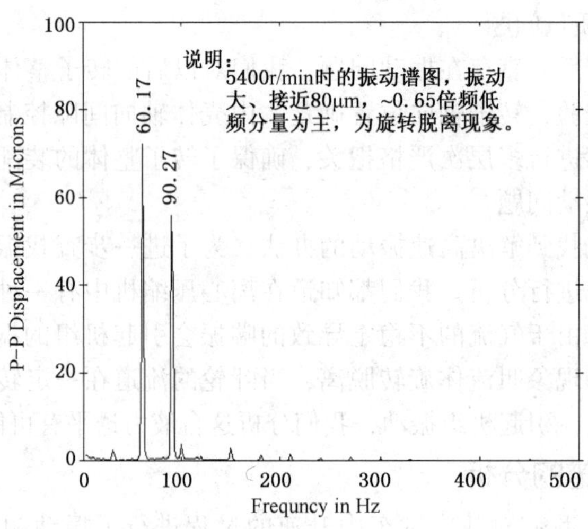

图2 5400r/min时的振动频谱图

根据相关的理论及对这台透平实测得到的频谱数据，高速段存在着0.65倍频振动的情况，符合频谱分析理论的规律，我们初步认为该液力透平振动的主要原因是流体旋转脱离造成的。

3 引起流体旋转脱离的原因分析

流体有一种边界层分离现象，又称为流动分离，是指原来紧贴壁面流动的边界层脱离壁面的现象；边界层脱离壁面后的空间通常由后部的倒流流体来填充，形成涡旋，因此发生边界层分离的部位一般有涡旋形成；当流体绕曲壁流动时最容易发生这种现象。同样道理，在液力透平运转时，当达到一定的转速后，如果流体与叶轮流道之间发生"打滑"现象，就会产生一定的紊流现象，这主要与介质的运动黏度性质、流道的线型有关，这就是所谓的流体旋转脱离现象。这种现象会随转速的升高而更加严重，同样引起更大的振动发生。

该液力透平的转速是比较高的，高速下压力流体对压力流道的适应性要求更苛刻，对于液力透平的制造，国内鲜有成功的例子。我们这台透平虽然叶轮是根据原进口件测绘加工的，但加工的流道型线不可能达到完全一致，而且该工况条件下叶轮的测绘设计没有经过流体力学的精确计算与实验。

介质对其的影响。该透平介质温度虽然不高(约 60℃)，但含有一定的气体组分。气体组分的多少直接影响透平的性能，如果气体组分含量偏高，则更容易产生流体旋转脱离。根据了解在初次大修更换国产转子后，当时介质情况没有任何变化，透平运行振动较高，但基本小于 70μm，还能坚持运行。后来装置改造扩能提高了处理量，但液力透平前的高压分离器并未进行改造，分离能力稍显不足，估计气体组分含量可能有所增加，之后透平虽经几次处理，但一直未能真正正常投用。我们曾进行气体组分的分析，但是数据很不准确。因为介质压力太高，入口段无法实施采样，出口段压力降得太大，介质组分变化很大，不能验证入口段的真实情况，目前还没有得到入口介质真正的组分数据。

经过一段时间摸索，该台透平机组在装置生产负荷较低时(接近扩能前的负荷或更低)，可以正常投运，负荷越低，运行情况越好，而且回收功率可以达到 300kW 以上，再次证实机组的操作工况条件是保证机组平稳运行的关键所在。

根据上述情况我们可以初步判定，该台液力透平机组产生流体旋转脱离的原因主要是叶轮与介质在流体动力学方面适应性存在问题。解决的办法一方面是改善叶轮流道性能，另一方面是控制介质中气体组分含量，在不能精确计算出叶轮流道线型的情况下，有效控制介质组分是避免产生流体旋转脱离的关键。

(中国石化金陵分公司机动处　张宗义)

68. 高压加氢装置液力透平国产化应用

液力透平是一种能量回收装置，可以对工艺流程中产生的高压液体进行再利用，目前广泛应用于石油化工加氢裂化装置、大型合成氨装置以及海水淡化装置等，是具有长远经济效益的节能装置。

随着石化企业高压加氢装置普遍投用，液力透平作为装置节能设备日趋重要，但受国内制造能力限制，高压加氢装置液力透平一直采用进口设备。为实现重大装备国产化，中国石化武汉分公司于 2011 年起和合肥华升泵阀有限责任公司联合研制开发国产液力透平，历经两年多时间，成功研制出国产高压加氢装置液力透平(型号：HTD240-172×9T)，并于 2013 年 5 月正常投入使用。

1 液力透平国产化技术方案

1.1 液力透平的基本原理

液力透平是将流体介质中蕴含的压力能转换成机械能的机器。透平主要部件是其旋转元件——叶轮，它安装于透平轴上，具有沿圆周均匀排列的叶片。具有压力能的流体在流动中，经过冲转叶轮后，将自身能量转换为叶轮的动能，驱动透平轴达到一定的转速，透平轴直接或经过传动机构带动从动机工作，输出机械功，从而达到节能减排的目的。

1.2 总体技术方案确定

液力透平是高压加氢装置的重要节能设备，由于其工作介质压力、温度较高，设备运行安全风险较大；同时由液力透平水力特性决定其有效工作区间窄，设计、制造难度较大，因此，高压加氢装置液力透平一直使用进口设备。

为实现石化行业重大装备国产化，2011 年初武汉石化决定对其新建加氢预处理装置热高分液力透平泵组进行国产化开发。随即，由武汉石化和合肥华升泵阀股份有限公司组成课题小组，开展此项工作。

课题小组在充分调研，了解国外液力透平先进经验和不足的基础上，确定了国产液力透平的总体技术方案：

(1) 液力透平-反应进料泵联合泵组采用联合台板整体纵向布置，进料泵由高压电机驱动，高压电机通过超越离合器与液力透平连接，泵组布置情况如图 1 所示；

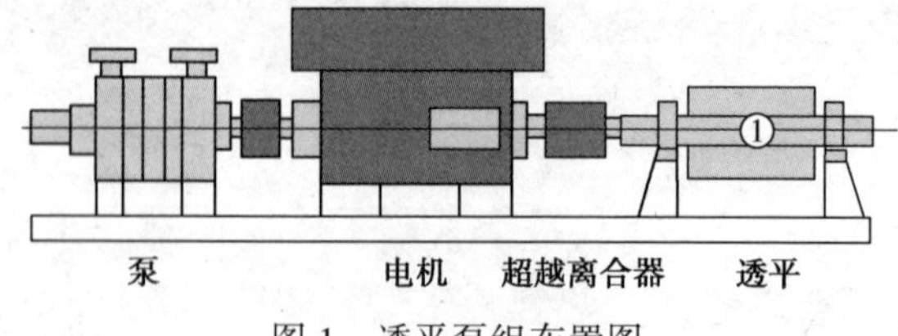

图 1 透平泵组布置图

(2) 为确保泵组运行可靠性，泵和液力透平通过水力性能设计调整，采用相同工作转速，不使用增速箱连接；

(3) 液力透平采用双壳体、径向剖分、多级两端支撑式结构形式；

（4）为改善液力透平水力性能，提高回收效率，减少汽蚀冲刷，在每级叶轮之间设计导叶；

（5）按上述要求，若采用水平剖分整体式内壳体，加工难度极大，因此对内壳体采用径向剖分多级节段式结构；

（6）为保证液力透平稳定性，提高其抗干扰能力，液力透平转子轴系采用刚性轴设计，逐级动平衡方式制造。

根据总体设计方案，确定武汉石化国产液力透平为 9 级，其主要技术指标见表 1。

表 1　液力透平主要技术指标

流量	进口压力	出口压力	温度
239m^3/h	13.5MPa	2.0MPa	50℃
转速	介质	回收功率	效率
2900r/min	高分油（含 H_2S）	≥370kW	≥66%

武汉石化国产化液力透平于 2012 年 4 月完成设计制造工作，2012 年 5 月进行了水力性能试验，达到设计要求，同年 8 月交付现场安装。

2013 年 4 月液力透平安装调试工作全部完成，2013 年 5 月在加氢预处理装置开工后，液力透平随即投入使用，一直平稳运行至今。

2　液力透平的设计制造要点

武汉石化国产液力透平结构如图 2 所示。液力透平外壳为圆筒形结构，进出口径向分布在筒体两端，两套机械密封部件和轴承部件紧凑地置于两端，轴承采用外置油站强制油润滑，满足了环境空间要求、环保要求以及高温、高压、冲蚀、汽液混输等苛刻的使用条件；叶轮和导叶的工况匹配设计，适应了高压、易汽化介质的特殊性，提高了回收效率；轴向力平衡装置置于进口侧，能有效平衡转子同向布置产生的较大轴向力；转子轴系采用刚性轴设计，增加轴的强度和刚度，提高转子的抗外界干扰能力，增加液力透平运行的可靠性和稳定性。

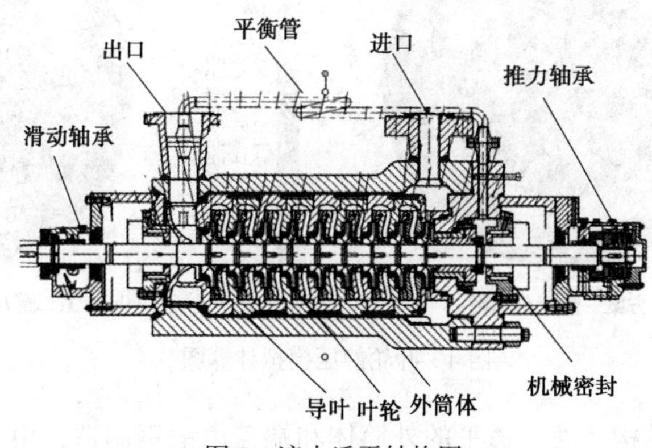

图 2　液力透平结构图

（1）叶轮水力设计基本情况及主要特点　多级液力透平是采用多级泵反转型式，在水力设计方面，没有现成的透平设计方法，多是借鉴离心泵的水力设计方式，利用模型叶轮反复试验和计算机模拟计算，找出泵和透平性能之间的转换关系为：

$$Q_{T}=Q_{p}/C_{Q}$$

$$H_{T}=H_{p}/C_{H}$$

$$\eta_{T}=\eta_{p}/C_{\eta}$$

其中 C_{Q}、C_{H}、C_{η}是流量、扬程、效率系数，是指透平和泵相同参数之间的换算关系，一般由试验得出，属于经验系数。

根据试验和计算机模拟，确定透平叶轮叶片型线如图 3 所示。

图 3 设计的透平叶轮及实体造型

随着计算流体力学(CFD)技术的不断完善，对旋转机械的性能预测越来越准确，逐渐成为模型理论筛选的一个有力工具。本课题就是采用 PCAD 泵水力设计软件，根据不同的叶片倾角，设计出 2 种不同的水力模型，组成方案一和方案二模型，采用 CFD 对透平叶轮进行模拟计算，找出不同方案透平叶轮在性能上的差异，并选出一组较好的透平模型进行水力模型试验，进行试验论证。

由图 4 方案一和方案二的静压分布图可以看出，方案一的静压分布较为均匀，方案二在叶轮的进口有压力集中分布区域，不如方案一压力分布均匀，采用方案一的水力方案制作样机，并进行试验，试验结果如图 5 所示，基本满足设计要求。

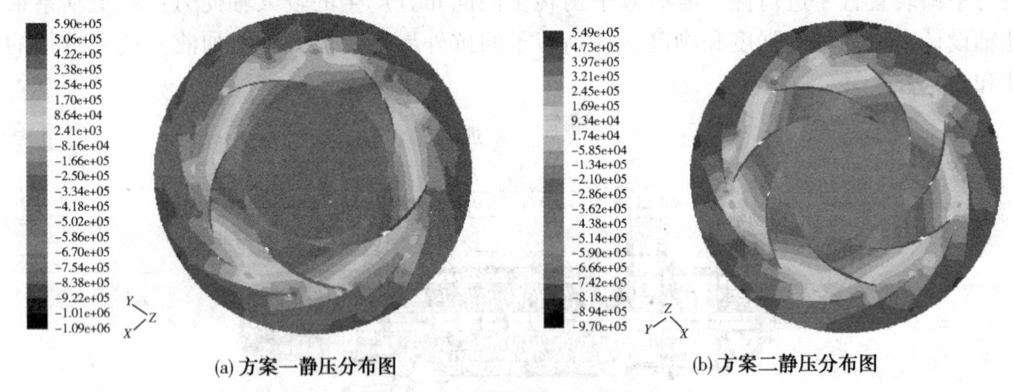

(a) 方案一静压分布图　　(b) 方案二静压分布图

图 4 叶轮静压模拟计算图

（2）定向热补偿结构　液力透平的外筒体和端盖由锻钢制造，由于介质温度较高，外向筒体会向四周膨胀，进而改变安装位置，影响液力透平的稳定运行，针对这种情况，液力透平的支撑设计为中间支撑，在外筒体和底座支撑座之间留补偿间隙，放大了外筒体中心支撑处的连接直孔，让外筒体在径向方向能够自由伸缩。为了吸收温差引起的轴向热膨胀量，外筒体采用：靠近联轴器的一端为热胀死点，通过中间件固定底座上，阻止外筒体往驱动端膨胀；另一端为膨胀端，采用导向滑销形式，这样液力透平的膨胀只可以沿着导向轨道方向向非驱动端自由膨胀。

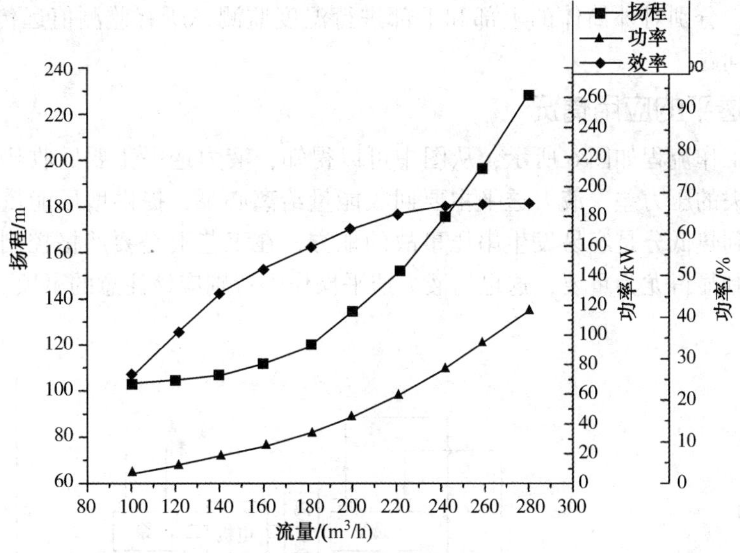

图 5 单级透平预测性能曲线

(3) 整体内壳体结构设计 内壳体均径向剖分的多级涡壳式结构，叶轮逐级单独依次固定。每级叶轮之间设有导叶，用来收集、引导流体进入下一级叶轮。该结构可以充分回收流体的能量，减少对叶轮的冲刷及汽蚀腐蚀，有效避免串压事故，导叶的每级之间通过紧固件连接在一起，配合专用的安装工具，可以将内壳体整体装入外筒体内。这种结构便于拆卸和维修，有利于动静配合间隙调整，也能有效保证透平轴的直线度。

(4) 多重轴向力平衡结构 由于液力透平为 9 级，具有较大的轴向力和径向力，径向力由滑动轴承支撑，轴向由平衡鼓、背靠背可倾瓦推力轴承来平衡，通过平衡鼓的设计可以减少推力轴承的受力。

(5) 轴承强制润滑及断电保护 由于轴承的发热量较大，自然冷却不能够满足冷却要求，采用稀油站强制润滑冷却，稀油站设置高位油箱，在突然断电、稀油站不能提供润滑油的情况下，通过高位油箱润滑油产生的高位差势能向液力透平的轴承提供润滑，避免轴承干磨擦损坏。

(6) 机械密封系统的选用 液力透平的工作介质是高温高压流体，为了延长机械密封的使用寿命，考虑密封冲洗中的气体释放和汽化问题，机械密封选用了 API682 plan21+53B+62 的冲洗方案。plan53B 机械密封系统采用双端面密封方式，有压操作，两个密封面的冲洗、冷却均由白油提供，适宜脏或易结晶的工作介质。由于介质的温度较高，机械密封采用金属波纹管密封，根据金属金属波纹管密封在波片焊接处易裂开的特点，使用外装式机械密封，使波纹管作为静止件，这样能够延长机械密封的使用寿命和可靠性。

(7) 单向超越离合器 超越离合器按一定的方向旋转，在另一个方向上锁止，若转变方向时，则会自动脱离而不产生任何动力传送。单向离合器的动力输出部分转速比动力源还快时，离合器处于解脱状态，内外环没有任何连动关系，该离合器保证了液力透平功能的实施。

（8）振动和温度远程监测　对非驱动端轴承进行 X、Y、Z 三个方向的振动监测，对驱动端轴承进行 X、Y 两个方向的振动监测，对非驱动端轴承和驱动端轴承进行 X、Y 两个方向的温度监测，分别对外筒体的上部和下部进行温度监测，所有监测值远传至 DCS 系统，方便及时发现问题。

3　液力透平的应用情况

液力透平工作流程如图 6 所示，从图中可以得知，液力透平主要回收热高分油转变成热低分油所损失的压力差。液力透平主要回收能量给离心泵，提供增压能量从而达到节能效果。热高分到热低分是容易发生串压事故的地方，在工艺上是要严格控制的，所以对热高分液位的控制显得尤为重要，这也是液力透平操作中特别应该注意的事项。

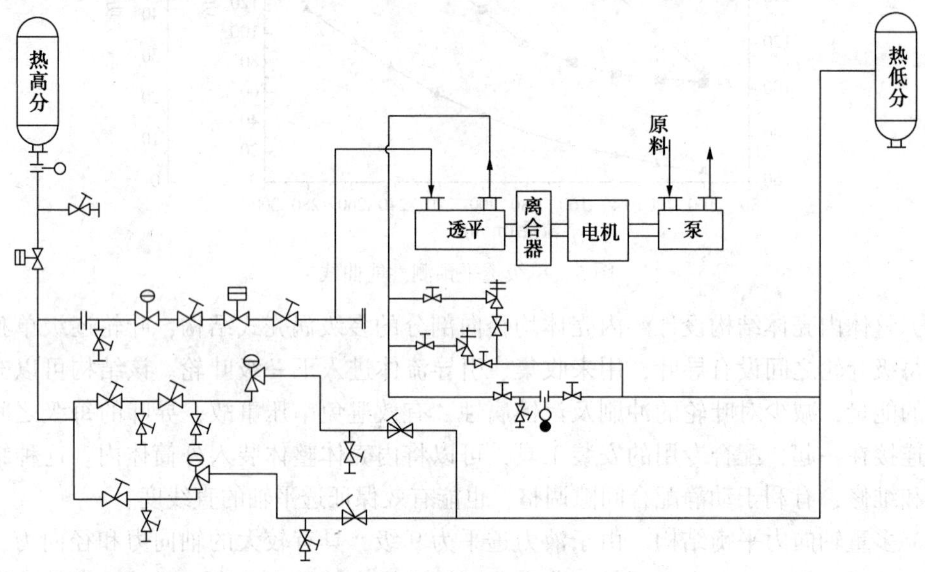

图 6　液力透平流程图

加氢预处理装置国产液力透平投用后一直运行平稳。由于工艺原因，透平入口压力一直维持在 9.5MPa 左右，未达到设计值 10.78MPa，此工况下透平设计回收效率为 58%，经实际检测，透平达到设计要求。检测情况见表 2。

表 2　透平实际工况标定表

流量/(m^3/h)	215	介质温度/℃	240
入口压力/MPa	10.78	介质密度/(t/m^3)	0.74
出口压力/MPa	2.5	投用后电流差/A	26
扬程差/m	971	回收功率/kW	244
实际回收效率/%	57.8	工况点设计回收效率/%	58
结论	达到设计要求		

透平投用以来运行平稳，DCS 监测其轴系最大振动值为 30μm 左右，现场实测机壳振动，基本保持水平最大振动 0.8mm/s、垂直最大振动 0.5mm/s 以内。

4 结论

(1) 随着原油价格的上涨、油品质量的提高、高压加氢技术的成熟，高压加氢装置越来越受到重视与青睐，这要求作为高温高压加氢装置的重要设备液力透平泵组必须安稳长满优运行，因此液力透平的方案制定、设计选型显得尤为重要；

(2) 事实证明，采用双壳体、内壳体径向剖分节段式结构、刚性转子方案的国产化液力透平是完全可行的，它在液力透平的安全稳定性、效率和经济性三者之间取得了平衡；

(3) 液力透平在开发和使用过程中所碰到的问题，需要设计、制造、使用和检维修各方共同研究，根据实际工况，持续改进，不断满足液力透平安全稳定运行的要求。

（中国石化武汉分公司 杨锋，程聂，王炼，沈拥军）

69. 透平膨胀机转子-轴承系统故障分析

透平膨胀机组是150制氧机组的配套设备，机组作为空分塔的制冷系统，每套机组有2台PLK-8.33×2/20-6型透平膨胀机。当空分设备启动时，需要用它来冷却低温设备，使它们达到能进行低温精馏的状态，而且在空分设备正常运转中，也要用它来不断补偿由于设备隔热措施不完善以及换热不足所引起的冷量损失，以维持空分设备的正常运转。

在实际生产中透平膨胀机由于处于高速运转中，其最常见也是最易发生故障的系统是透平膨胀机转子-轴承系统。常见的故障有转子-轴承抱死、轴承烧坏、机组振动过大等。这些故障常引起生产不平稳，甚至导致装置停机的事故发生。因此，对故障原因作深入分析，并有效地采取防护措施，对空分装置的长周期、稳定、安全运行是十分必要的。

1 PLK-8.33×2/20-6型透平膨胀机

1.1 技术参数(江西制氧机厂)

形式：卧式单级径流向心反击式；流量(单台，标准状态)：500m^3/h；进气压力：2MPa；进气温度：173K(-100℃)；排气压力：0.6MPa；工作介质：空气；工作转速：107000r/min；制动方式：风机直接制动；绝热效率：≥70%；轴承气供气压力：0.45~0.6MPa；轴承气耗量(标准状态)：15~17m^3/h；外形尺寸：200mm×260mm×435mm；重量：21.9kg。

1.2 工作、结构特点

(1) 透平膨胀机的工作温度远低于周围环境温度，故必将引起跑冷损失、冷缩变形及材料性能可能发生变化等情况。

(2) 由于高速运行，对透平膨胀机转子-轴承系统工作的稳定性提出较高要求，轴承采用气体轴承，并对装配好的转子经过精细的动平衡试验，确保工作稳定性。

(3) 在透平膨胀机的总体结构设计中，配有调节系统，以调整变化的工况。

(4) 在设计中尽量不使固体微粒进入机器，在结构上尽量提高导流器和叶轮的耐冲蚀力。

2 透平膨胀机转子-轴承系统的故障分析

PLK-8.33×2/20-6型透平膨胀机转子-轴承系统是整个系统的关键部位。转子由转轴、叶轮、风机轮等零件组成，转子需进行严格的动平衡。轴承采用气体润滑静压轴承，并配有供气系统。

在实际使用中透平膨胀机转子-轴承系统的工况复杂，是最易发生故障的部位。以下通过对转子-轴承系统的分析，找出故障的主要原因。

2.1 失稳分析

气体润滑静压轴承高速运转时有涡动不稳定及静压不稳定的现象，常常引起轴承破坏而无法工作。

2.1.1 涡动不稳定

涡动现象是轴在自转的同时，轴心线又绕轴承中心旋转的现象。轴心线的旋转方向或涡动方向与轴的自转方向是相同的，当涡动频率与轴的自转频率或转速相同时称为同步涡动。一般认为，静残余不平衡量引起的是柱涡，动不平衡量引起的为锥涡，上述两者的综合影响形成一般涡动。同步涡动的振幅若超过轴承的径向间隙，轴颈和轴承将发生摩擦而造成破坏，称为同步涡动失稳。精心地做好转子上各零件的静平衡及转子的动平衡，有利于防止同步涡动失稳。同时也应避免在同步涡动频率下长期运转。如果涡动是流动动力因素造成的，也即系统对涡动无阻尼作用，则形成涡动振幅迅速增大而引起失稳，称为自激涡动。

图 1 可说明涡动频率、振幅与主轴自转转速之间的关系，当主轴的转速增大时，残余不平衡量引起的同步涡动的振幅也随之增大，即 0-1 线。在轴的转速通过系统的固有频率时，振幅也随之增大，出现共振。但由于残余不平衡量足够小及系统的阻尼作用振幅不至大到引起失稳，且静不平衡引起的涡动固有频率 w_1(转速 n_1 处)和动不平衡引起的涡动固有频率 w_2(转速 n_2 处)并不一定相等，因此，峰值将先后出现 2 次，即 1 和 2 两点，分别为柱涡和锥涡。转子的转速通过峰值以后，振幅又下降，运转是稳定的。由于涡动频率 Ω 与主轴频率 w 一致且转向相同，为图中 oab 线所示。相应于 n_1 和 n_2 中较小的一个值称为一阶临界转速。当转速升高到一阶临界转速的两倍或几倍时，它并不随转子频率的变化而改变，如图中 ef 线，但其振幅却不断增大引起自激涡动失稳，nc 称为自激涡动起始转速。显然同步涡动转速(或称临界转速)与自激起始转速之间存在如下关系：

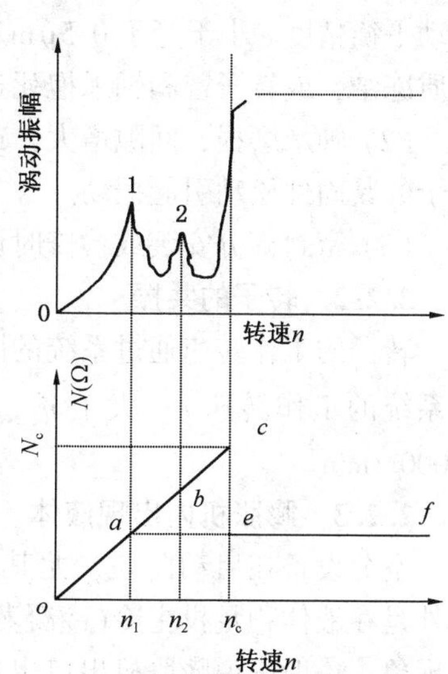

图 1　涡动的频率、振幅与主轴自转转速之间的关系

$$R = n_c / n_1$$

式中　R——涡动比。

因此，为了使静压轴承能正常工作，应设法在轴承中增加阻尼来减小轴颈涡动的频率，抑制或延迟自激涡动，即提高涡动比 R。如在轴承外增加“O”形橡胶圈用以吸收轴颈涡动能量，从而提高自激起始转速 n_c。通过沿轴颈旋向作切向供气，引起与轴旋转相反的涡动，从而起到阻尼的作用。

2.1.2　静压不稳定

静压不稳定会出现在带有气囊的轴承内，在带气囊的小孔供气的推力轴承中，由于气囊中的气体的可压缩性，而引起的自激振动会大到发出低频响声，因此，常称为“气锤不稳定”。

在轴承气囊中，如果容积气囊效应的作用大于挤压气膜效应，只要主轴受到一点微小的外部干扰，则主轴的振幅将随着时间的增大而增大，这就是带气囊的静压气体轴承的另一种自激涡动现象。

为了避免静压稳定的发生，通常在结构上采取一些措施，如增加供气孔数目、止推轴承可采用整圈气沟代替气囊、减小供气孔直径等方法。

通过以上静压不稳定、涡动不稳定的分析，除了在结构上减少不稳定因素外，最关键的是在运行中必须严格控制转速，实际操作中大部分故障是由于转速不稳定和失控引起的。

2.2 振动分析

2.2.1 机械安装方面

（1）转子的动平衡不良。高速运转的转子，只要稍微不平衡，就会引起很大的振动，这些不平衡可能发生在透平叶轮、风机叶轮或轴上，其产生的不平衡力矩，又与轴承的相对位置有关，因此需要在事先对转子的每一个零件进行良好的静平衡试验。组装成转子后，同样要先进行静平衡试验，然后再进行动平衡试验，精确校正转子的动平衡参数。该机转子动平衡精度 e 小于等于 0.5μm。在运转过程中如果工作轮的叶片被磨损，或者叶轮内的杂质冻结，或转子曾和轴承抱死过，这时将破坏转子的动平衡，从而引起振动。

（2）轴承磨损，间隙增大，或安装时轴承间隙大于设计值。由于轴承间隙的增大，使转子的紧固件松动引起振动。

（3）密封部分安装或检修时调整不合理。

2.2.2 转子的共振

转子的工作转速通过系统的固有频率时将出现共振，如图 1 中的 n_1 处会发生共振。由于系统的工作转速 $n_{工}$ 大于 n_1，因而在操作中，必须快速通过 n_1 点。本系统 n_1 大约为 30000r/min。

2.2.3 膨胀机内出现液体

空分设备在启动阶段，尤其是在积液阶段，易发生换热器过冷、膨胀机带液的现象；另外是在液体积足投主冷(冷凝蒸发器)的时候(上、下塔分置的设备)，出现膨胀机后带液的现象。一般来说膨胀机出口出现较多带液时，会对膨胀机造成损坏。

1）膨胀机带液的现象及危害

气体在膨胀机内绝热膨胀，温度显著降低。温度最低的部分是在工作轮的出口处，如果该部分的温度低于机后压力对应的液化温度，则将有部分气体液化，膨胀机内出现液体。当膨胀机机前温度低于-155℃时，易发生膨胀机带液故障，若膨胀机机前温度高于-155℃、出口温度高于-188℃时，一般不会带液。在膨胀机内出现液体时，从机后压力表可以观察到指针不断抖动，间隙压力大幅度升高，并产生波动，同时从机前、机后吹除阀吹出液体，膨胀机后的温度下降到一定程度维持恒定，而机前的温度则持续下降。

由于透平膨胀机工作轮的旋转速度很高，液滴对叶片表面的撞击将加速叶片的磨损。液滴在离心力的作用下，被抛到叶轮外缘与导流器的间隙处。液体温度升高，急剧汽化，体积骤然膨胀，这可以从间隙压力表指针大幅度摆动看出，甚至超过该表的量程范围，将压力表损坏。同时，在膨胀机内部汽化的气体会对导流器出口和叶轮产生强烈的冲击，严重时会造成叶片断裂。因此，一般情况下在膨胀机内决不允许出现大量的液体。

2）膨胀机带液故障处理

膨胀机带液后，操作人员应迅速降低膨胀机的转速或停止膨胀机运行，并打开机前、机后吹除阀进行排液；液体排净时，应首先找出膨胀机带液的原因，采取机前节流的方法会立竿见影，这是一种行之有效的方法。

3）膨胀机带液的原因分析及预防措施

膨胀机带液故障主要发生在空分设备启动阶段，尤其是积液阶段。正常运行时，一般不会发生膨胀机带液的现象(除非下塔液空至使上塔通路堵塞、节流阀调节不当或故障引起的下塔液空液位过高，使膨胀机带液），带液的主要原因是冷量分配不合理，使板翅式换热器冷端过冷，膨胀机进口温度控制得过低。操作的预防措施应充分利用塔内冷量，彻底冷透主冷和上塔，投主冷时防止出现板翅式换热器过冷现象，从根本上避免膨胀机带液的问题。

2.2.4　制动风机喘振和超速

（1）当制动风机出门蝶阀开度过小，流量降低时，会使风机进入喘振区，引起整个膨胀机振动。此时可开大风机端蝶阀，加大空气量，使风机在稳定区域工作。

（2）超速运转的过程大多数是循序渐进的，即膨胀机转速逐渐增大，少数也有突然增速的。当制动风机的出口调节阀处于全开位置时，透平膨胀机就能达到临界转速，或超临界转速而使制动风机无法进行控制。这类故障大多是制动风机进口过滤器或出口消音器阻力过大，或制动风机出口调节蝶阀的阀瓣销钉脱落，阀瓣突然关闭而造成的；也有可能是由风机进口管道或出口管道设计的直径过小所致。风机制动能力的大小，主要是根据通过风机的空气流量大小决定的，流量越大，制动功也越大，当风机管道上的某一部分阻力加大时，就会造成空气流量减小，调节灵敏度降低。如果是因吸入过滤器或消音器阻力过大引起，那么，只要减少这两部分的阻力就能消除。如果是因为进口或出口管道设计直径过小引起的，那么，扩大进口或出口管道直径以减小阻力，增大其空气流量就能消除故障。后一种情况往往发生在 2 台膨胀机同时启动时，并且 2 台风机共用同一根进、出口管道，这类故障一般在试机时就能发现并消除。

2.3　气体润滑系统分析

空气轴承设有专门的供气系统，空气由分子筛纯化器净化后，引出一路纯净空气，经过粗过滤器，精(镍片)过滤器再次净化，送至空气轴承供气管道。气体润滑系统的不干净，也是造成故障的主要原因。有时轴承的连续烧毁往往是由于润滑气体的原因。以下是对各种因素的分析：

1）空气带油严重

在 5L-16/50 压缩机的末级带油比较普遍，油水分离器一般不能完全消除空气中的油水。如果不按时进行油水吹除，就会使一部分油随着透平膨胀机的轴承气进入空气轴承内腔，破坏气膜而造成卡机。

2）粉末过滤器失效

粉末过滤器失效，会将机械杂质带入轴承气进入轴承内腔，造成通道堵塞和卡机故障。

3）粗、精过滤器失效

粗、精过滤器是最后的一道过滤，一旦失效，杂质将进入轴承内腔，引起卡机，因此，必须定期经常清洗。

2.4　操作、装配分析

1）操作不当引起的故障

（1）启动太快。启动初期，进气压力较高，透平膨胀机进气阀门稍微转动，都会引起压力和转速的较大变化。开阀过快，易导致超速，使转子在急剧的变化中失去平衡而造成卡机。

（2）停车太急。转子由原来的高速运转状态瞬间突然降速，转子在急剧的变化中很容易失去平衡而造成卡机。

（3）操作失误。操作中没开轴承气或轴承气调得太低或没开排气阀就先开进气阀等，都容易造成卡机。

2）装配、保养的分析

透平膨胀机的装配应在一个较洁净的环境中进行，对各个部件应严格检查及清洗吹除，清洗剂可采用无水乙醇或 CCl_4 等溶剂。保养时应将轴承气进口用绸布包扎，以防灰尘进入气腔。装配时应严格按要求进行，由于轴承是整体式的径向间隙，无法调整，主要是调整轴向间隙，必须控制在 0.09～0.13mm，间隙过大将引起振动，过小将影响转速的提升。

3 总结

通过以上分析，加上平时积累的经验，在操作、装配、保养中总结了以下几种做法。

3.1 操作

（1）必须严格遵守操作规程，严防超速，转速最高不得超过 120000r/min，平时要注意监控。

（2）操作要平稳，启动时不能太快，要求分几次逐渐升到额定转速，而且每次都应稍停几秒钟让其稳定一下。停车时不能太急，关阀动作一定要缓慢。

（3）停机后，仍应保持轴承气有 0.2MPa 的压力，避免停机后进气阀关闭不严造成自转，而产生的卡机故障。

3.2 装配、保养

（1）装配时，要保证环境的洁净，应对各部件严格清洗吹净。

（2）装配时要严格按要求进行，主要应保证轴向间隙为 0.09～0.13mm。装配完成后在机外做轴的悬浮试验，合格后再上机安装。

（3）整体安装时应注意蜗壳的端面与机芯垂直，各紧固螺母用力要均匀，保持轴在起浮压力至正常工作压力均能旋转自如。

（4）经修复的转子、轴承必须做动平衡才能使用。

（5）平时要保证轴承气的清洁，经常清洗过滤器。

（6）装置停机后，应将机芯拆下，用绸布包扎好，以防杂质进入。

通过对以上措施的落实，取得了很好的效果，透平膨胀机的故障率有所降低。尤其是在新装置中，由于转速的降低、精心维护、轴承气干净，故障率比老装置大大降低。

（中国石化金陵石化分公司烷基苯厂　俞坚）

70. 平板阀式自动底盖机技术在延迟焦化装置的应用

目前，国内的延迟焦化装置焦炭塔下法兰底盖均采用螺栓法兰连接，普遍采用风动扳手装卸焦炭塔底盖的螺栓，工作环境恶劣，劳动强度大。拆卸底盖时，操作人员先拆卸高温油进料管线上法兰和底盖法兰上的螺栓(见图1)，然后下底盖法兰下降，开动半自动底盖机，使保护套筒对正下法兰，升起保护套筒，形成封闭的焦炭下落通道，开始除焦。在整个拆卸过程中，拆卸工人站在底盖机的行走小车上，与下法兰距离非常近。根据工艺流程的要求，拆卸下法兰前，应将焦炭塔内的水放净，在实际操作中，由于管道结焦，焦炭层内积水等原因，在拆卸过程中会有冷焦水流出，水温按工艺要求应在80℃，由于水从法兰缝中流出正对操作工人，操作稍有不慎，高温冷焦水极易烫伤工人，因此，改用新型平板阀式自动底盖机显得十分重要。

图1　旧式焦炭塔半自动底盖机

1　平板阀式自动底盖机的技术特点

平板阀式自动底盖机采用单面密封，密封面为上阀座与阀板的接触面，密封力由液压螺栓通过支撑座施加给阀板，平板阀式自动底盖机法兰周向均布32个液压螺栓，密封力由碟簧提供，密封力调节范围大，密封效果好。每个液压螺栓最大提供15t密封力，32个液压螺栓提供480t总密封力。开盖时先注入液压油将液压螺栓卸载，使总密封力降为20～50t，再通过油缸驱动阀板切换，切换完成后，停止向液压螺栓供油，液压螺栓弹簧自动加载至480t，完成阀板的密封。平板阀式自动底盖机采用金属硬密封，在上阀座密封面开有环槽，通入蒸汽进行辅助密封，确保密封可靠无泄漏，密封面进行氮化、堆焊等表面硬化处理，以提高密封性能和使用寿命。平板阀式自动底盖机阀腔为常压，左右护罩下方接有排污管，切换时进入阀腔的污水通过此管排至下方焦池，阀腔如有结焦可在线清理。采用带导流管的侧进料方式，不再拆卸进料管，进料时焦炭塔温度分布比较均匀(见图2)。平板阀式自动底盖机采用机、电、液一体化设计，且设有“允许开盖”的联锁信号，只有DCS系统“允许开盖信号”传来，系统才能进行工作，否则系统无法进入工作状态，极大地避免了误操作。

图2 新式平板阀式自动底盖机

2 平板阀式自动底盖机运行情况

自将半自动底盖机更换为平板阀式自动底盖机以来，阀板、阀座密封达到防止泄漏的要求；开、关盖时间基本控制在5min之内。目前该设备操作在距塔口约5m远的远程操作柜上进行，操作人员的安全得到了保障，劳动强度大大地降低，缩短了开、关盖的时间。液压螺栓的表面温度30℃。经历多次切换塔生产试验，未见由于高温密封元件造成失效。操控上采用按钮远程操作，工作状态均有显示，操作简单，对操作人员要求低。焦炭塔平板阀式自动底盖机采用模块化设计，易损件更换容易；阀腔为常压设计，可随时打开进行维护、清理，有效保证长周期运行。在运行期间，也出现了一个问题：自动底盖机进料短节与焦炭塔进料线法兰连接无需拆下，但当除焦时，高压水携带焦粉及焦块经常进入焦炭塔进料线，将进料线、给水给汽放线及放水线堵住(见图3)，直接影响以后的冷焦及放水操作，经过观察分析，决定在除焦作业时启用冷焦水流程，这样即使除焦时焦粉及焦块进入进料线，也会被冷焦水带出进入焦池从而保证进料线的畅通。目前，这个问题处理得当，没有影响装置生产。

图3

3 平板阀式自动底盖机与半自动底盖机的比较

3.1 操作时间的比较(见表1)

表1 操作时间比较

序号	项 目	自动底盖机	半自动底盖机
1	拆卸下法兰盖时间	4min	45min
2	清理法兰盖的焦粉时间	无需清理	30min
3	安装下法兰盖时间	4min	40min

在生产中，人工拆卸、安装底盖法兰螺栓的时间通常共计约为115min，并要考虑各种条件，如冷焦水是否放尽、塔内压力的高低等，防止工人受伤害。要安排预留时间，工艺预留时间为2h，采用自动底盖机，正常的开启和关闭时间各为4min，开盖温度也可以从80℃提高到100℃左右，并且可以带水开盖，这样，又能节约时间1h左右，为缩短生焦周期、提高装置处理量提供了设备保障。

3.2 能耗的比较

由于平板阀式自动底盖机可以实现远程操作，开盖温度可以从80℃提高到100℃，大大地减少了冷焦水量，每天节约冷焦水约500t；平板阀式自动底盖机配置两台液压泵电机(一开一备)，电机功率12kW/h；原半自动底盖机配置两台电机(油泵和行车电机)，电机功率4×2kW/h；即平板阀式自动底盖机与原半自动底盖机相比几乎没有增加能耗。

3.3 人工成本的比较

焦炭塔法兰盖原来采用人工手动拆装螺栓、起吊移位、开关盖，原需4人操作，现采用平板阀式自动底盖机只需2人操作，大大地节约了人工成本。

3.4 社会效益的比较

采用平板阀式自动底盖机技术，可以提高装置操作的安全性，改善劳动环境，减轻劳动强度，提高装置对原料的适应能力和自动化水平，提升延迟焦化生产的HSE水平。平板阀式自动底盖机是在密闭情况下完成除焦，不会使平台上冷焦水四溢，同时焦粉、焦块也不会污染平台，而是直接进入焦池。这对于保持现场干净、整齐特别有效。使用平板阀式自动底盖机后，可大大缩短除焦时间，延长焦炭塔的预热与冷焦时间，有利于焦炭塔的生焦环境，使焦炭塔安全生产。

4 结论

平板阀式自动底盖机均采用远程操作，开盖时塔内冒出的有毒气体、高温蒸汽、未排尽的高温水等不与操作人员直接接触，保证了操作人员的人身安全，减轻了操作人员的劳动强度。使用证明：焦炭塔平板阀式自动底盖机完全满足延迟焦化装置的使用要求；平板阀式自动底盖机具有可靠的密封性、安全性，且具有安全联锁功能，可有效防止误操作；且能提高延迟焦化装置的自动化水平，保证了装置安全生产，改善了工人劳动环境与劳动强度，缩短生焦周期，为今后装置的挖潜改造、提高经济效益创造了条件。

(中国石油大港石化分公司第一联合车间 刘明冲，韩巍，佟宏伟，张聪)

71. 挤压造粒机故障原因分析与对策

2010年聚丙烯装置生产负荷不高，1~11月产量8.2×10^4t，除去检修停工的39天和平常停车的130h，挤压机平均负荷11.8t/h。最大负荷出现在11月份，为13.9t/h，接近机组扩能后的最大负荷。大检修时对机组本体检修不多，主要检修项目集中在挤压机的上下游设备，挤压造粒机本体只检修了开车阀。2010年运行周期较长的有两次：2月24日至3月25日停工检修，共运行30天；6月27日至7月31日，共运行35天。其余运行周期不超过20天，全年故障停车25次。停车时间最长的出现在6月27日，因晃电造成W801电机变频器故障，因无备件，共停车23.5h，期间包粉料维持聚合低负荷生产。其他的停车没影响装置生产。

1 全年故障停车汇总

2010年挤压机故障停车25次，累计停车时间130h。表1是2010年挤压造粒机组故障停机的汇总表。

表1 聚丙烯装置2010年挤压造粒机停机汇总

序号	日 期	停车原因	停车时间/h	原因分类
1	2月6日	缝隙背压高	9	设备
2	2月22日	电网晃电	1.5	电气
3	2月24日	电网晃电	2	电气
4	5月13日	挤压机下游故障	9	仪表
5	5月16日	挤压机下游故障	6	仪表
6	5月18日	缝隙背压高	6	设备
7	5月27日	挤压机下游故障	11	仪表
8	6月5日	D805转速低	2.5	仪表
9	6月27日	电网晃电	23.5	电气
10	7月31日	Z802料位高	3.5	生产
11	8月7日	Z802料位高	2	生产
12	8月18日	Z802料位高	3	生产
13	8月24日	热油单元不加热	10.5	仪表
14	9月11日	Z802料位高	2	生产
15	9月16日	缝隙背压高	6	设备
16	10月4日	Z802料位高	3.5	生产
17	10月8日	Z802料位高	0.5	生产
18	10月13日	Z802料位高	2	生产
19	11月2日	缝隙背压高	3	设备
20	11月10日	Z802料位高	1	生产
21	11月15日	缝隙背压高	1	设备

续表

序号	日　期	停车原因	停车时间/h	原因分类
22	11月16日	缝隙背压高	1	设备
23	12月8日	切粒机脱开报警停车	8	仪表
24	12月11日	齿轮泵电机控制盘电气故障	6	电气
25	12月13日	Z802音叉报警器故障停车	4	仪表

2　故障停车原因分析

从以上历次故障停车的原因可以看出，停车原因可分为5种原因，分别引起的停车次数见表2。

表2　故障停车原因与停车次数

序号	停车原因	引起的停车次数
1	挤压机料斗Z802料位高	8
2	筒体缝隙背压高	6
3	仪表、电气原因	5
4	供电电网晃电	3
5	挤压机下游PK802单元故障	3

下面对以上五种原因作简要分析。

2.1　挤压机料斗Z802料位高

引起挤压造粒机停车次数最多的原因就是挤压机料斗Z802料位高。这与设备结构有关，为了防止异物进入挤压造粒机，在挤压机料斗Z802内部装有滤网，当异物过多，在滤网上堆积，使聚丙烯粉料在Z802内堆积到一定高度，引发Z802料位音叉报警，就会引起造粒机联锁停车。每次Z802料位高报警停车后打开Z802，都发现有大量聚丙烯皮条料。检查皮条料的来源，发现聚丙烯粉料中夹杂皮条料，是在聚合单元产生的。进一步调查发现：每次聚合反应不好时就会出现大量皮条料，聚合反应不好与丙烯原料性质有高度关联性。经调查得出的结论是：丙烯原料变差时引起聚合反应变差，反应变差产生皮条料，皮条料在Z802料斗积存引起造粒机停车。

2.2　筒体缝隙背压高

挤压造粒机的挤压机部分由筒体和螺杆构成，其中转动的螺杆位置固定，螺杆外面的筒体是可以移动的。筒体的移动由一套液压油缸完成，有一套独立的液压油单元给油缸供油。筒体的移动是双向的，向螺杆末端移动会使螺杆与筒体间的缝隙增加，反之缝隙减小。一般情况下，生产负荷高时，要手动增加缝隙大小，负荷小时，要手动减小缝隙。生产稳定时，缝隙大小基本恒定，筒体的位置由液压油缸固定，因螺杆的挤压力通过聚丙烯树脂作用在筒体上，会使筒体缝隙产生增加的趋势，这时液压油要产生压力，使筒体位置不变，这时的液压油压力称谓“缝隙背压”。在挤压机处理量突然增加时，作用在筒体上力也会增加，这时缝隙有增加的趋势，为使缝隙恒定，液压油压力要增加，当压力增加到40MPa(正常在15~25MPa)，会触发联锁停车，这个联锁一般称为“缝隙背压高停机”。一般情况下，造粒机的上游单元——加料系统由计量秤控制均匀地给造粒机供料，但当管线挂壁或排气不畅时会造成供料突然增加，“缝隙”来不及调节，造成缝隙背压高停车。还有一种情况，当操作人员大幅调整造粒机负荷时也可能造成缝隙背压高停车。这一联锁停车原因一般发生在造粒机负荷较高时。

2.3 挤压机下游PK802单元故障

PK802是把挤压造粒机生产的聚丙烯产品输送到成品料仓的一套风送单元，该单元一旦停运，会造成造粒机生产的产品无法进入料仓，所以这里设计了一个联锁：挤压机下游PK802单元故障停车将引起挤压造粒机停车。在2010年大检修时，PK802单元的控制软件进行了升级更新，5月2日，造粒机检修后开车，5月13日、16日、27日在半个月时间内连续停车3次，仪表人员与软件供应商在每次停车后不断调试程序，最后发现停车时的报警顺序是：电气来的C804风机停车反馈信号先报警，约500ms后仪表控制系统再发出停C804的命令。可以确定是电气来的运行信号消失或电气元件误动作导致C804直接停车；C804的停车联锁导致造粒停车。

电工检查并更换了辅助接点后，造粒自5月26日重新开车至今，未再发生挤压机下游PK802单元故障停车。

2.4 供电电网晃电

供电电网晃电造成造粒机停车，有一次是厂外供电线路出现故障，有两次是厂内供电系统故障，这两种情况属外部原因，不是机组本身造成的。

2.5 其他原因

还出现了几次仪表电气方面的低概率事件：有两次是量探头位置松动造成D805转速消失和切粒机脱开报警停车；一次是热油单元PLC故障，一次音叉料位计故障；还有一次是齿轮泵电机控制盘电气故障。这几次孤立事件反映出同一个问题：元件老化，到达使用寿命。

3 处理措施

针对以上原因，我们采用如下的措施，以保证机组下一周期的长周期运行。

3.1 稳定聚合单元的生产

丙烯原料对聚合反应的影响很大，原料硫含量超标时，聚合反应变差，产生大量无规物，在管线输送过程中产生皮条料，造成挤压机料斗Z802积料，引起高报停车。所以上游装置控制好来料丙烯的质量，聚丙烯装置维护好丙烯精制单元的正常运行，使进入反应器的丙烯各项指标在控制范围以内，在聚合过程中不产生皮条料，从根本上解决皮条料的问题。

3.2 在线清理Z802滤网

当聚合反应变差，皮条料已经产生，为了不造成挤压造粒机停车，可以加强对Z802的巡检，定期在线清理Z802滤网。清理时必须把造粒机负荷降到每小时10t，在低负荷下物料不会从料斗内溢出，人工清理时也减少物料对手臂的冲击，同时低负荷时下料波动不至于引起挤压机停车。

3.3 定期排抽吸粉末，确保抽吸系统通畅

抽吸不畅时，系统内的粉末在管线内积存，到达一定的重量时会突然落下，如果此时挤压机负荷接近满负荷，加上突然滑落的细粉料就会使挤压机超负荷，引起“缝隙背压高停车”。所以，每班必须从管线和过滤器底部排放抽吸系统收集的粉末，防止粉末堵住水平

管，引起抽吸管线不畅，造成缝隙背压高停车。

3.4　电气、仪表分批次更换易损元件

自1998年8月份聚丙烯装置开工已经12年了，仪表、电气大部分易损件已经到了使用寿命，故障率较高，电工车间、仪表车间已经作好了配件更新计划，逐步实施后可减少仪、电原因引起的故障停车。

3.5　控制加工量平稳，减少高负荷生产的风险

在高负荷时，因“缝隙背压高停车”次数明显增加，为了避免挤压机在短时间内必须处于高负荷生产的状态，应该尽量平均安排产量，尽可能地使中间料仓D802处于低料位，在聚合高负荷生产运行时，用料仓来平衡挤压机的处理量，避免短时间内挤压机必需高负荷生产带来的故障率高。

（中国石化济南分公司聚丙烯车间　谢经伟）

第七章　其他泵类维护检修案例

72. 大硫磺 P2801 磁力泵故障处理

磁力泵属于无泄漏流体输送泵，相比于常规意义上的离心泵，无轴端动密封部件，而具有无泄漏、维护和检修工作量小的优点。洛阳石化新建 8×10^4t/a 硫磺回收装置，其原料水中由于含有大量 H_2S 及 NH_3 等有毒有害物质，选用了杭州大路公司生产的 MDCE100-80-400 型磁力泵，以满足装置安全生产要求。

在 2012 年 7 月装置开工过程中，该泵多次出现开车过程中出口压力剧烈波动、推力轴承及径向支撑轴承磨损碎裂、泵无法正常切换等故障，不但增加了设备运行成本，还极大地影响了装置的开工进度。

1　磁力泵的结构及故障现象

磁力泵相对于普通离心泵主要增加了内磁钢总成、外磁钢总成及隔离套等结构，当电动机带动外磁钢总成转动时，磁场能穿透气隙和非磁性物质，带动与叶轮相连的内磁体总成同步旋转，实现动力的无接触传动，将动密封转化为静密封，由于泵轴和内磁体总成被泵体和隔离套完全封闭，从而彻底解决了有毒有害介质通过机械密封泄漏的安全隐患。

P2801 在装置开工过程中接连出现出口压力在 1.7～2.2MPa 之间剧烈波动，运行 2～3min 后电机跳闸停机故障，停机后盘车发现设备有摩擦声，判断为内转子部件轴承损坏。设备拆检后发现设备前后止推轴承及前后径向止推组合轴套推力端面发生炸裂，径向轴承有干摩擦痕迹，叶轮、叶轮口环磨损严重。

2　故障原因分析

针对设备运行情况，从设备设计工况与实际工况、内转子润滑情况以及内转子承受的轴向力等方面对故障进行原因分析。

2.1　设备设计工况与实际工况的对比

根据设备资料显示，泵的设计工况数据见表 1。

表 1　泵的设计参数

操作介质	原料水	操作温度/℃	40
腐蚀成分和浓度/($\times10^{-6}$)	H_2S 25000，NH_3 24000	操作温度下密度/(kg/m^3)	975
入口压力/MPa	常压	出口压力/MPa	1.59
扬程/m	161	有效汽蚀余量/m	3.4
流量/(m^3/h)	额定 124	最小连续流量/(m^3/h)	46

现场由 2 台原料水罐向原料水泵提供介质，泵启动时介质液面高度(相对于泵入口)为 8m，介质中 H_2S 含量约为 1.8×10^{-3}、NH_3 含量约为 1.2×10^{-3}，泵的流量为 $62m^3/h$，出口压力在 1.7MPa 至 2.2MPa 之间剧烈波动。

从泵的实际工况与设计工况对比来看，泵的入口压力、流量、易挥发性介质的苛刻程度均低于设计要求，是能够满足装置生产需要的。

2.2　内转子轴承及润滑情况分析

针对这种型号的泵结构设计进行研究和分析，该泵的设计是在靠近内磁钢的一端和靠近叶轮的一端各装了一组滑动轴承，滑动轴承组由径向轴承、径向推力组合轴套、止推轴承、轴套组成，径向轴承、径向推力组合轴套及止推轴承材质均为碳化硅。碳化硅是用石英砂、石油焦(或煤焦)、木屑等原料在电阻炉内经高温冶炼而成，其硬度介于刚玉和金刚石之间，机械强度高于刚玉，性脆而锋利，大量实验表明，碳化硅是目前摩擦副中最优秀的材料之一。在工程实践中，大部分的磁力泵均采用碳化硅作为内转子的摩擦副，由此可见，该泵采用碳化硅作为内转子轴承的摩擦副材料是符合实际要求的。

根据设备拆检情况，两组滑动轴承各摩擦面均出现炸裂，且内磁钢侧破坏情况更为严重；两组径向轴承处均出现摩擦面干摩擦划伤痕迹。根据碳化硅性能较脆且导热性能较差的特点，判断轴承损坏原因可能由内转子向泵入口方向承受了过大的轴向力以及摩擦面润滑情况较差，出现干摩擦造成的。

设备内转子轴承润滑流向情况如图 1 所示。

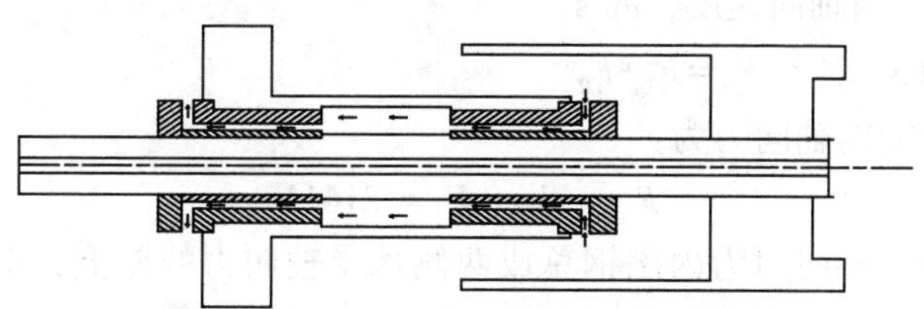

图 1　磁力泵内转子轴承润滑流向示意图

根据设备结构图及内转子轴承润滑流向图可以看出，内转子轴承是靠介质润滑来完成。泵叶轮出口端高压介质经由泵压盖上下位置两个引流孔进入内转子腔体，介质自内磁钢侧推力轴承处进入，经由内磁钢侧径向轴承、叶轮侧径向轴承从叶轮侧止推轴承处流出，对内转子轴承提供润滑。

从轴承布置结构来看，两侧止推轴承与起润滑作用的介质能够完全接触，其润滑效果良好，不会因运行条件的变化而变化；而径向轴承则可能出现在泵运行过程中因轴承摩擦后产生热量过大使易挥发性介质 H_2S 及 NH_3 汽化，导致径向轴承润滑不良出现干摩擦现象。

2.3　内转子轴向力分析

从对内转子润滑情况分析来看，止推轴承的损坏应主要是由其承受了过大的轴向力或频繁承受冲击载荷所导致的，根据磁力泵的结构图可以看出，内转子承受的轴向力主要由介质对叶轮入口冲击以及叶轮和内磁钢总成因两端介质压力差而产生的轴向力合成产生，下面对其进行计算。

2.3.1 设计工况下的轴向力计算

根据相关资料提供的轴向力计算方法，忽略叶轮口环泄漏的影响，利用式(1)可计算叶轮轴向力：

$$F_1 = \rho g \pi (R_{m2}^2 - R_{m1}^2) \left[H_p - \left(- \frac{R_{m2}^2 + R_{m1}^2}{2R_2^2} \right) \frac{U_2^2}{8g} \right] \tag{1}$$

式中 ρ——介质密度，kg/m^3；

g——重力加速度，m/s^2；

R_{m2}——叶轮背部密封环半径，m；

R_{m1}——叶轮入口密封环半径，m；

H_p——叶轮扬程，m；

R_2——叶轮外径的半径，m；

U_2——叶轮外径圆周速度，m/s。

根据实际测量结果 $R_{m2}=0.085$m. $R_{m1}=0.075$，$R_2=0.1925$，可得：

$$F_1 = 8110\text{N}$$

利用式(2)可计算出叶轮的反动力：

$$F_2 = \rho QV \tag{2}$$

式中 Q——叶轮入口流量，m^3/s；

V——叶轮进入前轴向速度，m/s。

可得： $F_2=51$N $F_A=F_1+F_2$

由此可得叶轮承受的轴向力为：

$$F_A = F_1 + F_2 = 8161\text{N} \tag{3}$$

内磁钢总成承受的轴向力为内磁钢总成两侧承受轴向力的差值，不考虑轴心回流孔的影响，则可认为内磁钢总成两侧承受压力均为泵的出口压力。则有：

$$F_B = P\pi r^2 \tag{4}$$

式中 P——泵出口压力，MPa；

r——内磁钢总成与内侧止推轴承接触部轴肩半径，m。

实际测量 $r=0.04$m，则可得 $F_B=7992$N。

内转子所承受的轴向力为：

$$F = F_A - F_B = 169\text{N} \tag{5}$$

此时力的方向为从泵入口指向电机侧。

2.3.2 实际运行极端工况下内转子轴向力计算

泵实际运行中出口压力一直在 1.7MPa 至 2.2MPa 之间剧烈波动，现计算泵出口压力在 2.2MPa 时内转子的轴向力，此时泵瞬时最大扬程达到 212m。

根据 3.3.1 的计算方法得出：

$F_A=10569$N，$F_B=11058$N，$F=F_A-F_B=-489$N。

此时力的方向为从电机侧指向泵入口侧。

从转子轴向力分析的结果来看，泵在正常工况下，内转子承受自泵入口至电机侧的轴向力 169N。在此位置时叶轮侧止推轴承受力，根据图 2 可以看出，参与轴承润滑的介质可以自内磁钢侧止推轴承与轴承座之间约 1mm 的间隙顺利进入径向轴承，并通过径向轴承向止推轴承提供润滑。当泵出口压力波动至 2. 2MPa 时内转子承受自电机侧指向泵入口侧的轴向力 489N，此时泵所承受的轴向力远远大于泵正常运行时的轴向力，并且参与润滑的介质只能通过内磁钢侧径向止推组合轴套推力端面的 6 道润滑导流槽(见图 2)为推力端面及径向轴承提供润滑，容易因润滑不足造成推力端面、推力盘炸裂及径向轴承干摩擦导致摩擦面损坏。

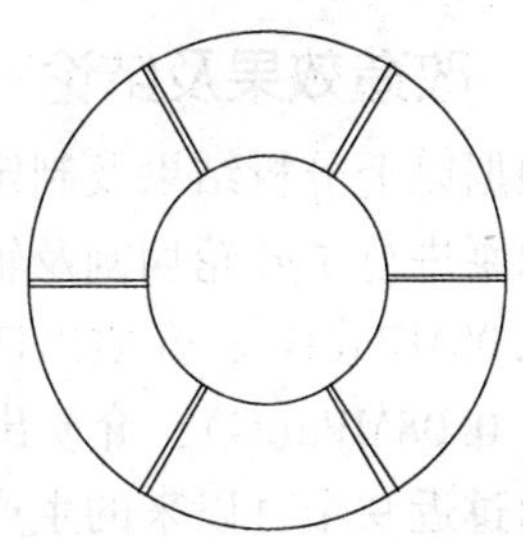

图 2　径向止推组合轴套推力端面结构示意图

3　改造措施

通过上述对原料水泵产生故障原因的分析，其主要原因是装置开工期间因工艺条件限制，原料泵需卡阀操作保证泵低流量运行，造成泵出口压力剧烈波动引起磁力泵内转子承受的轴向力不断变化，止推轴承随之承受交变冲击载荷，其中内磁钢侧推力轴承承受的冲击载荷大于叶轮侧止推轴承承受的冲击载荷，这与设备拆检后观察到的实际情况相一致；而径向轴承摩擦面出现磨损的情况也说明内磁钢侧止推轴承承受轴向载荷以后，为径向轴承提供润滑的介质流量不能满足实际要求。

根据装置开工阶段原料水泵需持续小流量运行的特殊情况，结合设备实际，特制订了以下改造措施。

3. 1　切割叶轮

通过切割叶轮，可以有效降低原料水泵的扬程，减小出口阀处的介质流速，可以有效缓解因介质流速过高对管路系统造成的冲击，降低泵出口压力波动幅度，从而避免因磁力泵内转子轴向冲击载荷过大而损坏止推轴承。

根据厂家提供的泵数据表，该型号磁力泵叶轮的最大直径为 400mm，正常直径为 385mm，最小直径为 370mm，而该泵装配的叶轮直径为正常直径 385mm。为了不影响设备满足以后的装置生产需求，根据设备数据表的规定，将泵的叶轮直径由 385mm 切割至 370mm。

3. 2　对轴承体结构进行改造

在设备小流量运行的前提下，磁力泵出口压力波动只能降低，不能完全消除，内转子承受轴向交变载荷的情况将依然存在，为增强径向轴承的润滑效果，需对内转子轴承体结构进行改造。在轴承体轴向中心位置，在正上方和正下方各钻 1 个 $\phi6$ 的孔(见图 3)，将润滑介质直接引入径向轴承部位对其进行润滑。

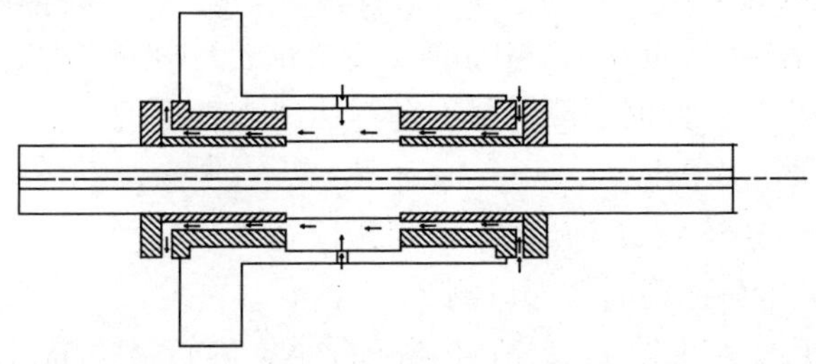

图 3　改造后润滑介质流向示意图

4 改造效果及结论

根据以上分析结果及制定的措施，分别于 2012 年 8 月 12 日、15 日对 P2801A/B 两台原料水泵进行了叶轮切割及轴承体改造，改造后设备运行参数为：流量 $61m^3/h$，介质入口压力 0.08MPa(G)，介质出口压力在 1.7~2.0MPa 之间波动；流量调整至 $80m^3/h$，介质入口压力 0.08MPa(G)，介质出口压力在 1.4~1.5MPa 之间波动。

通过近 9 个月以来的生产运行情况来看，原料水泵改造以后，不仅能满足装置开工这一特殊时期的需求，也能适应装置长期平稳运行的需要。本次改造不但节省了大量的维修与配件成本，而且在磁力泵运行与维护方面积累了有益的经验。

（洛阳三隆安装检修有限公司　白聪俐）

73. GP320 齿轮泵减速箱齿轮故障原因分析

10×10^4t/a 聚丙烯装置 CMP230X-12AW 型螺杆挤压造粒机组由日本制钢所制造。该机组投入使用一段时期后，发现其 GP320 熔融齿轮泵减速箱第五节齿轮齿面出现疲劳点蚀剥落，并有进一步扩大趋势，导致减速箱在高温环境及大负荷工况下，其运行振动和噪音明显增加，机组运行参数较以前明显恶化，能耗上升，严重影响机组的安全平稳运行。

点蚀剥落齿轮出现在图 1 中 g5 主动小齿轮面上，剥脱小坑分布在整周齿轮齿面上，且有 13 处较明显的大小不一的剥脱点，其中最大的剥脱小坑尺寸有 12mm×12mm×2mm 大，而与其啮合的大齿轮及其他啮合齿轮均较完好。

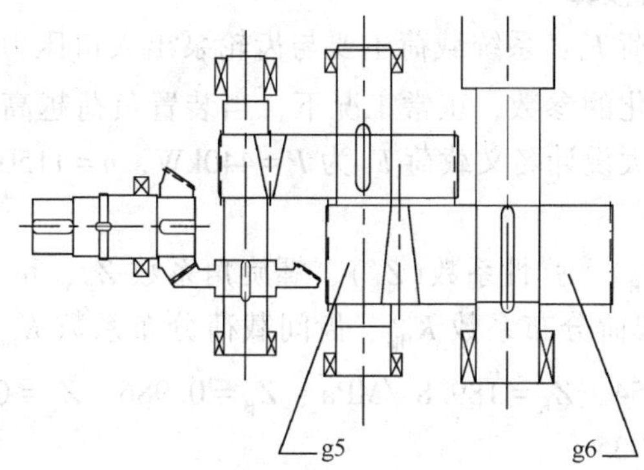

图 1　减速箱结构简图

1　齿轮泵简介

GP320 熔融齿轮泵用于接收从混炼机开车阀流出的熔融聚合物，并给聚合物加压，使其通过换网器，然后从模板中挤出以便造粒，在“自动”模式下操作时，系统测量齿轮泵入口压力并据此控制齿轮泵转速，故在不同生产负荷(聚合物流量)下，齿轮泵电机转速可在 115~1150r/min 范围内自动调节。因此齿轮泵转速与生产负荷成正比，除非是进料速度降低使入口压力下降，否则不要降低泵的转速。

三级单螺旋密闭齿轮减速器，其型号为 TRS95-LH，主要技术规格如下：传递功率为 440kW；输入轴转速为 115~1150r/min；输出轴速度为 5. 1~51r/min；减速比为 1∶22. 545；润滑方式为油浴润滑；使用润滑油为 ISOVG220。

2　故障齿轮主要技术参数

故障啮合齿轮主要技术参数见表 1。

表 1　齿轮主要技术参数

g5	模数 m_n	12	齿数 z_1	22	中心距 $a\pm f_a$	518±0. 040
	h_a	12	精度等级	8	表面粗糙度 R_z	12. 5μm
	材料	SCM420H	热处理	渗碳淬火	分度圆螺旋角 β	13°21′2″
	变形系数	$x_1=x_2=0$	齿宽 b	232	分度圆压力角 α	20°
g6	齿数 z_2	62	材料	SCM440	减速比 i	2. 8182

3 齿轮疲劳点蚀故障原因分析

接触疲劳点蚀是润滑良好的闭式齿轮传动常见的一种失效破坏形式。其点蚀机理为：齿轮接触表面在交变应力反复作用下，在节线附近靠近齿根部分的表面上，会产生若干小裂纹，封闭在裂纹中的润滑油，在压力作用下产生契挤作用而使裂纹扩大，最后导致表层小片状剥脱。由此可知，接触应力水平的大小是齿轮产生疲劳点蚀的关键和主要原因。

由于齿轮过早出现疲劳点蚀，则应校核其接触疲劳强度。

3.1 齿轮接触疲劳强度判别标准

根据 ISO6336，对于外啮合圆柱齿轮，其齿面接触强度条件为：$\sigma_H \leqslant \sigma_{HP}$。

3.2 影响疲劳强度因素分析及校核计算

根据 ISO6336，对影响齿轮接触疲劳强度各参数分析计算如下。

3.2.1 齿轮接触应力核算

（1）齿轮最大名义载荷 F_t：系统载荷主要与齿轮泵出入口压力、流量、树脂熔融状态等有关，是一个随时间变化的参数，正常工况下，当装置负荷越高，齿轮泵转速越大，消耗的功率也越大。因此最大设计名义载荷 F_t 为 $P=440$kW，$n=1150$r/min 时的载荷。故有：$F_t=26930$N。

（2）节点区域系数(Z_H)、弹性系数(Z_E)、螺旋角系数 Z_β、重合度系数 Z_ε、使用系数 K_A、动载系数 K_V、齿向载荷分布系数 $K_{H\beta}$、齿间载荷分布系数 $K_{H\alpha}$ 是与时间无关的参数，查表取数核算为：$Z_H=2.54$、$Z_E=189.8\sqrt{\text{MPa}}$、$Z_\beta=0.986$、$Z_\varepsilon=0.786$、$K_A=1.75$、$K_V=1.17$、$K_{H\beta}=2.54$、$K_{H\alpha}=1.35$。

（3）由此可以代入公式计算 $\sigma_{HO}=Z_H Z_E Z_\beta Z_\varepsilon \sqrt{\frac{F_t}{d_1 b}\times\frac{u+1}{u}}=284.95\text{MPa}$。

小齿轮齿面接触应力 $\sigma_{H1}=Z_B \sigma_{HO}\sqrt{K_A K_V K_{H\beta} K_{H\alpha}}=753.4\text{MPa}$ 。

3.2.2 齿轮许用接触应力核算

（1）σ_{Hlim}：对于渗碳淬火钢齿轮接触疲劳极限取 $\sigma_{Hlim}=1300$MPa。

（2）查表核算寿命系数 Z_{NT}、润滑油系数 Z_L、速度系数 Z_V、粗糙度系数 Z_R、齿面工作硬化系数 Z_w、接触强度尺寸系数 Z_x、最低可靠度系数 S_{Hmin}，并核算值分别为：$Z_{NT}=0.93$、$Z_L=1$、$Z_V=0.92$、$Z_R=0.95$、$Z_w=1.0$、$Z_x=0.94$、$S_{Hmin}=1.25\sim1.3$。

（3）代入公式计算许用接触应力为：$\sigma_{HP}=\sigma_{Hlim}Z_{NT}Z_L Z_V Z_R Z_w Zx/S_{Hmin}=771.6\text{MPa}$。

3.2.3 齿轮点蚀剥落结论

通过以上分析计算可知，$\sigma_{H1}=753.4\text{MPa}\approx\sigma_{HP}=771.6\text{MPa}$，齿轮接触应力与许用应力基本接近，在设计寿命时间内由于出现接触疲劳而导致齿轮故障损坏，由于设计许用应力与齿轮的接触应力接近，相互啮合配对 g6/g5 齿轮，在相同载荷的条件下，小齿轮 g5 由于转速高及载荷的波动诱发和推进疲劳点蚀剥落的发生。

4 故障处理

由于点蚀是润滑良好的闭式齿轮常见的故障，且大量的实践证明齿轮点蚀后仍可长周期运行，但齿轮点蚀后也会使齿轮有效接触面积减小，齿面单位载荷增大，影响传动的平稳，增加能耗，产生振动和噪音，甚至不能工作，严重时会使齿轮断裂而发生重大事故。

在发现齿轮疲劳点蚀剥落后，加强对减速箱运行监控和故障原因分析的同时，及时联系了制造厂家，反馈了齿轮故障情况，并及时订购配件，严格把好配件质量关，利用装置大检修机会，针对齿轮主要故障，对减速箱进行了检修，更换存在缺陷的一对齿轮后，齿轮泵运行正常。

5　预防措施

因齿轮泵的特征参数 Z_L、Z_V、Z_R、Z_w、K_V、$K_{H\beta}$、$K_{H\alpha}$、F_t 等随着使用时间的延长而发生变化，并进一步影响齿轮疲劳寿命。为了防止齿轮发生类似故障，因此针对这些参数，加强检测控制，是延长齿轮寿命、避免事故发生的主要手段。

（1）加强操作维护，特别是对齿轮泵载荷的监控。载荷主要与生产负荷、树脂熔融状态等有关，由齿轮泵出入口压力、电流、转速等参数来表征。因此操作中应确保这些参数的平稳。要控制好树脂熔融温度，特别是开车前要将各参数调节到理想状态，严格按照操作规程进行操作控制，防止启动及加载时产生较大的冲击和载荷，保证系统负荷平稳，防止超载和冲击载荷是提高齿轮残余寿命、搞好安全平稳操作的重要一环。

（2）搞好系统维护检修及状态监控。定期检查轴承游隙及齿轮表面磨损情况，联轴器的对中和润滑情况，定期检测系统运行的振动和噪音，对机组的运行进行有效的监控。

（3）定期检查化验润滑油品，并进行铁谱分析，了解齿轮磨损情况。针对润滑油使用情况，及时更换润滑油。加强润滑油的冷却，确保润滑油的黏度在要求范围内，防止水分和杂质的存在，给齿轮一个良好的运行环境。

6　结论

以 ISO 6336 为依据，通过理论计算分析，确定了齿轮泵减速箱齿轮过早出现疲劳点蚀剥落故障的主要原因为：载荷的波动，特别是超载诱发和推进了小齿轮疲劳点蚀剥落的发生。齿轮材料或加工过程的缺陷，导致材料的极限应力 σ_{Hlim} 降低是故障产生的主要原因。针对故障主要原因及影响齿轮疲劳寿命主要因素，及时进行了检修处理，提出了有效的防患措施，在实践中取得了较好的效果。

（中国石化长岭分公司机动处　李永升）

74. 立式轴流泵故障分析和改进措施

某雨水泵站主要负责所辖区域雨水和部分处理合格污水的排放，同时担负区域内防汛任务。2008 年泵站增加同类型立式轴流泵五台，具体参数如下：型号为 900ZLY-9，流量为 11000m³/h，扬程为 10.8m，效率为 86%，转速为 595r/min，配套电机为 450kW。交付投用后，五台机组先后出现机组振动大和填料函泄漏严重现象，经过近三年的努力，分析出五台轴流泵故障原因并加以改进，现轴流泵基本能稳定运行，保证正常排水。

1 运行中水泵和电机振动大

1.1 问题现象及原因分析

轴流泵安装完成后，试运行过程中发现五台电机均存在较大幅度的摆动。随即对机组进行了振动状态监测，选取 9[#]机组数据为例，如表 1 所示(其余四台机组同 9[#]机组数据类似)。根据 API 610 的规定：低转速立式泵振动值不大于 5mm/s。对照表中的测量数据可知，机组振动均超出标准 0.5~1.4 倍不等。

导致轴流泵机组振动大的可能原因很多，零部件损坏、安装不规范、运行环境恶劣等各个因素都有可能造成机组振动的偏高。由于问题原因并不明朗，我们采取了排除法来确定导致问题的根本原因。

首先是零部件损坏：该五台轴流泵由于是项目新增设备，分别经过了三方的出厂检验、五方的现场开箱检验以及安装后的设备静态验收，均未发现问题，因此可排除加工制造过程中、运输途中以及安装过程中出现零部件缺陷及损坏的可能性。

其次是运行环境恶劣：虽然该泵是初次运行，但是为了确保原因排查彻底，我们对水泵集水池、水泵吸水喇叭口以及叶轮等进行了清理和检查，未发现影响机组稳定运行的缠绕物等杂物，因此排除运行环境对机组运行的影响。

通过对各种可能因素的排除，最终将重点落在了机组安装上。由于机组的传动轴较长(6m)，并且分成了三段，中间联轴器采用的是刚性联轴器，纠偏性能差，机组安装过程中水平度稍有偏差，便会导致不对中现象。因此，重新校对安装数据被确定为解决此次问题的切入口。另外，电机启动的瞬间，在启动扭矩的作用下，电机出现明显的圆周方向的扭动，表明支撑电机的花篮支架刚性存在不足，需要一并解决。

表 1 改进前机组振动状态监测值

测量点 \ 项目	水泵/(mm/s)			电机/(mm/s)		
	水平	垂直	轴向	水平	垂直	轴向
1	9.5	8.1	7.8	8.4	7.6	9.6
2	10.6	9.5	12.2	10.3	9.8	17.5
3	8.1	7.2	6.9	9.1	9.2	10.5

1.2 解决措施

通过以上的排除法分析，我们对机组的安装数据进行了核实，并结合厂家提供的数据，充分考虑超长轴、多节轴安装的难度和特点，重新制定了安装方案和验收数据，并确定了其中的关键环节如下：

(1) 将现有设备上层基础转动部件拆除至下主轴联轴器处，保证下主轴处于自然垂直位置。

(2) 用框式水平仪校验下主轴联轴器平面的水平，水平误差不大于 0.05mm/m。

(3) 吊装中间轴，吊装时测量中间轴的下端联轴器锁母与轴伸端平面的尺寸，调整锁母位置保证上下两轴装配后不出现轴端顶住现象，联轴器止口配合后，拧紧螺栓，检查联轴器两平面之间的间隙，确认间隙在各个方向上均匀。

(4) 测量上层基础底板开孔到轴外圆的距离，根据测量结果调整上层基础底板的位置，使上层基础底板开孔止口与轴同心，误差不大于 0.04mm/m，定位上层基础底板。

(5) 提升泵轴，保证泵下主轴提升 3~5mm，并用定位锁母紧固，保证盘泵转子轻松灵活，无磨卡现象。

(6) 装配电机联轴器至电机轴上，吊装电机使电机定位止口与电机座止口配合。

(7) 检查电机联轴器和泵轴联轴器的间隙是否均匀，外圆跳动是否在允许范围内。

另外，针对花篮支架刚性不足的问题，我们通过补板、减小筋间开孔面积、增加斜拉筋等方式提高了支架刚性，用来缓解电机的抖动问题。

1.3　改进效果

经过新的安装方案实施和支架改造后，我们对机组进行了试运，机组测量振动值保持在 5mm/s 以下，基本符合符合振动标准，见表 2。

表 2　改进后机组振动状态监测值

项　目 测量点	水泵/(mm/s)			电机/(mm/s)		
	水平	垂直	轴向	水平	垂直	轴向
1	0.9	2.7	1.1	2.9	3.5	2.3
2	2.2	4.5	3.8	5.0	3.8	4.4
3	0.8	0.3	0.4	3.0	3.2	2.5

2　填料函泄漏

2.1　问题现象及原因分析

以上轴流泵在重新调整安装后，运行稳定。但是，经过一段时间后出现了轴封严重泄漏的问题。初期根据经验对填料密封采取了压紧和更换等措施，问题得到缓解。但在随后的运行中，填料更换周期越来越短，由此判定填料磨损并不是导致泄漏的根本原因，随即对水泵进行了解体检查。

通过解体我们很快发现了问题的根源所在，如图 1 所示。图 1 所示部位为传动轴与填料密封接触的摩擦副部位。通过图片可以看出该部位已经出现了严重的腐蚀。因为摩擦副部位的材质是普通的 $45^{\#}$钢，水泵的间歇运行模式提供了干湿交替的加速锈蚀环境，因此导致了在运行一段时间后出现了图 1 所示的现象，从而大大降低了摩擦接触面的粗糙度，由此导致了运行过程中的填料过度、过快消耗，最终致使轴封处严重泄漏。

2.2　改进措施

通过对故障部位的分析，我们发现该水泵的设计并没有像其他常规设计一样，在摩擦

图1 摩擦副部位腐蚀严重

副部位设置轴套等易损件，因此并不能通过简单的更换轴套来解决问题。剖析问题根源，我们所要解决的有两个问题，一是摩擦副的粗糙度，二是摩擦副部位的防腐。通过对现有处理技术的经济性、可靠性对比分析，我们最终采取了摩擦副部位镀铬的处理方法，不仅耐腐蚀而且抗磨损效果明显，即经济又可靠，如图2所示。

图2 镀铬效果图

2.3 改进效果

通过实施以上改善措施后，不仅有效地延长了盘根的使用寿命，减少了填料的使用量，并且也大大降低了填料密封的泄漏量，有效阻止了污水在泵房内的环境污染。

3 总结

通过以上对轴流泵出现振动大和盘根泄漏严重原因分析，结合现场实际情况提出具体的改进措施并实施，轴流泵现运行状况良好。对于大型多段连接轴立式轴流泵机组，在安装过程中电机和水泵两部分水平度必须符合要求，上下两部分同心度应在规定范围内。根据水泵设计结构，分析得出造成填料函轴封泄漏的根本原因，结合经济可靠性原则，对泵轴摩擦副部分进行有效处理，保证了水泵机组安全、稳定、高效运行。

（中国石化天津分公司水务部　陈敏）

75. 往复式真空泵活塞杆两次断裂事故分析

大连石化公司酮苯脱蜡装置的操作员在巡检时发现运行中的一台 4L 真空泵声音异常，立即停泵解体检查，发现该泵低压缸活塞杆断裂、活塞破碎。经过抢修，更换了相应的损坏件后于次日下午开机运行，满负荷情况下各参数正常，但运行 1h 后，该真空泵又出现低压缸活塞杆断裂事故，另外十字头及连杆断裂、曲轴箱上部、看窗破碎。真空泵活塞杆在不到 24h 内，发生两次断裂，极大地影响了生产。虽经最后抢修，恢复了正常运行，但认真分析其连续发生事故的原因，对防止类似事故的发生有借鉴意义。

1 真空泵概况

事故真空泵为双作用水冷往复活塞式真空泵，型号 4L－50/0. 07，该泵的排气量为 50m^3/min，进气压力 0. 015～0. 03MPa，排气压力 0. 17MPa，进气温度≤40℃，排气温度≤160℃，低压缸活塞直径 450mm，活塞杆直径 45mm，最大允许活塞力 42kN，工艺介质为氮气 90%和不凝气（丁酮、甲苯），活塞材料为 ZL108，活塞杆材料为 45 锻钢。

2 检验

2.1 材料成分

活塞杆材料为 45 锻钢，活塞材料为 ZL108。实测两种材料化学成分符合相关标准的要求。

2.2 宏观断口

两次事故，活塞杆断后都变成两截。第一次断口，位于活塞杆与十字头连接螺纹退刀槽，靠近螺纹一侧；第二次断口，位于靠近十字头的光杆上，距十字头 135mm。图 1 是活塞杆两次断裂的宏观形貌，第一次断裂的活塞杆断口已经磨损，表面平滑，发出明亮的金属光泽，靠近直径的一端有高度 1mm 左右的凸起。第二次断裂的活塞杆断口局部有碰撞产

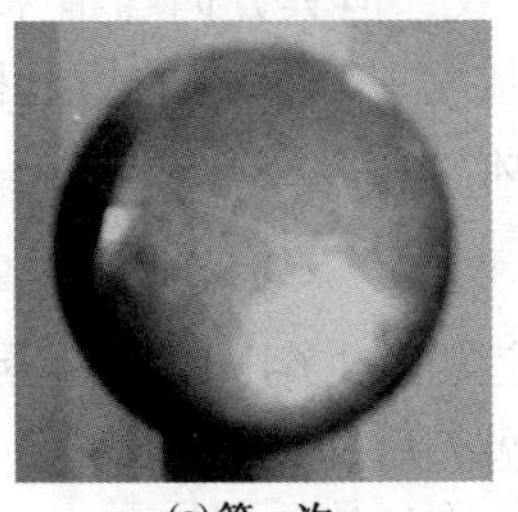

(a)第一次

(b)第二次

图 1 活塞杆两次断裂的宏观形貌

生的弧状机械损伤，无损伤表面呈“结晶状”，其上无明显宏观变形，断口亮灰色，呈金属光泽，没有剪切唇，非断口部分的直径为 45. 0mm，断后的直径为 44. 76mm，裂纹快速扩展造成的放射状特征呈扇状，扇轴在活塞杆的表面，该处为断裂源；加工非常光洁的活塞杆，在断口起裂区的另一侧，有严重拉伤的痕迹，使表面变得粗糙，二者对应关系较好；连在十字头较短的一截，微微弯曲，向断口终端区一侧倾斜，而与十字头连接的螺纹，则在断口起裂区一侧严重碰伤，碰伤处基本没有螺纹。

而第一次事故还导致活塞断裂，其宏观断口的宏观形貌如图 2 所示。其上无明显宏观变形，断口亮灰色，有明显结晶颗粒，呈金属光泽，没有剪切唇，裂纹快速扩展形成的放射状特征，指向中心部位黑色气孔疏松部位。断口局部机械损伤。活塞两个端面的厚度分别为 12mm 和 9mm，缺陷在较厚的端面上。

(a)活塞断后形貌

(b)缺陷

图 2　活塞断后宏观形貌

2.3　金相

从金相组织图中可见两次断裂的活塞杆的金相组织基本相同，杆的横截面边界与中心位置的组织不同，边界部位晶粒较细，中心部位晶粒较粗，可见或隐约可见针状形态，表明该组织为回火屈氏体。边界针状不明显，有小的针状或不规则形状的显微缺陷；中心部位，针状或板条状组织较明显，晶粒较明显，组织较均匀。估计活塞杆外加表面经过硬化处理，整体经过中温调质处理。取第二次破坏的活塞杆测硬度，杆的外表面的硬度为 HRC55，横截面靠近周边附近的硬度为 HRC28.5，中心部位位置的硬度为 HRC24。硬度与组织分析相对应，进一步说明活塞杆经过表面硬化处理。

从活塞材料金相组织图中可见明显的铸造缺陷，组织疏松，有气孔。

2.4　显微断口

观测样品取自第二次断裂的活塞杆靠近十字头一侧的断口，杆的表面沿杆的轴向多处存有深度为 0.5mm 的微裂纹，起裂部位没有疲劳条纹，紧邻表面硬化层的断裂特征为韧窝断裂，心部断裂特征为准解理。

第二次断裂的活塞杆虽然有轴向的表面微裂纹，但其方向与活塞杆断裂截面相垂直，说明该活塞杆的断裂与微裂纹关系不大，但不排除第一次断裂的活塞杆，由于采用相同的加工工艺，在断裂截面产生微裂纹，引发疲劳破坏。

3　应力

ϕ45 的活塞杆在最大允许活塞力 42kN 下的应力为 2.64MPa，经调质的 45 钢的拉伸强度为 600MPa。活塞的排气压力为 0.17MPa，活塞前后面的厚度为 12mm，中间虽为空腔，但有数条前后相连的加强筋，应力计算复杂，但考虑结构和使用压力，应力不大。

4　综合分析

断口分析排除了第二次破坏的活塞杆与活塞是由疲劳引起的。分析两次连续事故的产生原因，应从第一次事故的产生原因入手。

第一次破坏，由于断口已为金属光亮，失去失效分析的特征，只能根据结构与受力特点综合分析。经过了解，该真空泵的活塞杆已经使用了 11 年从未更换过，按每年使用 300 天计算，压缩机活塞杆已经过上亿次疲劳，远远超过疲劳的无限寿命 10^7 次以及活塞杆的设计使用寿命 24000h。虽然活塞杆通过活塞传递的最大允许活塞力不大，但加上惯性力、摩擦力，应力应大于计算的设计应力，加上实际结构非常复杂的影响因素，如材料、使用环境、构件结构、安装、振动等难以确定的因素的综合作用，有产生疲劳破坏的可能性。从宏观断口看，断口平整，没有肉眼可见的塑性变形，符合疲劳破坏的宏观特征，但疲劳破坏的断口一般分为疲劳源区、光滑区、粗糙区三部分，现有断口整个区域为光亮的，无法用传统的疲劳分区来判断是否是疲劳破坏。疲劳裂纹可能是由于位于螺纹与螺纹退刀槽根部的微裂纹扩展形成的。

第一次破坏的活塞杆的端部有小部分凸起，是断裂时形成的，还是在断裂后形成的，存在着疑问。从断后两部分的形貌分析，排除了断后该部分受外力碰撞形成的可能。小部分凸起很可能是活塞杆最后拉断形成的。活塞杆拉断后没有及时发现，曲轴继续动作，带动十字头上留下的一段活塞杆作往复运动，与活塞上剩下的那段活塞杆碰撞，使断口变得平滑，断口失去了快速断裂特征。由于曲轴转速为420r/min，在操作人员发现前的5~6min，两截断口经过2000余次碰撞，使断口平滑是完全有可能的。两截断口撞击形成的撞击力，传递到活塞和十字头上，使活塞破坏，并可使十字头和压缩机机体的某些部位产生未知的损坏。

第二次破坏发生在维修后开机的一个多小时，虽然活塞杆材料存在一定的缺陷，但按活塞杆的设计受力分析，不会发生短时间断裂，应该是在第一次活塞杆断裂后，引起机体的十字头、连杆等部件的某些位置变形和损伤，使活塞杆受到附加的外力，该力足够大，使活塞杆或机体的其他部位破坏。加工非常光洁的活塞杆，在断口起裂区的另一侧，处于活塞缸刮油环的位置，有严重拉伤的痕迹，使表面变得粗糙，说明该处受到垂直于活塞杆轴线方向的压力。如该拉伤是断裂后形成的，由于断裂后杆的周边相对自由，估计不会形成。除非十字头先变形，活塞杆安装后受了附加的弯矩，使活塞杆拉伤。第一次事故后，十字头变形，表明其中可能已经隐含缺陷，其存在可能是第二次事故的原因。

十字头隐含缺陷以致其首先损坏并使活塞杆断裂的一个证据，是断裂后较短一节的活塞杆的螺纹部分有非常严重的撞伤。这说明第二次事故十字头先破坏，活塞杆撞到尚在十字头导轨内保留的残缺十字头与连杆，导致活塞杆断裂。

5　结论

第一次活塞杆破坏是由微裂纹疲劳扩展引起的断裂。断裂后，没有及时发现，十字头与活塞杆碰撞，导致有铸造缺陷的活塞以缺陷为起裂源断裂；碰撞还导致十字头、连杆变形与损伤，其损伤没有及时发现，在活塞与活塞杆再次安装后，存在较大的安装应力，当真空泵再次启动时，十字头、连杆损伤加剧，以至于在较短的时间内破坏，破坏后活塞杆在活塞缸内压力的作用下，与尚在十字头导轨内保留的残缺十字头碰撞，产生较大的弯曲应力，使重新安装的活塞杆断裂。

第一次事故后，考虑整个装置的连续运行，没有对真空泵其他部件进行完全的探伤检查，马上更换受损零件，留下第二次事故的隐患，这就是续发事故的原因，又是通过续发事故得到的教训。

（中国石油大连石化分公司　郑永琪，刘强；
大连理工大学　由宏新，喻健良；606研究所　于书杰）

76. 高速旋转喷射泵在蜡油加氢装置的应用与故障分析

2008年天津石化蜡油加氢装置引进了两台进口的高速旋转喷射泵，设计流量为24m³/h，扬程为1342m，转速为6210r/min，介质为除盐水，电机功率为200kW，效率高达53%。和其他高速泵相比，旋转喷射泵的效率要高10%~20%，而且结构简单，它不需要强制润滑和冷却，机械密封设在泵入口处，压力低，容易实现密封；主轴不接触介质，不需考虑主轴的耐蚀问题，也不必担心有介质进入轴承。国外泵厂通常设计一个系列的泵，转子腔是标准的，通过改变泵转速来实现扬程的提升，通过改变集合管吸入口的直径来实现流量的变化。自两台泵投入运行以来，运行情况并不是很稳定，泵噪音大，振动大，故障率较高。

1 旋转喷射泵简介

1.1 结构

旋转喷射泵由主轴、轴承箱、滚动轴承及过流部件吸入室(泵进、出口法兰)、转子盖、集流管和转子腔组成，在叶轮入口与吸入室之间设有机械密封。

1.2 工作原理

如图1所示，按照箭头标注，液体流经集流管的四周和转子盖构成的流道进入叶轮，在离心力的作用下，在叶轮中获得能量，进入高速同步旋转的转子腔内，转子腔内四周的液体具有一定的压力，并具有很高的速度能，高速的液体流入静止的收集管中，集流管相当于普通离心泵的压水室，具有扩压作用，将速度能转化为压力能，最终输出高压液体。

2 故障分析

2.1 工艺介质变化引发的故障

2.1.1 故障现象

2010年从5月开始，机泵驱动端水平方向振动由原来的5mm/s逐渐上升，到7月最大振动速度达到9.5mm/s，机泵因振动大进行解体检查维修，打开转子腔后，发现大量油泥沾附在转鼓内壁，油泥最厚处有1cm之多，如图2所示。

图1　旋转喷射泵原理图

图2　转子腔内的油泥

2.1.2 原因分析

2010年4月，厂里为了降低生产成本，高压注水由原来全部采用除盐水20m³/h，改为除盐水 10m³/h 和汽提净化水 10m³/h。汽提净化水为污水回收再利用的水，里面有悬浮的油泥。油泥在离心力的作用下附着在转子腔器壁上，越积越厚，造成转子平衡不好，振动逐渐增大。发现这个问题后，7 月在汽提净化水进注水罐前增加了 2 组精度为 5μm 的管道过滤器，过滤器每个星期切换一次，清洗一次，自从投用后，未发现转子腔内再有油泥附着现象。

2.2　积液管断裂

2.2.1　故障现象

2010 年 3 月份，在泵厂维修人员的指导下，转子重新做了动平衡，按照要求，转子腔内充满了水，安装上半联轴节。动平衡时，转速在 1000r/min，精度达到了 G1.0。更换了新的轴承和密封动环座，精密组装后，泵运行不到 20h，泵出口流量在很短时间内由 20m³/h 下降到7m³/h。紧急停泵后拆开检查，轴承未出现磨损，而集液管磨损严重，固定集液管内六角螺钉断裂 6 根，转子盖略有磨损，如图 3～图 6 所示。

图 3　固定集合管螺钉断裂

图 4　断裂的螺钉

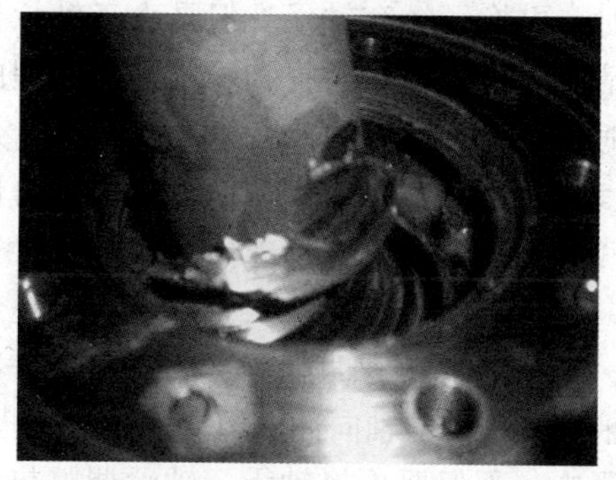

图 5　破损的集合管

图 6　转子盖边缘磨损

2.2.2　原因分析

从集液管磨损情况看，固定积液管的 8 个内六角螺钉未按照要求装入，积液管在转子腔内的部分受到强扭力作用，致使连接部位的部分内六角螺钉断裂，积液管下垂与转子盖摩擦，出现了积液管断裂，转子盖磨损。后经厂家人员证实，在安装积液管时由于未带力矩扳手，每根内六角螺钉只是凭经验进行拧紧，并未按照要求对每根螺钉拧紧至 38N · m。所以，在拆装积液管时，必须更换新的积液管固定螺钉并将其对称拧紧至 38N · m。这是一起较典型的由于安装原因造成的故障。

2.3 轴承故障

2.3.1 现象

2010 年 8 月，其中一台泵在维修后连续运行 3 个月后，靠近转子腔处的角接触球轴承(型号 FAG7020)抱死。在运行的 3 个月时间里泵轴振动、轴承温度、噪音、工况等均未有较大的变化。保运人员对轴进行了修复，更换了全套轴承，在试运过程中，运行 2h 后，相同部位的角接触球轴承再次抱死。2 次轴承损坏程度基本一致，尼龙的轴承保持架破碎，滚珠在高温下变成椭圆形状，如图 7 和图 8 所示。

图 7 损坏的角接触轴承

图 8 损坏的角接触轴承

2.3.2 原因分析

此泵按照典型的悬臂泵进行轴承配置，采用 2+1 形式。驱动端采用的是 2 套背靠背布置的角接触球轴承(型号 FAG7312)，靠近转子腔处布置了 1 套角接触球轴承(型号 FAG7020)，2 次轴承抱死的都是靠近转子腔处布置的轴承。第一次维修时，更换了全部轴承、轴承垫圈和轴承锁母，在安装半联轴节时，由于加热的温度不够，联轴节只装进一部分，另一部分是用铜棒敲击进去的。第二次维修时，更换了 3 套轴承，但是由于轴承垫圈和轴承锁母没有新的，故采用的是旧的。把这些情况和厂家沟通后得知，这么高扬程的泵在泵厂历史上生产得也比较少，历史上生产的转速最高为 6321r/min，扬程最高为 1585m。所以我们这种转速和扬程，选用此种泵已经是很苛刻的，尤其是 7020 轴承，抗冲击性较差，所以在安装时不能有任何敲击，第一次损坏就是在安装联轴器时进行了敲击，对 7020 轴承的保持架造成了轻微损坏，运转一段时间后，保持架破裂。第二次损坏，主要是未更换新的轴承锁母，因为此泵的轴承锁母比较特殊，锁母螺纹扣为四氟镶嵌的，使用一次后再次使用就丧失了锁紧能力，故在开泵时，7020 轴承受强大的轴向冲击力造成保持架损坏，在高速旋转下轴承抱死。所以在今后更换轴承过程中，不但要更换轴承、轴承调整垫和轴承锁母，还不能有任何的敲击。

2.4 入口过滤器堵引起的振动增大

2.4.1 现象

2012 年 10 月 22 日，运行泵联轴器侧和转子腔侧轴承箱振动都有大幅增长，查看机泵在线监测系统也发现从 22 日振动开始增大，而且两侧基本是同步的，如图 9 所示。

2.4.2 原因分析

发现泵振动变化后，就及时查找振动原因，状态监测的专家对轴承进行分析，结论是轴承无故障。于是开始排查介质、压力、流量等工艺条件。在排查到泵入口压力时，发现

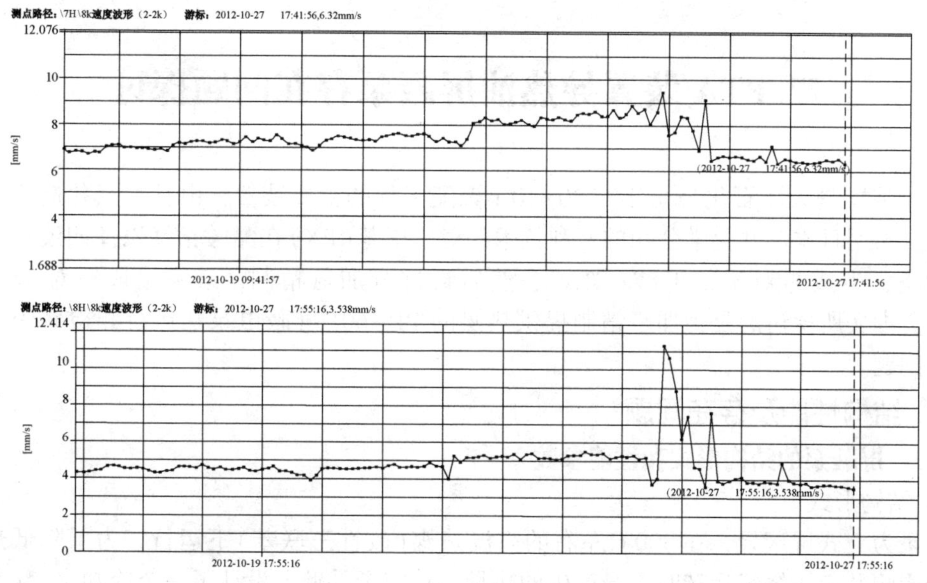

图 9　联轴器侧和转子腔侧振动变化

泵入口压力在 0. 2MPa 波动较大，初步怀疑泵吸入不足，入口滤网有堵塞，于是试着把入口压力提高到 0. 25MPa，监测到的振动值有大幅下降，而且也比较平稳，如图 9 所示。于是停泵，打开入口滤网，发现滤网堵塞较严重，滤网清洗干净后，重新开泵，振动情况良好。

3　结语

通过这几年对这两台泵的维护和摸索，发现这两台泵在效率、结构等方面有很多优势，但是在扬程超过 1300m、转速超过 6000r/min 以上的工况下选用还需慎重，尤其是在工况有较大变化的情况下，轴承抗冲击能力较差。这就要求我们在使用上对工况控制要更加平稳，维护上要更加精心，维修上要更加精细，并努力提高维修水平。

（中国石化天津分公司炼油部　刘景明）

77. PTA 装置导热油屏蔽泵存在问题探讨

PTA 装置是天津石化公司年产 20×10^4t 聚酯工程的主要装置，由日本三井造船工程公司引进，采用日本三井化学公司的专利技术，对二甲苯(PX)在醋酸钴锰以及四溴乙烷的催化作用下，生成粗对苯二甲酸(CTA)，然后再进行加氢精制，最终生成精对苯二甲酸(PTA)。本文所探讨的是为加氢精制提供热媒的 PP-601 屏蔽电泵在运行和检修中所发现的几个问题。

1 结构性能及存在问题

1.1 屏蔽泵的结构形式和性能参数

1）结构形式

该泵为立式屏蔽泵，在 300℃左右的高温热媒(改性三联苯)下运行，为了降低热媒对定子的影响及定子绕组运转时本身产生的热量，在定子外壁上设计了一个冷却水套(为了减少结垢，冷却水采用脱盐水)；为了解决热媒本身对石墨轴承的影响及泵运转时所产生的热量，在泵体外设计了一台冷却器，把来自泵入口的热媒(顶部)通过冷却器冷却后进入泵的尾部，然后再通过副叶轮增压将冷却后的热媒分别送至尾部和顶部轴承，同时也达到对定子冷却的目的。该泵轴向力采用的是自动平衡型，通过叶轮的平衡孔、组装叶轮的背间隙和副叶轮来达到轴向力的平衡。

2）性能参数

屏蔽泵的性能参数见表 1。

3）装配及检验技术参数

其装配及检验技术参数见表 2。

表 1 屏蔽泵的性能参数

位号	型号	扬程	流量	热媒	相对密度	黏度
		m	m^3/h			cP
PP-601ABC	BP42-829J4CM-205Y1V-HM	90	435	改性三联苯	1.03~0.826	36.5~0.47

主要部件材质					电机		平衡方式
壳体	叶轮	轴	轴套	轴承	功率/kW	电压/V	
SCS13	SCS13	SUS329J1	316+硬质合金	石墨	145	380	自动平衡

表 2 屏蔽泵的装配检验技术参数

序号	名称	技术参数	序号	名称	技术参数
1	轴向窜量	2.5~3.4mm	6	止推盘与轴垂直度	≤0.02mm
2	轴承与轴套径向间隙	0.25~0.35mm	7	定子同轴度	≤0.02mm
3	主叶轮背间隙	(0.5±0.1)mm	8	转子动平衡残余量	≤3g
4	副叶轮背间隙	5~6mm	9	转子与定子屏蔽套间隙	(2.5±0.2)mm
5	主叶轮密封环间隙	0.6~0.8mm	10	转子轴端径向跳动量	≤0.05mm

1.2　存在问题

该泵自 2000 年 4 月投入运行以来，三台泵(开二备一，另还有一台离线备用)共厂内解体检修 28 次，送大连四方电泵有限公司和帝国电泵有限公司修复屏蔽套和重缠绕组 8 次，检修是比较频繁和繁琐的，对每次装配的技术要求也较高。

1) 现象及原因

(1) 泵体振动大。主要是由于转子不平衡和轴承磨损量过大所造成的，如果发生入口过滤器堵塞泵产生汽蚀也会造成振动过大。入口和出口管路的残余应力大也是造成泵体振动大的原因之一。

(2) 运行时电流波动范围大，有时达到 14A 左右(正常运行电流 300A，基本稳定)。电流波动大说明转子与定子或轴承有磨损的部位，或是由于泵吸入量不足造成的。

(3) 转子和定子屏蔽套破损。屏蔽套破损变形的主要原因是由于泵入口管路内的杂物，通过叶轮平衡孔进入轴承和屏蔽套；热媒(改性三联苯)经过装置长时间的高负荷运行，又加之在炉内加热不均匀，有过热现象发生，导致有积炭和结焦，这些杂物也是损坏屏蔽套的原因之一。由于上述两项中的杂物进入石墨轴承，导致轴承撕裂，石墨硬块又加剧了屏蔽套的损坏。

(4) 石墨轴承端面磨损。石墨轴承端面磨损的主要原因是转子的轴向力不平衡。其中有一次泵回装后，只运转了 12h 就因电流上升太快而停泵解体检修，结果发现上轴承端面磨掉 4.6mm，可见轴向力不平衡对泵的损坏是多么严重。

2) 设计问题

(1) 泵入口过滤器网眼达 ϕ5mm，形同虚设，根本就达不到截留杂物保护屏蔽套和轴承的目的。

(2) 该泵只在三台泵的入口总管上设计了一台流量计，在运行时每台泵的流量调节比较困难，只能靠电流值的大小来平衡泵的流量，极容易造成一台泵流量偏高，另一台泵流量偏低，甚至发生汽蚀现象，造成振动加大，直接导致石墨轴承磨损或破碎，严重时导致屏蔽套磨损。

(3) 该泵虽然设计了体外冷却系统，但是在冷却油路上缺少一个过滤器，使外部进入泵体内的杂物以及由于杂物加速轴承磨损的碎屑在冷却油管路中往复循环，对轴承的损害实际上形成了恶性循环。

3) 管理问题

(1) 操作工对屏蔽泵的认识还有待提高，尤其是在泵的启动和运行维护方面需加强培训。

(2) 在设备检修验收方面还存在着漏洞，无论是送制造厂修复还是厂内检修，对修复好的配件缺乏检验手段。

(3) 技术人员对该泵的结构和各种技术要求还有没“吃透”的方面，各种装配尺寸还不能达到最佳。无论是在解体拆卸的方面，还是在装配各部分配合尺寸方面，都存在需要探讨的一些问题。

2　解决方法

针对该泵目前所发生的现象和存在的各种问题，我们从运行方面加强了管理，从检修方面加强了技术参数的控制，已经使该泵的运行状况得到了改善。

2.1 装配方面

根据该泵每次解体后轴承和轴套磨损的情况，我们对使用操作说明书所给的技术参数进行了调整：轴向窜量控制在(0.25±0.02)mm；轴承径向间隙控制在(0.3±0.03)mm；主叶轮的背间隙(0.5±0.1)mm还是比较合适的；转子动平衡残余量控制在1g以内。以上几个参数是我们经过多次检修和运行检验所摸索的经验数据，可以说是该泵的最佳装配尺寸。

因为该泵的定子已经多次损坏，基本上是送去大连四方电泵有限公司和大连帝国电泵有限公司去修复，利用两端法兰和外套，需重新缠绕组和更换屏蔽套。为了保证修复的质量，目前我们每次都派技术人员到制造厂进行监造，控制和检验定子两端法兰的同轴度(≤0.02mm)、平行度(≤0.02mm)和转子的直线度(≤0.05mm)，对于绕组的烘干进行检查(此前由于抢进度曾发生过绝缘漆顺接线端子外漏现象，又进行二次烘干)。对于转子和定子的屏蔽套的变形控制在≤0.2mm。这样，不仅保证了修复的质量，而且又为装置的正常生产赢得了时间和提供了保证。

在2002年11月11日B台现场回装试运转20min后，由于振动达0.88mm电流波动在14A以上，解体检修只发现轴承端面磨损1.6mm。按要求组装复位后，运转了1小时50分钟还是由于振动大和电流波动的原因再次进行了解体，发现端面磨损3.3mm。判断是由于轴向力不平衡造成的，叶轮的平衡孔由ϕ20扩到ϕ24.6mm，这次运转了12h。由于电机过载再次解体检修，又发现轴承端面磨损达4.6mm，证明轴向力不平衡的判断是正确的，再次将叶轮的平衡孔由ϕ24.6扩到ϕ27.7mm。经过两次扩孔，基本上解决了由于轴向力不平衡的问题，该泵目前运转状况良好。

2.2 管理方面

首先，我们需要做的工作就是对操作工的培训，使他们对泵的基本结构有所了解，对泵的启动前检查(包括电气接线、管路的连接、冷却水的供给等)、泵体和管路的排气、试运转、振动情况判断及发生汽蚀现象的处理等达到应知应会。其次，使我们的设备管理人员树立起较强的管理意识，强化巡检内容，随时掌握泵的振动、流量、电流的细小变化，以便对所发现的各种问题能够采取得当的措施，达到保护定子和转子的目的，把损坏的程度减到最小，以最短的时间修复能够起到在线或离线备台的作用。再者，我们应与大连帝国和四方进行技术交流，把振动大、屏蔽套损坏、轴套磨损和电流波动的现象反映给他们，利用制造商的技术优势，共同制定解决的措施。

经过多次解体检修，目前我们的技术人员已经积累了一定的经验，但是我们参加检修的技术工人对其装配的程序和参数控制仍需要提高认识，确保每一次装配都是一个精品工程。由于该泵是在高温下运行，原来为了缩短检修时间，转子的温度还没有降到100℃以下就强行将轴套从轴上拆下，有时会造成转子的轴弯曲变形。为了避免上述现象的发生，我们制定了检修时间表：现场拆卸为2h；解体检查、更换备件、修复、测绘和效验为6h；现场回装为2h。

鉴于该泵在PTA单元的重要作用，只要发现问题就采取生产车间、检修车间和机动部门共同会诊制定措施，对该泵进行“特护”，每班有一名外操工坚持在现场对该泵进行振动和电流监护，15min进行一次测振并记录；电气车间和检修车间上下午各进行两次监测并记录。同时保证信息渠道畅通，从车间到各级领导都能掌握该泵的运行状况。

3　遗留问题和建议

（1）泵的入口过滤器由于孔眼达 ϕ5mm，无法达到截留杂物的目的，现在需要对目前的过滤器进行复核，从加大过滤面积和缩小孔眼入手，利用适当的生产机会进行改造。

（2）由于外置式轴承冷却润滑油的管路上没有过滤器，为了保护轴承和转子定子的屏蔽套，建议增加一个过滤器(该过滤器应找专业制造厂设计，以便能适应不同温度、不同黏度下的导热油)。

（3）入口管路：

① 目前入口管路只有总的出口流量计，给每台的流量调节带来困难，建议在每台泵的入口管线上增加单独的流量计。

② 每次在拆卸泵时，发现管路上的应力较大，需要研究和探讨解决的办法。

我们对该类型的屏蔽泵只是有了初步的认识，对于轴向力的平衡、装配尺寸、入口管网的合理性等还需要进一步的研究，以便该泵能够长周期运行并满足装置的正常生产。

（中国石化天津分公司芳烃部　钱广华）

后　记

《炼油化工机泵设备维护检修案例》一书，系本书编者从多年来主编的有关设备维修管理著作中，精选了炼油化工企业有关机泵设备维护检修的案例汇编而成。所选的案例紧密结合生产，具有很好的示范性和可操作性。

本书旨在为广大炼油化工设备工作者提供一个交流、借鉴和相互学习的平台，希望能对提高和加强炼油化工机泵设备维护检修水平起到积极的促进作用。

本书的出版，离不开案例撰写人的努力实践和辛勤劳动。在此，编者向其表示衷心的感谢和深深的敬意！

本书出版后，所选案例的第一作者可与中国石化出版社联系，出版社将赠书一本以表谢意。

联系人：中国石化出版社装备综合编辑室　龚志民

电　话：(010)59964523

E-mail：gongzm@ sinopec. com